21 世纪全国高职高专机电系列技能型规划教材

机械加工工艺编制与实施

(下册)

主　编　于爱武

副主编　杨雪青　李世伟　黄永华

主　审　刘和山

北京大学出版社
PEKING UNIVERSITY PRESS

内 容 简 介

本书(分上、下两册)是工作过程导向课程的配套教材，它将新的课程对机械制造类专业所必需的切削机理、加工工艺系统、制造工艺及制造技术等方面的知识进行了科学的解构与重构。全书依据企业实现产品加工的实际工作过程，通过典型的轴类零件、套筒类零件、箱体零件、齿轮类零件、叉架类零件的机械加工及减速器的装配等工作任务，以机械加工工艺规程编制与实施为主线，全面介绍了机械装备制造的机械加工工艺规程、装配工艺规程的制订原则和方法以及相关制造技术，并融入专业英语注解。本册内容主要包括箱体类、圆柱齿轮、叉架类零件的机械加工工艺系统（机床、工件、刀具、夹具）的选用及其机械加工工艺规程的编制与实施，常用机械装配方法及减速器产品的机械装配工艺规程的编制与实施等知识。各项目后均附有配套的思考练习题，以备读者自测自检学习效果。根据生产和学习实际需要，本书还介绍了部分先进制造工艺技术知识。

本书适合作为高等职业院校、高等专科院校、成人高校、民办高校、中等职业院校机电类专业的教材，也可作为教改力度较大的机械制造类专业教材，还可作为专业技术人员、社会从业人士的参考书和自学用书。

图书在版编目(CIP)数据

机械加工工艺编制与实施. 下册/于爱武主编. —北京：北京大学出版社，2014.7

(21 世纪全国高职高专机电系列技能型规划教材)

ISBN 978-7-301-24546-0

Ⅰ. ①机… Ⅱ. ①于… Ⅲ. ①机械加工—工艺学—高等职业教育—教材 Ⅳ. ①TG506

中国版本图书馆 CIP 数据核字(2014)第 164127 号

书　　名：机械加工工艺编制与实施(下册)

著作责任者：于爱武　主编

策 划 编 辑：赖　青　邢　琛

责 任 编 辑：邢　琛

标 准 书 号：ISBN 978-7-301-24546-0/TH・0400

出 版 发 行：北京大学出版社

地　　址：北京市海淀区成府路 205 号　100871

网　　址：http://www.pup.cn　新浪官方微博：@北京大学出版社

电 子 信 箱：pup_6@163.com

电　　话：邮购部 62752015　发行部 62750672　编辑部 62750667　出版部 62754962

印　刷　者：北京虎彩文化传播有限公司

经　销　者：新华书店

787 毫米×1092 毫米　16 开本　20.25 印张　471 千字

2014 年 7 月第 1 版　2020 年 1 月第 3 次印刷

定　　价：42.00 元

前　言

结合职业教育理论发展和职业教育的特征，本书(分上、下两册)编写时以培养学生综合职业能力为宗旨，努力贯彻以职业实践活动为导向，以项目导向、任务驱动式教学为主线，以工业产品为载体的编写方针，突出职业教育的特点，并结合提高高职学生就业竞争力和发展潜力的培养目标，对机械制造理论知识和生产实践进行了有机整合，着重培养学生机械加工工艺规程编制与实施能力、专业知识综合应用能力及解决生产实际问题的能力。

本书是在高职机械制造类专业教育教学及课程体系改革、实践的基础上，引入工作过程系统化的理念，对机械制造技术、机械制造工艺学、金属切削原理与刀具、金属切削机床、机床夹具设计、金属材料及其热处理等课程进行了解构和重构，内容的选取和安排依照“必需、够用”的原则，实现了多门课程内容的有机结合。

根据行业企业发展需要和完成职业实践活动所需的知识、能力、素质要求，本书内容力求贴近零件制造和产品装配的生产实际，同时融入专业英语注解，突出知识的实用性、综合性和先进性。同时，本书以职业能力和操作技能培养为核心，在潜移默化中拓展学生知识面，不断提高学生专业知识的综合应用能力，促进学生职业素质的养成，使学生具有较强的就业竞争力和发展潜力。

本书是工作过程导向课程的配套教材，内容的设计遵循职业成长和认知规律，以工作过程相对稳定、学习难度递增、学生自主学习能力随之逐步增强的原则划分设计学习项目。全书(分上、下两册)共有 7 个项目：机械加工工艺及规程、轴类零件机械加工工艺规程编制与实施、套筒类零件机械加工工艺规程编制与实施、箱体类零件机械加工工艺规程编制与实施、圆柱齿轮零件机械加工工艺规程编制与实施、叉架类零件机械加工工艺规程编制与实施、减速器机械装配工艺规程编制与实施。每个项目下设 2～4 个由简单到复杂的工作任务，以强化学生典型零件机械加工工艺规程编制与实施能力为主线，详细介绍机械制造所需的工艺系统(工件、机床、刀具、夹具)、制造技术、制造工艺等设计和应用知识，并将国家标准、行业标准和职业资格标准贯穿其中。根据任务要求，学生需要运用上述相关知识，通过自主学习、分组讨论、实践操作等环节，按照企业实现产品加工的工作过程——“产品零件图的加工工艺性分析→工艺方案设计→编制工艺文件→工艺准备→机床操作加工→加工质量检验→加工结果评估”来完成工作任务并进行具体任务实施的检查与评价。本书教学过程中注重从职业行动能力、工作过程知识和职业素养三个方面培养学生的职业能力和良好行为习惯；学生可在课内、课外(如第二课堂、兴趣小组等)等多途径的学习和实践中培养创新能力，体验岗位需求，积累工作经验。同时，本书还增加了与项目相关的拓展知识，介绍先进制造工艺技术，以满足学生模拟实际生产的个性化需求。

本书授课建议学时(含针对各项目的单项实训课时及集中实践环节)如下：

序　　号	教学内容	建议学时
上册：　1	概述	2
2	项目 1　机械加工工艺及规程	8
3	项目 2　轴类零件机械加工工艺规程编制与实施	58
4	项目 3　套筒类零件机械加工工艺规程编制与实施	16
下册：　5	项目 1　箱体类零件机械加工工艺规程编制与实施	28
6	项目 2　圆柱齿轮零件机械加工工艺规程编制与实施	12
7	项目 3　叉架类零件机械加工工艺规程编制与实施	8
8	项目 4　减速器机械装配工艺规程编制与实施	8
	集中实践环节	4W
合计学时		140＋4W

本书由淄博职业学院于爱武任主编，淄博职业学院杨雪青和李世伟、山东科技职业学院黄永华任副主编，山东大学教授刘和山任主审。具体编写分工如下：概述、上册项目 1、5、下册项目 2、3、4 由于爱武、杨雪青、黄永华编写；上册项目 2、3、下册项目 1 由杨雪青、于爱武、李世伟编写。此外，参加本书编写工作的还有淄博职业学院高淑娟、赵菲菲、庞红、孙传兵以及石艳玲、周岩峰、李飞(三位校外兼职教师)等多名具有丰富实践经验的合作企业工作人员。

本书在编写过程中，北京大学出版社、淄博柴油机总公司等合作企业、山东科技职业学院、淄博职业学院各级领导及同仁们给予了诸多支持和热情帮助，在此一并表示衷心感谢！

作为课程解构和重构以及教材改革的一次探索，更限于编者的水平，书中难免有不当之处，敬请广大读者批评指正。

编　者

2014 年 4 月

目　录

项目 1

箱体类零件机械加工工艺规程编制与实施

教学目标

最终目标	能合理编制箱体零件的机械加工工艺规程并实施，加工出合格的零件
促成目标	1. 能正确分析箱体零件的结构和技术要求。 2. 能合理选用设备和夹具，进行平面与孔系的加工。 3. 能合理进行箱体零件精度检验。 4. 能合理编制箱体零件机械加工工艺规程，正确填写其机械加工工艺文件。 5. 能考虑箱体零件加工成本，对零件的加工工艺进行优化设计。 6. 能查阅并贯彻相关国家标准和行业标准。 7. 能进行相关设备的常规维护与保养，执行安全文明生产。 8. 能注重培养学生的职业素养与习惯。

引言

箱体零件(box part)通常作为机器及其部件装配时的基础零件。它将机器部件中的一些轴、套、轴承和齿轮等零件装成一个整体，使它们之间保持正确的相互位置关系，并按照一定的传动关系协调传递动力或改变转速来完成规定的运动。因此，箱体零件的加工质量不但直接影响到箱体的装配精度及回转精度，而且还会影响机器的工作精度、使用性能和寿命。

箱体零件的种类有很多，常见的箱体零件有机床主轴箱、机床进给箱、变速箱体、减速箱体、发动机缸体和机座等。图 1.1 所示为几种常见的箱体零件。

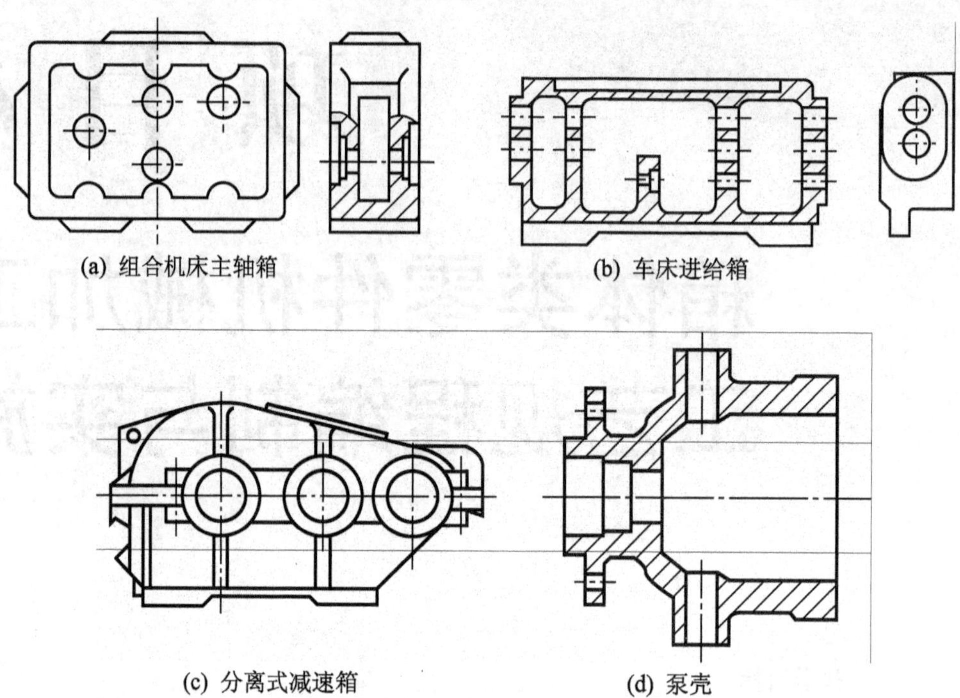

图 1.1　几种箱体零件结构

根据箱体零件的结构形式不同，可分为整体式箱体[图 1.1(a)、(b)、(d)]和分离式箱体[图 1.1(c)]两大类。前者是整体铸造、整体加工，加工较困难，但装配精度高；后者可分别制造，便于加工和装配，但增加了装配工作量。

箱体零件的结构形式虽然多种多样，但其加工表面主要是平面和孔。在箱体零件各加工表面中，通常平面的加工精度比较容易保证，而精度要求较高的支承孔的加工精度以及孔与孔之间、孔与平面之间的相互位置精度较难保证。所以在制定箱体零件加工工艺规程时，应将如何保证孔的精度作为重点来考虑。

任务 1.1　矩形垫块零件机械加工工艺规程编制与实施

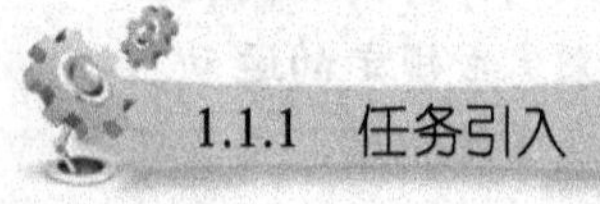

1.1.1　任务引入

编制图 1.2 所示矩形垫块零件的机械加工工艺规程并实施。零件材料为 HT200，生产类型为单件小批生产。(毛坯：110mm×50mm×60mm 的矩形铸件)

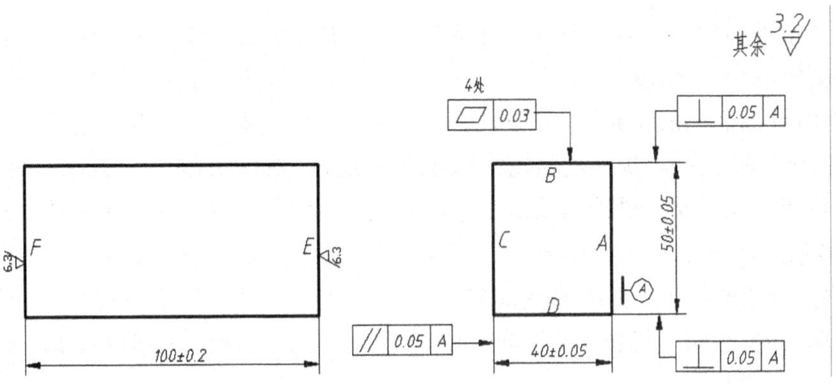

图 1.2　矩形垫块

1.1.2　相关知识

一、平面的加工方法

平面加工的常用方法有刨削、铣削和磨削 3 种。刨削和铣削常用作平面的粗加工和半精加工，而磨削则用作平面的精加工。

1. 刨削与插削

1) 刨削(planing)

在刨床上用刨刀切削加工工件称为刨削加工。刨削主要用来加工各种平面、沟槽及成形面等，如图 1.3 所示(图中的切削运动是按牛头刨床加工时标注的)。

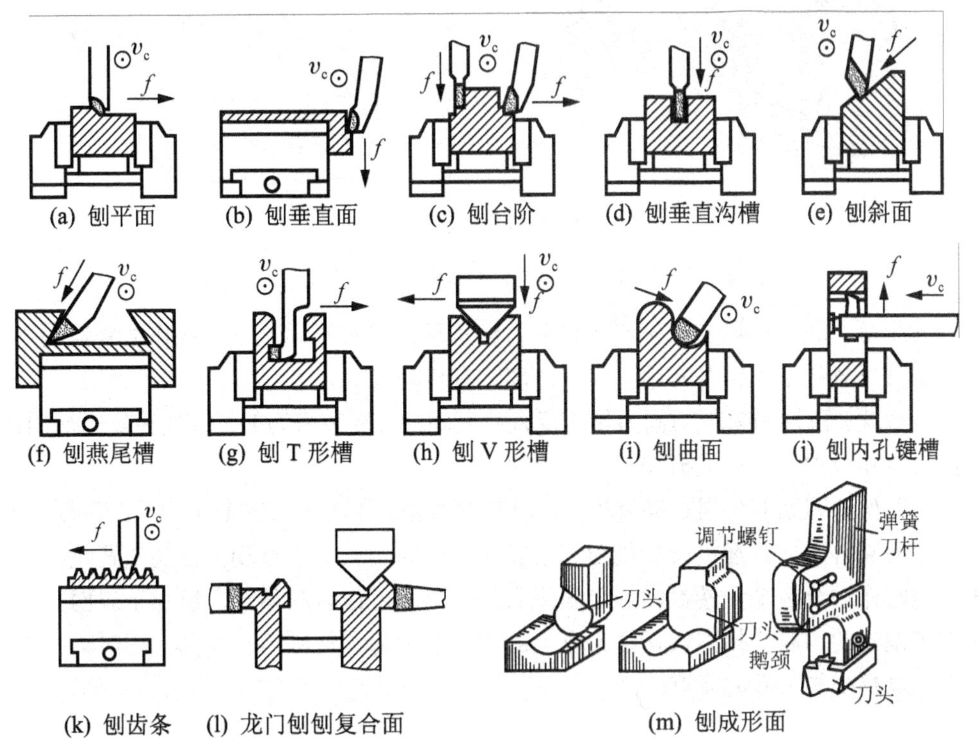

图 1.3　刨削加工典型表面

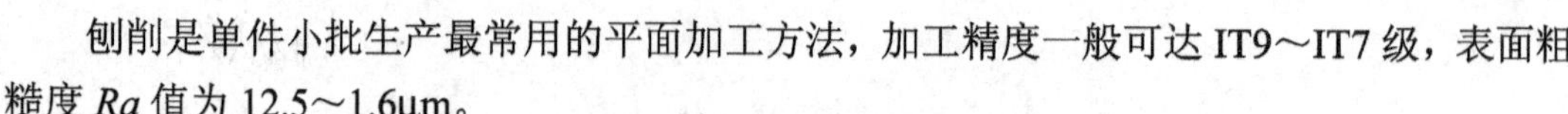

刨削是单件小批生产最常用的平面加工方法，加工精度一般可达 IT9～IT7 级，表面粗糙度 *Ra* 值为 12.5～1.6μm。

(1) 刨床(planing machine)。刨削加工可以在牛头刨床或龙门刨床上进行。

① 牛头刨床。牛头刨床一般用来加工长度不超过 1000mm 的中、小型工件。其主运动是滑枕的往复直线运动，进给运动是工作台或刨刀的间歇移动。牛头刨床的外形及刨削运动如图 1.4 所示。

a．牛头刨床的编号。如编号 B6065 中，“B”是“刨床”汉语拼音的第一个字母，为刨削类机床代号；“60”代表牛头刨床；“65”是刨削工件的最大长度的 1/10，即牛头刨床的主参数最大刨削长度为 650mm。

b．牛头刨床的组成。如图 1.4 所示，牛头刨床主要由刀架 1、转盘 2、滑枕 3、床身 4、横梁 5、工作台 6 等组成，因其滑枕和刀架形似“牛头”而得名。

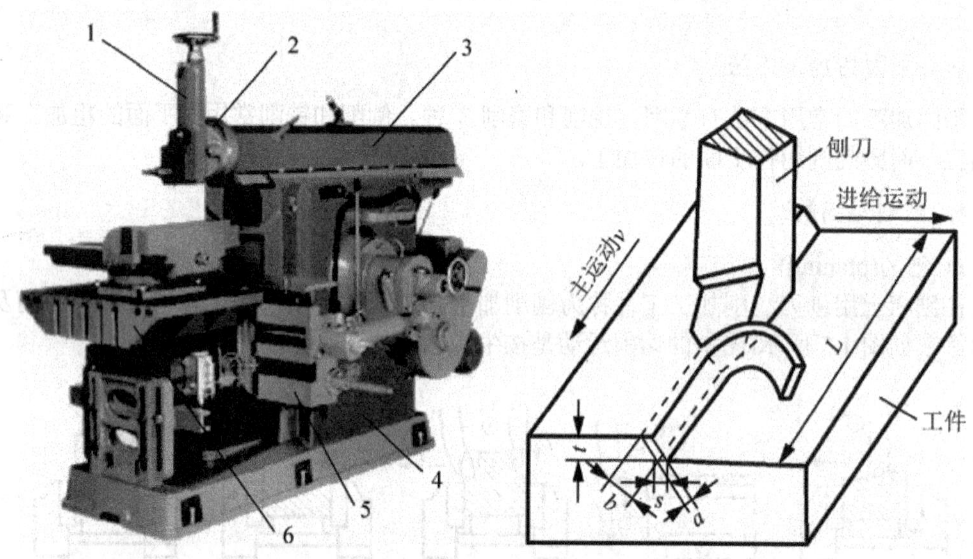

图 1.4　牛头刨床及刨削运动

1—刀架；2—转盘；3—滑枕；4—床身；5—横梁；6—工作台

——床身。床身用以支承刨床各部件，床身顶部的水平导轨供滑枕作往复运动用，前立面的垂直导轨供工作台升降用。床身内部装有传动机构。

——滑枕。滑枕用来带动刨刀作往复直线运动，前端装有刀架。滑枕往复运动的快慢、行程的长度和位置，均可根据加工需要调整。

——刀架。刀架的作用是夹持刨刀，其结构如图 1.5 所示。刀架由转盘、溜板、刀座、抬刀板和刀夹等组成。溜板带着刨刀可沿着转盘上的导轨上下移动，以调整背吃刀量或加工垂直面时作进给运动。转盘转一定角度后，刀架即可作斜向移动，以加工斜面。溜板上还装有可偏转的刀座。抬刀板可绕刀座上的轴向上抬起，使刨刀在返回行程时离开工件已加工面，以减少与工件的摩擦。

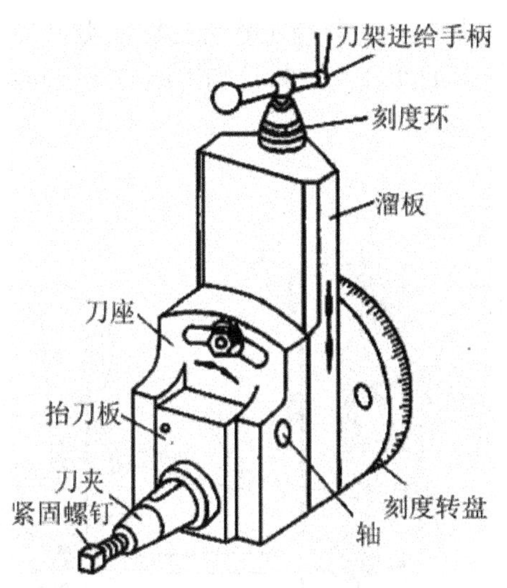

图 1.5　刀架系统

——工作台。工作台是用来装夹工件的，可沿横梁作横向水平移动，并能随横梁作上下调整运动。

——横梁。横梁用以装夹工件，可沿横梁作横向水平移动，并能随横梁作上下调整运动。

c．传动机构。传动机构主要由以下部分组成。

——摇臂机构。摇臂机构的作用是把旋转运动变成滑枕的往复直线运动。摇臂机构如图 1.6 所示，由摇臂齿轮、摇臂、偏心滑块等组成。摇臂上端与滑枕内的螺母相连。摇臂齿轮由小齿轮带动旋转时，偏心滑块就带动摇臂绕支架左右摆动，于是滑枕就被推动作往复直线运动。

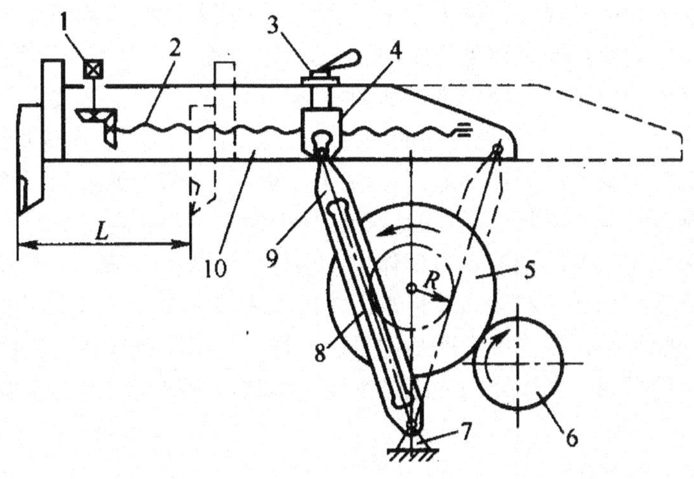

图 1.6　摇臂机构

1—方头；2—丝杠；3—锁紧手柄；4—螺母；5—摇杆齿轮；
6—齿轮；7—支架；8—偏心滑块；9—摇杆；10—滑枕

——棘轮机构。棘轮机构的作用是使工作台间歇地实现横向水平进给运动。其结构如图 1.7 所示。摇杆空套在横梁的丝杠上，棘轮则用键与丝杠相连。当齿轮 *B* 由齿轮 *A* 带动旋转时，连杆便使摇杆左右摆动。

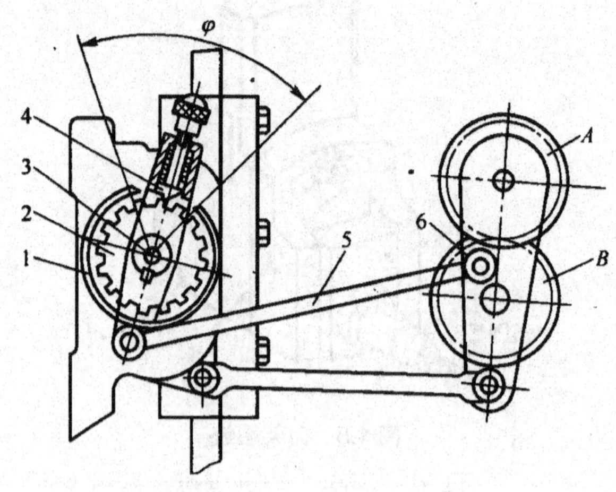

图 1.7　棘轮机构

1—遮板；2—棘轮；3—进给丝杠；4—拨爪；5—连杆；6—偏心销

改变棘轮外面的挡环位置，即可改变棘轮爪每次拨动的有效齿数，从而改变进给量的大小；改变棘轮爪的方位，则可改变进给运动方向；提起棘轮爪，进给运动即停止。

② 龙门刨床(double housing planer)。除了牛头刨床外，刨削类机床还有龙门刨床。图 1.8 是龙门刨床的外形图，因它具有一个“龙门”式框架而得名。龙门刨床工作时，工件装夹在工作台 9 上，随工作台沿床身 10 的水平导轨作直线往复运动以实现切削过程的主运动。装在横梁 2 上的垂直刀架 3、7 可沿横梁导轨作间歇的横向进给运动，用以刨削工件的水平面，垂直刀架的溜板还可使刀架上下移动，作切入运动或刨竖直平面。此外，刀架溜板还能绕水平轴调整至一定角度位置，以加工斜面或斜槽。横梁 2 可沿左右立柱 4、6 的导轨作垂直升降以调整垂直刀架位置，适应不同高度工件的加工需要。装在左右立柱上的侧刀架 1、8 可沿立柱导轨作垂直方向的间歇进给运动，以刨削工件竖直平面。

龙门刨床的各主要运动，例如进刀、抬刀、横梁升降前后的放松、夹紧以及工作台的往复运动等，都由悬挂按钮和电气柜的操纵台集中控制，并能实现自动工作循环。

与牛头刨床相比，龙门刨床具有形体大、动力大、结构复杂、刚性好、工作稳定、工作行程长、适应性强和加工精度高等特点。龙门刨床的主参数是最大刨削宽度。它主要用来加工大型零件的平面，尤其是窄而长的平面，也可加工沟槽或在一次装夹中同时加工数个中、小型工件的平面。应用龙门刨床进行精细刨削，可得到较高的精度和较低的表面粗糙度。

(2) 刨刀(planer tool)。

① 刨刀的种类。如图 1.9 所示，按加工表面分类，刨刀可分为平面刨刀、沟槽刨刀；按加工方式分类，刨刀可分为普通刨刀、偏刀、切刀、角度偏刀、弯切刀等。

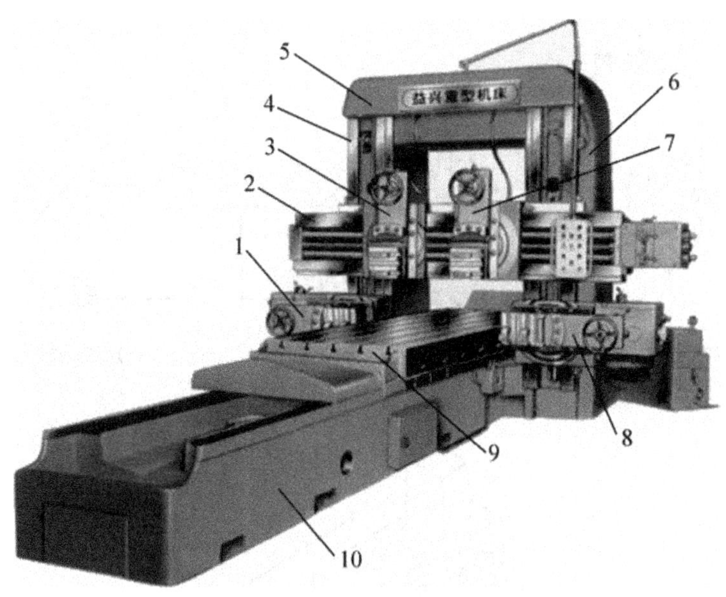

图 1.8　龙门刨床

1、8—左、右侧刀架；2—横梁；3、7—垂直刀架；4、6—左、右立柱；
5—顶梁；9—工作台；10—床身

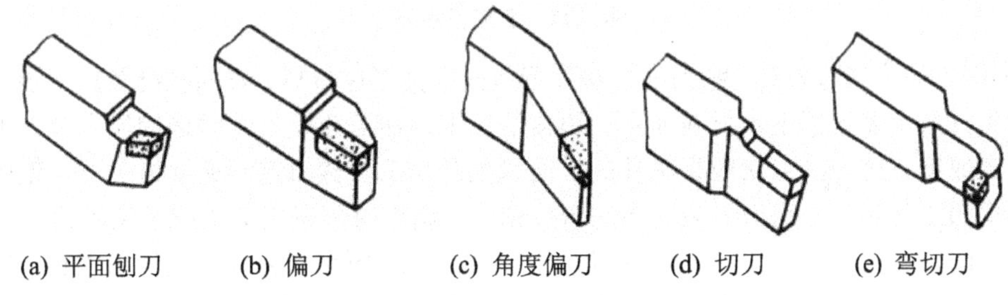

(a) 平面刨刀　(b) 偏刀　(c) 角度偏刀　(d) 切刀　(e) 弯切刀

图 1.9　刨刀的种类

a. 直头刨刀和弯头刨刀。刨刀的结构与车刀相似[图 1.10(a)]，其几何角度的选取原则也与车刀基本相同。但因刨削过程中有冲击，所以刨刀的前角比车刀小 5°～6°；而且刨刀的刃倾角也应取较大的负值，以使刨刀切入工件时产生的冲击力作用在离刀尖稍远的切削刃上。刨刀的刀杆截面比较粗大，以增加刀杆刚性和防止折断。如图 1.10 所示，刨刀刀杆有直杆和弯杆之分，直头刨刀刨削时，如遇到加工余量不均或工件上的硬点时，切削力的突然增大将增加刨刀的弯曲变形，造成切削刃扎入已加工表面，降低已加工表面的精度和表面质量，也容易损坏切削刃，如图 1.10(b)所示。若采用弯头刨刀，当切削力突然增大时，刀杆产生的弯曲变形会使刀尖离开工件，避免扎入工件，如图 1.10(c)所示。

b. 宽刃精刨刀。当前，普遍采用宽刃刀精刨代替刮研，能取得良好的效果。采用宽刃刀精刨，切削速度较低(2～5m/min)，加工余量小(预刨余量 0.08～0.12mm，终刨余量 0.03～0.05mm)，工件发热变形小，可获得较小的表面粗糙度值(Ra 为 0.8～0.25μm)和较高的加工精度(直线度为 0.02/1 000)，且生产率也较高。图 1.11 所示为宽刃精刨刀，前角为－10°～－15°，有挤光作用；后角为 5°，可增加后面支承，防止振动；刃倾角为 3°～5°。加工时用煤油作切削液。

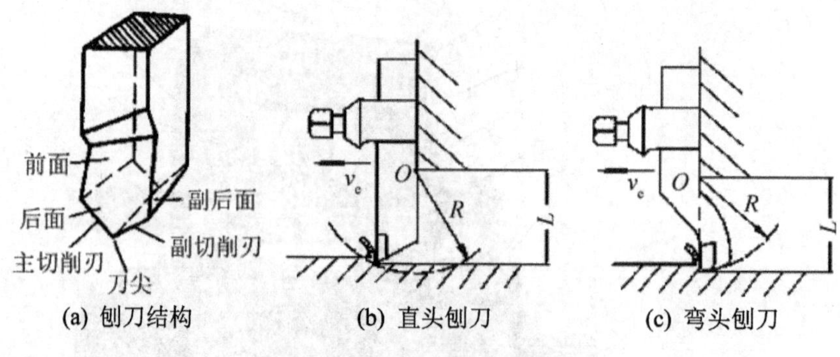

图 1.10　刨刀结构及形状

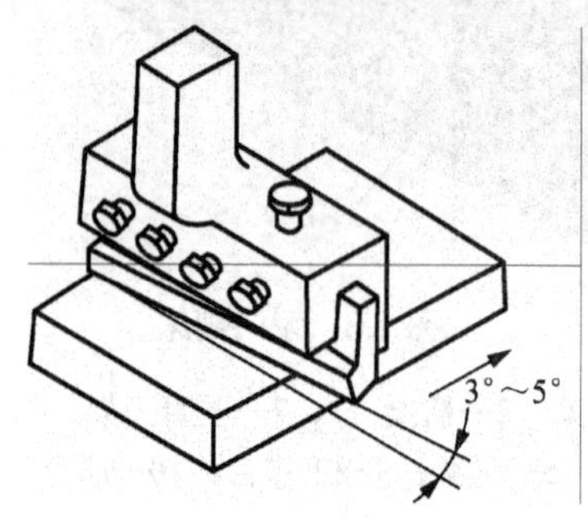

图 1.11　宽刃精刨刀

② 刨刀的选择与装夹。刨刀的材料和形状应根据工件材料、表面状况及加工步骤来选择。刀头材料主要根据工件材料而定，通常情况下，加工铸铁工件时选硬质合金，加工钢件时选高速钢。刨刀的形状应视工件的表面状况及加工步骤而定。通常情况下，粗刨或加工有硬皮的工件时，采用刀尖为尖头的弯头刨刀，精刨时可采用圆头或平头刨刀。

刨刀选择普通平面刨刀，安装在刀架上，如图 1.12 所示。刀头不能伸出太长，以免刨削时产生较大振动，刀头伸出长度一般为刀杆厚度的 1.5～2 倍。由于刀夹是可以抬起的，所以无论是装刀还是卸刀，用扳手拧刀夹螺丝时，施力方向都应向下。

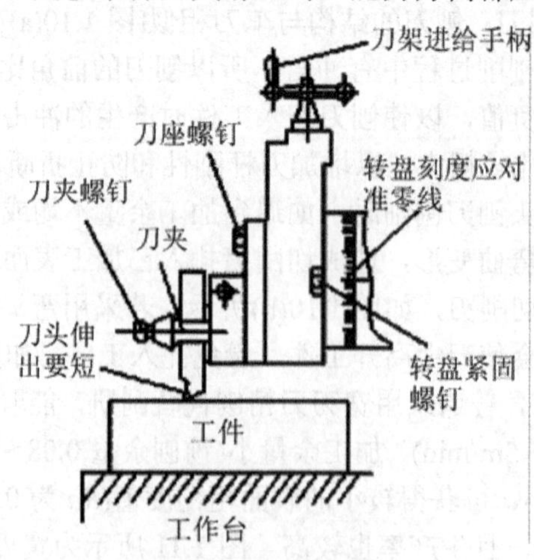

图 1.12　刨刀的安装

(3) 刨削加工时工件的装夹。刨削加工时应根据工件的形状和大小来选择安装方法，对于小型工件通常使用平口钳进行装夹，如图 1.13 所示。对于大型工件或平口钳难以夹持的工件，可使用 T 型螺栓和压板将工件直接固定在工作台上，如图 1.14 所示。为保证加工精度，在装夹工件时，应根据加工要求使用划针、百分表等工具对工件进行找正。

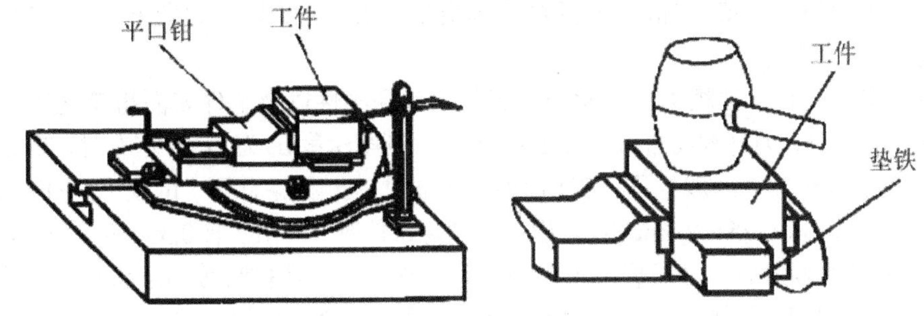

图 1.13　平口钳装夹工件

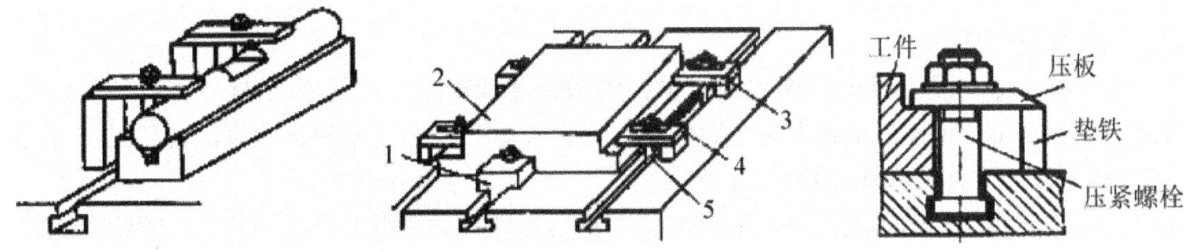

图 1.14　螺栓和压板装夹工件

(4) 刨削基本操作技术。

① 切削用量的选择。

a. 刨削用量。刨削用量包括切削速度、进给量、背吃刀量，如图 1.15 所示。

背吃刀量 a_p——刨刀切入工件的深度。

进给量 f——刨刀在一次往复后，工件横向移动的距离。

切削速度 v——刨刀工作行程的平均速度，单位为 m/min。

$$v=\frac{2Ln}{1000} \tag{1-1}$$

式中：L——刨刀的工作行程，mm；

n——刨刀的每分钟往复次数，次/min。

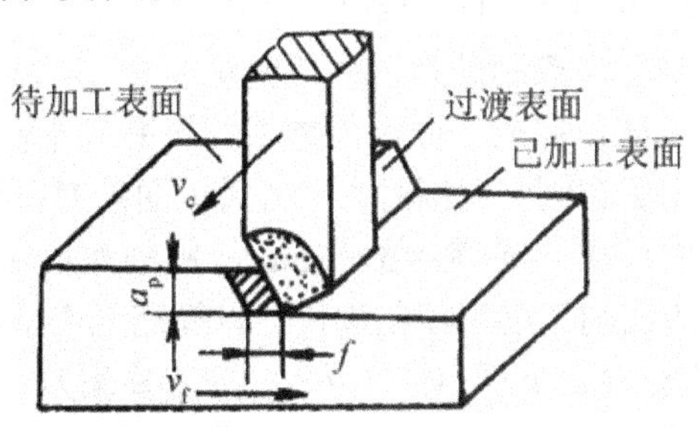

图 1.15　刨削用量

b. 刨削用量的选择。选择刨削用量时，应先根据加工余量大小和表面粗糙度要求选择尽量大的背吃刀量 a_P。一般当加工余量在 5mm 以下，表面粗糙度 $Ra \geq 6.3\mu m$ 时，可以一次进给完成加工。当 $Ra < 6.3\mu m$ 时，则要分粗刨和精刨，这时一般可分两次或三次进给完成。两次进给时，第一刀要切除大部分余量，只给第二刀留 0.5mm 左右余量即可；三次进给时，第一刀给第二刀留 2mm 左右的半精刨余量，第二刀给第三刀留 0.2mm 左右的精刨余量即可。

背吃刀量确定后，要根据工件材料、刀杆尺寸和刚性以及工件表面粗糙度加工要求等因素来确定进给量，刀杆截面若取 20mm×30mm，刨削深度 a_P 为 5mm 左右时，粗加工钢件时进给量 f 取 0.8～1.2mm/双行程；粗加工铸铁件时，在相同条件下 f 可取 1.3～1.6mm/双行程。精刨钢件时 f 取 0.25～0.4mm/双行程；精刨铸铁件时，一般 f 取 0.35～0.5mm/双行程。

当 a_P 和 f 都确定后，可根据机床功率、刀具材料、工件材料等因素选择切削速度 v。一般用高速钢刀具刨钢件时，v=14～30m/min；用硬质合金刀具刨铸铁时，v=30～50m/min。粗刨时选小值，精刨时选大值。

当刨削速度 v 选定后，还需计算出滑枕的往复行程次数 n，才能调整机床。

② 调整机床。

a. 将刀架刻度盘刻度对准零线，根据刨削长度调整滑枕的行程(滑枕的行程长度应比刨削长度长 20～40mm)及滑枕的起始位置，设置合适的行程速度和进给量，调整工作台将工件移至刨刀下面，如图 1.12 所示。

b. 松开滑枕上的锁紧手柄，摇转丝杠，移动滑枕，以调节刨刀起始位置，使切入超程比切出超程大一些。

c. 根据选定的滑枕每分钟往复次数，扳动变速箱手柄位置。

d. 拨动挡环的位置，调节进给量。

e. 对刀。开动机床，转动刀架手柄，使刨刀轻微接触工件表面。

f. 进刀。停机床，转动刀架手柄，使刨刀进至选定的切削深度并锁紧。

g. 试切。为了减少走刀次数，同时防止出现废品，刨削加工时要试切。试切的方法是：用手动进给先将工件移动到刨刀下面一侧位置，然后在滑枕运动的同时，手动操纵工作台(横向)和刀架手柄(向下)，使工件与刨刀接触，再根据事先算好的刨削深度，用刀架手柄刻度盘控制进刀，手动横向进刀 1mm 左右，停车测量尺寸是否符合要求，若符合要求，则可自动或手动进给继续切削，若不符合，要重新调整刨削深度后继续试切，直到尺寸符合要求为止。

③ 刨水平面。将要加工的水平面按划线位置找正，夹紧工件后试切，通过刀架手柄调整背吃刀量。用刀架手柄刻度盘控制进刀，手动横向进刀，刨削工件 1～1.5 mm 宽时，先停车检测工件尺寸，再开机床，完成平面刨削加工。如果工件表面质量要求较高，应按粗精加工分开的原则，先粗刨后精刨。粗刨时，用普通平面刨刀；精刨时，可用圆头精刨刀，如图 1.16 所示。切削刃的圆弧半径 R=3～5mm，刨削深度 a_P=0.2～0.5mm，进给量 f=0.33mm/双行程，精刨的切削速度可比粗刨快，以提高生产率和表面质量。

④ 刨垂直面。刨垂直面时，如图 1.17 所示，应选择偏刀，将刀架刻度盘刻度对准零线，刀座偏转一定角度(10°～15°)，以避免刨刀回程时划伤已加工表面，切削深度由工作台横向移动来调整，通过转动刀座手柄或工作台垂直方向的移动实现进给运动。

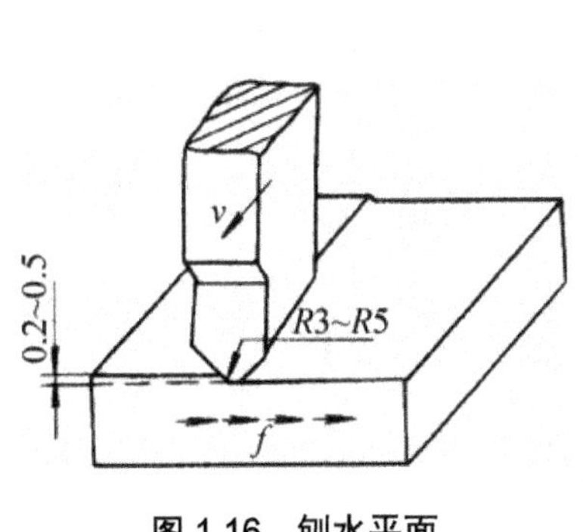

图 1.16　刨水平面

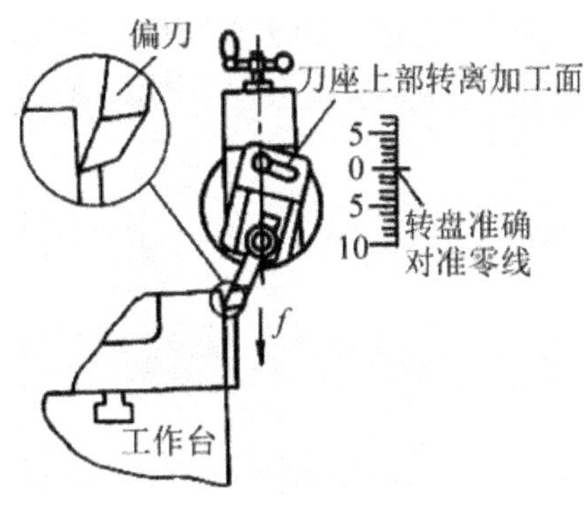

图 1.17　刨垂直面

⑤ 刨斜面。如图 1.18 所示，刨斜面与刨垂直面的操作基本相同，只是刀架转盘倾斜至加工要求的角度，使刨刀沿斜面进给。切削深度由工作台横向移动来调整，通过转动刀座手柄来实现进给运动。

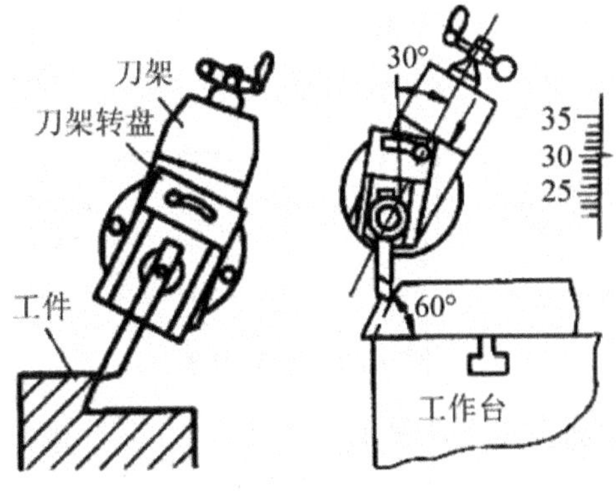

图 1.18　刨斜面

⑥ 刨沟槽。刨削沟槽时，一般先在工件端面划出加工线，然后装夹找正，为保证加工精度，应在一次装夹中完成加工。

a．刨直槽。刨直槽时，选用切槽刀，刨削过程与刨垂直面方法相似，如图 1.19(a)所示，用切槽刀垂直进给即可。如果槽较宽，可以先切至规定槽深，再横向进给依次切至规定槽宽和槽深。

b．刨燕尾槽。刨燕尾槽时，先刨出直槽，再用偏刀以加工斜面的方法刨出两侧凹面，如图 1.19(b)所示。

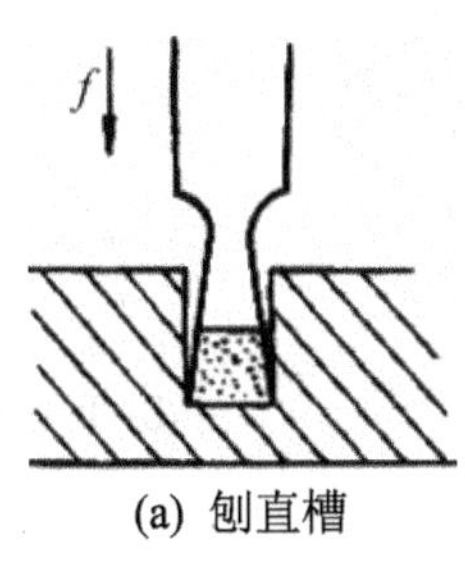

(a) 刨直槽

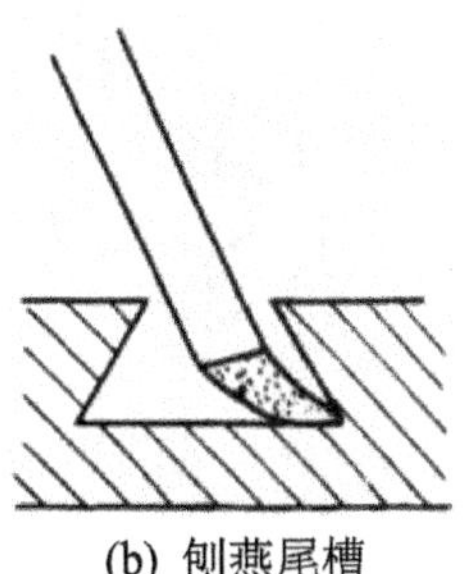

(b) 刨燕尾槽

图 1.19　刨沟槽

c．刨 T 形槽。刨 T 形槽前，应先划出 T 形槽加工线。刨 T 形槽时，如图 1.20 所示，先用切槽刀刨出直槽，然后用左、右弯刀刨出凹槽，最后用 45°刨刀刨出倒角。

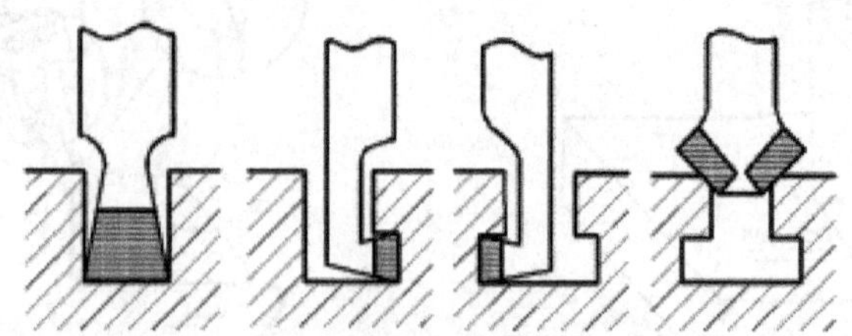

图 1.20　刨 T 形槽

d．刨 V 形槽。刨 V 形槽时，如图 1.21 所示，可用与刨燕尾槽类似方法刨削。其刨削方法是将刨平面与刨斜面的方法综合进行：

——先用刨平面的方法刨出 V 形槽轮廓；

——用切槽刀切出 V 形槽的退刀槽；

——用刨斜面的方法刨出左、右斜面。

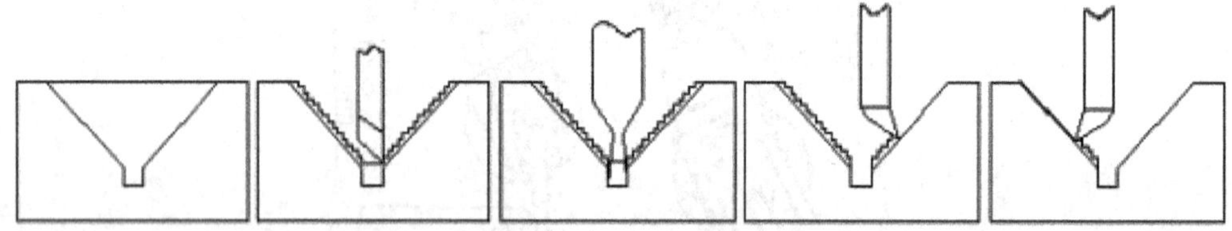

图 1.21　刨 V 形槽

e．刨成形面。刨成形面有以下两种加工方法。

——按划线位置加工，将母线为直线的成形面轮廓线划在工件上，由操作者通过刀架垂直进给和工作台横向进给来加工，如图 1.22(a)所示。该法用手动控制进给比较困难，要求工人有较高的操作水平，加工质量较低，生产效率也不高，主要用于单件生产或修理工作中加工精度要求不高的零件。

——成形刀加工，将成形刀磨制成与要求得到的成形面相适应的形状，即可对工件进行加工，如图 1.22(b)所示。成形刀加工的优点是操作简单，质量稳定，单件、成批生产均可适应；缺点是成形面横截面不能太大。

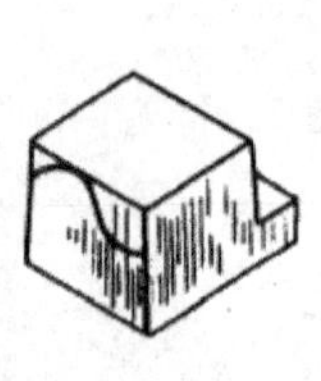
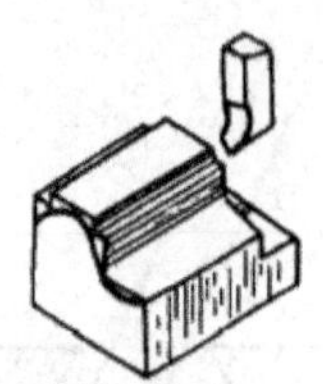
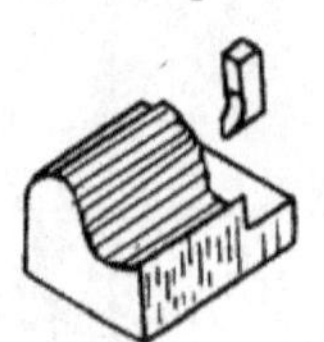

(a) 按划线位置刨成形面

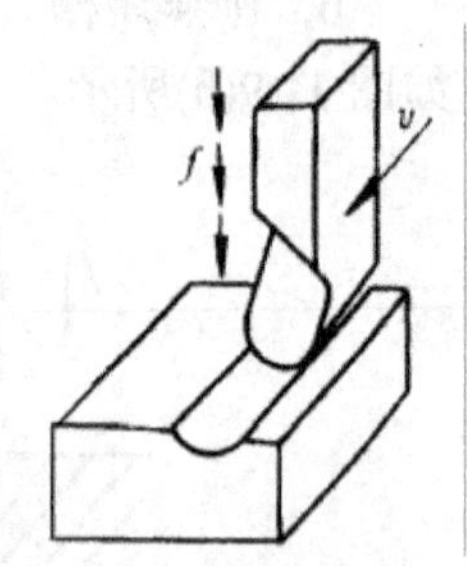

(b) 用成形刀刨成形面

图 1.22　刨成形面

(5) 刨削加工的工艺特点。

① 刨床结构简单，调整、操作方便；刨刀制造、刃磨、安装容易，加工费用低。

② 牛头刨床的刀具只在一个运动方向上进行切削，刀具在返回时不进行切削，空行程损失大，此外，滑枕在换向的瞬间有较大的冲击惯性，因此主运动速度不能太高；加工时通常只能单刀加工，所以它的生产率比较低。刨削加工切削速度低，加之空行程所造成的损失，生产率一般较低。但在加工窄长面和进行多件或多刀加工时，刨削的生产率并不比铣削低。

③ 刨削特别适宜加工尺寸较大的T形槽、燕尾槽及窄长的平面。

④ 加工精度不高。刨削的加工精度一般可达IT9～IT7级，表面粗糙*Ra*为12.5～1.6μm。在龙门刨床上用宽刃精刨刀细刨时，*Ra*可达0.8～0.4μm。

(6) 刨床的维护保养。

① 对采用摩擦离合器起动的刨床，不宜用直接接通或断开电源的方法来进行起动或停车。正确的方法是：先接通电源(这时离合器必须脱开)，起动电动机，然后再用摩擦离合器起动机床。

② 变换滑枕速度或测量工件尺寸时，必须先脱开摩擦离合器，使滑枕停止运动。

③ 工作台上下移动时，必须先松开工作台底面支架的手柄旋帽。工作台位置固定后，必须旋紧手柄旋帽。手动进给时，应将工作台进给变向手柄置于中间位置。

④ 机床运转过程中，要注意观察油塔内油液是否清洁和顺利输送、油池储油是否符合要求，以保证机床能充分润滑。

⑤ 机床导轨面必须保持清洁和润滑，工作完毕后要做好机床的清洁工作，并在外露的运动配合面上涂润滑油。

特别提示

刨削安全操作规程

(1) 加工零件时，操作者应站在机床的两侧，以防工件因未夹紧，受刨削力作用冲出而误伤人体。一般应使机床用平口虎钳的钳口与滑枕运动方向垂直较安全。

(2) 在进行了牛头刨床的各种调整后，必须拧紧锁紧手柄，防止所调整的部位在工作中自动移位而造成人机事故。

(3) 工作台快速运动时，应取下曲柄摇手，以免伤人。为了避免刨刀返回时把工件已加工表面拉毛，在刨刀返回行程时，可用手掀起刀座上的抬刀板，使刀尖不与工件接触。

2) 插削

插削和刨削的切削方式基本相同，只是插削是在竖直方向进行切削。因此，可以认为插床是一种立式的刨床。图1.23是插床的外形图。插削加工时，滑枕2带动插刀沿垂直方向作直线往复运动，实现切削过程的主运动。工件安装在圆工作台1上，圆工作台可实现纵向、横向和圆周方向的间歇进给运动。此外，利用分度装置5，圆工作台还可进行圆周分度。滑枕导轨座3和滑枕一起可以绕销轴4在垂直平面内相对立柱倾斜0°～8°，以便插削斜槽和斜面。

插床的主参数是最大插削长度。插削主要用于单件小批生产中加工工件的内表面，如方孔、多边形孔和键槽等。在插床上加工内表面，比刨床方便，但插刀刀杆刚性差，为防止“扎刀”，前角不宜过大，因此加工精度比刨削低。

图 1.23　插床

1—圆工作台；2—滑枕；3—滑枕导轨座；4—销轴；5—分度装置；6—床鞍；7—溜板

2. 铣削加工

所谓铣削(milling)，就是以铣刀旋转做主运动，工件或铣刀作进给运动的切削加工方法。利用各种铣床、铣刀和附件，可以铣削平面、沟槽、弧形面、螺旋槽、齿轮、凸轮和特形面等，如图 1.24 所示。铣削是平面加工中应用最普遍的一种方法，一般经粗铣、精铣后，尺寸精度可达 IT9～IT7，表面粗糙度 Ra 可达 12.5～1.6μm。铣削加工适用于单件小批生产，也适用于大批大量生产。

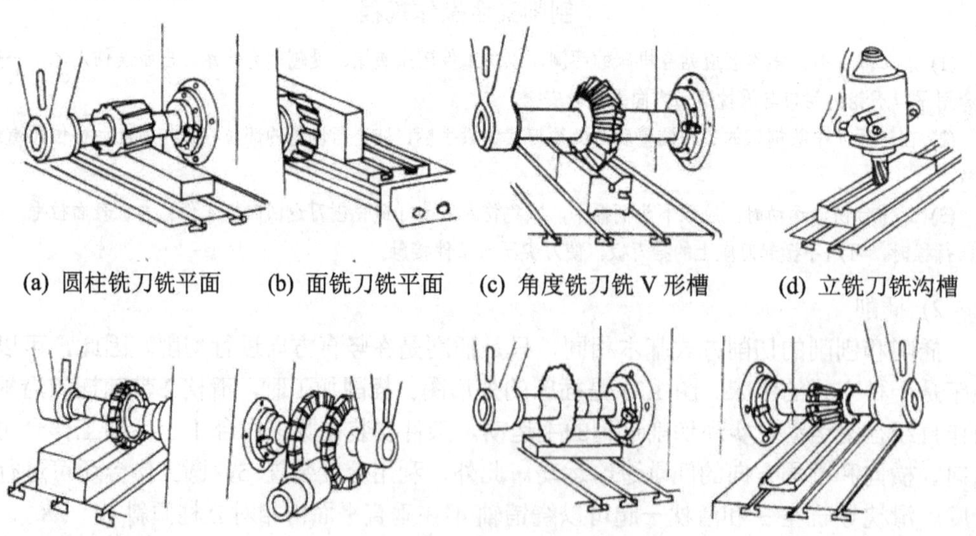

(a) 圆柱铣刀铣平面　(b) 面铣刀铣平面　(c) 角度铣刀铣 V 形槽　(d) 立铣刀铣沟槽

(e) 三面刀刃铣刀铣台阶　(f) 组合铣刀铣两侧面　(g) 锯片铣刀切断　(h) 成形刀铣成形面

图 1.24　铣削加工的工艺范围

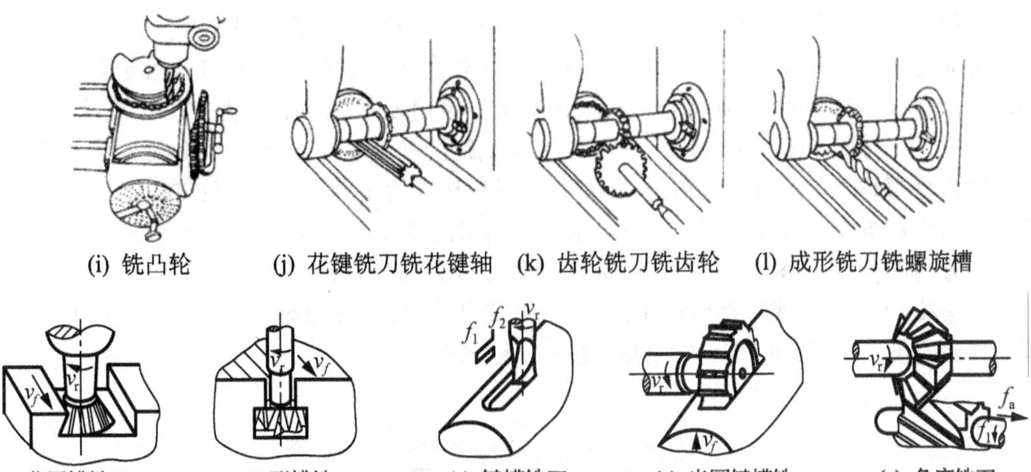

图 1.24　铣削加工的工艺范围(续)

铣床工作时的主运动是主轴部件带动铣刀的旋转运动，进给运动是由工作台在 3 个互相垂直方向的直线运动来实现的。图 1.25 所示分别为圆柱铣刀和面铣刀的切削运动。

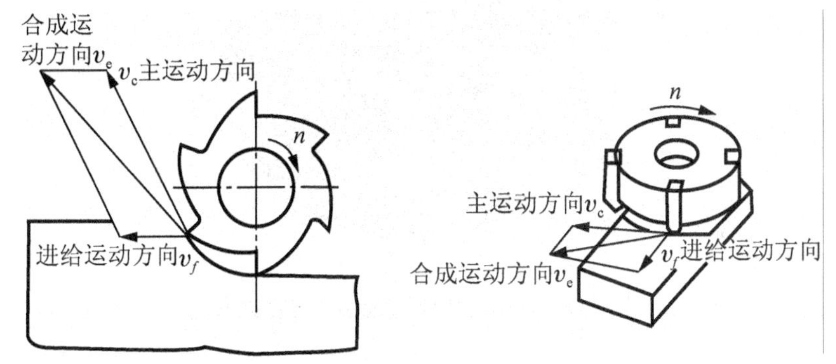

图 1.25　圆柱铣刀和面铣刀的切削运动

1) 铣床(milling machine)及其附件

铣床是用铣刀进行切削加工的机床，它的用途极为广泛。在铣床上采用不同类型的铣刀，配备万能分度头、回转工作台等附件，可以完成如图 1.24 所示的各种典型表面加工。

由于铣床上使用的是多齿刀具，切削过程中存在冲击和振动，这就要求铣床在结构上具有较高的刚度。铣床种类很多，主要类型有卧式升降台铣床、立式升降台铣床、工作台不升降铣床、龙门铣床、工具铣床；此外，还有仿形铣床、仪表铣床和各种专门化铣床(如键槽铣床、曲轴铣床)等。随着机床数控技术的发展，数控铣床、镗铣加工中心的应用也越来越普遍。常用的铣床是升降台铣床，它的主要特征是有沿床身垂直导轨运动的升降台，工作台可随着升降台作上下(垂直)运动。工作台本身在升降台上面又可作纵向和横向运动。这类铣床按主轴位置不同可分为卧式万能升降台铣床和立式升降台铣床两种。

(1) 卧式万能升降台铣床。卧式万能升降台铣床是指主轴轴线呈水平安置的，工作台可以作纵向、横向和垂直运动，并可在水平平面内调整一定角度的铣床。图 1.26 是一种应用最为广泛的卧式万能升降台铣床外形图。加工时，铣刀装夹在刀杆上，刀杆一端安装在主轴 5 的锥孔中，另一端由横梁 7 右端的刀杆支架 6 支承，以提高其刚度。驱动铣刀作旋转主运动的主轴变速机构 3 安装在床身 4 内。工作台 8 可沿转台 9 上的燕尾导轨作纵向运动，转台 9 可相对于床鞍 10 绕垂直轴线调整至一定角度(±45°)，以便加工螺旋槽等表面。床鞍 10 可沿升降台 11 上的导轨作平行于主轴轴线的横向运动，升降台 11 则可沿床身 4 侧面导轨作垂直运动。进给变速机构 12 及其操纵机构都置于升降台内。这样，用螺栓、压板或机床用平口虎钳或专用夹具装夹在工作台 8 上的工件便可以随工作台一起在 3 个方向实现任一方向的位置调整或进给运动。(X6132 型卧式万能升降台铣床的编号说明：X6132 中，X——铣床；6——卧式升降台铣床；1——万能升降台铣床；32——工作台宽度的 1/10，即工作台宽度为 320mm。X6132 的旧编号为 X62W)

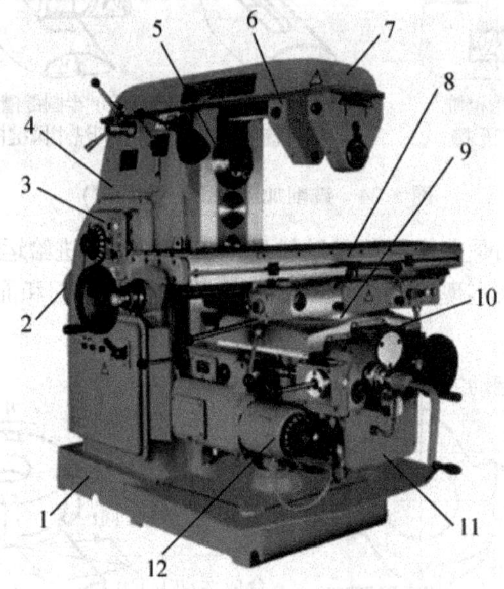

图 1.26　X6132 型卧式万能升降台铣床

1—底座；2—主电动机；3—主轴变速机构；4—床身；5—主轴；6—刀杆支架；
7—横梁；8—工作台；9—转台；10—床鞍；11—升降台；12—进给变速机构

X6132 型卧式万能升降台铣床的主要组成部分如图 1.26 所示。

——床身 4：床身用来固定和支承铣床上所有的部件。主电动机 2、主轴变速机构 3、主轴 5 等安装在它的内部。

——横梁 7：横梁的上面可安装刀杆支架 6，用来支承刀杆外伸的一端，以加强刀杆的刚性。横梁可沿床身的水平导轨移动，以调整其伸出的长度。

——主轴 5：主轴是空心轴，前端有 7∶24 的精密锥孔。其作用是安装铣刀刀杆并带动铣刀旋转。

——工作台 8：纵向工作台可以在转台的导轨上作纵向移动，以带动台面上的工件作纵向进给。

——床鞍 10：横向工作台位于升降台上面的水平导轨上，可带动纵向工作台一起作横向进给。

——转台 9：转台的唯一作用是能将纵向工作台在水平面内扳转一个角度(正、反最大均可转过 45°)，以便铣削螺旋槽等。带有转台的卧式铣床，由于其工作台除了能作纵向、

横向和垂直方向移动外，尚能在水平面内左右扳转 45°，因此称为万能卧式铣床。

——升降台 11：升降台可以使整个工作台沿床身的垂直导轨上下移动，以调整工作台面到铣刀的距离，并作垂直进给。

卧式升降台铣床结构与卧式万能升降台铣床基本相同，但卧式升降台铣床在工作台和床鞍之间没有回转盘，因此工作台不能在水平面内调整角度。这种铣床除了不能铣削螺旋槽外，可以完成和卧式万能升降台铣床一样的各种铣削加工。卧式万能升降台铣床及卧式升降台铣床的主参数是工作台面宽度，它们主要用于中、小零件的加工。

(2) 立式升降台铣床。立式升降台铣床与卧式升降台铣床的主要区别仅在于它的主轴轴线与工作台台面垂直。图 1.27 为常见的一种立式升降台铣床外形图，其工作台 6、床鞍 9 及升降台 7 与卧式升降台铣床相同。立铣头 4 可在垂直平面内旋转一定的角度，以扩大加工范围，主轴可沿轴线方向进行调整或作进给运动。

铣削时，铣刀安装在与主轴相连接的刀轴上，绕主轴作旋转运动，被切削工件装夹在工作台上，对铣刀作相对运动，完成切削过程。

立式铣床加工范围很广，通常在其上可以应用面铣刀、立铣刀、成形铣刀等，铣削各种沟槽，平面；另外，利用机床附件，如回转工作台、分度头，还可以加工圆弧、曲线表面、齿轮、螺旋槽、离合器等较复杂的零件；当生产批量较大时，在立式铣床上采用硬质合金刀具进行高速铣削，可以大大提高生产效率。

立式铣床与卧式铣床相比，在操作方面还具有观察清楚、检查调整方便等特点。

立式铣床按其立铣头的不同结构，又可分为以下两种。

① 立铣头与机床床身成一整体，这种立式铣床刚性比较好，但加工范围比较小。

② 立铣头与机床床身之间有一回转盘，盘上有刻度线，主轴随立铣头可扳转一定角度，以适应铣削各种角度面、椭圆孔等工件。由于该种铣床立铣头可回转，所以目前在生产中应用广泛。

图 1.27　X5032 型立式升降台铣床

1—机床电器部分；2—床身部分；3—变速操纵部分；4—立铣头；
5—冷却部分；6—工作台；7—升降台；8—进给变速部分；9—床鞍

(3) 龙门铣床。龙门铣床是一种大型高效能通用机床，主要用于加工各类大型工件上的平面、沟槽，它不仅可以对工件进行粗铣、半精铣，也可以进行精铣加工。图 1.28 为具有 3 个铣头的中型龙门铣床。3 个铣头分别安装在横梁和立柱上，并可单独沿横梁或立柱的导轨作调整位置的移动。每个铣头既是一个独立的主运动部件，又能由铣头主轴套筒带动铣刀主轴沿轴向实现进给运动和调整位置的移动，根据加工需要，每个铣头还能旋转一定的角度。加工时，工作台带动工件作纵向进给运动，其余运动均由铣头实现。由于龙门铣床的刚性和抗振性比龙门刨床好，它允许采用较大切削用量，并可用几个铣头同时从不同方向加工几个表面，机床生产效率高，在成批和大量生产中得到广泛应用。龙门铣床的主参数是工作台面宽度。

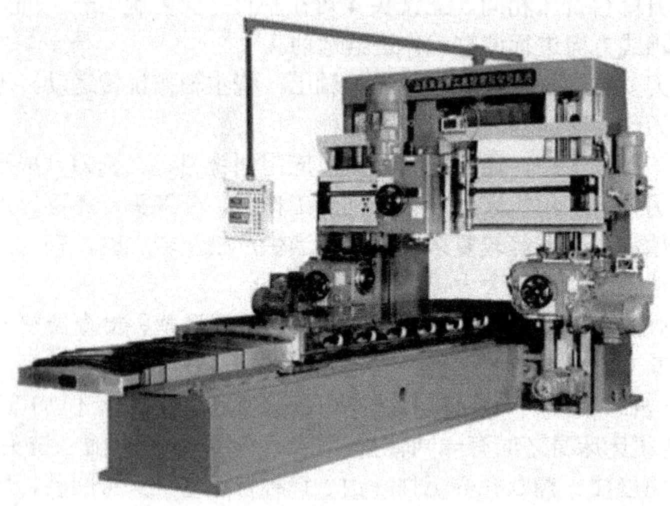

图 1.28　龙门铣床外形图

(4) 铣床附件(accessory)。铣床配备有多种附件，用来扩大工艺范围，常用的有平口虎钳、立铣头、回转工作台(圆工作台)和万能分度头 4 种。

① 平口虎钳(parallel-jaw vice)。平口虎钳的底座可以通过 T 型螺栓与铣床工作台稳固连接，钳口可夹持体积较小、形状较规则的工件，如图 1.29 所示。在铣床上安装平口虎钳时，应用百分表校正固定钳口与工作台面的垂直度、平行度。

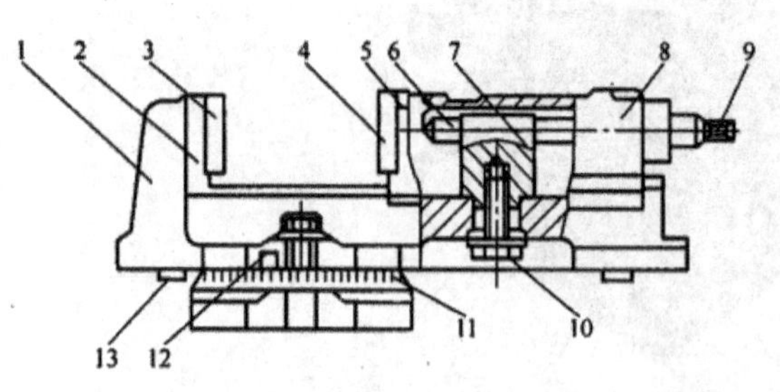

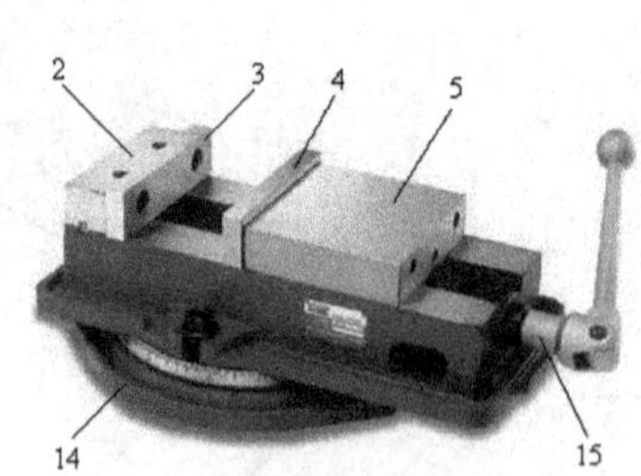

图 1.29　机用平口虎钳

1—钳体；2—固定钳口；3、4—钳口铁；5—活动钳口；6—丝杆；7—螺母；8—活动座；9—方头；10—吊装螺钉；11—回转底盘；12—钳座零线；13—定位键；14—底座；15—螺杆

② 立铣头(vertical milling head)。立铣头安装在卧式铣床上，使卧式铣床可以完成立式铣床的工作，扩大了卧式铣床的加工范围，其主轴与铣床主轴的传动比为 1∶1。万能立铣头外形如图 1.30 所示。万能立铣头的壳体可根据加工要求绕铣床主轴偏转任意角度，使卧式铣床的加工范围更大。虽然加装立铣头的卧式铣床可以完成立式铣床的工作，但由于立铣头与卧式铣床的连接刚度比立式铣床差，铣削加工时切削量不能太大，所以不能完全替代立式铣床。

③ 回转工作台(rotating table)。回转工作台简称转台，如图 1.31 所示，摇动手轮时，通过蜗轮蜗杆传动机构，使转台绕中心轴线回转。回转工作台可用 T 型螺栓固定在铣床工作台上，主要用来对工件进行分度和进行圆弧面、圆弧槽的铣削加工。

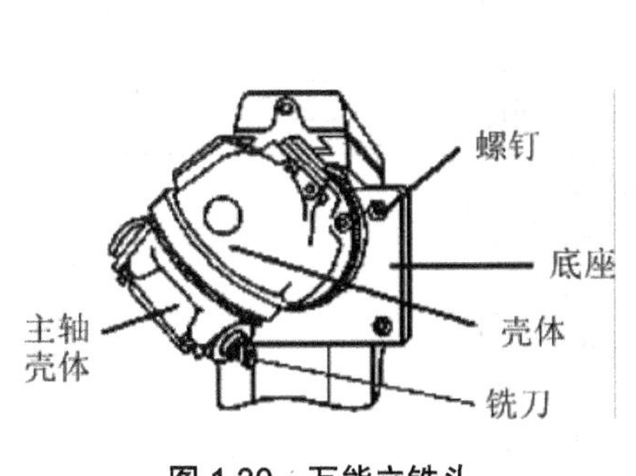

图 1.30　万能立铣头

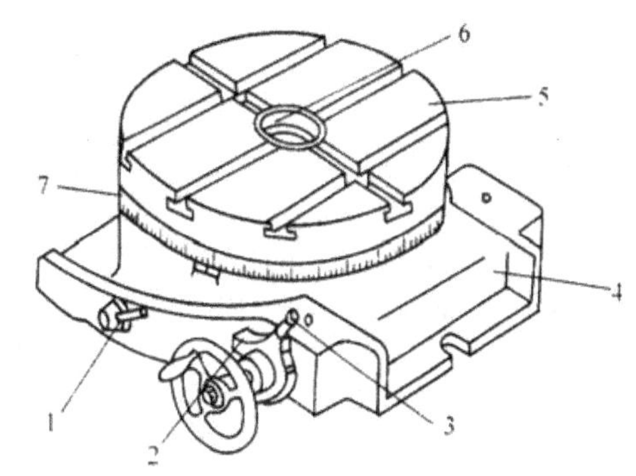

图 1.31　手动回转工作台

1—锁紧手柄；2—偏心套锁紧螺钉；3—偏心销；
4—底座；5—工作台；6—定位台阶圆锥孔；7—刻度圈

1. 回转工作台的种类

回转工作台有机动回转工作台、手动回转工作台、立卧回转工作台、可倾回转工作台和万能回转工作台等多种类型。

常用的是立轴式手动回转工作台(图 1.31)和机动回转工作台(图 1.32)，又称机动手动回转工作台。常用手动回转工作台的型号有 T12160、T12200、T12250、T12320、T12400、T12500 等。机动回转工作台型号有 T11160 等。回转工作台的主要参数包括工作台面直径、工作台锥孔锥度、传动比、蜗杆副模数等。

2. 回转工作台的外形结构和传动系统

图 1.31 中，回转工作台 5 的台面上有数条 T 形槽，供装夹工件和辅助夹具穿装 T 型螺栓用，工作台的回转轴上端有定位圆台阶孔和锥孔 6，工作台的周边有 360° 的刻度圈，在底座 4 前面有 0 线刻度，供操作时观察工作台的回转角度。

底座前面左侧的手柄 1，可锁紧或松开回转工作台。使用机床工作台作直线进给铣削时，应锁紧回转工作台，使用回转工作台作圆周进给进行铣削或分度时，应松开回转工作台。

底座前面右侧的手轮与蜗杆同轴连接，转动手轮使蜗杆旋转，从而带动与回转工作台主轴连接的蜗轮旋转，以实现装夹在工作台上的工件作圆周进给和分度运动。(手轮轴上装有刻度盘，若蜗轮是 90 齿，则刻度盘一周为 4°)，每一格的示值为 4° /*n*，*n* 为刻度盘的刻度格数。

偏心销 3 与穿装蜗杆的偏心套联结，如松开偏心套锁紧螺钉 2，使偏心销 3 插入蜗杆副啮合定位槽或脱开定位槽，可使蜗轮蜗杆处于啮合或脱开位置：当蜗轮蜗杆处于啮合位置时应锁紧偏心套，处于脱开位置时，可直接用手推动转台旋转至所需要位置。

在图 1.32 中，机动回转工作台与手动回转台的结构基本相同，主要区别是机动回转工作台能利用万向联轴器 5，由机床传动装置通过传动齿轮箱 6 带动传动轴而使转台旋转，不需要机动时，将离合器手柄处于中间位置，直接转动手轮作手动操作。作机动操作时，逆时针扳动或顺时针扳动离合器手柄，可使回转工作台获得正、反方向的机动旋转。在回转工作台的圆周中部圈槽内装有机动挡铁 7，调节挡铁的位置，可利用挡铁 7 推动拨块 4，使机动旋转自动停止，用以控制圆周进给传动。

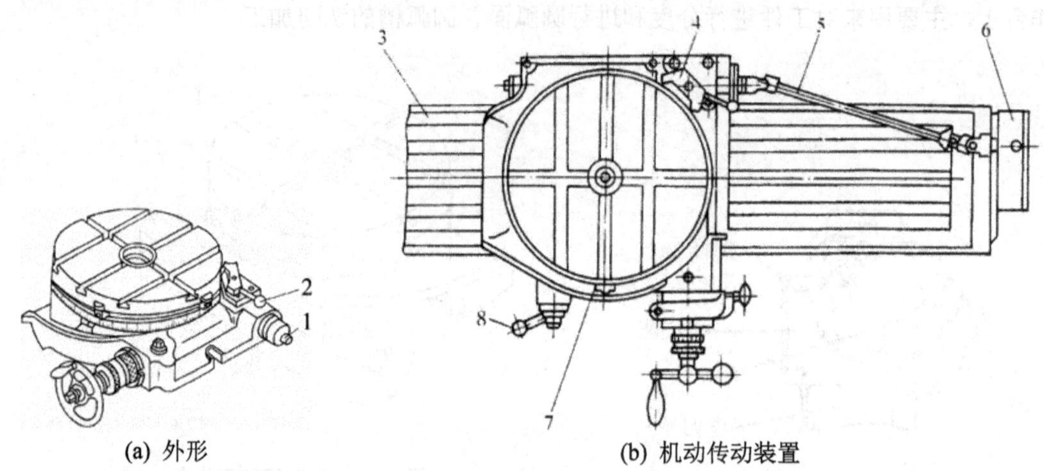

(a) 外形　　(b) 机动传动装置

图 1.32　机动回转工作台

1—传动轴；2—离合器手柄；3—机床工作台；4—离台器手柄拨块；
5—万向联轴器；6—传动齿轮箱；7—挡铁；8—锁紧手柄

3. 回转工作台简单分度操作

在铣床上加工如图 1.33 所示的等分孔板时，分度操作须按以下步骤做好准备。

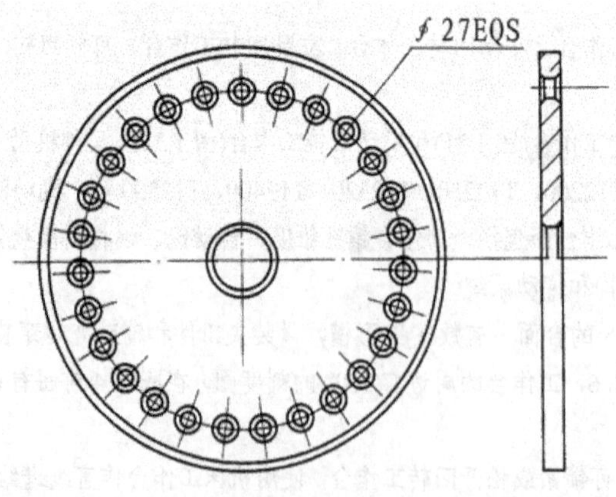

图 1.33　等分孔板零件图

1) 分析分度数

(1) 要加工的等分孔板为 27 孔均布，即等分数为 27，工件直径为 200mm 的圆周等分。

(2) 查分度盘的孔圈数规格，有 27 的倍数 54 孔圈，即可进行简单分度。

2) 安装回转工作台

(1) 选择回转工作台型号。根据工件直径，选用 T12320 型回转工作台，传动比为 1∶90。

(2) 安装回转工作台。擦净回转工作台底面和定位键的侧面，将回转台安装在工作台中间的 T 形槽内，用 M16 的 T 型螺栓压紧回转台。

(3) 计算分度手柄转数 n。

按简单分度法计算公式和等分数 $Z=27$，本例回转工作台分度手柄转数为

$$n=\frac{90}{z}=\frac{90}{27}=3\frac{9}{27}=3\frac{1}{3}=3\frac{22}{66}$$

(4) 调整分度装置。

① 选装分度盘。若原装在回转工作台的分度装置是分度手柄与刻度盘，须换装分度盘和带分度销的分度手柄。选择和安装有 66 孔圈的分度盘，具体操作步骤与分度头类似。

② 调整分度销位置。松开分度销紧固螺母，将分度销对准 66 孔圈位置，然后旋紧紧固螺母。

③ 调整分度叉位置。松开分度叉紧固螺钉，拨动叉片，使分度叉之间含 22 个孔距(即 23 个孔)，并紧固分度叉。

3) 简单分度操作

(1) 消除分度间隙。在分度操作前，应按分度方向，一般是顺时针方向摇分度手柄，消除分度传动机构的间隙。

(2) 确定起始位置。回转工作台面圆周边缘的刻度从零位开始，而分度销的起始位置从两边刻有孔圈数的圈孔位置开始。

(3) 分度过程中进行校核时应用以下验算方法。

① 校核分度过程中的任一等分数 Z_i 时，如 27 等分的操作过程中，等分数 $Z_i=6$ 时，分度叉孔距的累计数为

$$n_i=n_1\times Z_i=22\times 6=132$$

132 恰好是 66 的 2 倍，故分度销应重新回复到起始孔位置，即本例每经过 3 次等分操作，即 $n_i=n_1\times Z_i=22\times 3=66$，分度销应重新回复到起始孔位置。

② 本例为 27 等分，每一等分的中心角 θ_1 为 360°/27≈13.33°，第 12 次等分后，分度头主轴应转过的度数为

$$\theta_i=\theta_1\times Z_i\approx 13.33\times 12=159.96°$$

③ 本例须进行孔加工位置划线，可通过工件等分位置的间距来判断分度的准确性。本例工件孔加工位置分度直径为 150mm，27 等分后，每一等分所占的等分圆周弦长 s_n 为

$$s_n=D\sin\frac{180°}{z}=(150\times\sin\frac{180°}{27})\text{mm}=17.41\text{mm}$$

(4) 分度操作。拔出分度销，将分度销锁定在收缩位置，分度手柄转过 3 圈又 66 孔中的 22 个孔距，将分度销插入圈孔中。如等分用于加工，应注意分度前松开回转台主轴紧固手柄，分度后锁紧主轴紧固手柄。

④ 万能分度头(universal dividing head)。万能分度头是重要的铣床附件，利用分度头，可以根据加工的要求将工件在水平、倾斜或垂直的位置上进行装夹分度，如铣削多边形工件、花键、齿轮等，还可与工作台联动铣削螺旋槽。在铣床上使用的分度头有万能分度头、半万能分度头和等分分度头 3 种，其中万能分度头用途最为广泛。

目前常用的万能分度头型号有 FW125、FW200、FW250 和 FW300 等几种。图 1.34 所示为 FW250 型万能分度头的外部结构和传动系统。

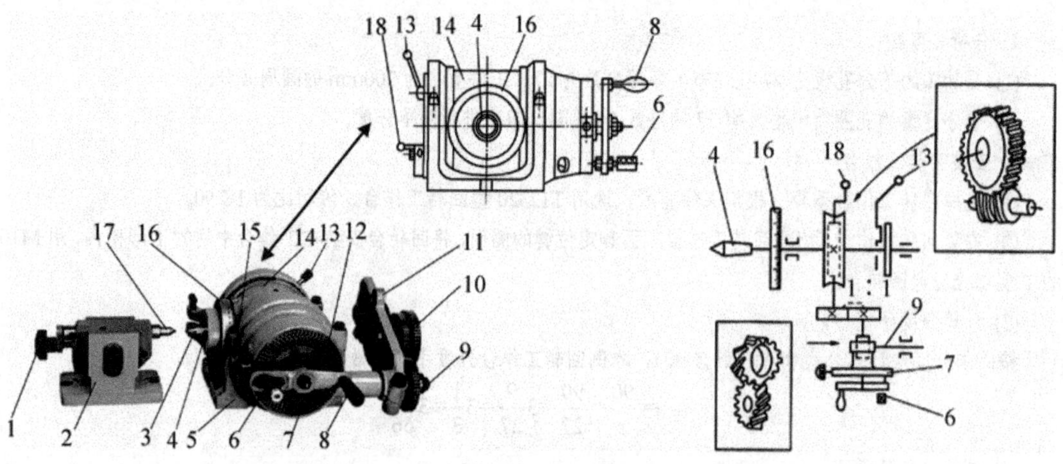

图 1.34　FW250 型万能分度头外部结构和传动系统

1—尾座旋钮；2—尾座；3—顶尖；4—主轴；5—底座；6—分度定位销；7—分度盘；8—分度手柄；9—交换齿轮轴；10—挂轮；11—挂轮支架；12—分度叉；13—主轴锁紧手柄；14—壳体；15—孔盘紧固螺钉；16—刻度盘；17—尾座顶尖；18—蜗杆脱落手柄

1. 万能分度头简介(以 FW250 为例)

1) 万能分度头的型号及功用

(1) 万能分度头的型号及其含义。

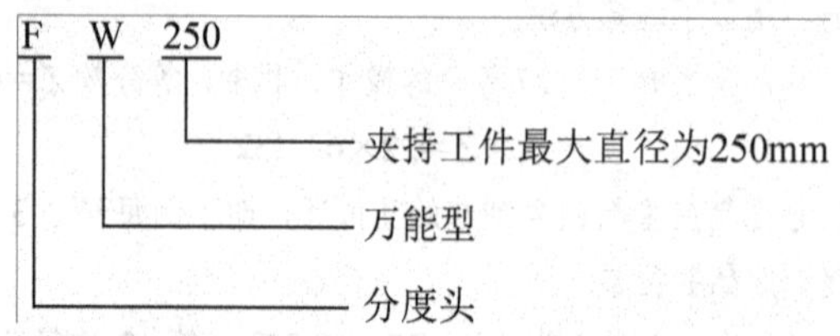

(2) 万能分度头的功用。

① 能够将工件作任意的圆周等分，或通过交换齿轮作直线移距分度。

② 能在−6°～+90°的范围内，将工件轴线装夹成水平、垂直或倾斜的位置。

③ 能通过交换齿轮，使工件随分度头主轴旋转和工作台直线进给，实现等速螺旋运动，用以铣削螺旋面和等速凸轮的型面。

2) 万能分度头的主要组成部分(图 1.34)及功用

(1) 主轴 4。分度头主轴是一空心轴，前后两端均为莫氏 4 号锥孔(FW250 型)，前端锥孔用来安装顶尖或锥度心轴，后端锥孔用来安装交换齿轮轴，作为差动分度、直线移距及加工小导程螺旋面时安装交换齿轮之用。主轴前端的外部有一段定位锥体(短圆锥)，用于三爪自定心卡盘连接盘的安装定位。

(2) 底座 5。底座是分度头的本体，分度头的大部分零件均装在底座上。底座底面槽内装有两块定位键，可与铣床工作台面上的(中央)T 形槽相配合，以实现精确定位。

(3) 分度定位销 6。分度定位销安装在分度手柄曲柄的另一端，可随曲柄转动与分度叉配合进行准确分度。

(4) 分度盘 7。分度盘(又称孔盘)装在分度手柄轴上，盘上(正、反面)有若干圈在圆周上均布的定位孔，作为各种分度计算和实施分度的依据。分度盘配合分度手柄完成不是整转数的分度工作。不同型号的分度头都配有 1 块或 2 块分度盘，FW250 型万能分度头有 2 块分度盘。分度盘上孔圈的孔数见表 1-1。

表 1-1　分度盘孔圈数表

盘块面	盘的孔圈数
配 1 块分度盘	正面：24、25、28、30、34、37、38、39、41、42、43 反面：46、47、49、51、53、54、57、58、59、62、66
配 2 块分度盘	第一块正面：24、25、28、30、34、37 反面：38、39、41、42、43 第二块正面：46、47、49、51、53、54 反面：57、58、59、62、6

使用孔盘可以解决分度手柄不是整转数的分度，进行一般的分度操作。

(5) 分度手柄 8。分度时，摇动分度手柄，主轴即可按一定传动比回转。

(6) 交换齿轮轴 9。交换齿轮轴又称外伸轴，用于与分度头主轴间或铣床工作台纵向丝杠间安装交换齿轮，进行差动分度或铣削螺旋面或直线移距分度。

(7) 分度叉 12。分度叉由两个叉脚组成，其开合角度的大小按分度手柄 8 所需转过的孔距数予以调整并固定。分度叉的功用是防止分度差错和方便分度。

松开孔盘紧固螺钉 15，可任意调整两叉之间的孔数，为了防止分度手柄带动分度叉转动，用弹簧片将它压紧在孔盘上。分度叉两叉之间的实际孔数应比所需的孔距数多一个孔，因为第一个孔是作起始孔而不计数的。图 1.35 所示为每分度一次摇过 5 个孔距的情况。

(8) 主轴锁紧手柄 13。主轴锁紧手柄通常用于在分度后锁紧主轴，使铣削力不致直接作用在分度头的蜗杆、蜗轮上，减少铣削时的振动，保持分度头的分度精度。

(9) 壳体 14。壳体是安装分度头主轴等零件的壳体形零件。主轴 4 可随回转体沿底座 5 的环形导轨转动，使主轴轴线在−6°～90° 的范围内作不同仰角的调整。调整时，应先松开底座上靠近主轴后端的两个螺母，调整后再予以紧固。

(10) 刻度盘 16。刻度盘固定在主轴 4 的前端，与主轴一起转动。其圆周面上有 0°～360° 的刻线，在直接分度时用来确定主轴转过的角度。

(11) 蜗杆脱落手柄 18。蜗杆脱落手柄用以脱开蜗杆与蜗轮的啮合，以便按刻度盘 16 直接分度。

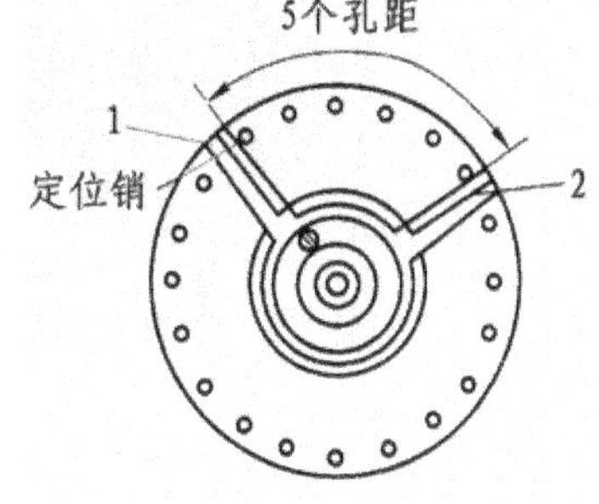

图 1.35　分度叉

1、2—分度叉脚

3) 万能分度头的附件及功用

(1) 前顶尖、拨盘和鸡心夹头。前顶尖、拨盘和鸡心夹头，如图 1.36 所示，是用来支承和装夹较长工件的。使用时，先卸下三爪自定心卡盘，将带有拨盘的前顶尖[图 1.36(a)]插入分度头主轴锥孔中，图 1.36(b)所示为拨盘，用来带动鸡心夹头和工件随分度头主轴一起转动，图 1.36(c)所示为鸡心夹头，工件可插在孔中用螺钉紧固。

前顶尖　拨盘

(a) 前顶尖　　(b) 拨盘　　(c) 鸡心夹头

图 1.36　前顶尖、拨盘和鸡心夹头

(2) 三爪自定心卡盘和法兰盘。如图 1.37 所示，它通过法兰盘安装在分度头主轴上，用来装夹工件，当扳手方榫插入小锥齿轮 2 的方孔 1 内转动时，小锥齿轮就带动大锥齿轮 3 转动。大锥齿轮的背面有一平面螺纹 4，与 3 个卡爪 5 上的牙齿啮合，因此当平面螺纹转动时，3 个卡爪就能同步进出移动。

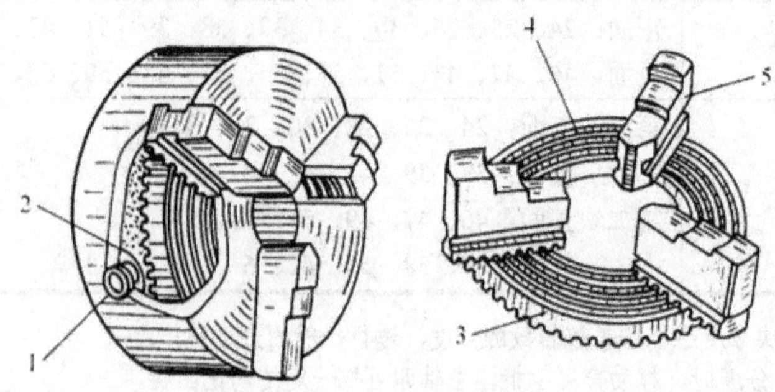

图 1.37　三爪自定心卡盘

1—方孔；2—小锥齿轮；3—大椎齿轮；4—平面螺纹；5—卡爪

例如，铣削较短的多边形工件时，可用三爪自定心卡盘装夹，如图 1.38 所示。

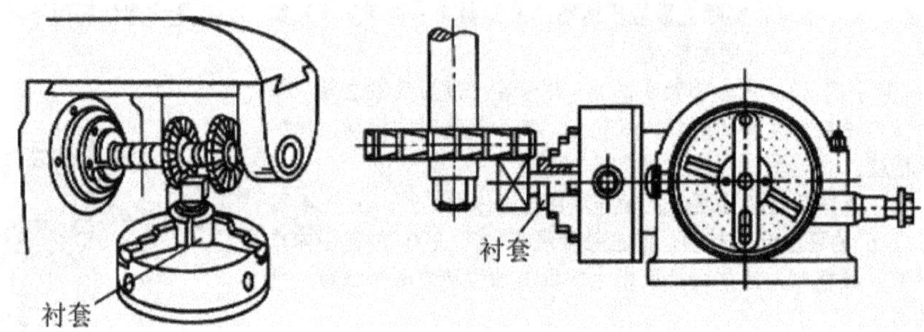

图 1.38　用三爪自定心卡盘装夹工件

(3) 尾座。尾座与分度头联合使用，一般用来支承较长的工件，如图 1.39 所示。在尾座上有一个顶尖，它和装在分度头上的前顶尖或三爪自定心卡盘一起支承工件或心轴。转动尾座手轮，可使后顶尖进出移动，以便装卸工件。后顶尖可以倾斜一个不大的角度，同时顶尖高低也可以调整，尾座下有两个定位键，用来保持后顶尖轴线与纵向进给方向一致，并和分度头轴线在同一直线上。

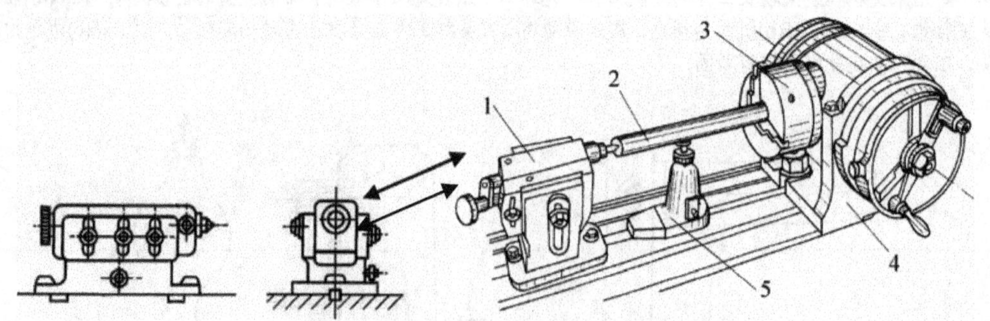

图 1.39　分度头及其附件装夹工件的方法

1—尾座；2—工件；3—三爪自定心卡盘；4—分度头；5—千斤顶

(4) 千斤顶。千斤顶用来支顶工件(图 1.40)，以增加工件的刚度，减少变形。使用时，松开锁紧螺钉 4，转动螺母 2 可使螺杆 1 上下移动，当螺杆的 V 形槽与工件接触稳固后，再拧紧锁紧螺钉。千斤顶座 3 具有较大的支承底面，以保持千斤顶的稳定性。

铣削较长的多边形工件时使用千斤顶的装夹方法如图 1.41 所示。

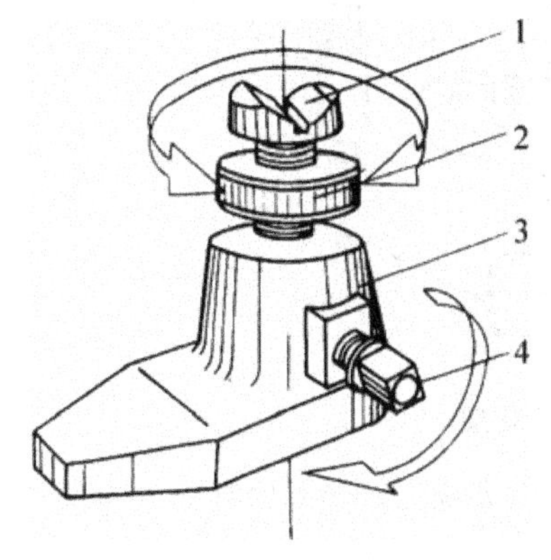

图 1.40　千斤顶

1—螺杆；2—螺母；3—千斤顶座；4—锁紧螺钉

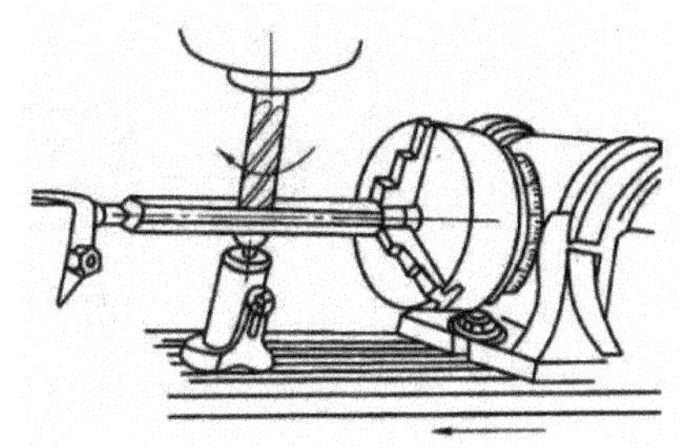

图 1.41　铣削较长的多边形工件时的装夹方法

(5) 交换齿轮轴、交换齿轮架和交换齿轮。

① 交换齿轮轴。装入分度头主轴孔内的交换齿轮轴如图 1.42(a)所示，装在交换齿轮架上的齿轮轴如图 1.42(b)所示。

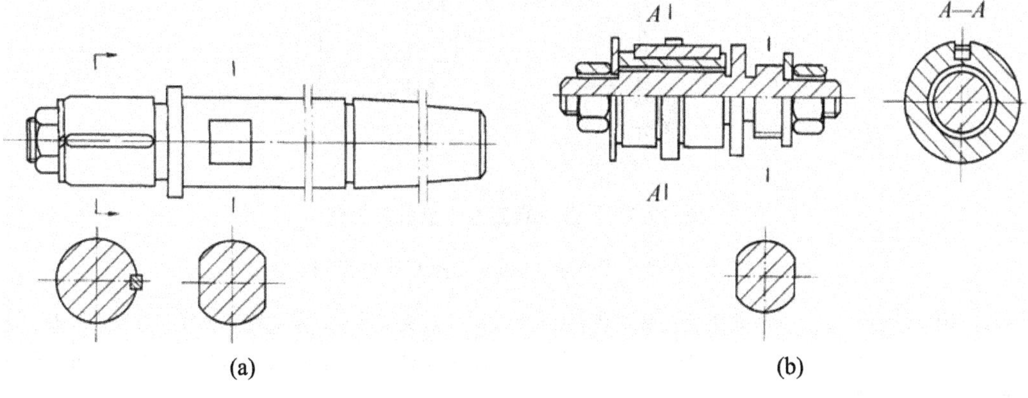

图 1.42　分度头交换齿轮轴

② 交换齿轮架。交换齿轮架安装于分度头侧轴上，用于安装交换齿轮轴及交换齿轮，如图 1.43 所示。轮架 1 安装在分度头的侧轴上，轴套 3 用来安装交换齿轮，它的另一端安装在轮架的长槽内，调整好交换齿轮后紧固在轮架上。支承板 4 通过螺纹轴 5 安装在分度头底座后方的螺孔上，用来支承轮架。锥颈轮轴 6 安装在分度头主轴后锥孔内，另一端安装在交换齿轮上。

③ 交换齿轮分度头上的交换齿轮用来做直线移距、差动分度及铣削螺旋槽等工件。FW250 型万能分度头有一套 5 的倍数的交换齿轮，即齿数分别为 25、25、30、35、40、50、55、60、70、80、90、100，共 12 只齿轮。

4) 用万能分度头装夹工件的方法

(1) 用三爪自定心卡盘装夹。加工轴类工件时，可直接用三爪自定心卡盘装夹。用百分表找正工件外圆，必要时在卡爪内垫铜片，如图 1.44 所示。用百分表找正端面时，用铜锤轻轻敲击高点，使端面圆跳动符合要求。

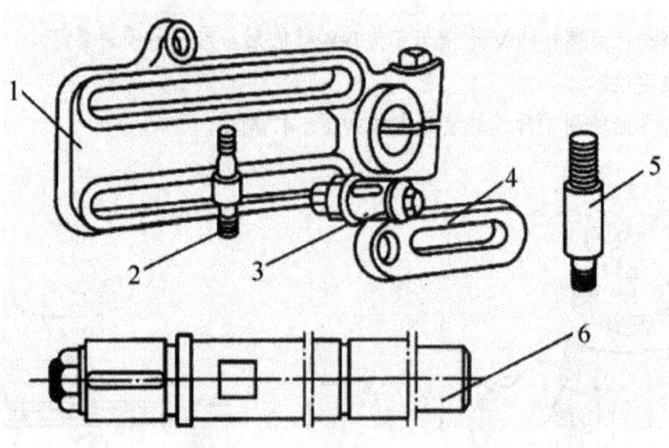

图 1.43　分度头交换齿轮架

1—轮架；2、5—螺纹轴；3—轴套；4—支承板；6—锥颈轮轴

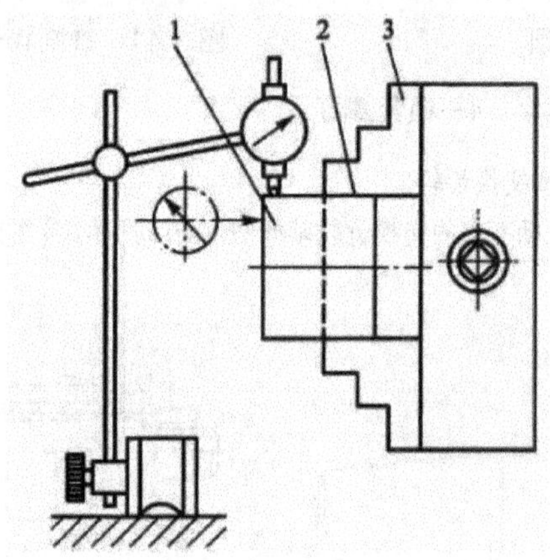

图 1.44　用三爪自定心卡盘装夹工件

1—工件；2—铜片；3—三爪自定心卡盘

(2) 用两顶尖装夹。两顶尖用于装夹两端有中心孔的工件。装夹工件前，应先找正分度头后找正尾座。找正时，取锥度心轴放入分度头主轴锥孔内，用百分表找正心轴 a 点处的圆跳动，如图 1.45 所示。符合要求后再找正心轴 a 和 a'点处的高度误差。

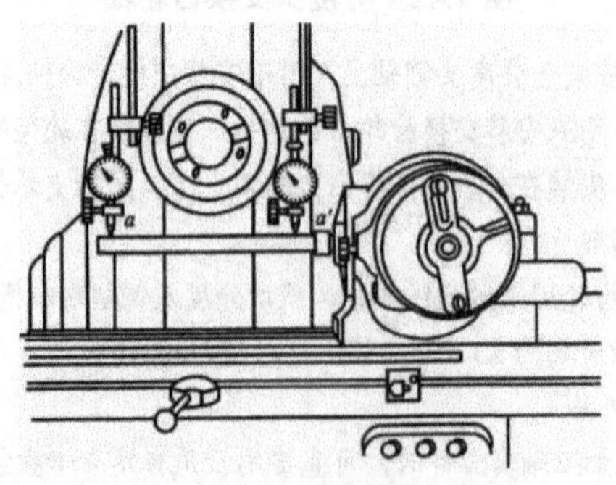

图 1.45　找正分度头主轴上素线

最后，顶上尾座顶尖检测，如不符合要求，则仅需校正尾座，使之符合要求，找正方法如图 1.46(a)、(b)所示。

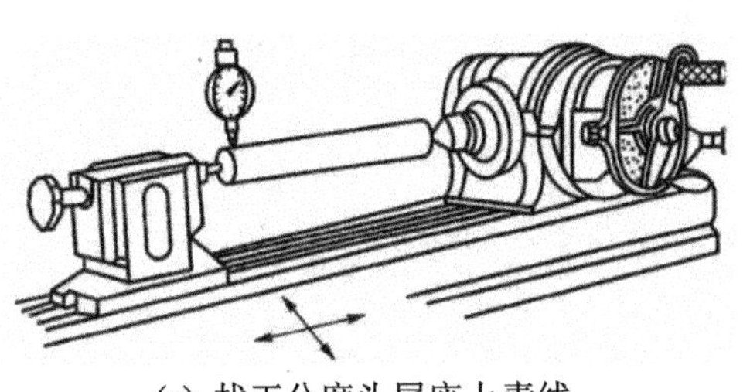

(a) 找正分度头尾座上素线

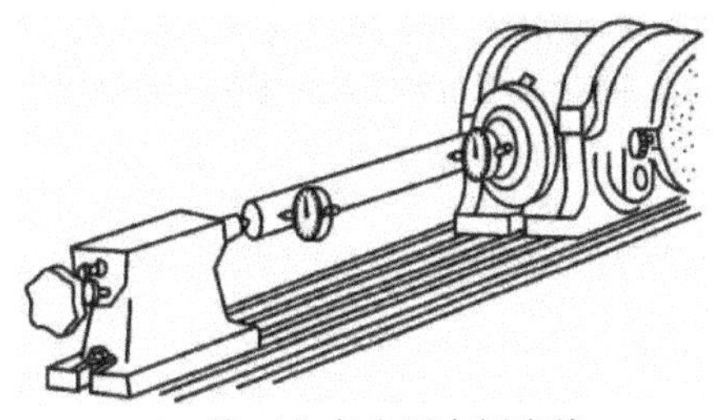

(b) 找正分度头尾座侧素线

图 1.46　找正分度头尾座素线

(3) 用一夹一顶装夹。一夹一顶装夹用于装夹较长的轴类工件。装夹工件前，应先找正分度头和尾座的同轴度和与纵向进给方向的平行度，如图 1.47 所示。

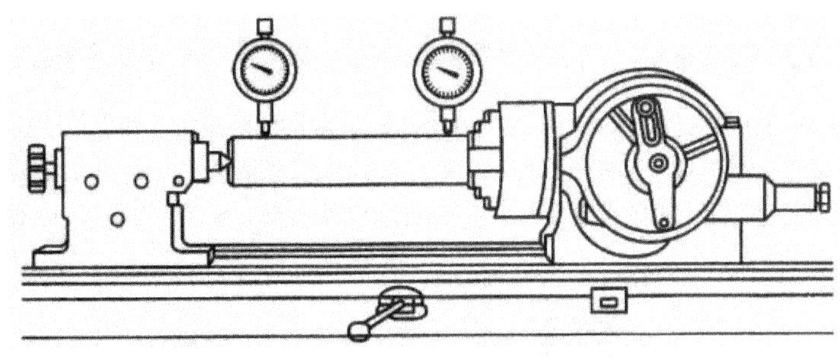

图 1.47　一夹一顶装夹工件的校正

5) 使用分度头时的注意事项

分度头是铣床的精密附件，因此在使用时应注意以下几点。

(1) 分度头蜗杆和蜗轮的啮合间隙(0.02～0.04mm)不得随意调整，以免间隙过大影响分度精度，间隙过小增加磨损。

(2) 在分度头上夹持工件时，最好先锁紧分度头主轴，切忌使用接长套管套在手柄上施力。

(3) 分度前先松开主轴锁紧手柄，分度后紧固分度头主轴；铣削螺旋槽时主轴锁紧手柄应松开。

(4) 分度时，应顺时针转动分度手柄，如手柄摇错孔位，应将手柄逆时针转动半周后再顺时针转动到规定孔位。分度定位插销应缓慢插入分度盘的孔内，切勿突然将定位插销插入孔内，以免损坏分度盘的孔眼和定位插销。

(5) 调整分度头主轴的仰角时，不应将基座上部靠近主轴前端的两个内六角形圆柱头螺钉松开，否则会使主轴的“零位”位置变动。

(6) 要经常保持分度头的清洁，使用前应清除表面脏物，并将主轴锥孔和基座底面擦拭干净，使用后将分度头擦干净放在规定的地方。

2. 分度方法与计算

分度方法包括以下几种。

1) 直接分度法

利用主轴前端刻度盘，转动分度手柄，进行能被 360° 整除倍数的分度，如 2，3，4，5，6，8，9，10，12 等，或进行任意角度的分度。例如，铣削一六方体，每铣完一面后，转动分度手柄，使刻度盘转过 60° 再铣另一面，直到铣完 6 个面为止。直接分度法分度方便，但分度精度较低。

2) 简单分度法

(1) 分度原理。简单分度法是分度中最常用的一种方法。分度时，先将分度盘固定，转动手柄使蜗杆带动蜗轮旋转，从而带动主轴和工件转过所需的度转数。

由分度头传动系统图 1.34 可知，分度手柄转过 40 r，主轴转 1r，即速比为 1∶40，比数“40”就叫做分度头

的定数。其他型号的万能分度头基本上都采用这个速比或叫定数。

分度手柄的转数 n 和工件圆周等分数 z 关系如下。

$$1:40=\frac{1}{z}:n$$

如果要将工件进行 z 等分，则每次分度需使工件转过 $1/z$ 转，分度手柄应转过的转数 n 为：

$$n=\frac{40}{z}r \tag{1-2}$$

式中：n——分度手柄转数(r)，

z——工件圆周等分数(齿数或边数)。

(2) 分度方法。例如，将工件进行 12 等分。分度手柄应转过的转数 $n=\frac{40}{12}=3\frac{1}{3}$，即手柄应转过 $3\frac{1}{3}$ 圈。手柄转整数 3 圈，余下的 $\frac{1}{3}$ 圈则需通过分度盘与分度叉来完成。首先在分度盘上找出孔数为 3 的倍数的孔圈，如 24，30，39，51，57 等，为提高分度精度，宜采用孔数较多的孔圈，在选择的孔圈上，分度手柄应转过的孔距为 $\frac{1}{3}\times$ 圈数。例如在孔数为 24 的孔圈上转过 8 个孔距(包含 9 个孔数)，在孔数为 36 的孔圈上转过 12 个孔距……为避免每分度一次，要数一次孔距的麻烦，可将分度叉上两块叉板的左侧叉板紧贴定位销[图 1.48(a)]，松开紧定螺钉，右侧叉板转过相应的孔距并拧紧。分次分度后，顺着手柄转动方向拨动分度叉，以备下一次使用[图 1.48(b)]。

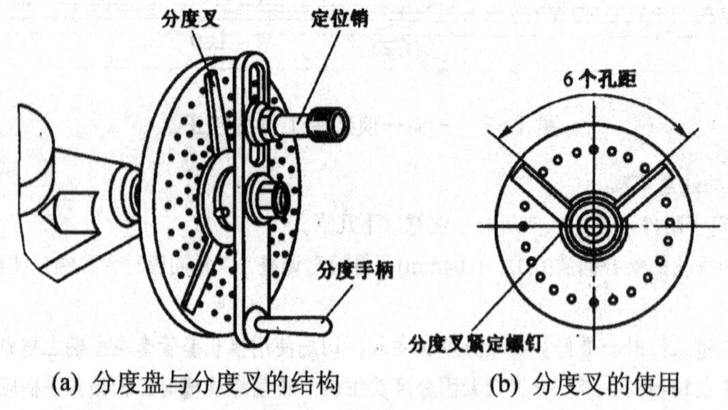

(a) 分度盘与分度叉的结构　　(b) 分度叉的使用

图 1.48　分度盘与分度叉的使用

(3) 简单分度操作。例如铣削齿数为 38 的直齿轮，须按以下步骤做好操作准备。

① 分析分度数。直齿轮齿数为 38，即等分数为 38，圆周等分。查分度盘的孔圈数规格，有 38 孔的孔圈，即可进行简单分度。

② 安装分度头。根据工件直径选用 F11125 型分度头。擦净分度头底面和定位键的侧面，将分度头安装在工作台中间的 T 形槽内，用 M16 的 T 型螺栓压紧分度头。在压紧过程中，注意使分度头向操作者一边拉紧，以使底面定位键侧面与 T 形槽定位直槽一侧紧贴，以保证分度头主轴与工作台纵向平行。

③ 计算分度手柄转数。n 按简单分度法计算公式和等分数计算。z=38，本例分度头手柄转数为

$$n=\frac{40}{z}=\frac{40}{38}=1\frac{2}{38}r$$

④ 调整分度装置。选装分度盘，若原装在分度头上的分度盘中有 38 孔圈，可不必另行安装。若原装的分度盘不含有 38 孔圈，则需换装分度盘，具体操作步骤如下。

a. 松开分度手柄紧固螺母，拆下分度手柄。

b. 拆下分度叉压紧弹簧圈。

c. 拆下分度叉。

d. 松开分度盘紧固螺钉，并用两个螺钉旋入孔盘的螺纹孔，逐渐将孔盘顶出安装部位，拆下分度盘。

e. 选择含有 38 孔圈的分度盘，按拆卸的逆顺序安装分度盘。安装分度手柄时，注意将孔内键槽对准手柄轴上的键块。

⑤ 调整分度销位置。松开分度销紧固螺母，将分度销对准 38 孔圈位置，然后旋紧紧固螺母。旋紧螺母时，注意用手按住分度销，以免分度销滑出损坏孔盘和分度销定位部分。

⑥ 调整分度叉位置。松开分度叉紧固螺钉，拨动叉片，使分度叉之间含 2 个孔距(即 3 个孔)，并紧固分度叉。

⑦ 消除分度间隙。在分度操作前，应按分度方向(一般是顺时针方向)摇分度手柄，以消除分度传动机构的间隙。

⑧ 确定起始位置。通常为了便于记忆，主轴的位置最好从刻度的零位开始，而分度销的起始位置最好从两边刻有孔圈数的圈孔位置开始。

3) 角度分度法

角度分度法实质上是简单分度法的另一种形式，从分度头结构可知，分度手柄摇 40r，分度头主轴带动工件转 1r，也就是转了 360°。因此，分度手柄转 1r 工件转过 9°，根据这一关系，可得出角度分度计算公式

$$n=\frac{\theta^\circ}{9^\circ}r \tag{1-3a}$$

$$n=\frac{\theta'}{540'}r \tag{1-3b}$$

式中：θ——工件所需转过的角度(° 或′)。

例如，在圆形工件上铣两条夹角为 116° 的槽，第一条槽铣完后，分度手柄应转的转数 $n=\frac{116^\circ}{9^\circ}=12\frac{48}{54}$，即分度手柄转过 12 转后，再在孔数为 54 的孔圈上转过 48 个孔距即可。

4) 差动分度法

(1) 差动分度原理。由于分度盘的孔圈是有限的，对于某些大质数的等分数，如 61、79、83…，用简单分度法就无法实现。此时，可利用挂轮把分度头主轴和侧轴联系起来实现分度。图 1.49(a)所示为差动分度法的传动系统图，图 1.49(b)所示为挂轮的安装图，图 1.49(c)所示为差动分度原理图。

松开分度盘紧定螺钉，当分度手柄转动时，分度盘也随着分度手柄以相同(或相反)的方向作微量转动，分度手柄的实际转数是分度手柄相对分度盘的转数与分度盘本身的转数之和(或差)。差动分度法是通过主轴和侧轴安装的交换齿轮在分度手柄作分度转动时，与随之转动的分度盘形成相对运动，使分度手柄的实际转数等于假定等分分度手柄转数与分度盘本身转数之和的一种分度方法。

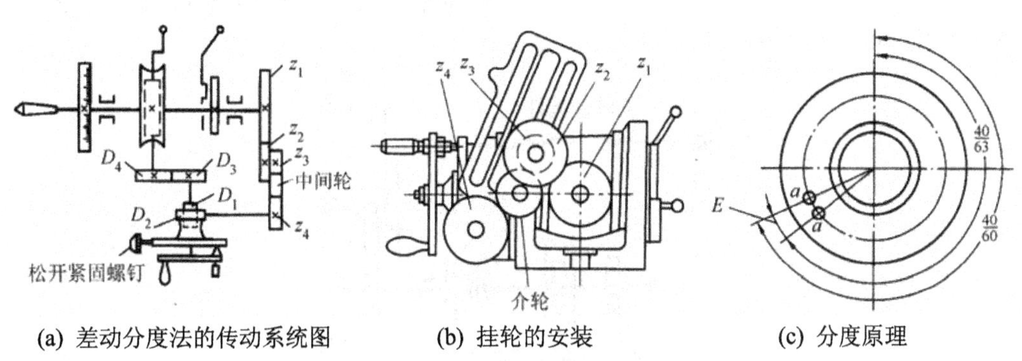

(a) 差动分度法的传动系统图　(b) 挂轮的安装　(c) 分度原理

图 1.49　差动分度

(2) 差动分度计算。

① 选取一个能用简单分度实现的假定齿数 z'，z'应与分度数 z 相接近。尽量选 $z'<z$，这样可以使分度盘与分度手柄转向相反，避免传动系统中的传动间隙影响分度精度。

② 按假定齿数计算分度手柄应转的圈数 n'，并确定所用的孔圈。

$$n'=\frac{40}{z'}r \tag{1-4}$$

③ 交换齿轮计算。

由差动分度传动关系

$$n_{盘}=\frac{z_1z_3}{z_2z_4}=n_{主}，\quad n_{主}=\frac{1}{2}，\quad n=\frac{40}{z}，\quad n'=\frac{40}{z'}，\quad n_{盘}=n-n'=\frac{40(z'-z)}{zz'}$$

交换齿轮计算公式

$$\frac{z_1z_3}{z_2z_4}=\frac{n_{盘}}{n_{主}}=\frac{40(z'-z)}{zz'}\times z=\frac{40(z'-z)}{z'} \tag{1-5}$$

交换齿轮应从备用齿轮中选取，并规定$\frac{z_1z_3}{z_2z_4}=\left(\frac{1}{6}-6\right)$，以保证交换齿轮能相互啮合。

④ 确定中间齿轮数目，当 $z'<z$ 时(交换齿轮速比为负值)，中间齿轮的数目应保证分度手柄和分度盘转向相反；当 $z'>z$ 时(交换齿轮速比为正值)，应保证分度手柄和分度盘转向相同。

(3) 例如，要在圆柱面上刻 63 等分线条，差动分度计算及交换齿轮配置方法如下。

① 选取与等分数 z 接近的假定等分数 z'，z'的数值能进行简单分度，并尽量使 $z'<z$。如 $z=63$ 无法进行简单分度，所以采用差动分度，取 $z'=60$。

② 根据 z'计算分度手柄转数 n'。

$$n'=\frac{40}{z'}=\frac{40}{60}=\frac{44}{66}$$

即每次分度，分度手柄在孔数为 66 孔圈上转过 44 个孔距，调整分度叉间包括 45 个孔。

③ 计算差动交换齿轮。F11125 型分度头配备有 12 只交换齿轮，其齿数分别为 25、25、30、35、40、50、55、60、70、80、90、100。

差动交换齿轮计算式为

$$\frac{z_1z_3}{z_2z_4}=\frac{40(z'-z)}{z'}=\frac{40\times(60-63)}{60}=-\frac{80}{40}$$

即主动轮 $z_1=80$、被动轮 $z_4=40$，取中间轮的数目应保证分度盘与分度手柄转向相反。

5) 直线移距分度法

(1) 分度原理。直线移距分度法，就是把分度头主轴(或侧轴)和纵向工作台丝杠用交换齿轮连接起来，移距时只要转动分度手柄，通过交换齿轮，使工作台作精确移距的一种分度方法。常用的直线移距法是主轴交换齿轮法。主轴交换齿轮法的传动系统如图 1.50 所示。

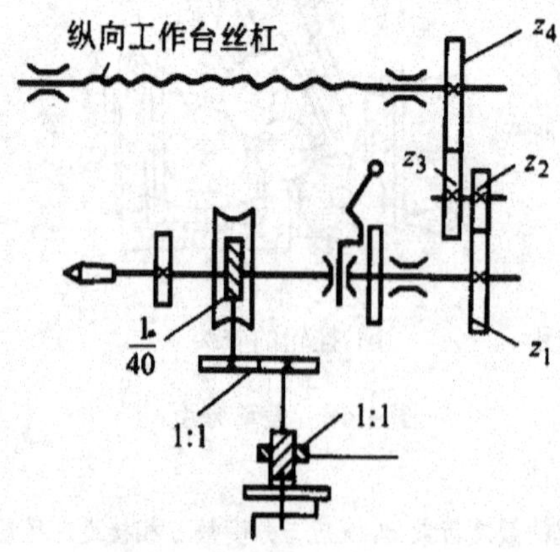

图 1.50　直线移距主轴交换齿轮法传动系统

由于直线移距主轴交换齿轮法蜗杆蜗轮的减速，当分度手柄转了很多转后，工作台才移动一个较小的距离，所以移距精度较高。交换齿轮的计算公式为

$$\frac{z_1z_3}{z_2z_4}=\frac{40s}{nP_{丝}} \tag{1-6}$$

式中：z_1、z_3——主动齿轮；

z_2、z_4——从动齿轮；

s——工件移距量，即每等分、每格的距离，mm;

$P_{丝}$——工作台纵向丝杠螺距，mm;

40——分度头定数；

n——每次分度时分度手柄转数，r。

按上式计算时，式中的 n 可以任意选取，但应注意在单式轮系时交换齿轮的传动比不大于 2.5，在复式轮系时不大于 6，以使传动平稳。

(2) 分度方法。例如在平面工件上刻线，每条线间距 $s=1$mm，机床纵向丝杠螺距 $P=6$mm，取 $n=5$。根据公式计算交换齿轮

$$\frac{z_1z_3}{z_2z_4}=\frac{40s}{nP_{丝}}=\frac{40\times1}{5\times6}=\frac{40}{30}$$

即主动轮 $z_1=40$、被动轮 $z_4=30$，每次分度时分度手柄转 5 转。交换齿轮组装图如图 1.51 所示。

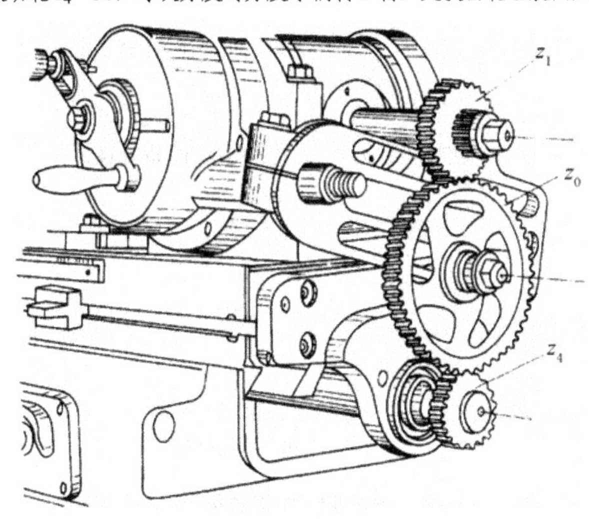

图 1.51　交换齿轮组装图

2) 铣刀(milling cutter)

(1) 铣刀类型。铣刀为多齿回转刀具，其每一个刀齿都相当于一把车刀固定在铣刀的回转面上。铣刀主要用于在铣床上加工平面、台阶、沟槽、成形表面和切断工件等。工作时各刀齿依次间歇地切去工件的余量。铣刀刀齿的几何角度和切削过程都与车刀或刨刀基本相同。铣刀的种类很多(大部分已标准化，一般均由专业工具厂制造)，结构不一，应用范围很广，是金属切削刀具中种类最多的刀具之一。按照铣刀的安装方式可分为带孔铣刀和带柄铣刀。通过铣刀的孔来安装的铣刀称为带孔铣刀，一般用于卧式铣床；通过刀柄来安装的铣刀称为带柄铣刀。带柄铣刀又分为直柄铣刀和锥柄铣刀。常见的各种铣刀如图 1.52 所示。

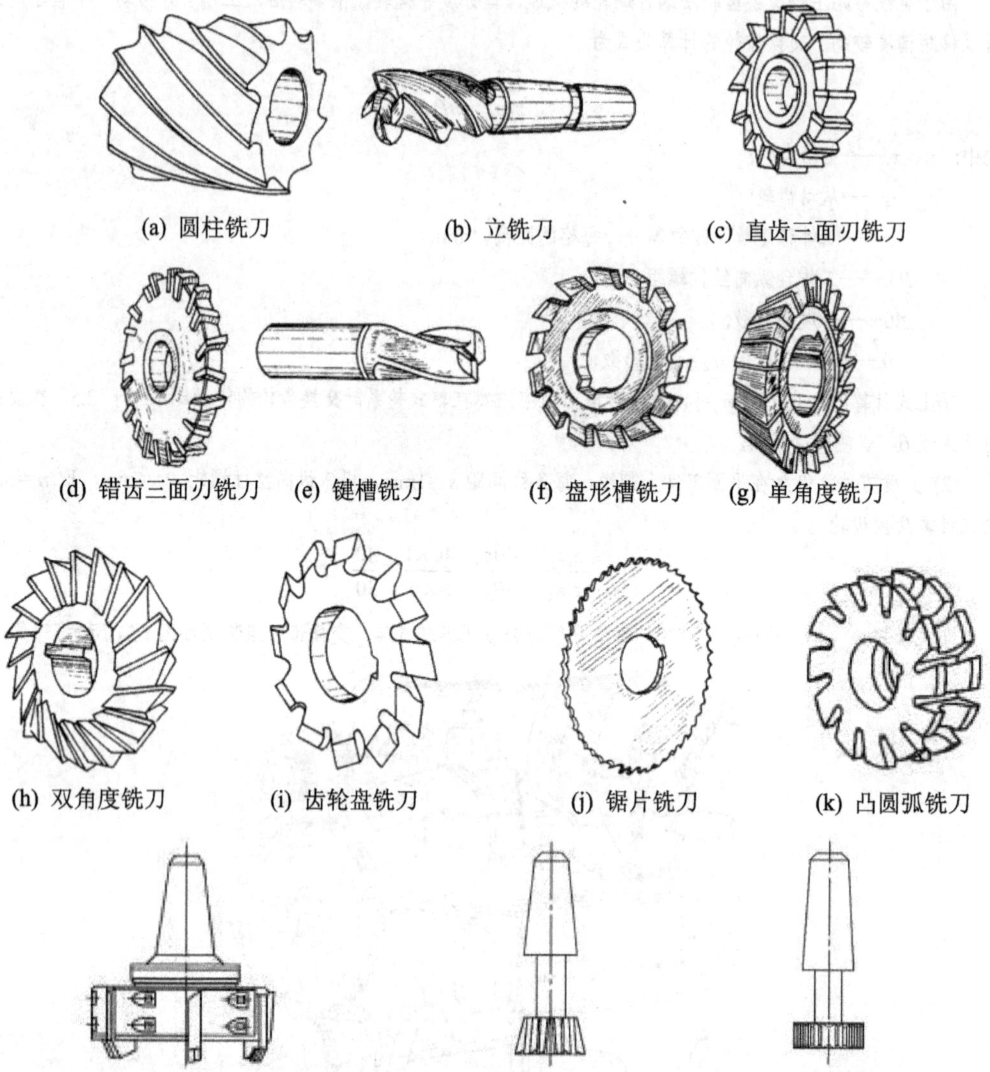

(a) 圆柱铣刀　(b) 立铣刀　(c) 直齿三面刃铣刀

(d) 错齿三面刃铣刀　(e) 键槽铣刀　(f) 盘形槽铣刀　(g) 单角度铣刀

(h) 双角度铣刀　(i) 齿轮盘铣刀　(j) 锯片铣刀　(k) 凸圆弧铣刀

(l) 端铣刀　(m) 燕尾槽铣刀　(n) T 形槽铣刀

图 1.52　铣刀种类

① 带孔铣刀。带孔铣刀按外形主要分为以下几种。

a．圆柱铣刀——用于铣削平面。

b．圆盘铣刀——用于加工直沟槽，锯片铣刀用于加工窄槽或切断。

c．角度铣刀——用于加工各种角度的沟槽。

d．成形铣刀——用于加工成型面，如齿轮轮齿。

② 带柄铣刀。带柄铣刀主要分为以下几种。

a．立铣刀——用于加工沟槽、小平面和曲面。

b．键槽铣刀——只有两条刀刃，用于铣削键槽。

c．T 形槽铣刀——铣削 T 形槽。

d．燕尾槽铣刀——铣削燕尾槽。

e．端面铣刀——铣削较大平面。

特别提示

铣刀常用的材料有两种：高速钢和硬质合金。硬质合金相对高速钢硬度高，切削力强，可提高转速和进给量，提高生产率，让刀不明显，并可加工不锈钢、钛合金等难加工材料，但是成本更高，而且在切削力快速交变的情况下容易断刀。

(2) 铣刀直径的选择。铣刀直径通常根据铣削用量选择，一些常用铣刀的选择方法分别见表 1-2、表 1-3。

表 1-2　圆柱铣刀、端铣刀直径的选择　(单位：mm)

背吃刀量 a_p	≤5	～8	～10	≤4	～5	～6	～7	～8	～10
铣削宽度 a_c	≤70	～90	～100	≤60	～90	～120	～180	～260	～350
铣刀直径 d_o	≤80	80～100	100～125	≤80	100～125	160～200	200～250	320～400	400～500

表 1-3　盘形、锯片铣刀直径的选择　(单位：mm)

背吃刀量 a_p	≤8	～15	～20	～30	～45	～60	～80
铣刀直径 d_o	63	80	100	125	160	200	250

注：如 a_p、a_c 不能同时与表中数值统一，而 a_p(圆柱铣刀)或 a_c(端铣刀)选择铣刀又较大时，主要应根据 a_p(圆柱铣刀)或 a_c(端铣刀)选择铣刀直径。

(3) 铣刀的标记。铣刀形状复杂、种类较多，为了便于辨别铣刀的规格和性能，铣刀上都刻有标记。铣刀标记一般包括：制造厂的商标；制造铣刀的材料；铣刀的基本尺寸。

圆柱铣刀、三面刃铣刀和锯片铣刀一般标记为：外圆直径×宽度(长度)×内孔直径。如三面刃铣刀上标记为“100×16×32”，则表示该三面刃铣刀的外圆直径为 100mm，宽度为 16mm，内孔直径为 32mm。

立铣刀、带柄面铣刀和键槽铣刀等，一般只标注刀具直径。如锥柄立铣刀上标记是 ϕ18mm，则表示该立铣刀的外圆直径是 18mm。

半圆铣刀和角度铣刀一般标记为：外圆直径×宽度×内孔直径×角度(或半径)。如角度铣刀上标记是“60×16×22×55°”则表示该角度铣刀的外圆直径是 60mm，厚度是 16mm，内孔直径是 22mm，角度是 55°。

(4) 铣刀的安装。

① 带孔铣刀的安装。在卧式铣床上一般使用拉杆安装铣刀，如图 1.53 所示。刀杆一段安装在卧式铣床的刀杆支架上，刀杆穿过铣刀孔，通过套筒将铣刀定位，然后将刀杆的锥体装入机床主轴锥孔，用拉杆将刀杆在主轴上拉紧。铣刀应尽量靠近主轴，减少刀杆的变形，提高加工精度。

② 带柄铣刀的安装。带柄铣刀有直柄铣刀和锥柄铣刀两种。直柄铣刀直径较小，可用弹簧夹头进行安装。常用铣床的主轴通常采用锥度为 7∶24 的内锥孔。锥柄铣刀有两种规格，一种锥柄锥度为 7∶24，一种锥柄锥度采用莫氏锥度。锥柄铣刀的锥柄上有螺纹孔，

可通过拉杆将铣刀拉紧，安装在主轴上。锥度为 7∶24 的锥柄铣刀可直接或通过锥套安装在主轴上，另一种采用莫氏锥度的锥柄铣刀，由于与主轴锥度规格不同，安装时要根据铣刀锥柄尺寸选择合适的过渡锥套，过渡锥套的外锥锥度为 7∶24，与主轴锥孔一致，其内锥孔为莫氏锥度，与铣刀锥柄相配。锥柄铣刀的安装如图 1.54 所示。

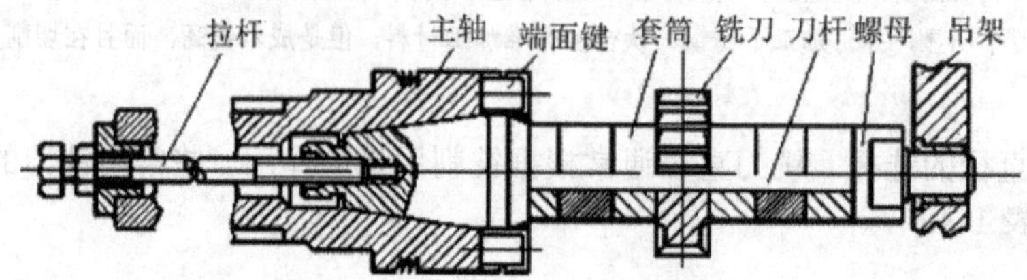

图 1.53 带孔铣刀的安装

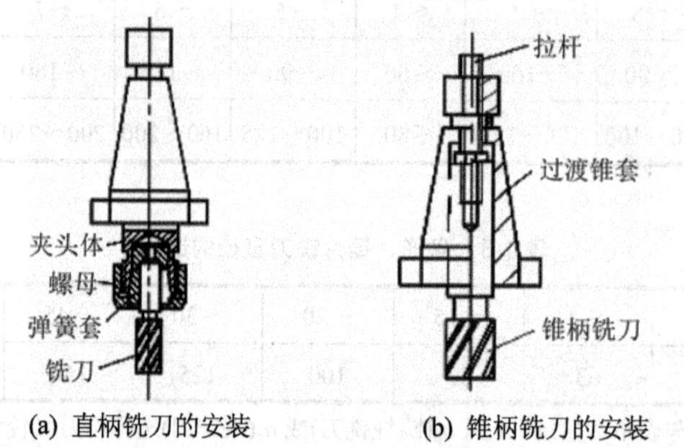

(a) 直柄铣刀的安装　　(b) 锥柄铣刀的安装

图 1.54 带柄铣刀的安装

3) 铣床上工件的装夹

(1) 工件装夹方法。如图 1.55 所示，在铣床上加工工件时，一般采用以下几种装夹方法。

① 直接装夹：在铣床工作台上，大型工件常直接装夹在工作台上，用螺柱、压板压紧，这种方法需用百分表、划针等工具找正加工面和铣刀的相对位置，如图 1.55(a)所示。

② 用机床用平口钳装夹工件：对于形状简单的中、小型工件，一般可装夹在机床用平口钳中，如图 1.55(b)所示，使用时需保证平口钳在机床中的正确位置。

③ 用分度头装夹工件：如图 1.55(c)所示，对于需要分度的工件，一般可直接装夹在分度头上。另外，不需分度的工件用分度头装夹加工也很方便。

④ 用 V 形块装夹工件：这种方法一般适用于轴类零件，除了具有较好的对中性以外，还可承受较大的切削力，如图 1.55(d)所示。

⑤ 用专用铣床夹具装夹工件：专用夹具定位准确、夹紧方便，效率高，一般适用于成批、大量生产。

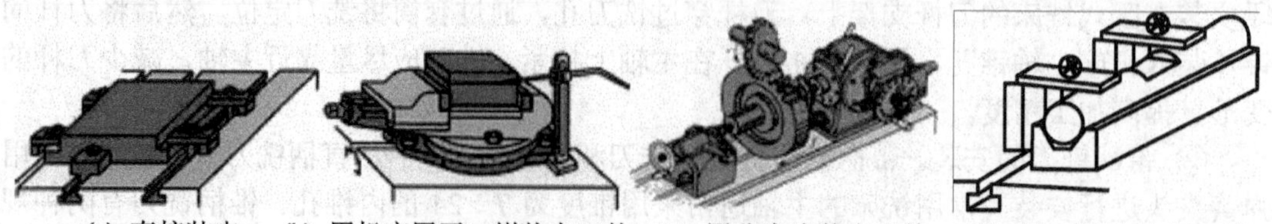

(a) 直接装夹　(b) 用机床用平口钳装夹工件　(c) 用分度头装夹工件　(d) 用 V 形块装夹工件

图 1.55 铣削加工工件的装夹

知识拓展

1. 铣床夹具的主要类型及结构形式

铣床夹具是指用于各类铣床上安装工件的机床夹具。这类夹具主要用于加工零件上的平面、凹槽、键槽、花键、缺口及各种成形面。由于铣削加工通常是把夹具安装在铣床工作台上，工件连同夹具随工作台作进给运动，按工件的进给方式不同，铣床夹具可分为直线进给式、圆周进给式和靠模进给式 3 种类型。

(1) 直线进给式铣床夹具。这类夹具一般安装在铣床工作台上，加工中随工作台按直线进给方式运动。在铣床夹具中用得最多，按夹具中一次装夹工件的数目和工位多少，可分为单件加工、多件加工和多工位加工夹具。

图 1.56 所示是多件加工的直线进给式铣床夹具，该夹具用于在小轴端面上铣一通槽。6 个工件以外圆面在活动 V 形块 2 上定位，以一端面在支承钉 6 定位。活动 V 形块装在两根导向柱 7 上，活动 V 形块之间用弹簧 3 分离。工件定位后，由薄膜式气缸 5 推动活动 V 形块 2 依次将工件夹紧。由对刀块 9 和定位键 8 来保证夹具与刀具和机床的相对位置。这类夹具生产率高，多用于生产批量较大的情况。

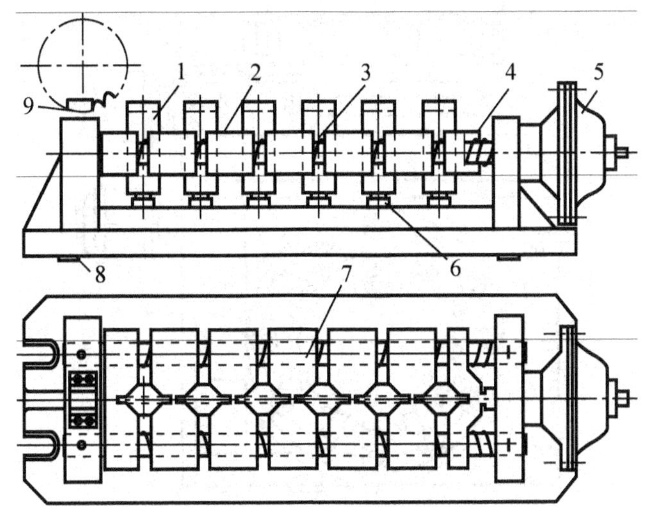

图 1.56　多件加工的直线进给式铣床夹具

1—小轴；2—活动 V 形块；3—弹簧；4—夹紧元件；5—薄膜式气缸；
6—支承钉；7—导向柱；8—定位键；9—对刀块

图 1.57 所示是利用进给时间装卸工件的双向进给铣床夹具，在铣床工作台上装有两个相同的夹具 1 和 3，每个夹具都可以分别装夹 5 个工件，铣刀 2 安放在两个夹具中间位置。当工作台向左作直线进给时，铣刀便可铣削装在夹具 3 中的工件，与此同时，操作者便可在夹具 1 中装卸工件。待夹具 3 中的工件加工完后，工作台快速退至中间位置，然后向右作直线进给，铣削装在夹具 1 中的工件，这时操作者便可装卸夹具 3 中的工件，如此不断进行。这种双向进给铣床夹具使辅助时间与机动时间重合，提高了生产率。根据工件质量、结构及生产批量，将夹具设计成单件多点、多件平行和多件连续依次夹紧的联动方式，有时还要采用分度机构，均是为了提高生产效率。

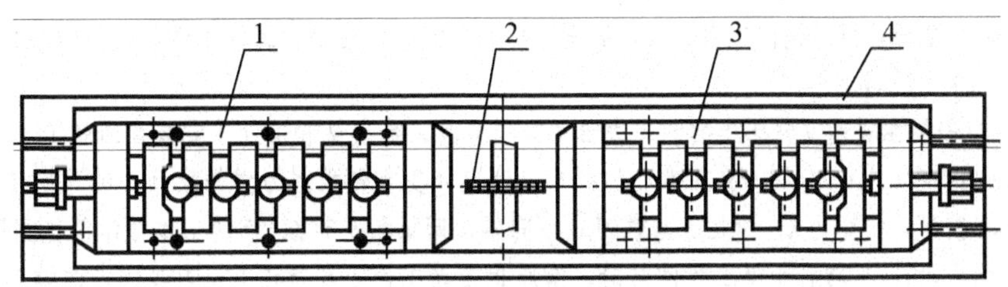

图 1.57　双向进给铣床夹具

1、3—夹具；2—铣刀；4—铣床工作台

(2) 圆周进给式铣床夹具。圆周进给铣床夹具多用在回转工作台或回转鼓轮的铣床上，依靠回转台或鼓轮的旋转将工件顺序送入铣床的加工区域，实现连续切削。这种夹具结构紧凑，操作方便，在切削的同时，可在装卸区域装卸工件，使辅助时间与机动时间重合，因此它是一种高效率的铣床夹具，适用于大批大量生产。

图 1.58 所示是在立式铣床上圆周进给铣拔叉的夹具。通过电动机、蜗轮副传动机构带动回转工作台 6 回转。夹具上可同时装夹 12 个工件。工件以一端的孔、端面及外侧面在夹具的定位销 2 及挡销 4 上定位，由液压缸 5 驱动拉杆 1 通过开口垫圈 3 夹紧工件。图中 *AB* 是加工区域，*CD* 为装卸区域。使用该夹具可在不停车的情况下装卸工件。

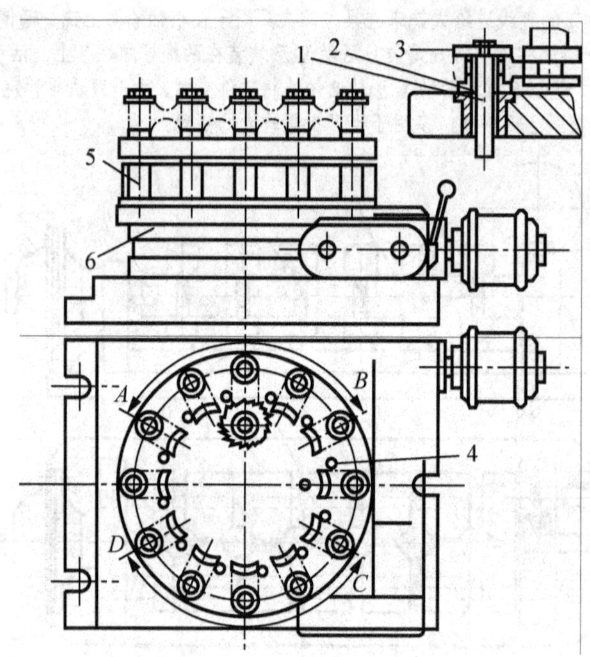

图 1.58　圆周进给铣床夹具

1—拉杆；2—定位销；3—开口垫圈；4—挡销；5—液压缸；6—工作台

(3) 靠模进给式铣床夹具。这种带有靠模的铣床夹具适用于专用或通用铣床上加工各种非圆曲面。靠模的作用是使主进给运动和由靠模获得的辅助运动合成为加工所需的仿形运动。按主进给运动方式，靠模铣床夹具可分为直线进给和圆周进给两种。

图 1.59 为直线进给式靠模铣床夹具示意图。靠模 3 与工件 1 分别装在夹具上，夹具安装在铣床工作台上，滚柱滑座 5 与铣刀滑座 6 两者连为一体，且保持两者轴线间的距离 k 不变。该滑座组合件在重锤或强力弹簧拉力 F 的作用下，使滚柱 4 始终压紧在靠模上，铣刀 2 则保持与工件接触。当工作台作纵向直线进给时，滑座体则得获得一横向辅助运动，使铣刀仿照靠模 3 的轮廓在工件上铣出所需的形状。这种加工一般在靠模铣床上进行。

图 1.60 为安装在普通立铣床上的圆周进给式靠模夹具。靠模 2 和工件 1 安装在回转工作台 3 上(回转工作台 3 装在滑座 4 上)，分别与滚柱和铣刀接触。滑座 4 受重锤或强力弹簧拉力 F 的作用使靠模 2 与滚柱 5 保持紧密接触，相距为 k。滚柱 5 与铣刀 6 不同轴，两轴相距为 k，回转工作台作等速圆周运动(由电动机及蜗轮副带动)，当转台带动工件回转时，滑座也带动工件沿导轨相对于刀具作径向辅助运动，从而加工出与靠模外形相仿的成形面。

2. 铣床夹具的设计要点

由于铣削加工切削用量及切削力较大，又是多刃断续切削，加工时易产生振动，因此设计铣床夹具时应注意：夹紧力要足够且反行程自锁；夹具的安装要准确可靠，即安装及加工时要正确使用定向键、对刀装置；夹具体要有足够的刚度和稳定性，结构要合理。

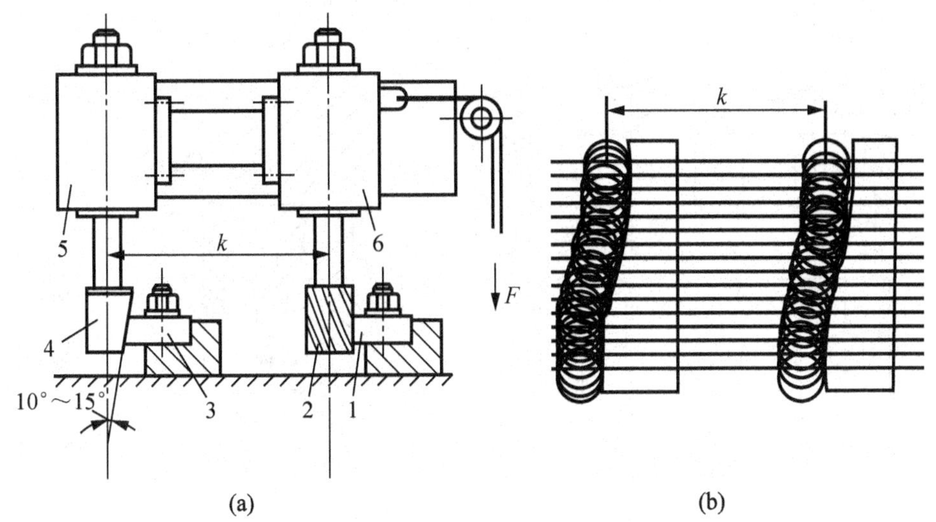

图 1.59　直线进给式靠模铣床夹具

1—工件；2—铣刀；3—靠模；4—滚柱；5—滚柱滑座；6—铣刀滑座

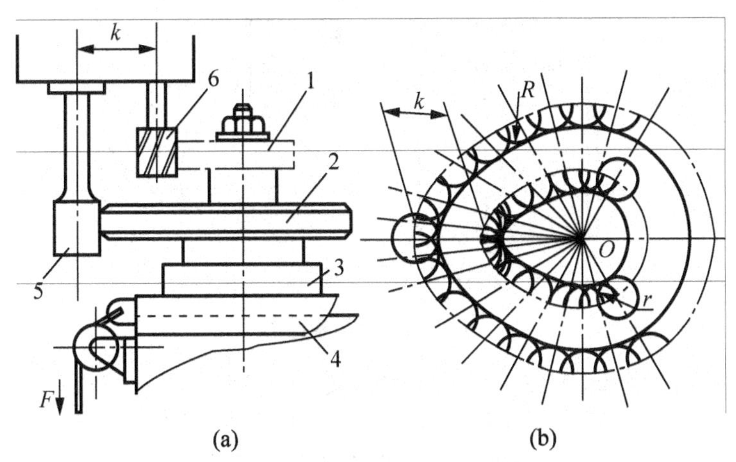

图 1.60　圆周进给式靠模铣床夹具

1—工件；2—靠模；3—回转工作台；4—滑座；5—滚柱；6—铣刀

(1) 定向键(directional bond)。定向键又称定位键，安装在铣床夹具底面的纵向槽中，一般使用两个，安在一条直线上，用螺钉紧固在夹具体上。其距离越远，导向精度越高，小型夹具也可使用一个断面为矩形的长键。

定向键通过与铣床工作台上的 T 形槽配合，确定夹具在机床上的正确位置；还能承受部分切削扭矩，减轻夹紧螺栓的负荷，增加夹具的稳固性，因此平面铣削夹具及有些专用钻镗床夹具也常使用。

定向键的断面有矩形和圆柱形两种形式，常用的为矩形，如图 1.61 所示。图 1.61(a)为矩形定向键，其结构尺寸已标准化(GB/T 2206—1991 与 GB/T 2207—1991)。图 1.61(b)为圆柱形定向键。

图 1.61(a)是标准的矩形定向键结构。常用的有 A 型和 B 型两种结构型式。A 型定向键不开沟槽，上、下部分尺寸 B 相同，按统一尺寸 B(h6 或 h8)制作，适用于夹具定向精度要求不高的场合。B 型定向键的侧面开有沟槽或台阶[图 1.61(c)]，把键分成上下两部分，其上部尺寸 B 按 H7/H6 与夹具体的键槽配合，下部尺寸 B_1 与铣床工作台的 T 形槽配合，留磨量 0.5mm，按 H8/h8 或 H7/h6 配作。为了避免键与槽配合间隙的影响，装配夹具时，应将双键推向一边，只使定向键的一侧和 T 形槽的一侧紧贴，以提高定向精度。

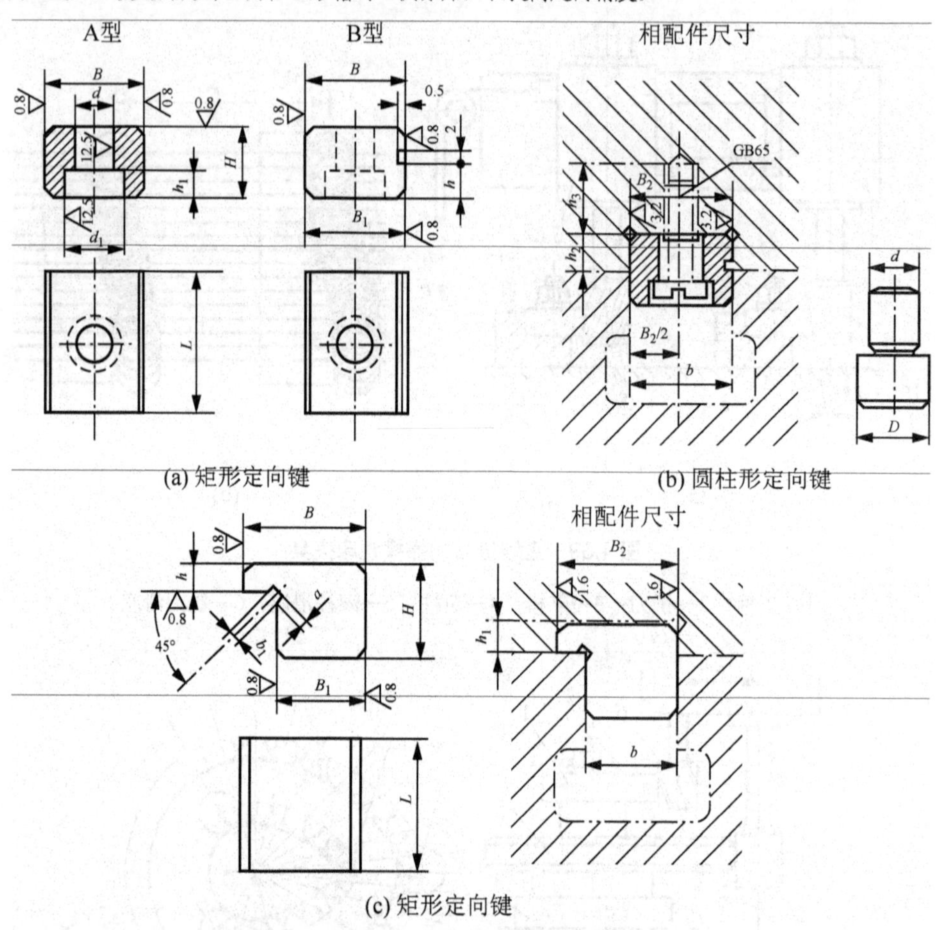

图 1.61　定向键结构

对于定向精度要求高的夹具或重型夹具，不宜采用定向键，或把定向键仅作夹具初定位之用，而多在夹具体的侧面加工出一窄长平面作为夹具在机床上安装的找正基面，通过找正获得较高的定向精度，如图 1.62 所示的 A 面。

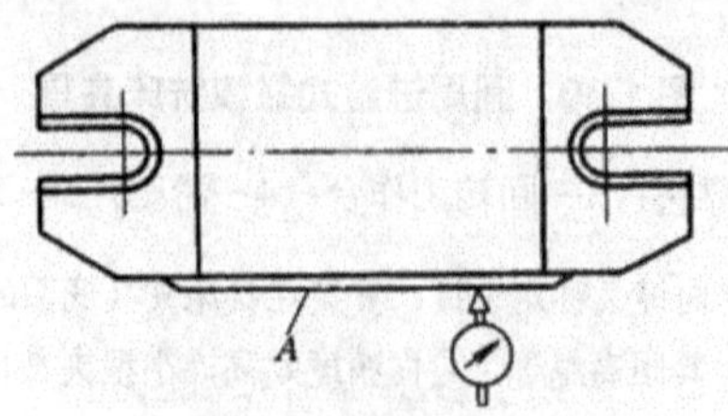

图 1.62　夹具的找正基面

(2) 对刀装置(tool setting device)。对刀装置由对刀块和塞尺组成，用以确定夹具和刀具的相对位置。对刀装置的结构形式取决于加工表面的形状。

图 1.63 所示是标准的对刀块结构。其中图 1.63(a)为圆形对刀块(JB/T 8031.1—1999)，在加工单一水平面时对刀用；图 1.63(b)为方形对刀块(JB/T 8031.2—1999)，在调整组合铣刀两垂直位置时对刀用；图 1.63(c)为直角对刀块(JB/T 8031.3—1999)，安装在顶面，在加工两相互垂直面或铣键槽时对刀用；图 1.63(d)(JB/T 8031.4—1999)为侧装对刀块，用途与直角对刀块相同，但安装在侧面。这些标准对刀块的结构参数均可从相关标准中查取。

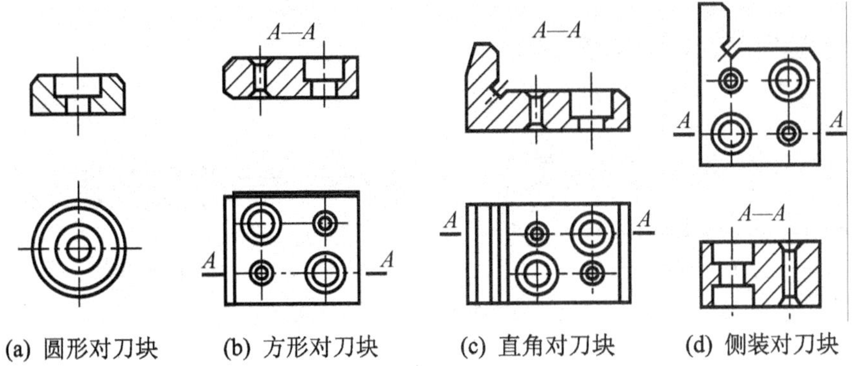

(a) 圆形对刀块　(b) 方形对刀块　(c) 直角对刀块　(d) 侧装对刀块

图 1.63　标准对刀块结构

图 1.64 是各种对刀块的应用举例，其中图 1.64(a)～(d)是标准对刀块的使用示例，图 1.64(e)是特殊对刀块的使用示例。

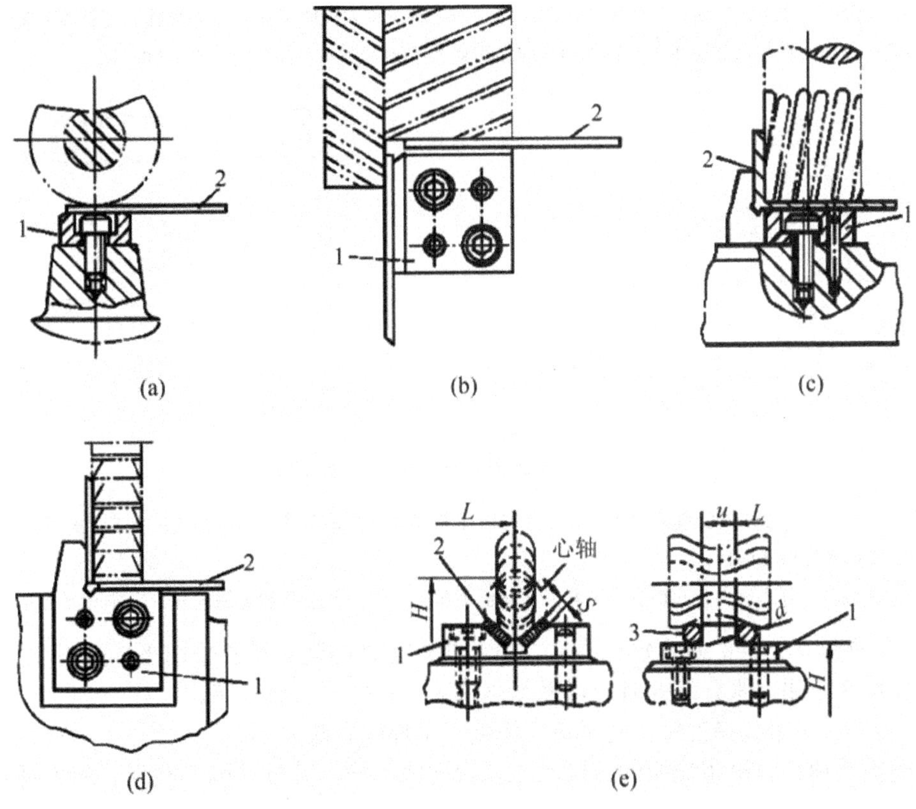

图 1.64　各种对刀块使用示例

1—对刀块；2—对刀平塞尺；3—对刀圆柱塞尺

对刀块常用销钉和螺钉紧固在夹具体上，其位置应便于使用塞尺对刀，不妨碍工件装卸。使用对刀块时需同时应用塞尺。塞尺有平塞尺和圆柱形塞尺两种(参考 JB/T 8788—1998)，它们均已标准化(图 1.65)，其厚度和直径为 3～5mm，制造公差 h6。采用塞尺的目的是避免刀具与对刀块直接接触而损坏刀刃或造成对刀块过早磨损。使用时，将塞尺放在刀具与对刀块之间，凭抽动的松紧感觉来判断。另外，夹具总图上应标明塞尺尺寸及对刀块工作表面与定位元件之间的位置。对刀装置应设置在便于对刀而且是工件切入的一端。

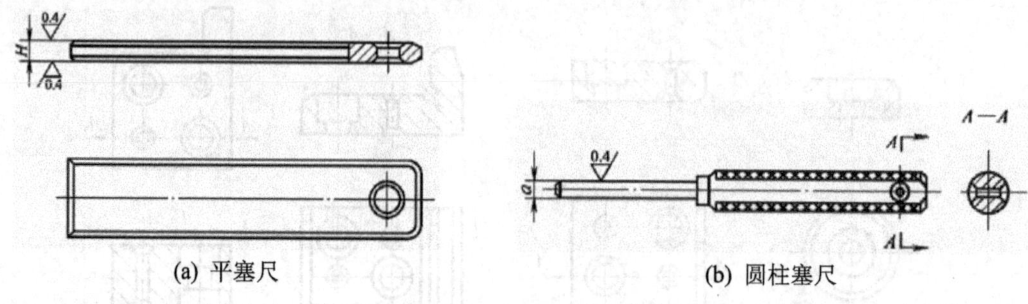

(a) 平塞尺　　(b) 圆柱塞尺

图 1.65　对刀用的标准塞尺

采用标准对刀块和塞尺进行对刀调整时，加工精度不超过 IT8 级公差。当对刀调整要求较高或不便于设置对刀块时，可以采用试切法、标准件对刀法或用百分表来校正定位元件相对于刀具的位置，而不设置对刀装置。

(3) 夹具体设计。为提高铣床夹具在机床上安装的稳固性，减轻其断续切削可能引起的振动，除要求夹具体有足够的强度和刚度外，还应使被加工表面尽量靠近工作台面，以降低夹具的重心。因此，夹具体的高宽比限制在 H/B≤1～1.25 范围内(图 1.66)。夹具体底面与工作台的接触面积大，使切削力的作用线一定要落在该平面内，因此夹具体应合理设置加强筋和耳座。常见的耳座结构如图 1.66(b)所示，其结构尺寸已标准化。

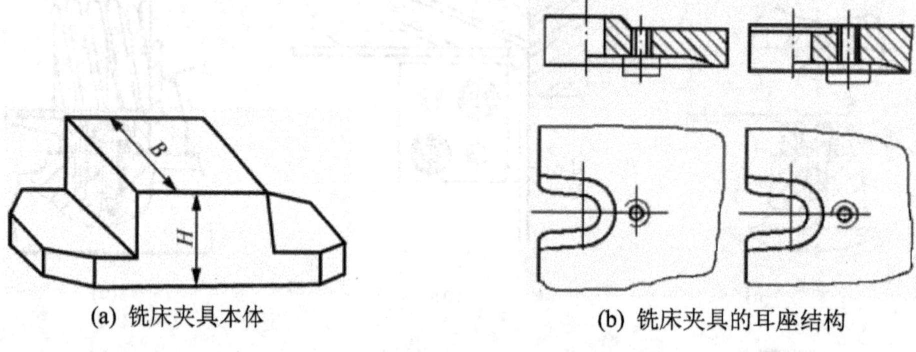

(a) 铣床夹具本体　　(b) 铣床夹具的耳座结构

图 1.66　铣床夹具的本体及耳座结构

若夹具体较宽，可在同一侧设置两个与铣床工作台 T 形槽等间距的耳座；对重型铣床夹具，夹具体两端还应设置吊装孔或吊环等以便搬运。

此外，铣削加工时产生大量的切屑，夹具应有足够的排屑空间，并注意切屑的流向，方便清理切屑。

(2) 装夹矩形工件的基本操作方法。一般矩形工件的装夹通常采用平口虎钳(图 1.29)。当工件宽度大于钳口张开尺寸时，可采用角铁装夹和螺栓压板装夹。

① 用平口虎钳装夹工件。用平口虎钳装夹工件的方法如下。

——安装前，将机用虎钳的底面与工作台面擦干净，若有毛刺、凸起，应用磨石修磨平整。

——检查虎钳底部的定位键是否紧固，定位键定位面是否同一方向安装。

——将虎钳安装在工作台中间的 T 形槽内，如图 1.67(a)所示，钳口位置居中，并用手拉动虎钳底盘，使定位键向 T 形槽直槽一侧贴合。

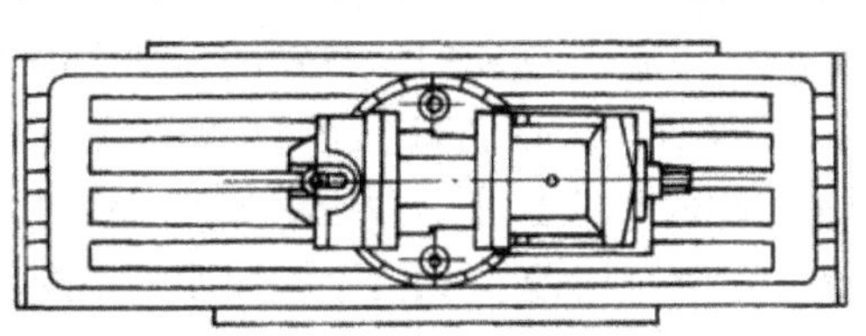

(a) 在工作台上安装机用虎钳

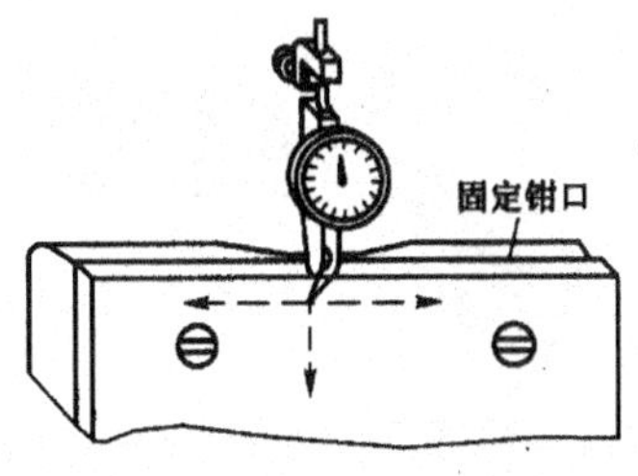

(b) 用百分表校正虎钳

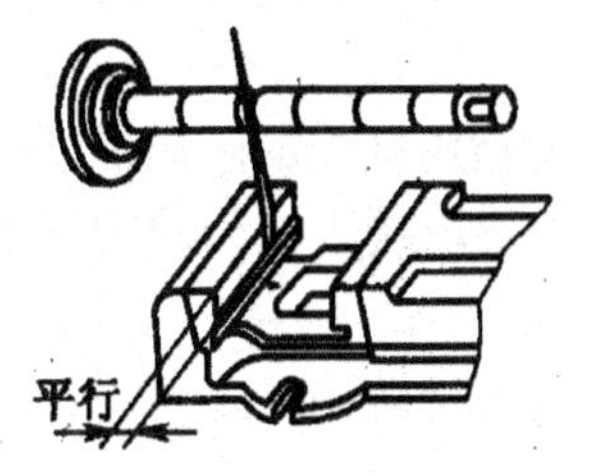

(c) 用划针校正虎钳

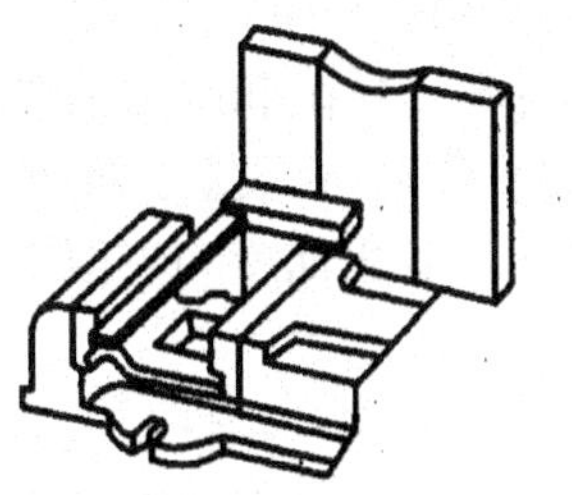

(d) 用宽度角尺校正虎钳

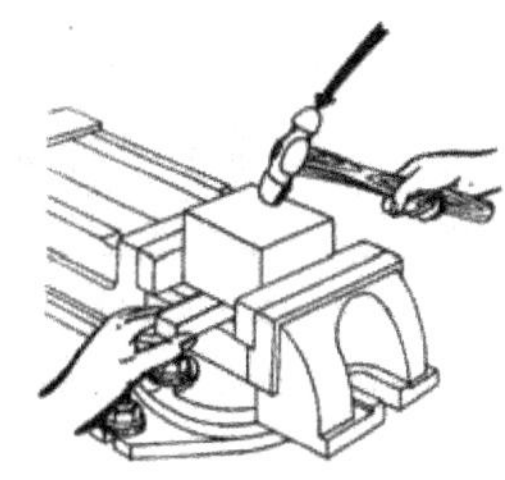

(e) 用平口虎钳装夹工件

图 1.67　机用平口虎钳安装、找正和装夹

——用 T 型螺栓将机用虎钳压紧在工作台面上。

——安装后，应调整虎钳与机床的相对位置。可用固定在机床主轴上的百分表[图 1.67(b)]校正虎钳。将触头压在固定钳口上，移动工作台，观察百分表指针在钳口全长上的摆动量是否相等，若不等则应调整。或用固定在机床主轴上的划针[图 1.67(c)]校正虎钳。将针尖靠近固定钳口，移动工作台，观察针尖与钳口的距离在钳口全长上是否相等，若不等则应调整。还可以用宽度角尺[图 1.67(d)]校正虎钳。

——将平口虎钳的钳口和导轨面擦净，在工件的下面放置平行垫铁，使工件待加工面高出钳口 5mm 左右，夹紧工件后，用锤子轻轻敲击工件，并拉动垫铁检查是否贴紧，如图 1.67(e)所示，其高度要能够保证工件上平面高于钳口 5mm。毛坯工件应在钳口处衬垫铜片以防损坏钳口。

② 用角铁装夹工件。用角铁装夹工件的方法如下。

——将角铁底面擦净后放在工作台面上，用 T 型螺栓将角铁压紧，把工件的基准面贴紧在角铁上，用 C 形夹头或平行夹将工件压紧，如图 1.68(a)所示，也可用螺栓及压板将工件压紧，如图 1.68(b)所示。

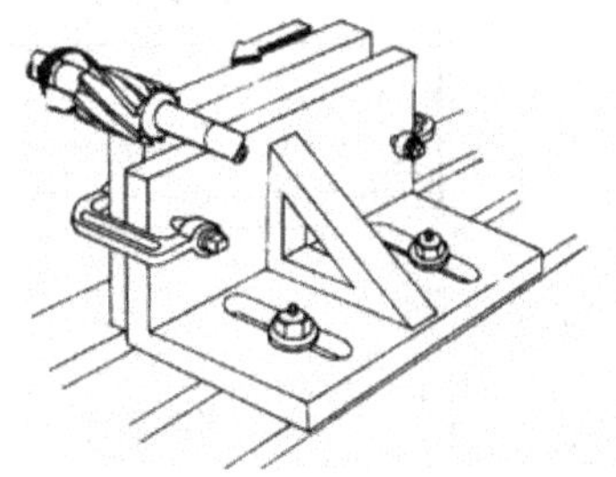

(a) C 形夹头装夹工件

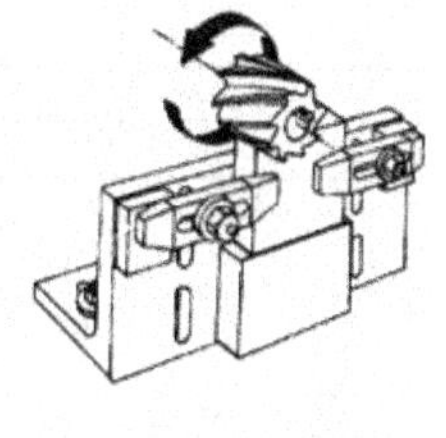

(b) 用螺栓及压板装夹工件

图 1.68　角铁装夹工件

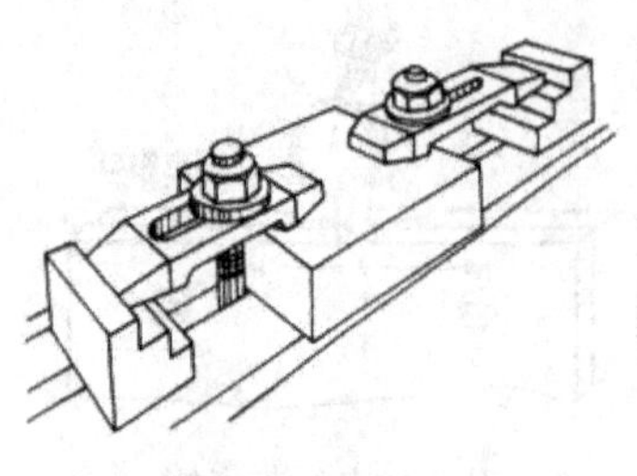
图 1.69　用压板装夹工件

③ 用压板装夹工件。用压板装夹工件的方法如下。

——压紧工件时，压板应选用两块以上，将压板的一端压在工件上，另一端压在垫铁上，垫铁的高度应等于或略高于压紧部位，螺栓至工件之间的距离应略小于螺栓至垫铁间的距离，如图 1.69 所示。用压板装夹工件时，压板与工件的位置要适当，以免夹紧力不当而影响铣削质量以及造成事故。

4) 平面铣削方式及其合理选用

(1) 平面铣削方式。铣削方式是指铣削时铣刀相对于工件的运动关系。平面铣削方式包括周边铣削和端面铣削。

① 周边铣削又称圆周铣削，简称周铣，如图 1.70 所示，是指用铣刀的圆周切削刃进行的铣削。用周铣法加工而成的平面，其平面度和表面粗糙度主要取决于铣刀的圆柱度和铣刀刃口的修磨质量。

周铣法铣削工件时有两种方式，即逆铣与顺铣。铣削时若铣刀旋转切入工件的切削速度方向与工件的进给方向相反称为逆铣，反之则称为顺铣。

a．逆铣。如图 1.70(a)所示，切削厚度从零开始逐渐增大，当实际前角出现负值时，刀齿在加工表面上挤压、滑行，不能切除切屑，既增大了后刀面的磨损，又使工件表面产生较严重的冷硬层。当下一个刀齿切入时，又在冷硬层表面上挤压、滑行，更加剧了铣刀的磨损，同时工件加工后的表面粗糙度值也较大。逆铣时，铣刀作用于工件上的纵向分力 F_x，总是与工作台的进给方向相反，使得工作台丝杠与螺母之间没有间隙，始终保持良好的接触，从而使进给运动平稳；但是，垂直分力 F_z 的方向和大小是变化的，并且当切削齿切离工件时，F_z 向上，有挑起工件的趋势，引起工作台的振动，影响工件表面的粗糙度。

b．顺铣。如图 1.70(b)所示，刀齿的切削厚度从最大开始，避免了挤压、滑行现象；并且垂直分力 F_z 始终压向工作台，有压紧工作的作用，从而使切削平稳，提高铣刀耐用度和加工表面质量，对不易夹紧的工件及细长和较薄的工件尤为合适；但纵向分力 F_x 与进给运动方向相同，若铣床工作台丝杠与螺母之间有间隙，则会造成工作台窜动，使铣削进给量不匀，严重时会打刀。因此，若铣床进给机构中没有丝杠和螺母消除间隙机构，则不能采用顺铣。

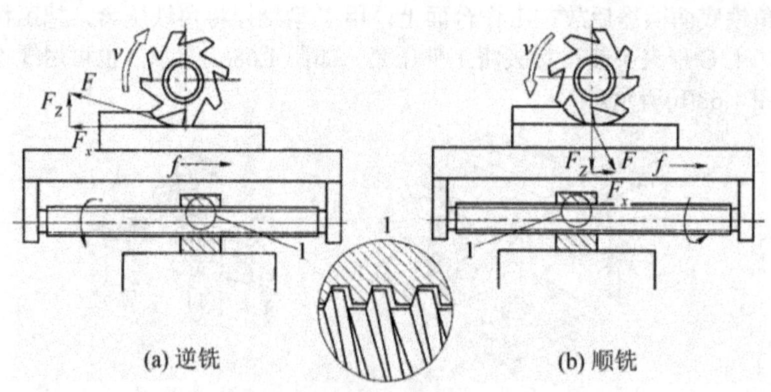

图 1.70　周边铣削的顺铣和逆铣

c．顺铣和逆铣的比较。

——逆铣时，作用在工件上的力在进给方向上的分力 F_x 是与进给方向相反的，故不会把工作台向进给方向拉动一个距离，因此丝杠轴向间隙的大小对逆铣无明显的影响。而顺铣时，由于作用在工件上的力在进给方向的分力 F_x 与进给方向相同，所以有可能会把工作台拉动一个距离，从而造成每齿进给量的突然增加，严重时将会损坏铣刀，造成工件报废甚至更严重的事故。因此在周铣中通常都采用逆铣。

——逆铣时，作用在工件上的垂直铣削力，在铣削开始时是向上的，有把工件从夹具中拉起来的趋势，所以对加工薄而长的和不易夹紧的工件极为不利。另外，在铣削的过程中，刀齿切到工件时要滑动一小段距离才切入，此时的垂直铣削力是向下的，而在将切离工件的一段时间内，垂直铣削力是向上的，因此工件和铣刀会产生周期性的振动，影响加工面的表面粗糙度。顺铣时，作用在工件上的垂直铣削力始终是向下的，有压住工件的作用，对铣削工作有利，而且垂直铣削力的变化较小，故产生的振动也较小，能使加工表面粗糙度值较小。

——逆铣时，由于切削刃在加工表面上要滑动一小段距离，切削刃容易磨损；顺铣时，切削刃一开始就切入工件，故切削刃比逆铣时磨损小，铣刀使用寿命比较长。

——逆铣时，消耗在工件进给运动上的动力较大，而顺铣时则较小。此外，顺铣时切削厚度比逆铣大，切屑短而厚而且变形小，所以可节省铣床功率的消耗。

——逆铣时，加工表面上有前一刀齿加工时造成的硬化层，因而不易切削；顺铣时，加工表面上没有硬化层，所以容易切削。

——对表面有硬皮的毛坯件，顺铣时刀齿一开始就切到硬皮，切削刃容易损坏，而逆铣则无此问题。综上所述，尽管顺铣比逆铣有较多的优点，但由于逆铣时不会拉动工作台，所以一般情况下都采用逆铣进行加工。但当工件不易夹紧或工件薄而长时，宜采用顺铣。此外，当铣削余量较小，铣削力在进给方向的分力小于工作台和导轨面之间的摩擦力时，也可采用顺铣。有时为了改善铣削质量而采用顺铣时，必须调整工作台与丝杠之间的轴向间隙(在 0.01～0.04mm 之间)。若设备陈旧且磨损严重，实现上述调整会有一定的困难。

② 端面铣削。端面铣削简称端铣，如图 1.71 所示，是指用铣刀端面上的切削刃进行铣削。铣削平面是利用铣刀端面上的刀尖(或端面修光切削刃)来形成平面的。用端铣法加工而成的平面，平面度和表面粗糙度主要取决于铣床主轴的轴线与进给方向的垂直度和铣刀刀尖部分的刃磨质量。

端铣有对称削铣、不对称逆铣和不对称顺铣 3 种方式。

a．对称铣削。如图 1.71(a)所示，铣刀轴线始终位于工件的对称面内，它切入、切出时切削厚度相同，有较大的平均切削厚度。一般端铣多用此种铣削方式，尤其适用于铣削淬硬钢。

若用纵向工作台进给作对称铣削，工件铣削层宽度在铣刀轴线的两边各占一半。左半部分为进刀部分是逆铣，右半部分为出刀部分是顺铣，从而使作用在工件上的纵向分力在中分线两边大小相等，方向相反，所以工作台在进给方向不会产生突然拉动现象。但是，这时作用在工作台横向进给方向上的分力较大，会使工作台沿横向产生突然拉动。因此，

铣削前必须紧固工作台的横向。由于上述原因，用面铣刀进行对称铣削时，只适用于加工短而宽或较厚的工件，不宜铣削狭长或较薄的工件。

b．不对称逆铣。如图 1.71(b)所示，铣刀偏置于工件对称面的一侧，它切入时切削厚度最小，切出时切削厚度最大。这种加工方法切入冲击较小，切削力变化小，切削过程平稳，适用于铣削普通碳钢和高强度低合金钢，并且加工表面粗糙度值小，刀具耐用度较高。

c．不对称顺铣。如图 1.71(c)所示，铣刀偏置于工件对称面的一侧，它切入时切削厚度最大，切出时切削厚度最小，这种铣削方法适用于加工不锈钢等中等强度和高塑性的材料。

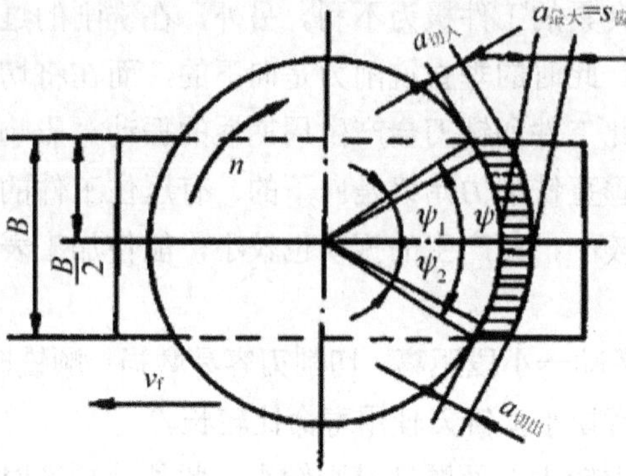

(a) 对称铣削

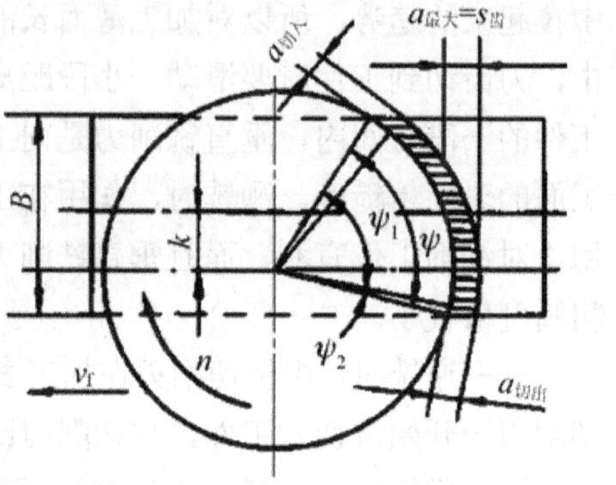

(b) 不对称逆铣

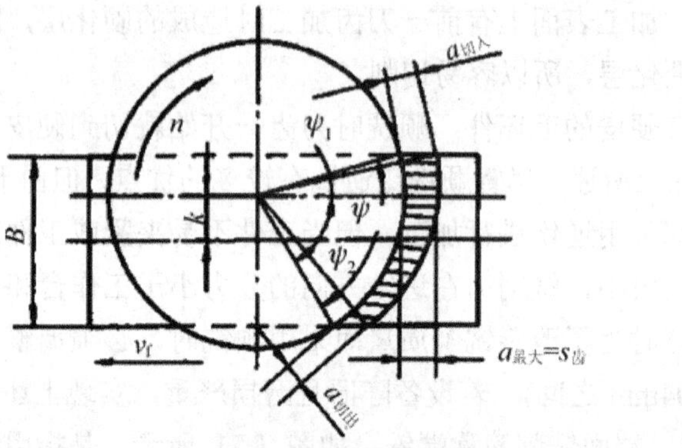

(c) 不对称顺铣

图 1.71　端铣

d．周铣与端铣的分析对比。周铣和端铣在铣削单一平面时是分开的，在铣削台阶和沟槽等结构时，则往往是同时存在的。现就铣削单一平面时的情况，对周铣和端铣分析对比如下：

——端铣用面铣刀的刀杆短，装夹刚性较好，同时参加切削的刀齿数较周铣时多，铣削时振动较小，工作较平稳，加工表面的质量好；而周铣用圆柱铣刀刀杆较长，轴径较小，同时工作的刀齿比较少，故容易使刀杆产生弯曲变形，引起振动。

——端铣用面铣刀切削，其刀齿的主、副切削刃可同时工作。

——端铣用面铣刀便于镶装硬质合金刀片进行高速铣削和阶梯铣削，铣削效率较高；而周铣用圆柱铣刀镶装硬质合金刀片比较困难。

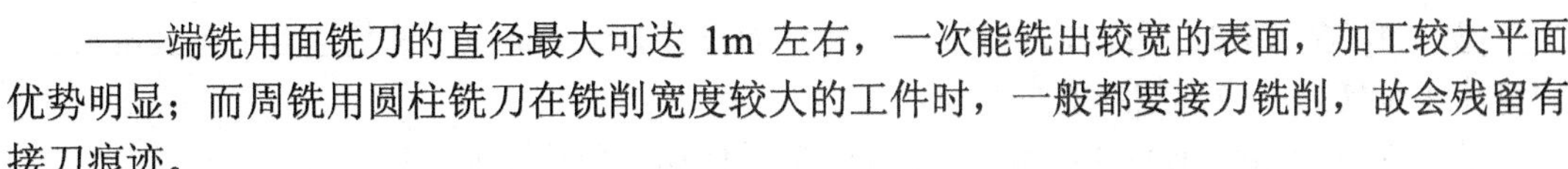

——端铣用面铣刀的直径最大可达 1m 左右，一次能铣出较宽的表面，加工较大平面优势明显；而周铣用圆柱铣刀在铣削宽度较大的工件时，一般都要接刀铣削，故会残留有接刀痕迹。

——周铣用圆柱铣刀可采用大的刃倾角，以充分发挥刃倾角在铣削过程中的作用，对难加工材料的铣削有一定帮助。

所有这一些决定了端铣的加工质量和生产效率都比周铣高，因此加工平面时一般采用端铣。

(2) 铣削用量。

① 铣削用量。在铣削过程中所选用的切削用量称为铣削用量。铣削用量包括吃刀量 a、铣削速度 v_c 和进给量 f。

a. 吃刀量 a：吃刀量是两平面的距离。该两平面都垂直于所选定的测量方向，并分别通过作用切削刃上两个使上述两平面间的距离为最大的点。

吃刀量 a 又分背吃刀量 a_p 和侧吃刀量 a_e：

——背吃刀量 a_p 是指在通过切削刃基点并垂直于工作平面的方向上测量的吃刀量。

——侧吃刀量 a_e 是指在平行于工作平面并垂直于切削刃基点的进给运动方向上测量的吃刀量。

b. 铣削速度 v_c：选定的切削刃相对于工件的主运动的瞬时速度，单位为 m/min。铣削速度可按下式计算。

$$v_c = \pi dn/1\,000 \tag{1-7}$$

式中：v_c——铣削速度，m/min；

d——铣刀直径，mm；

n——铣刀转速，r/min。

c. 进给量：刀具在进给运动方向上相对于工件的位移量，可用刀具或工件每转或每行程的位移量来表述度量。铣削进给量有 3 种表示方法，见表 1-4。

表 1-4　进给量的 3 种表示方法

进给量表示方法 \ 含义及用途		含　义	用　途
进给量	每齿进给量 f_z/(mm/齿)	多齿铣刀每转过一个刀齿时，工件与铣刀沿进给方向的相对位移量	用来计算切削力、验算刀齿强度
	每转进给量 f/mm·r^{-1}	铣刀每转一转时，工件与铣刀沿进给方向的相对位移量	
	进给速度 v_f/mm·min^{-1}	单位时间(每分钟)内，工件与铣刀沿进给方向的相对位移量	机床调整及计算加工工时的依据

以上 3 种进给量之间的关系如下。

$$v_f = f \cdot n = f_z zn \tag{1-8}$$

式中：z——铣刀齿数；

n——铣刀转速，r/min。

[例 1.1] 在 X6132 型卧式万能铣床上，铣刀直径 d=100mm，铣削速度 v_c=28m/min，问铣床主轴转速 n 应调整到多少？

解：d=100mm，v_c=28m/min。按式(1-7)可计算主轴转速为

$$n=\frac{1000v_c}{\pi d_0}=\frac{1000\times 28}{3.14\times 100}\text{r/min}=89\text{r/min}$$

根据主轴转速表上数值，89r/min 与 95r/min 比较接近，所以应把主轴转速调到 95r/min。

② 铣削用量的选择。铣削用量应根据工件材料、加工精度、铣刀耐用度及机床刚度等因素进行选择。

a．选择铣削用量的原则如下。

——保证刀具有合理的使用寿命，有高的生产率和低的成本。

——保证加工质量，主要是保证加工表面的精度和表面粗糙度达到图样要求。

——不超过铣床允许的动力和转矩，不超过工艺系统(工件、刀具、机床、夹具)的刚度和强度，同时又充分发挥它们的潜力。

上述 3 条，根据具体情况应有所侧重。一般在粗加工时，应尽可能发挥刀具、机床的潜力和保证合理的刀具寿命；精加工时，则首先要保证加工精度和表面粗糙度，同时兼顾合理的刀具寿命。

b．选择铣削用量的顺序。在铣削过程中，如果能在一定的时间内切除较多的金属，就有较高的生产率。显然，增加吃刀量、铣削速度和进给量都能提高生产率。但是，影响刀具寿命最显著的因素是铣削速度，其次是进给量，而吃刀量对刀具的影响最小。所以，在工艺系统刚性所允许的条件下，为了保证必要的刀具寿命，首先应尽可能选择较大的铣削深度 a_p 和铣削宽度 a_c；其次选择较大的每齿进给量 f_z；最后根据所选定的耐用度计算铣削速度 v_c。

c．铣削用量的选择。

——选择吃刀量 a。在铣削加工中，一般根据工件切削层的尺寸来选择铣刀。例如，用面铣刀铣削平面时，铣刀直径一般应大于切削层宽度。若用圆柱铣刀铣削平面，铣刀长度一般应大于工件切削层宽度。当加工余量不大时，应尽量一次进给铣去全部加工余量。只有当工件的加工精度要求较高时，才分粗铣、精铣进行。吃刀量具体数值的选取可参考表 1-5。

表 1-5 铣削吃刀量的选取 (单位：mm)

工件材料	高速钢铣刀		硬质合金铣刀	
	粗铣	精铣	粗铣	精铣
铸铁	5～7	0.5～1	10～18	1～2
软钢	<5	0.5～1	<12	1～2
中硬钢	<4	0.5～1	<7	1～2
硬钢	<3	0.5～1	<4	1～2

——选择每齿进给量 f_z。每齿进给量 f_z 是衡量铣削加工效率水平的重要指标。粗铣时，限制进给量提高的主要因素是切削力，进给量主要根据铣床进给机构的强度、刀杆刚度、刀齿强度以及机床、夹具、工件的刚度来确定。在强度、刚度许可的条件下，进给量应尽量选取得大一些。

半精铣和精铣时，限制进给量提高的主要因素是表面粗糙度。为了减少工艺系统的振

动，减小已加工表面的残留面积高度，一般选取较小的进给量。

每齿进给量 f_z 的选取可参考表 1-6。

表 1-6　每齿进给量 f_z 的推荐值　(单位：mm)

工件材料	工件硬度 HBW	硬质合金		高速钢			
		面铣刀	三面刃铣刀	圆柱铣刀	立铣刀	面铣刀	三面刃铣刀
低碳钢	＜150	0.20～0.40	0.15～0.30	0.12～0.20	0.04～0.20	0.15～0.30	0.12～0.20
	150～200	0.20～0.35	0.12～0.25	0.12～0.20	0.03～0.18	0.15～0.30	0.10～0.15
中、高碳钢	120～180	0.15～0.50	0.15～0.30	0.12～0.20	0.05～0.20	0.15～0.30	0.12～0.20
	180～220	0.15～0.40	0.12～0.25	0.12～0.20	0.04～0.20	0.15～0.25	0.07～0.15
	220～300	0.12～0.25	0.07～0.20	0.07～0.15	0.03～0.15	0.10～0.20	0.05～0.12
灰铸铁	150～180	0.20～0.50	0.12～0.30	0.20～0.30	0.07～0.18	0.20～0.35	0.15～0.25
	180～220	0.20～0.40	0.12～0.25	0.15～0.25	0.05～0.15	0.15～0.30	0.12～0.20
	220～300	0.15～0.30	0.10～0.20	0.10～0.20	0.03～0.10	0.10～0.15	0.07～0.12
可锻铸铁	110～160	0.20～0.50	0.10～0.30	0. 20～0.35	0.08～0.20	0.20～0.40	0.15～0.25
	160～200	0.20～0.40	0.10～0.25	0.20～0.30	0.07～0.20	0.20～0.35	0.15～0.20
	200～240	0.15～0.30	0.10～0.20	0.12～0.25	0.05～0.15	0.15～0.30	0.10～0.20
	240～280	0.10～0.30	0.10～0.15	0.10～0.20	0.02～0.08	0.10～0.20	0.07～0.12
含碳量＜0.3%的合金钢	125～170	0.15～0.50	0.12～0.30	0.12～0.20	0.05～0.20	0.15～0.30	0.12～0.20
	170～220	0.15～0.40	0.12～0.25	0.10～0.20	0.05～0.10	0.15～0.25	0.07～0.15
	220～280	0.10～0.30	0.08～0.20	0.07～0.12	0.03～0.08	0.12～0.20	0.07～0.12
	280～300	0.08～0.20	0.05～0.15	0.05～0.10	0.025～0.05	0.07～0.12	0.05～0.10
含碳量＞0.3%的合金钢	170～220	0.125～0.40	0.12～0.30	0.12～0.20	0.12～0.20	0.15～0.25	0.07～0.15
	220～280	0.10～0.30	0.08～0.20	0.07～0.15	0.07～0.15	0.12～0.20	0.07～0.20
	280～320	0.08～0.20	0.05～0.15	0.05～0.12	0.15～0.12	0.07～0.12	0.05～0.10
	320～380	0.06～0.15	0.05～0.12	0.05～0.10	0.05～0.10	0.05～0.10	0.05～0.10
工具钢	退火状态	0.15～0.50	0.12～0.30	0.07～0.15	0.05～0.10	0.12～0.20	0.07～0.15
	36HRC	0.12～0.25	0.08～0.15	0.05～0.10	0.03～0.08	0.07～0.12	0.05～0.10
	46HRC	0.10～0.20	0.06～0.12				
	56HRC	0.07～0.10	0.05～0.10				
铝镁合金	95～100	0.15～0.38	0.125～0.30	0.15～0.20	0.05～0.15	0.20～0.30	0.07～0.20

说明：表中小值用于精铣，大值用于粗铣。

——选择铣削速度 v_c。在吃刀量 a 和每齿进给量 f_z 确定后，可在保证合理的刀具寿命的前提下确定铣削速度 v_c。

粗铣时，确定铣削速度必须考虑到铣床的许用功率。如果超过铣床的许用功率，则应适当降低铣削速度。

精铣时，一方面应考虑合理的铣削速度，以抑制积屑瘤产生，提高表面质量；另一方面，由于刀尖磨损往往会影响加工精度，因此应选用耐磨性较好的刀具材料，并应尽可能使之在最佳铣削速度范围内工作。

铣削速度 v_c 可在表 1-7 推荐范围内选取，并根据实际情况进行试切后加以调整。

表 1-7　常用工件材料的铣削速度 v_c 推荐值

加工材料	硬度/HBW	铣削速度 $v_c/(m\cdot min^{-1})$	
		硬质合金铣刀	高速钢铣刀
低、中碳钢	＜220	80～150	21～40
	225～290	60～115	15～36
	300～425	40～75	9～20
高碳钢	＜220	60～130	18～36
	225～325	53～105	14～24
	325～375	36～48	9～12
	375～425	35～45	6～10
合金钢	＜220	55～120	15～35
	225～325	40～80	10～24
	325～425	30～60	5～9
工具钢	200～250	45～83	12～23
灰铸铁	100～140	110～115	24～36
	150～225	60～110	15～21
	230～290	45～90	9～18
	300～320	21～30	5～10
可锻铸铁	110～160	100～200	42～50
	160～200	83～120	24～36
	200～240	72～110	15～24
	240～280	40～60	9～21
铝镁合金	95～100	360～600	180～300

说明：① 粗铣时取小值，精铣时取大值。

② 工件材料强度和硬度高取小值，反之取大值。

③ 刀具材料耐热性好取大值，反之取小值。

(3) 铣削平面的步骤及操作要点。

① 选择铣刀。根据工件的形状及加工要求选择铣刀，加工较大平面应选择端铣刀，加工较小的平面一般选择铣削平稳的圆柱铣刀。铣刀的宽度应尽量大于待加工表面的宽度，减少走刀次数。

② 安装铣刀。

③ 选择夹具及装夹工件。根据工件的形状、尺寸及加工要求选择平口钳、回转工作台、分度头或螺栓压板等。

④ 选择铣削用量。根据工件材料特性、刀具材料特性、加工余量、加工要求等制定合理的加工顺序和切削用量。

⑤ 调整机床。检查铣床各部件及手柄位置，调整主轴转速及进给速度。

⑥ 铣削操作。

a. 开车使铣刀旋转，升高工作台，让铣刀与工件轻微接触。

b. 水平方向退出工件，停车，将垂直进给丝杆刻度盘对准零线。

c. 根据刻度盘刻度将工作台升高到预定的切削深度，紧固升降台和横向进给手柄。

d. 开车使铣刀旋转，先手动纵向进给，当工件被轻微切削后改用自动进给。

e. 铣削一遍后，停自动进给，停车，下降工作台。

f. 测量工件尺寸，观察加工表面质量，重复对工件进行铣削加工达到合格尺寸。

知识拓展

1. 铣削斜面

铣削斜面常采用以下 3 种方法进行加工。

(1) 将工件的斜面装夹成水平面进行铣削，装夹方法有 2 种。

① 将斜面垫铁垫在工件基面下，使被加工斜面成水平面，如图 1.72 所示。

② 将工件装夹在分度头上，利用分度头将工件的斜面转到水平面，如图 1.73 所示。

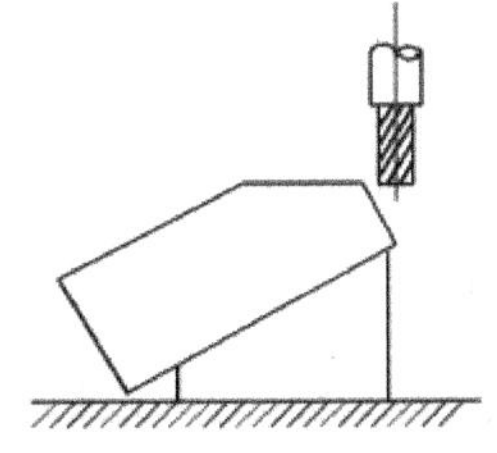

图 1.72　用垫铁方法装夹工件

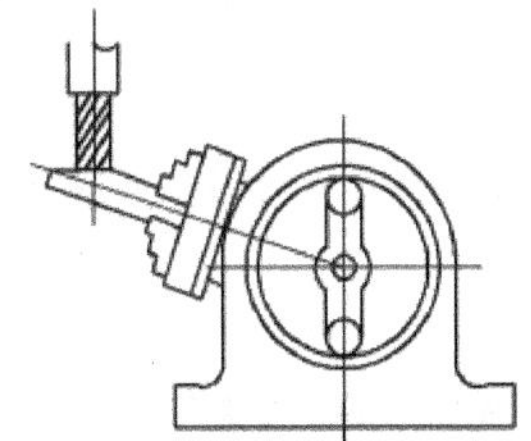

图 1.73　用分度头方法装夹工件

(2) 利用立铣头铣削斜面，将立铣头的主轴旋转一定角度可铣削相应的斜面，如图 1.74 所示。

(3) 利用具有一定角度的角度铣刀可铣削相应角度的斜面，如图 1.75 所示。

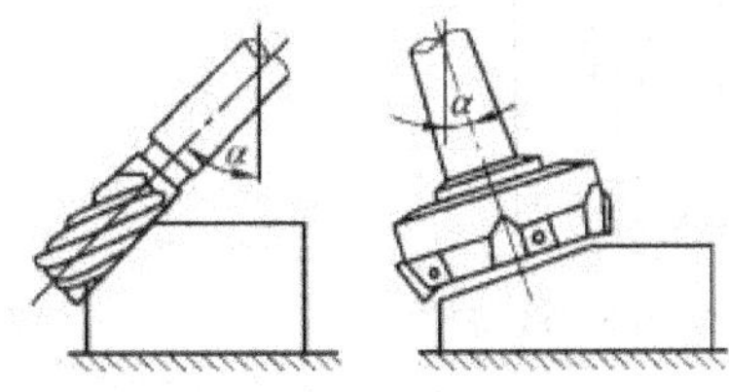

图 1.74　立铣头旋转一定角度铣削斜面

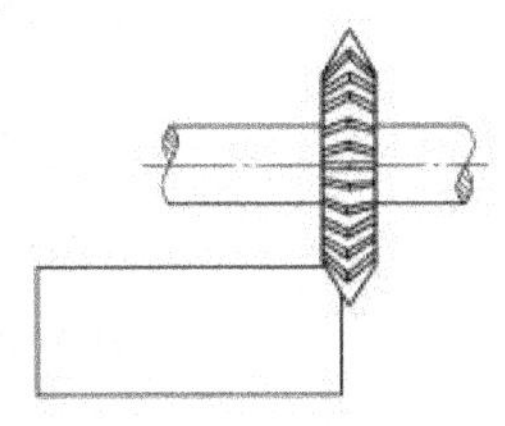

图 1.75　角度铣刀铣斜面

2. 铣削沟槽

(1) 铣削键槽。铣削键槽的步骤如下。

① 选择铣刀。根据键槽的形状及加工要求选择铣刀，如铣削月牙形键槽应采用月牙槽铣刀，铣削封闭式键槽应选择键槽铣刀。

② 安装铣刀。

③ 选择夹具及装夹工件。根据工件的形状、尺寸及加工要求选择装夹方法，单件生产使用平口钳装夹工件。使用平口钳时必须使用划针或百分表校正平口钳的固定钳口，使之与工作台纵向进给方向平行；还可采用分度头和顶尖或 V 形槽装夹等方式铣削键槽；批量生产使用轴用虎钳装夹工件。铣削键槽时常用的工件装夹方法如图 1.76 所示。

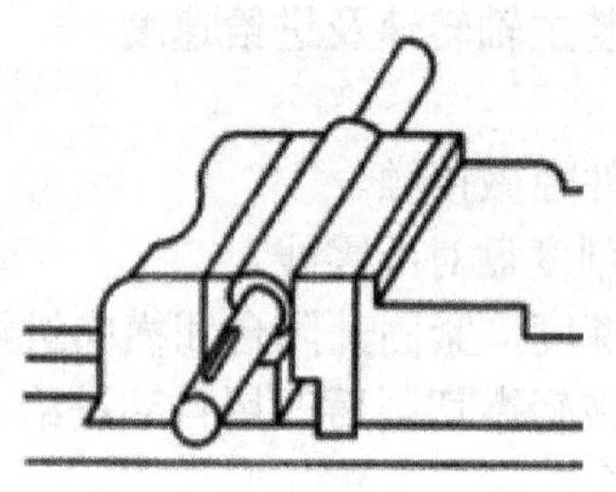

(a) 平口钳装夹工件

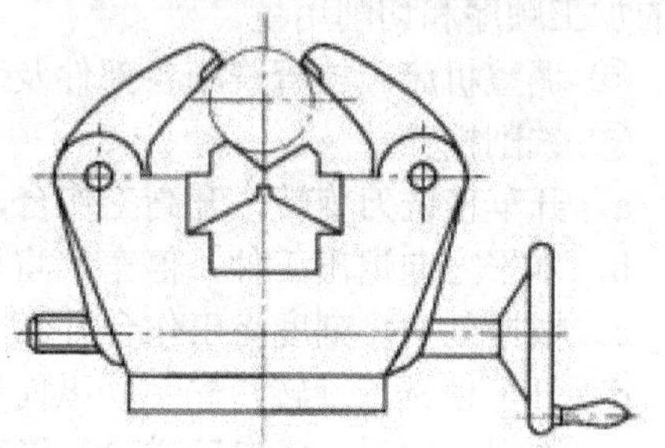

(b) 轴用虎钳装夹工件

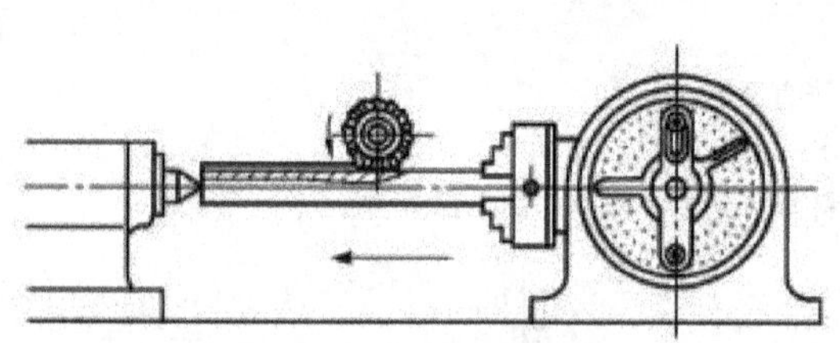

(c) 分度头和顶尖装夹工件

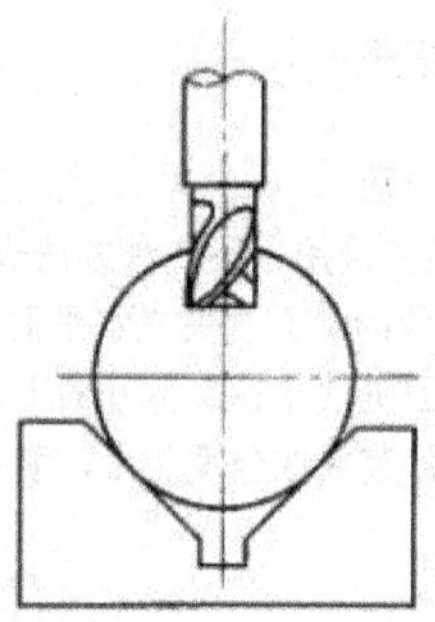

(d) V 形槽装夹工件

图 1.76 铣削键槽工件装夹方法

④ 对刀。使铣刀的中心面与工件的轴线重合，常用对刀方法有切痕对刀法(图 1.77)和划线对刀法。

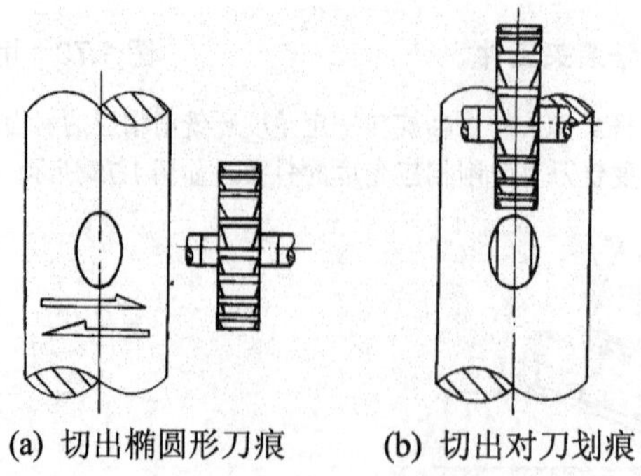

(a) 切出椭圆形刀痕　　(b) 切出对刀划痕

图 1.77 切痕对刀法

⑤ 选择合理的铣削用量。

⑥ 调整机床，开车，先试切检验，再铣削加工出键槽。

(2) 铣削 T 形槽。T 形槽的铣削步骤如下。

① 在立式铣床上用立铣刀或在卧式铣床上用三面刃盘铣刀铣出直角槽，如图 1.78(a)、(b)所示。

② 在立式铣床上用 T 形槽铣刀铣出 T 形底槽，如图 1.78(c)所示。

③ 用倒角铣刀对槽口进行倒角，如图 1.78(d)所示。

由于 T 形槽铣刀的颈部较细，强度较差，铣 T 形槽时铣削条件差，因此应选择较小的铣削用量，并在铣削过程中充分冷却和及时排除切屑。

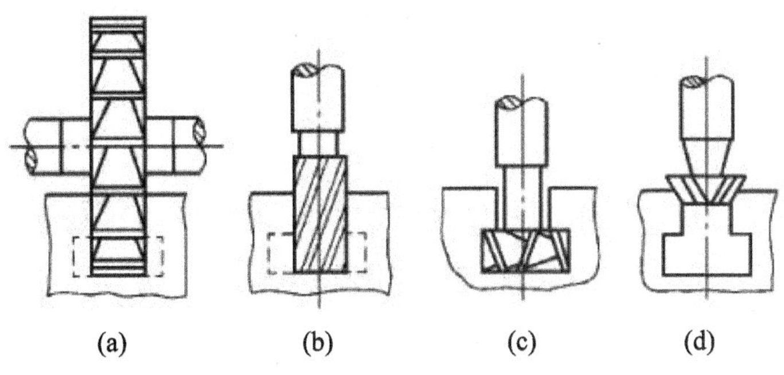

图 1.78　铣削 T 形槽

3. 键槽精度检验

下面以半封闭键槽轴零件(图 1.79)为例介绍键槽精度的检验方法。

(1) 测量槽宽。槽宽尺寸用塞规和内径千分尺测量，如图 1.80(a)所示。测量时左手拿内径千分尺顶端，右手转动微分筒，使两个内测量爪测量面之间的距离略小于槽宽尺寸放入槽中，以一个量爪为支点，另一个量爪作少量转动，找出最小点，然后使用测力装置直至发出响声，便可直接读数，若要取出后读数，先将紧固螺钉旋紧后取出读数。直角槽宽度尺寸应在 8.00～8.09mm 范围内。采用塞规测量时，应选用与槽宽尺寸公差等级相同的塞规，以通端能塞进，止端不能塞进为合格，如图 1.80(b)所示。

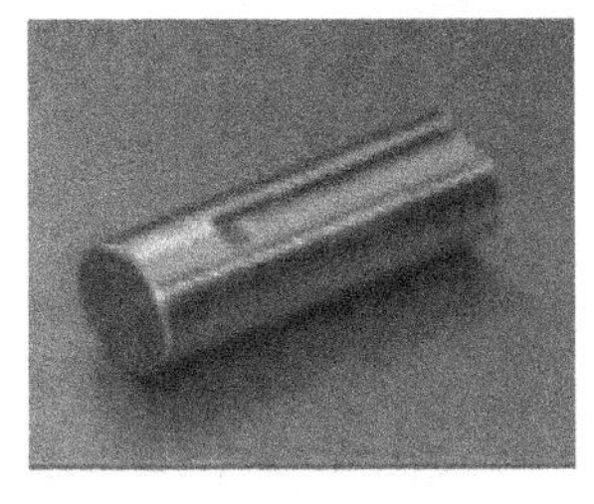

图 1.79　半封闭键槽轴产品零件

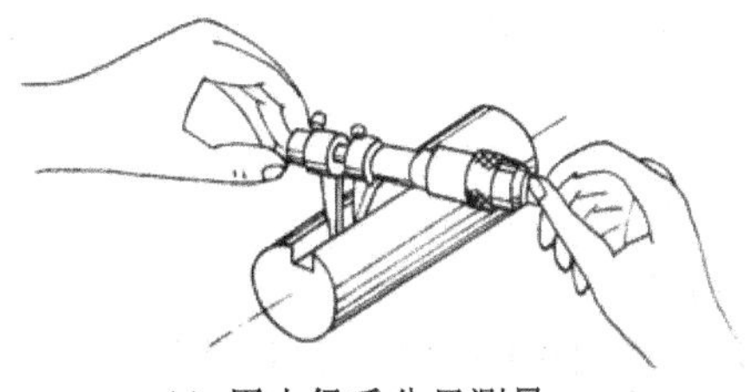

(a) 用内径千分尺测量

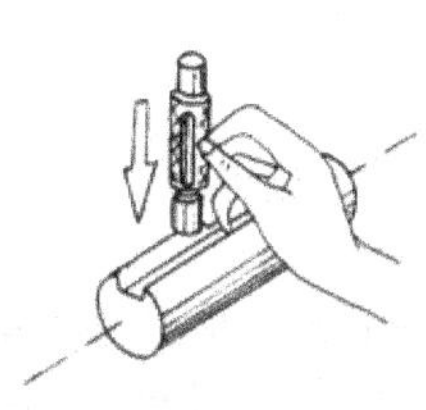

(b) 用塞尺测量

图 1.80　键槽宽度测量

(2) 测量槽深。槽深即槽底至工件外圆的尺寸应在 25.79～26.00mm 范围内。其测量方法如图 1.81 所示。

(3) 测量对称度。将工件装夹在测量 V 形架上，用高度尺和百分表将槽侧一面校平，使指针接触约 0.20mm，然后转动表盘，将指针对准“0”位。将 V 形架翻转 180°，测量槽的另一侧面，如指针也对准“0”位，说明对称度较好。如指针不对准“0”位，读数值即为对称度的偏差值，如图 1.82 所示。百分表的示值误差应在 0.15mm 范围内。

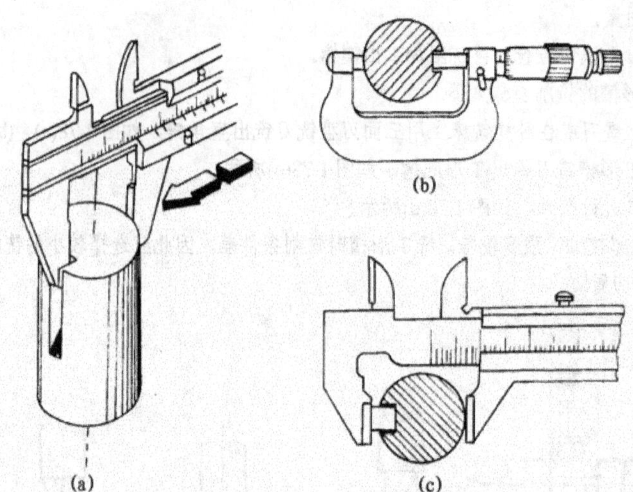

(a) 用游标卡尺直接测量 (b)用千分尺测量 (c)塞入键块直接测量

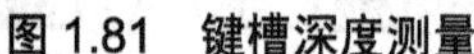

图 1.81 键槽深度测量

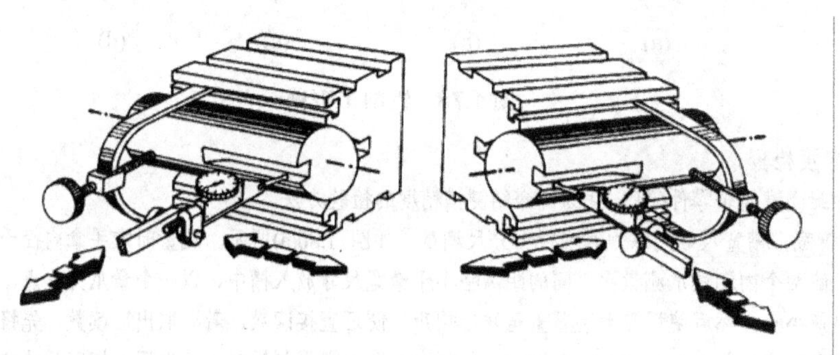

图 1.82 键槽对称度测量

(4) 通过目测类比法进行表面粗糙度的检验。

特别提示

铣削加工的工艺范围及特点如下。

(1) 铣刀是典型的多刃刀具，加工过程中有几个刀齿同时参加切削，总的切削宽度较大；铣削时的主运动是铣刀的旋转，有利于进行高速切削，故铣削的生产率高于刨削加工。

(2) 铣削加工范围广，可以加工刨削无法加工或难以加工的表面。例如，可铣削周围封闭的凹平面、圆弧形沟槽、具有分度要求的小平面和沟槽等。

(3) 铣削过程中，就每个刀齿而言是依次参加切削，刀齿在离开工件的一段时间内，可以得到一定的冷却。因此，刀齿散热条件好，有利于减少铣刀的磨损，延长使用寿命。

(4) 由于铣削是断续切削，刀齿在切入和切出工件时会产生冲击，而且每个刀齿的切削厚度也时刻在变化，这就引起切削面积和切削力的变化。因此，铣削过程不平稳，容易产生振动。

(5) 铣床、铣刀比刨床、刨刀结构复杂，铣刀的制造与刃磨比刨刀困难，所以铣削成本比刨削高。

(6) 铣削与刨削的加工质量大致相当，经粗、精加工后都可达到中等精度。但在加工大平面时，刨削后无明显接刀痕，而用直径小于工件宽度的端铣刀铣削时，各次走刀间有明显的接刀痕，影响表面质量。

5) 铣床的维护与保养

(1) 平时要注意铣床的润滑。操作工人应根据机床说明书的要求定期加油和调换润滑油。对手拉、手揿油泵和注油孔等部位，每天应按要求加注润滑油。

(2) 开机之前，应先检查各部件，如操纵手柄、按钮等是否在正常位置和其灵敏度如何。

(3) 操作工人必须合理使用机床。操作铣床的工人应掌握一定的基本知识，如合理选用铣削用量、铣削方法，不能让机床超负荷工作。安装夹具及工件时，应轻放。工作台面不应乱放工具、工件等。

(4) 在工作中应时刻观察铣削情况，如发现异常现象，应立即停机检查。

(5) 工作完毕应清除铣床上及周围的切屑等杂物，关闭电源，擦净机床，在滑动部位加注润滑油，整理工具、夹具、计量器具，做好交接班工作。

(6) 铣床在运转 500h 后，应进行一级保养。保养作业以操作工人为主、维修工人配合进行。

特别提示

1. 铣床安全操作规程

(1) 防护用品的穿戴。

① 上班前穿好工作服、工作鞋，女工戴好工作帽。

② 不准穿背心、拖鞋、凉鞋和裙子进入车间。

③ 严禁戴手套操作。

④ 高速铣削或刃磨刀具时应戴防护镜。

(2) 操作前的检查。

① 对机床各滑动部分注润滑油。

② 检查机床各手柄是否放在规定位置上。

③ 检查各进给方向自动停止挡铁是否紧固在最大行程以内。

④ 起动机床检查主轴和进给系统工作是否正常、油路是否畅通。

⑤ 检查夹具、工件是否装夹牢固。

(3) 装卸工件、更换铣刀、擦拭机床必须停机，并防止被铣刀切削刃割伤。

(4) 不得在机床运转时变换主轴转速和进给量。

(5) 在进给中不准触摸工件加工表面，机动进给完毕，应先停止进给，再停止铣刀旋转。

(6) 主轴未停稳不准测量工件。

(7) 铣削时，铣削层深度不能过大，毛坯工件应从最高部分逐步切削。

(8) 要用专用工具清除切屑，不准用嘴吹或用手抓。

(9) 工作时要集中思想，专心操作，不许擅自离开机床，离开机床时要关闭电源。

(10) 操作中如发生事故，应立即停机并切断电源，保持现场。

(11) 工作台面和各导轨面上不能直接放工具或量具。

(12) 工作结束，应擦清机床并加润滑油。

(13) 电器部分不准随意拆开和摆弄，发现电器故障应请电工修理。

2. 铣工文明生产

(1) 机床应做到每天一小擦，每周一大擦，按时一级保养，保持机床整齐清洁。

(2) 操作者对周围场地应保持整洁，地上无油污、积水、积油。

(3) 操作时，工具与量具应分类整齐地安放在工具架上，不要随便乱放在工作台上或与切屑等混在一起。

(4) 高速铣削或冲注切削液时，应加放挡板，以防切屑飞出及切削液外溢。

(5) 工件加工完毕，应安放整齐，不乱丢乱放，以免碰伤工件表面。

(6) 保持图样或工艺工件的清洁完整。

3. 平面磨削(surface grinding)

1) 平面磨削的方式

对于精度要求高的平面以及淬火零件的平面加工，需要采用平面磨削方法。平面磨削主要在平面磨床上进行。磨削平面一般以一个平面为定位基准，磨削另一个平面，如果两个平面都要求磨削，可互为基准反复磨削。平面磨削时，对于形状简单的铁磁性材料工件，采用电磁吸盘装夹工件，操作简单方便，能同时装夹多个工件，而且能保证定位面与加工面的平行度要求。对于形状复杂或非铁磁性材料的工件，可采用精密平口虎钳或专用夹具装夹，然后用电磁吸盘或真空吸盘吸牢。

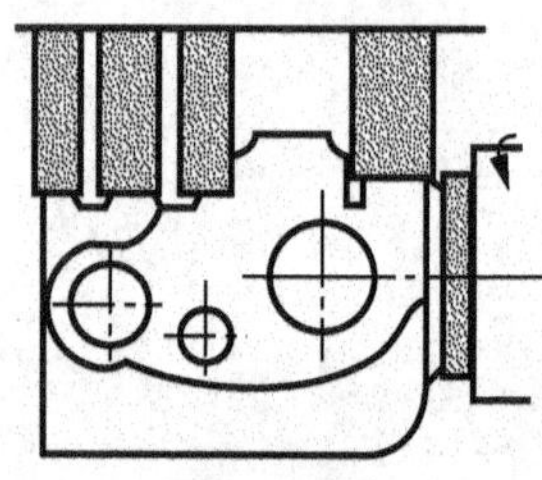

图 1.83 组合磨削

当磨削键、垫圈、薄壁套等小零件时，由于工件与工作台接触面积小，吸力弱、容易被磨削力弹出造成事故，所以装夹这类工件时，需要在工件四周或左右两端用挡铁围住，以防工件移动。

磨削平面的粗糙度 *Ra* 可达 0.32～1.25μm。生产批量较大时，箱体的平面常用磨削来精加工。为了提高生产率和保证平面间的相互位置精度，工厂还常采用组合磨削(图 1.83)来精加工平面。

(1) 平面磨削方式。根据砂轮工作面的不同，平面磨削分为周磨和端磨两类。

① 周磨。它是采用砂轮的圆周面对工件平面进行磨削。卧轴的平面磨床磨削属于这种形式，如图 1.84(a)、(b)所示。这种磨削方式，砂轮与工件的接触面积小，磨削力小，磨削热小，冷却和排屑条件较好，而且砂轮磨损均匀。

② 端磨。它是采用砂轮端面对工件平面进行磨削。立轴的平面磨床磨削均属于这种形式，如图 1.84(c)、(d)所示。这种磨削方式，砂轮与工件的接触面积大，磨削力大，磨削热多，冷却和排屑条件差，工件受热变形大。此外，由于砂轮端面径向各点的圆周速度不相等，砂轮磨损不均匀。

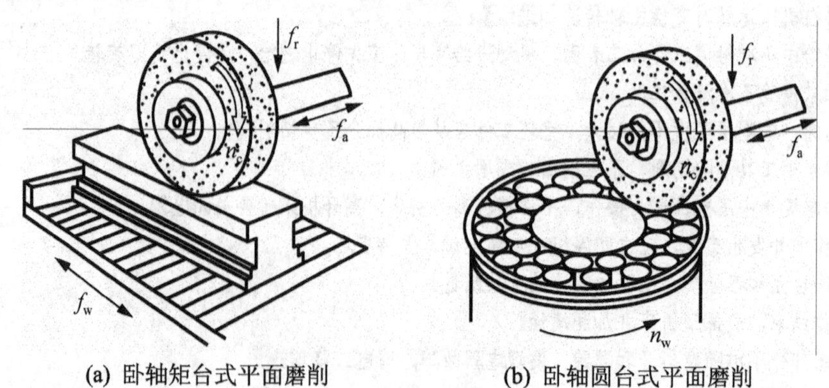

(a) 卧轴矩台式平面磨削　　(b) 卧轴圆台式平面磨削

图 1.84 平面磨床加工示意图

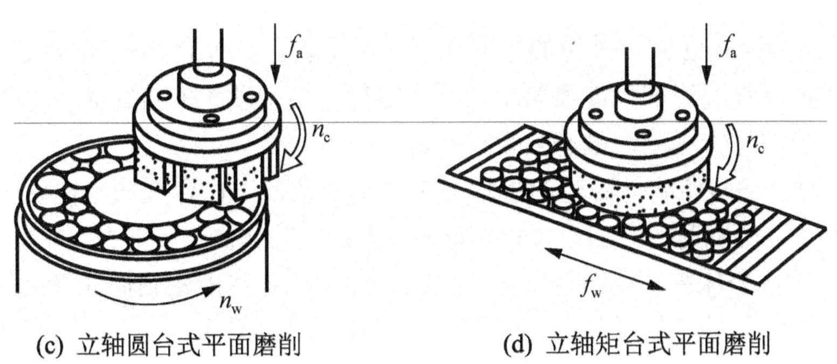

(c) 立轴圆台式平面磨削　　(d) 立轴矩台式平面磨削

图 1.84　平面磨床加工示意图(续)

2) 平面磨床的类型

根据平面磨床工作台的形状和砂轮工作面的不同，普通平面磨床可分为 4 种类型：卧轴矩台式平面磨床[图 1.84(a)]；卧轴圆台式平面磨床[图 1.84(b)]；立轴圆台式平面磨床[图 1.84(c)]；立轴矩台式平面磨床[图 1.84(d)]。

(1) 卧轴矩台平面磨床。卧轴矩台平面磨床的外形如图 1.85 所示。砂轮的主轴轴线 5 与工作台台面平行，工件安装在矩形电磁吸盘上，并随工作台作纵向往复直线运动。砂轮在高速旋转的同时作间歇的横向移动，在工件表面磨去一层后，砂轮反向移动，同时作一次垂向进给，直至将工件磨削到所需的尺寸。工作台 2 沿床身 1 的纵向导轨的往复直线进给运动由液压传动，也可手动进行调整。工件用电磁吸盘式夹具装夹在工作台上。砂轮架 5 可沿滑座 4 的燕尾导轨作横向间歇进给(或手动或液动)。滑座和砂轮架可一起沿立柱 3 的导轨作间歇的垂直切入运动(手动)。砂轮主轴由内装式异步电动机直接驱动。

图 1.85　卧轴矩台平面磨床

1—床身；2—工作台；3—立柱；4—滑座；5—砂轮架

(2) 卧轴圆台平面磨床。卧轴圆台平面磨床的主轴是卧式的，工作台是圆形电磁吸盘，用砂轮的圆周面磨削平面。磨削时，圆形电磁吸盘将工件吸在一起作单向匀速旋转，砂轮除高速旋转外，还在圆台外缘和中心之间作往复运动，以完成磨削进给，每往复一次或每次换向后，砂轮向工件垂直进给，直至将工件磨削到所需要的尺寸。由于工作台是连续旋转的，所以磨削效率高，但不能磨削台阶面等。

(3) 立轴矩台平面磨床。砂轮的主轴与工作台垂直，工作台是矩形电磁吸盘，用砂轮的端面磨削平面。这类磨床只能磨简单的平面零件。由于砂轮的直径大于工作台的宽度，砂轮不需要作横向进给运动，故磨削效率较高。

(4) 立轴圆台平面磨床。砂轮的主轴与工作台垂直，工作台是圆形电磁吸盘，用砂轮的端面磨削平面。磨削时，圆工作台作匀速旋转，砂轮除作高速旋转外，定时作垂向进给。

上述 4 种平面磨床中，用砂轮端面磨削的平面磨床与用砂轮圆周面磨削的平面磨床相比，由于端面磨削的砂轮直径往往比较大，能同时磨削出工件的全宽，磨削面积较大，同时砂轮悬伸长度短，刚性好，可采用较大的磨削用量，生产率较高。但砂轮散热、冷却、排屑条件差，所以加工精度和表面质量不高，一般用于粗磨。而用圆周面磨削的平面磨床加工质量较高，但这种平面磨床生产效率低，适合于精磨。圆台式平面磨床和矩台式平面磨床相比，由于圆台式是连续进给，生产效率高，适用于磨削小零件和大直径的环形零件端面，不能磨削长零件。矩台式平面磨床可方便地磨削各种常用零件，包括直径小于工作台面宽度的环形零件。生产中常用的是卧轴矩台式平面磨床和立轴圆台式平面磨床。

3) 平面磨削砂轮的选择

平面磨削所用的砂轮应根据磨削方式、工件材料、加工要求等来选择。

平面磨削时，由于砂轮与工件的接触面积较大，磨削热也随之增加，尤其当磨削薄壁工件如活塞环、垫圈等时，容易产生翘曲变形和烧伤现象，所以应选硬度较软、粒度较粗、组织疏松的砂轮。平面磨削砂轮的选择可参考表 1-8。

表 1-8　平面磨削砂轮的选择

<table>
<tr><td colspan="6">1．砂轮形状选择</td></tr>
<tr><td colspan="2">磨削方式</td><td colspan="2">圆周磨削</td><td colspan="2">端面磨削</td></tr>
<tr><td colspan="2">砂轮形状</td><td colspan="2">平行砂轮系列</td><td colspan="2">筒形或碗形砂轮，粗磨时可采用镶块砂轮</td></tr>
<tr><td colspan="6">2．砂轮特性选择</td></tr>
<tr><td colspan="2">工件材料</td><td>非淬火碳钢</td><td>调质合金钢</td><td>淬火的碳钢合金钢</td><td>铸铁</td></tr>
<tr><td rowspan="5">砂轮特性</td><td>磨料</td><td>A</td><td>A</td><td>WA</td><td>C</td></tr>
<tr><td>粒度</td><td colspan="4">F36～F60，其中 F46 最常用</td></tr>
<tr><td>硬度</td><td>H～L</td><td>K～M</td><td>J～K</td><td>J～L</td></tr>
<tr><td>组织</td><td colspan="4">5～6</td></tr>
<tr><td>结合剂</td><td colspan="2">V</td><td colspan="2">B 或 V</td></tr>
</table>

当用砂轮的圆周磨削时，一般选用陶瓷结合剂的平行砂轮，粒度为 F36～F60，硬度在 H～L 之间。

当用砂轮的端面磨削时，由于接触面积大，排屑困难，容易发热，所以大多采用树脂结合剂的筒形或碗形或镶块砂轮，粒度为 F20～F36，硬度在 J～L 之间。

4) 工件的装夹

平面磨削的装夹方法应根据工件的形状、尺寸和材料而定。对于形状简单的铁磁性材

料工件，采用电磁吸盘装夹工件，操作简单方便，能同时装夹多个工件，而且能保证定位面与加工面的平行度要求。对于形状复杂或非铁磁性材料的工件，可采用精密平口虎钳或专用夹具装夹，然后用电磁吸盘或真空吸盘吸牢。

(1) 电磁吸盘及其使用。电磁吸盘(electromagnetic chuck)是平面磨削中最常用的夹具之一，用于钢、铸铁等磁性材料制成的有两个平行平面的工件装夹。

① 电磁吸盘的工作原理和结构。电磁吸盘是根据电的磁效应原理制成的。在由硅钢片叠成的铁芯上绕有线圈，当电流通过线圈时，铁芯即被磁化，成为带磁性的电磁铁，这时若把铁块引向铁芯，立即会被铁芯吸住。当切断电流时，铁芯磁性中断，铁块就不再被吸住。电磁吸盘的原理结构如图 1.86 所示。图中，在钢制吸盘体的中部凸起的芯体上绕有线圈，钢制盖板被绝缘层隔成一些小块。当线圈通过直流电时，芯体就被磁化，磁力线由芯体经过工作台区盖板、工件再经工作台板、吸盘体、芯体而闭合(图 1.86 中虚线所示)，工件被吸住。绝缘层由铝、铜或巴氏合金等非磁性材料制成，它的作用是使绝大部分磁力线都能通过工件回到吸盘体，以构成完整的磁路。

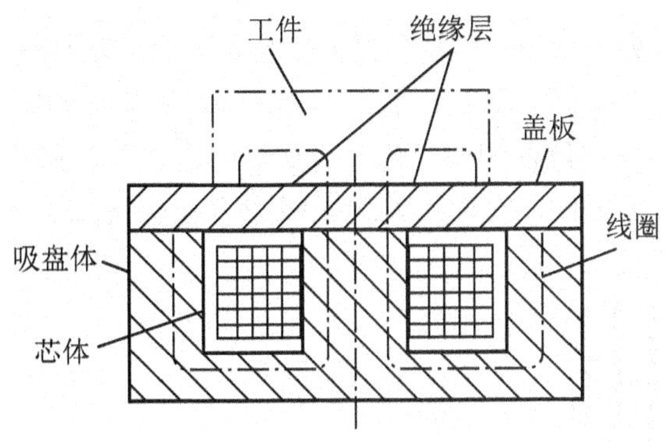

图 1.86　电磁吸盘的原理结构图

电磁吸盘的外形有矩形和圆形两种，分别用于矩形工作台平面磨床和圆形工作台平面磨床。

② 电磁吸盘装夹工件的特点。

a．工件装卸迅速方便，并可以同时装夹多个工件。

b．工件的定位基准面被均匀地吸紧在台面上，能很好地保证平面的平行度公差。

c．装夹稳固可靠。

③ 使用电磁吸盘时的注意事项。

a．关掉电磁吸盘的电源后，有时工件不容易取下，这是因为工件和电磁吸盘上仍会保留一部分磁性(剩磁)，这时需将开关转到退磁位置，多次改变线圈中的电流方向，把剩磁去掉，工件就容易取下。

b．从电磁吸盘上取底面积较大的工件时，由于剩磁以及光滑表面间粘附力较大，不容易取下，这时可根据工件形状用木棒或铜棒将工件扳松后再取下(图 1.87)，切不可用力硬拖工件，以防工作台面与工件表面拉毛损伤。

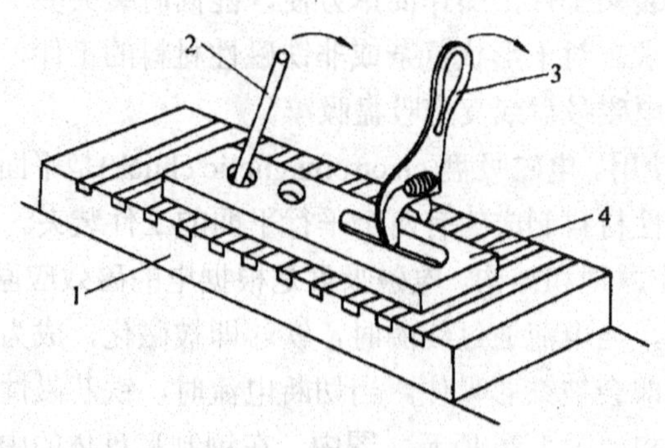

图 1.87　工件拆装

1—电磁吸盘；2—木棒；3—活扳手；4—工件

c. 装夹工件时，工件定位表面盖住绝缘磁层条数应尽可能地多，以充分利用磁性吸力。对于磨削键、垫圈、薄壁套等小而薄的工件应放在绝缘磁层中间[图 1.88(b)]，要避免放成图 1.88(a)所示位置；另外，由于工件与工作台接触面积小，吸力弱、容易被磨削力弹出造成事故，所以装夹这类工件时，需要工件四周或左右两端用挡铁围住[图 1.88(c)]，以防工件移动。装夹高度较高而定位面积较小的工件时，应在工件的四周放上面积较大的挡块(图 1.89)，其高度略低于工件，这样可避免因吸力不够而造成工件翻倒，使砂轮碎裂的事故。

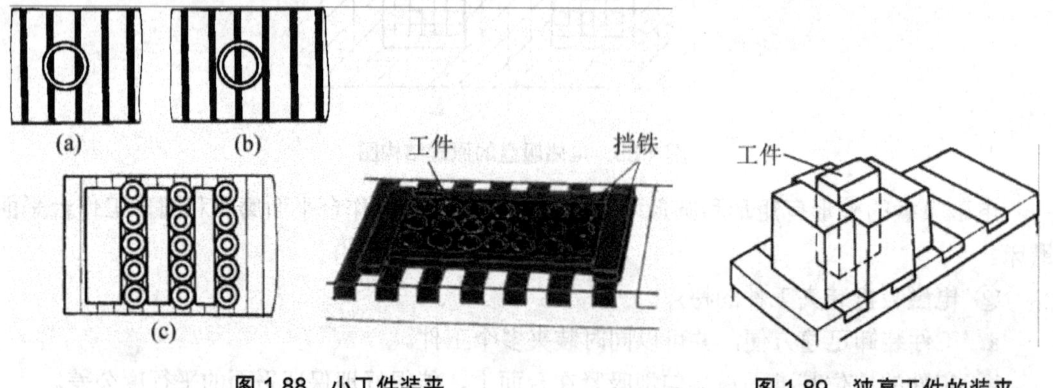

图 1.88　小工件装夹　　图 1.89　狭高工件的装夹

d. 在每次工件装夹完毕后，应用手拉一下工件，检查工件是否被吸牢。检查无误后，再起动砂轮进行磨削。

e. 电磁吸盘的台面要经常保持平整光洁，如果台面上出现拉毛，可用油石或细砂纸修光，再用金相砂纸抛光。如果台面上划纹和细麻点较多，或者台面已经不平，可以对电磁吸盘台面作一次修磨。修磨时，电磁吸盘应接通电源，处于工作状态。磨削背吃刀量和进给量要小，冷却要充分。要尽量减少修磨次数，以延长其使用寿命。

f. 工作结束后，应将电磁吸盘台面擦干净，以免切削液渗入吸盘体内，使线圈受潮而损坏。

④ 垂直面磨削时工件的装夹。

a. 用侧面有吸力的电磁吸盘装夹。有一种电磁吸盘不仅工作台板的上平面能吸住工件，而且其侧面也能吸住工件。若被磨平面有与其垂直的相邻面，且工件体积又不大时，用此方法装夹比较方便可靠。

b. 用精密平口钳装夹[图 1.90(a)]。固定钳口 3 和底座 4 制成一体，活动钳口 2 内装有螺母，转动螺杆 1，活动钳口 2 即可夹紧工件。精密平口钳的各个侧面和底面相互垂直，钳口的夹紧面也与底面、侧面垂直。磨削垂直面时，先把平口钳的底面吸紧在电磁吸盘上，再把工件夹在钳口内，先磨削第一面[图 1.90(b)]，然后把平口钳连同工件一起翻转 90°，将平口钳侧面吸紧在电磁吸盘上，再磨削垂直面[图 1.90(c)]。精密平口钳适用于装夹小型或非磁性材料的工件及被磨平面的相邻面为垂直平面的工件。

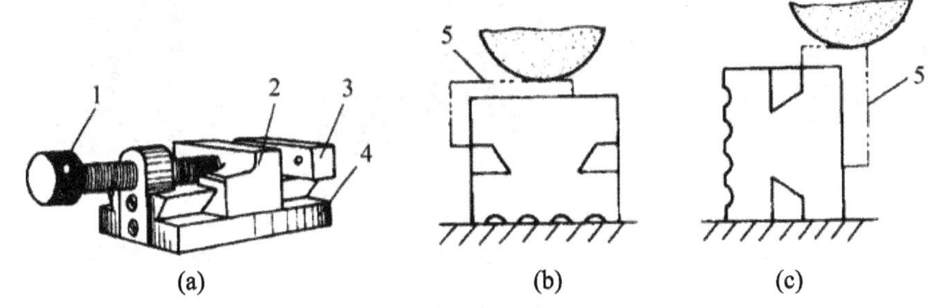

图 1.90　精密平口钳

1—螺杆；2—活动钳口；3—固定钳口；4—底座；5—工件

5) 平面磨削用量的选择

磨削用量的选择由加工方法、磨削性质、工件材料等条件决定。

(1) 砂轮的速度。砂轮的速度不宜过高或过低，一般选择范围见表 1-9。

表 1-9　平面磨削砂轮速度的选则

磨削形式	工件材料	粗磨/($m\cdot s^{-1}$)	精磨/($m\cdot s^{-1}$)
圆周磨削	灰铸铁	20～22	22～25
	钢	22～25	25～30
端面磨削	灰铸铁	15～18	18～20
	钢	18～20	20～25

(2) 工作台纵向进给量。工作台为矩形时，纵向进给量选 1～12m/min。

当磨削宽度大，精度要求高和横向进给量大时，工作台纵向进给应选得小些；反之，则选得大些。

(3) 砂轮垂向进给量。其大小是依据横向进给量的大小来确定的。横向进给量大时，垂向进给量应小，以免影响砂轮和机床的寿命及工件的精度；横向进给量小时，垂向进给量应大。一般粗磨时，横向进给量为(0.1～0.48)B/双行程(B 为砂轮宽度)，垂向进给量为 0.015～0.05mm；精磨时，横向进给量为(0.05～0.1)B/双行程(B 为砂轮宽度)，垂向进给量为 0.005～0.01mm。

6) 平面磨削的方法

平面磨削时，尽管使用的磨床及磨削方式有所不同，但具体加工方法基本上是相同的，下面以卧轴矩台平面磨床为例，介绍平面磨削的 3 种基本方法：横向磨削法、深度磨削法和台阶磨削法。

(1) 横向磨削法。横向磨削法是最常用的一种磨削方法[图 1.91(a)]。磨削时，当工作台每次纵向行程终了时，砂轮主轴或工作台作一次横向进给，这时砂轮所磨削的金属层厚度就是实际背吃刀量，待工件表面上第一层金属磨削完毕，砂轮按预选磨削深度重新作一次垂向进给，接着照上述过程逐层磨削，直至把全部余量磨去，使工件达到所需尺寸。

粗磨时，应选较大垂直进给量和横向进给量，精磨时则两者均应选较小值。

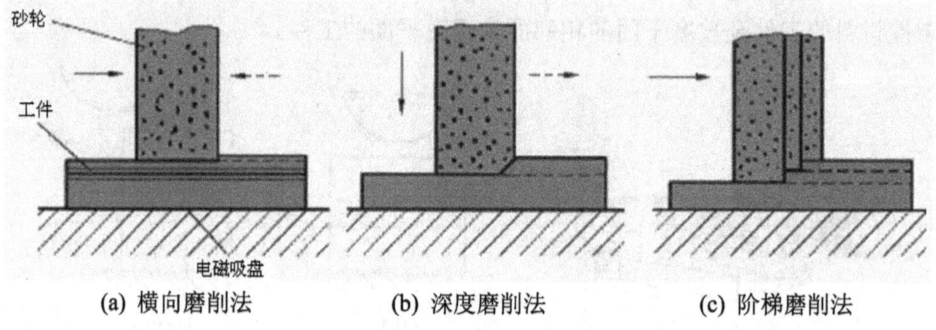

(a) 横向磨削法　(b) 深度磨削法　(c) 阶梯磨削法

图 1.91　平面磨削方法

横向磨削法适用于磨削长而宽的平面，也适用于相同小件按序排列集合磨削。因其磨削接触面积小，排屑、冷却条件好，因此砂轮不易堵塞，磨削热较小，工件变形小，容易保证工件的加工质量，但生产效率较低，砂轮磨损不均匀，磨削时须注意磨削用量和砂轮的正确选择。

(2) 深度磨削法。深度磨削法如图 1.91(b)所示，磨削时纵向进给量较小，砂轮只作两次垂向进给。第一次垂向进给量等于全部粗磨余量，当工作台纵向行程终了时，将砂轮或工件沿砂轮轴线方向移动 3/4～4/5 的砂轮宽度，直至切除工件全部粗磨余量为止。第二次垂向进给量等于精磨余量，其磨削过程与横向磨削法相同。

除此之外也可采用切入磨削法，磨削时，砂轮先作垂向进给，横向不进给，在磨去全部余量后，砂轮垂直退刀，并横向移动 4/5 的砂轮宽度，然后再作垂向进给，先分段粗磨，最后用横向法精磨。

深度磨削法由于垂直进给次数少，生产率较高，且加工质量也有保证，适用于批量生产或大面积磨削。但因磨削抗力大，磨削时须注意工件装夹牢固，且供给充足的切削液冷却。该方法仅适用在动力大、刚性好的磨床上磨较大的工件。

(3) 阶梯磨削法。如图 1.91(c)所示，它是根据工件磨削余量的大小，将砂轮修整成阶梯形，使其在一次垂向进给中采用较小的横向进给量磨去全部余量。砂轮的台阶数目按磨削余量的大小确定，用于粗磨的各阶梯宽度和深度都应相同，而其精磨阶梯的宽度则应大于砂轮宽度的 1/2，磨削深度等于精磨余量(0.03～0.05mm)。

用阶梯磨削法加工时，由于磨削用量较大，为了保证工件质量和提高砂轮的使用寿命，横向进给量应小些。由于磨削用量分配在各段阶梯的轮面上，各段轮面的磨粒受力均匀，磨损也均匀，能较多地发挥砂轮的磨削性能。但修整砂轮比较麻烦，且机床须具有较高的刚度，所以在应用上受到一定的限制。

知识拓展

砂轮的安装、拆卸与修整

1. 砂轮的安装和拆卸

1) 砂轮的安装

M7120D 型平面磨床选用直径ϕ250mm 的平形砂轮，安装与拆卸砂轮均采用专用的套筒扳手(图 1.92)。

砂轮的安装步骤如下。

(1) 擦干净磨头架主轴锥体外圆和砂轮法兰盘锥孔。

(2) 将已装好砂轮并经过静平衡的砂轮卡盘装到主轴上，用力推紧。

(3) 装上专用垫圈，将紧固螺母旋到主轴上(左旋)。

(4) 用专用套筒扳手(六角套筒)部分套到紧固螺母上，用榔头逆时针方向敲紧，使砂轮紧固在机床主轴上(图 1.93)。

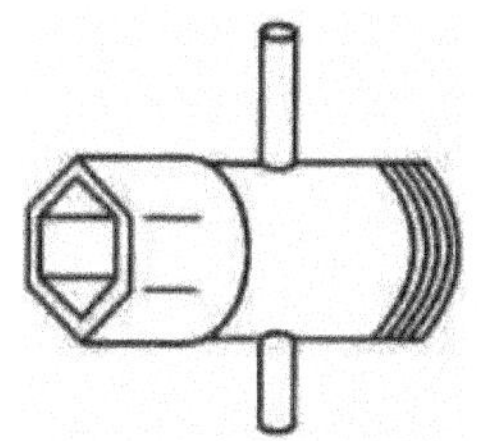

图 1.92　专用套筒扳手

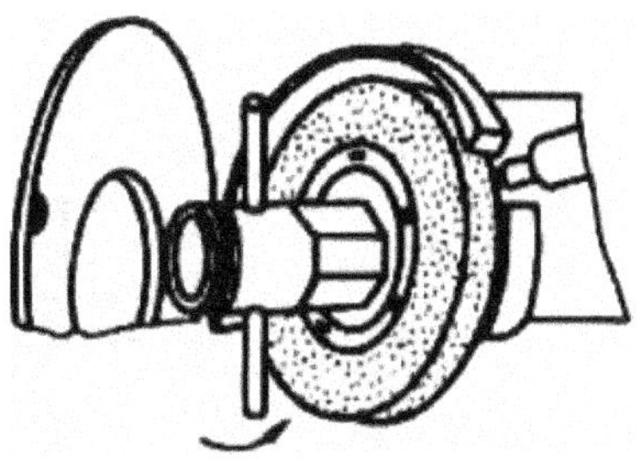

图 1.93　用专用扳手紧固砂轮

(5) 关上砂轮罩壳门，进行砂轮修整。

2) 砂轮的拆卸

(1) 打开砂轮罩壳门，用专用套筒扳手(六角套筒)部分套到机床主轴紧固螺母上，用榔头顺时针方向(砂轮旋转方向)敲击扳手，卸下紧固螺母和垫圈。

(2) 将专用套筒扳手外螺纹部分按砂轮旋转方向旋到砂轮法兰盘螺孔内拧紧(图 1.94)。

(3) 用榔头敲击扳手，使砂轮连同法兰盘从机床主轴上卸下来。

2. 砂轮的修整

1) 用滑板体上的砂轮修整器修整砂轮

M7130G/F 型平面磨床在滑板体上装有固定的砂轮修整器，移动磨头，即可对砂轮进行修整。其优点是使用方便，金刚石不需经常拆卸；缺点是修整精度低(图 1.95)。

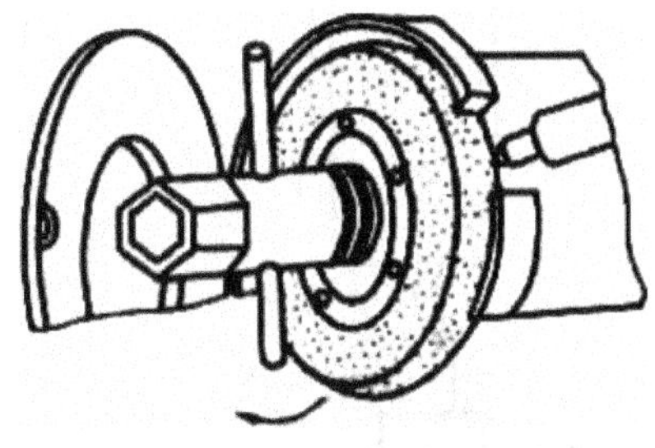

图 1.94　用专用套筒扳手拆卸砂轮

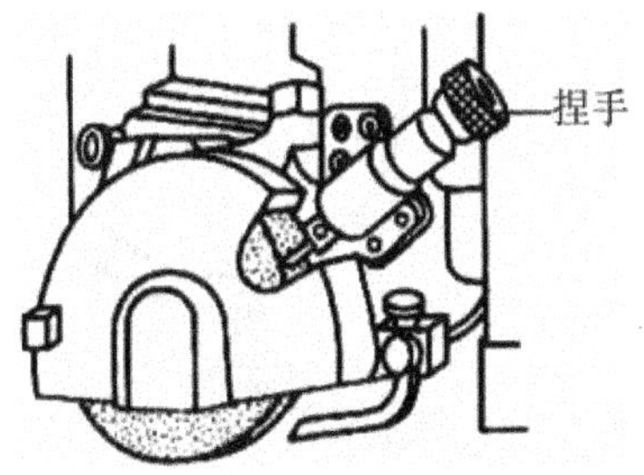

图 1.95　用滑板体上的砂轮修整器修整砂轮

砂轮的修整步骤如下。

(1) 在砂轮修整器上安装金刚石，并紧固。

(2) 移动磨头，使金刚石在砂轮宽度范围内。

(3) 起动砂轮，旋转砂轮修整器捏手，使套筒在轴套内滑动，金刚石向砂轮圆周面进给。

(4) 当金刚石接触砂轮圆周面后，停止修整器进给。

(5) 换向修整时，将磨头换向手柄拉出或推进，使磨头换向移动，并旋转砂轮修整器捏手，按修整要求进给。粗修整每次进给 0.02～0.03mm，精修整每次进给 0.005～0.01mm。

(6) 修整结束，将磨头快速连续退至台面边缘，使金刚石退离修整位置。

2) 在电磁吸盘上用修整器修整砂轮

如图 1.96 所示为在吸盘上使用的砂轮修整器。其优点是既能修整砂轮外圆，又能修整砂轮端面，而且修整精度较高。缺点是使用不方便，每次修整后要从台面上取下来。由于工件高度与修整器高度一般有一定差距，所以每次修整辅助时间较长。

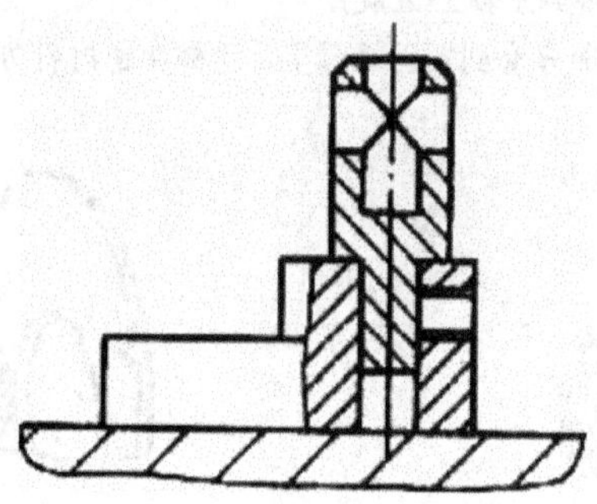

图 1.96　台面砂轮修整器

(1) 砂轮圆周面上的修整步骤如下。

① 将金刚石装入砂轮修整器内，并用螺钉紧固。

② 砂轮修整器安放在电磁吸盘台面上，电磁吸盘工作状态选择开关拨到“吸着”位置，用手拉动砂轮修整器，检查是否吸牢。

③ 移动工作台及磨头，使金刚石处于图 1.97 所示的位置。

④ 起动砂轮，并摇动垂直进给手轮，使砂轮圆周逐渐接近金刚石，当砂轮与金刚石接触后，停止垂直进给。

⑤ 移动磨头，作横向连续进给，使金刚石在整个圆周面上进行修整(图 1.98)。

⑥ 修整至要求后，磨头快速连续退出。

⑦ 将电磁吸盘退磁，取下砂轮修整器，修整砂轮结束。

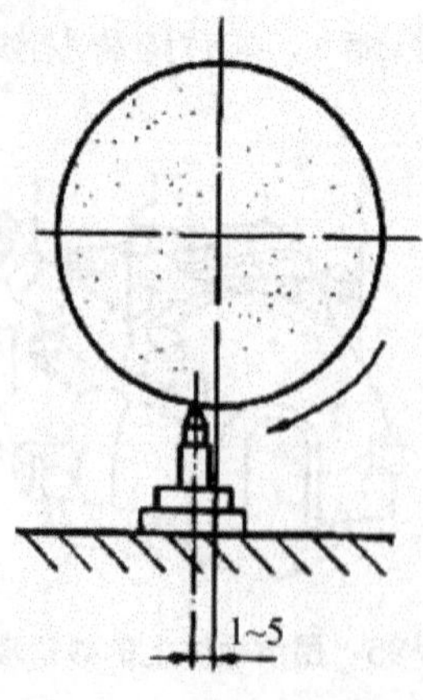

图 1.97　金刚石修整位置

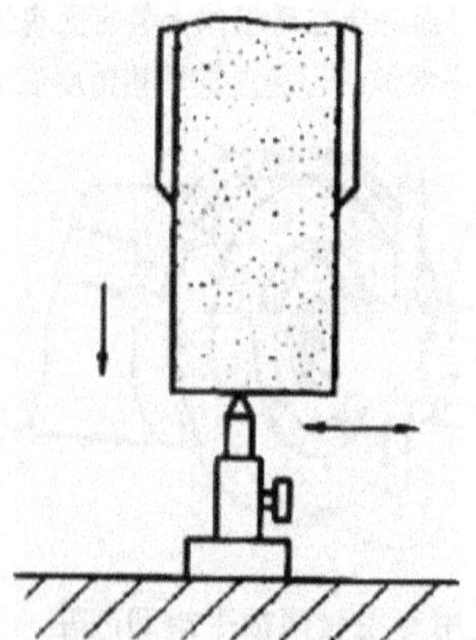

图 1.98　砂轮圆周面的修整

(2) 砂轮端面的修整步骤如下。

① 将金刚石从侧面装入砂轮修整器内，并用螺钉紧固。

② 将砂轮修整器安放在电磁吸盘台面上，通磁吸住。

③ 移动工作台及磨头，使金刚石处于图1.99所示左端的位置。

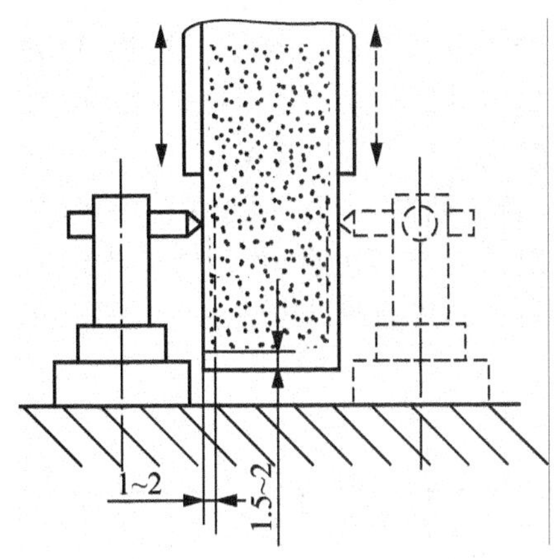

图1.99　砂轮端面的修整

④ 起动砂轮并摇动磨头横向进给手轮，使砂轮端面接近金刚石，当砂轮端面与金刚石接触后，磨头停止横向进给。

⑤ 摇动磨头垂直进给手轮，使砂轮垂直连续下降；当金刚石修到接近砂轮法兰盘时，停止垂直进给。

⑥ 磨头作横向进给，进给量0.02～0.03mm；再摇动垂直进给手轮，使砂轮垂直连续上升，在金刚石离砂轮圆周边缘2mm处，停止垂直进给。

⑦ 如此上下修整数次，在砂轮端面上修出一个约1mm深的台阶平面。

⑧ 用同样方法修整砂轮内端面至要求右端位置(图1.99)。

(3) 操作中应注意的问题如下。

① 用滑板体上的砂轮修整器修整砂轮，金刚石伸出长度要适中，太长会碰到砂轮端面，无法进行修整；太短由于砂轮修整器套筒移动距离有限，金刚石无法接触砂轮。

② 在电磁吸盘台面上用砂轮修整器修整圆周面时，金刚石与砂轮中心有一定偏移量，在修整砂轮时，工作台不能移动，否则，金刚石吃进砂轮太深，容易损坏金刚石和砂轮。

③ 在用金刚石修整砂轮端面时，一般采用手动垂直进给，不宜采用自动垂直进给，因为自动垂直进给速度较快，较难控制换向距离，容易进给过头。手动进给时也要注意换向距离，不要使砂轮修整器撞到法兰盘上，也不要升过头将端面凸台修去。

④ 在修整砂轮时，工作台启动调速手柄应转到“停止”位置，不要转到“卸负”位置，否则无法进行修整。

⑤ 在修整砂轮端面时，砂轮内凹平面不宜修得太宽或太窄。太宽了，磨削时会造成工件发热烧伤，且平面度也较差；太窄了，砂轮端面切削平面，磨损速度快，影响磨削效率。

⑥ 在用台面砂轮修整器修整砂轮时，应先检查一下修整器是否吸牢，可用手拉一下修整器，检查无误后再进行修整。

4. 平面的光整加工

对于尺寸精度和表面粗糙度要求很高的零件，一般要进行光整加工。平面的光整加工方法很多，一般有研磨、刮研、超精加工、抛光。下面分别介绍研磨和刮研。

1) 研磨

研磨加工是应用较广的一种光整加工。加工后精度可达 IT5 级，表面粗糙度可达 *Ra*0.1～0.006μm。研磨既可加工金属材料，也可以加工非金属材料。

研磨加工时，在研具和工件表面间存在分散的细粒度砂粒(磨料和研磨剂)，在两者之间施加一定的压力，并使其产生复杂的相对运动，这样经过砂粒的磨削和研磨剂的化学、物理作用，在工件表面上去掉极薄的一层，获得很高的精度和较小的表面粗糙度。

研磨的方法按研磨剂的使用条件分以下 3 类。

(1) 干式研磨。研磨时只需在研具表面涂以少量的润滑附加剂。如图 1.100(a)所示，砂粒在研磨过程中基本固定在研具上，它的磨削作用以滑动磨削为主。这种方法生产率不高，但可达到很高的加工精度和较小的表面粗糙度值(*Ra*0.02～0.01μm)。

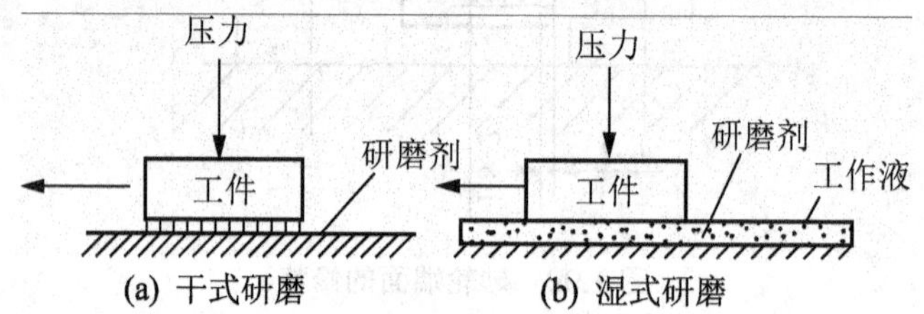

图 1.100　干式研磨与湿式研磨

(2) 湿式研磨。在研磨过程中将研磨剂涂在研具上，用分散的砂粒进行研磨。研磨剂中除砂粒外还有煤油、机油、油酸、硬脂酸等物质。在研磨过程中，部分砂粒存在于研具与工件之间，如图 1.100(b)所示。此时砂粒以滚动磨削为主，生产率高，表面粗糙度 *Ra*0.04～0.02μm，一般作粗加工用，但加工表面一般无光泽。

(3) 软磨粒研磨。在研磨过程中，用氧化铬作磨料的研磨剂涂在研具的工作表面，由于磨料比研具和工件软，因此研磨过程中磨料悬浮于工件与研具之间，主要利用研磨剂与工件表面的化学作用，产生很软的一层氧化膜，凸点处的薄膜很容易被磨料磨去。此种方法能得到极细的表面粗糙度(*Ra*0.02～0.01μm)。

2) 刮研(scraping)

刮研平面用于未淬火的工件，它可使两个平面之间达到紧密接触，能获得较高的形状和位置精度，加工精度可达 IT7 级以上，表面粗糙度值 *Ra*0.1～0.8μm。刮研后的平面能形成具有润滑油膜的滑动面，因此能减少相对运动表面间的磨损和增强零件接合面间的接触刚度。刮研表面质量是用单位面积上接触点的数目来评定的，粗刮为 1～2 点/cm^2，半精刮为 2～3 点/cm^2，精刮为 3～4 点/cm^2。

刮研劳动强度大，生产率低；但刮研所需设备简单，生产准备时间短，刮研力小，发热小，变形小，加工精度和表面质量高。此法常用于单件小批生产及维修工作中。

二、平面加工方案

表 1-10 为常用的平面加工方案。应根据零件的形状、尺寸、材料、技术要求和生产类型等情况正确选择平面加工方案，以保证平面质量。

表 1-10　平面加工方案汇总表

序号	加工方案	经济精度等级	表面粗糙度 Ra/μm	适用范围
1	粗车	IT13～11	50～12.5	回转体零件的端面
2	粗车→半精车	IT10～8	6.3～3.2	
3	粗车→半精车→精车	IT8～7	1.6～0.8	
4	粗车→半精车→磨削	IT8～6	0.8～0.2	
5	粗刨(或粗铣)	IT13～11	25～6.3	精度要求不太高的不淬硬平面(端铣表面粗糙度 Ra 值较小)
6	粗刨(或粗铣)→半精刨(或半精铣)	IT12～11	6.3～1.6	
7	粗刨(或粗铣)→精刨(或精铣)	IT9～7	6.3～1.6	
8	粗刨(或粗铣)→精刨(或精铣)→刮研	IT7～6	0.8～0.1	精度要求较高的不淬硬平面，批量较大时宜采用宽刃精刨方案
9	以宽刃精刨代替 7 中的刮研	IT7	0.8～0.2	
10	粗刨(或粗铣)→半精刨(或半精铣)→精刨(或精铣)→刮研	IT6～5	0.8～0.1	
11	粗刨(或粗铣)→精刨(或精铣)→磨削	IT7	0.8～0.2	精度要求高的淬硬平面或不淬硬平面
12	粗刨(或粗铣)→半精刨(或半精铣)→精刨(或精铣)→磨削	IT6～5	0.4～0.2	
13	粗刨(或粗铣)→精刨(或精铣)→粗磨→精磨	IT7～6	0.4～0.025	
14	粗铣→拉	IT9～7	0.8～0.2	大量生产、较小的平面(精度视拉刀精度而定)
15	粗铣→精铣→磨削→研磨	IT5 以上	0.1～0.006(或 Rz 为 0.05)	高精度平面

1.1.3　任务实施

一、矩形垫块零件机械加工工艺规程编制

1. 分析矩形垫块零件的结构和技术要求

该零件为矩形零件，结构简单。其主要加工面和加工要求如下。

(1) 各平面的尺寸为(50×100)mm、(40×100)mm；平面度公差为 0.05mm。

(2) 平行面之间的尺寸为 50±0.05 mm、40±0.05 mm，垂直面垂直度公差为 0.05mm。

(3) 工件各表面粗糙度值均为 Ra3.2μm，铣削加工可达到要求。

2. 明确矩形垫块零件的毛坯状况

该零件材料选用灰铸铁 HT200。灰铸铁不仅成本低，而且具有较好的耐磨性、可铸性、可切削性和阻尼特性。加工时既可选用高速钢铣刀，也可选用硬质合金铣刀。

毛坯选用 110mm×50mm×60mm 的矩形铸件，外形尺寸不大，宜采用机用虎钳装夹。

3. 拟定矩形垫块零件的机械加工工艺路线

(1) 确定加工方案。

经分析，本任务中工件各加工表面采用铣削加工即可达到要求。

(2) 划分加工阶段。

粗、精加工分开进行，会使机床，夹具的数量及工件安装次数增加，而使成本提高，所以对单件小批生产、精度要求不高的零件，常常将粗、精加工合并在一道工序进行，但必须采取相应措施，以减少加工过程中的变形。例如粗加工后松开工件，让工件充分冷却，然后用较小的夹紧力、以较小的切削用量，多次走刀进行精加工。

该零件加工时采用将粗、精加工合并在一道工序进行，并分别选用不同的切削用量。

(3) 选择定位基准。

本任务中要求工件的 *B*、*D* 面垂直于平面 *A*，平面 *C* 平行于平面 *A*，根据基准重合原则，可选择 *A* 面为定位基面。

(4) 矩形垫块零件的机械加工工艺路线为：毛坯—铣 *A* 面—铣 *B* 面—铣 *D* 面—铣 *C* 面—铣 *E* 面—铣 *F* 面—检验。

4. 设计工序内容

(1) 确定加工余量和工序尺寸及其公差(见表 1-11)。

(2) 选择设备工装。

根据单件小批生产类型的工艺特征，选择通用机床进行零件加工。工艺装备选择时，应采用标准型号的刀具和量具。夹具选择时，为加工方便可根据需要选用部分专用夹具。矩形垫块零件加工设备、工装具体选用情况如下。

① 设备选用：选用 X5032 型立式铣床或类似的立式铣床。

② 夹具选用：选用带网纹钳口的机用虎钳。

③ 刀具选用：根据图样给定的平面宽度尺寸选择套式面铣刀规格，选用外径为 80mm，宽度为 45mm、孔径为 32mm、齿数为 10 的套式面铣刀。

④ 量具选用：刀口形直尺、外径千分尺、90° 角尺检验。

⑤ 辅具选用：平行垫块、铜片、扳手等。

(3) 确定切削用量。

按工件材料(HT200)和铣刀的规格，选择、计算和调整铣削用量。

① 粗铣取铣削速度 $v_c = 16\text{m/min}$，每齿进给量 $f_z = 0.10\text{mm/z}$，则铣床主轴转速为

$$n = \frac{1000v_c}{\pi D} = \frac{1000 \times 16}{\pi \times 80}\text{r/min} \approx 63.69\text{r/min}$$

每分钟进给量为 $v_f = f_z z n = 0.10 \times 10 \times 60\text{mm/min} = 60\text{mm/min}$

实际调整铣床主轴转速为 $n=60\text{r/min}$，每分钟进给量为 $v_f=60\text{mm/min}$。

② 精铣取铣削速度 $v_c = 20\text{m/min}$，每齿进给量 $f_z=0.063\text{mm/z}$，实际调整铣床主轴转速为：$n=75\text{r/min}$，每分钟进给量为 $v_f=47.5\text{mm/min}$。

③ 粗铣时的背吃刀量分别为 4.5mm 和 0.5mm；铣削层宽度分别为 40mm 和 50mm。

5. 矩形垫块零件机械加工工艺过程

根据以上分析，拟定矩形垫块零件机械加工工艺过程见表 1-11。

表 1-11　矩形垫块零件机械加工工艺过程

工序	工序名称	工序内容	加工简图
1	铸	110mm×50mm×60mm 的矩形铸件	
2	时效处理		
3	铣 *A* 面	① 工件以 *B* 面为粗基准，并靠向固定钳口，在虎钳的导轨面垫上平行垫铁，在活动钳口处放置圆棒后夹紧工件； ② 操纵机床各手柄，使工件处于铣刀下方，开动机床，垂向缓缓升高，使铣刀刚好擦到工件后停机，退出工件； ③ 垂向工作台升高 4.5mm，采用纵向机动进给，铣出 *A* 面，表面粗糙度 *Ra* 小于 6.3μm	A
4	铣 *B* 面	① 工件以 *A* 面为精基准，将 *A* 面与固定钳口贴紧，虎钳导轨面垫上适当高度的平行垫铁，在活动钳口处放置圆棒夹紧工件； ② 开动机床，当铣刀擦到工件后，垂向工作台升高 4.5mm，铣出 *B* 面，并在垂向刻度盘上做好记号； ③ 卸下工件，用宽座 90°角尺检验 *B* 面对 *A* 面的垂直度，检验时观看 *A* 面与长边测量面缝隙是否均匀，或用塞尺检验垂直度的误差值。若测得 *A* 面与 *B* 面的夹角大于 90°，应在固定钳口下方垫纸片(或铜片)。若测得 *A* 面与 *B* 面的夹角小于 90°，则应在固定钳口上方垫纸片，如右图所示。所垫纸片(或铜片)的厚度应根据垂直度误差大小而定。然后垂向少量升高后再进行铣削，直至垂直度达到要求为止	B A

续表

工序	工序名称	工序内容	加工简图
5	铣 *D* 面	① 工件以 *A* 面为基准面，贴靠在固定钳口上，在虎钳的导轨面放上平行垫铁，使 *B* 面紧靠平行垫铁，在活动钳口放置圆棒后夹紧，并用铜棒轻轻敲击，使之与平行垫铁贴紧； ② 根据原来的记号，垂向工作台升高 4.5mm 后，做好记号，铣出 *D* 面； ③ 用千分尺测量工件的各点，若测得千分尺读数差在 0.05mm 之内，则符合图样上平行度要求； ④ 根据千分尺读数测得工件精铣余量后，升高垂向工作台，进行精铣，使工件尺寸达到 50mm±0.05mm	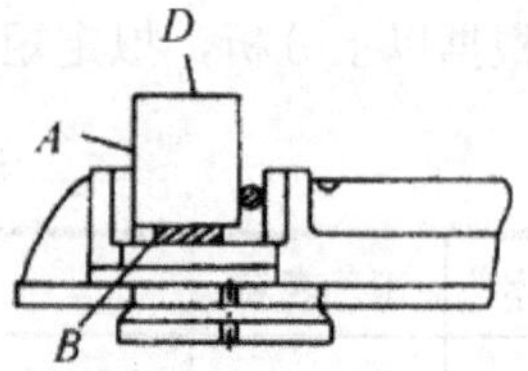 D A B
6	铣 *C* 面	① 将工件 *B* 面与固定钳口贴紧，*A* 面与导轨面上的平行垫铁贴合后，夹紧工件，用铜棒轻轻敲击工件，使工件与垫铁贴紧； ② 开动机床，重新调整工作台，使铣刀与工件表面擦到后退出工件，垂向工作台升高 4.5mm，并在垂向刻度盘上做好记号，粗铣出 *C* 面； ③ 预检平行度达 0.05mm 以内，再根据测得工件实际尺寸后，调整垂向工作台，精铣 C 面，使其尺寸达到 40mm±0.15mm	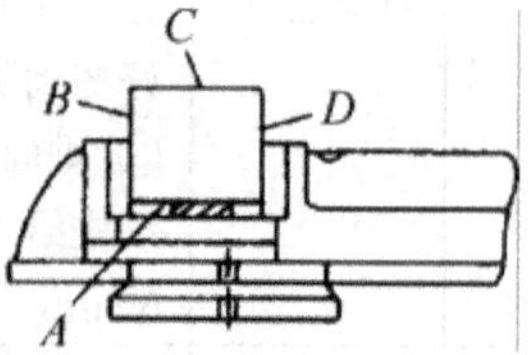 C B D A
7	铣 *E* 面	① 将工件 *A* 面与固定钳口贴合，轻轻夹紧工件； ② 用宽座 90° 角尺找正 *B* 面，将宽座 90° 角尺的短边基面与导轨面贴合，使长边的测量面与工件 *B* 面贴合，夹紧工件； ③ 重新调整垂向工作台，使铣刀擦到工件表面后，退出工件，垂向工作台升高 4.5mm，铣出 *E* 面； ④ 检测垂直度。以 *E* 面为测量基准，检测 *A*、*C* 面对 *E* 面的垂直度，检测方法如右图所示。若测得垂直度误差较大，应重新装夹、找正，然后再进行铣削，直至铣出的垂直度达到要求	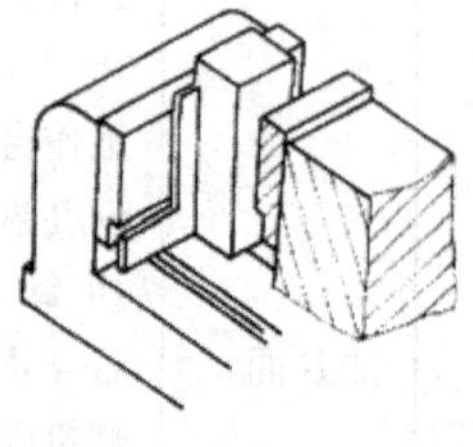 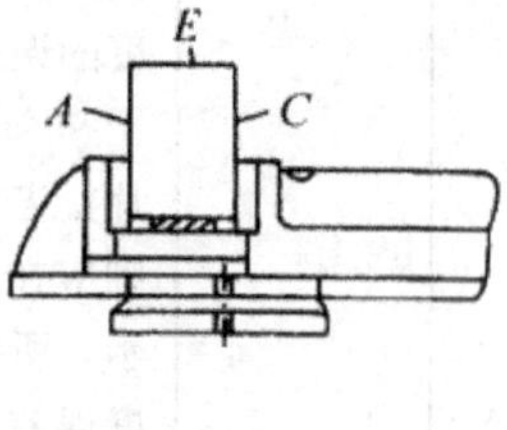 E A C

续表

工序	工序名称	工序内容	加工简图
8	铣 *F* 面	① 工件 *A* 面与固定钳口贴合，使 *E* 面与虎钳导轨面上的平行垫铁贴合，夹紧工件后，用铜棒轻轻敲击工件，使之与平行垫铁贴紧； ② 重新调整垂向工作台，使铣刀刚好擦到工件后退出，垂向工作台升高 4.5mm，铣出 *F* 面； ③ 预检平行度。用千分尺测量各点，若测得各点间误差在 0.05mm 之内，则平行度及垂直度符合图样要求； ④ 精铣尺寸。根据千分尺读数测得工件精铣余量后，升高垂向工作台，精铣后使工件尺寸达到 110mm±0.15mm	F A C E
9	检验	检验入库	刀口形直尺、外径千分尺、90° 角尺检验

二、矩形垫块零件机械加工工艺规程实施

1. 任务实施准备

(1) 根据现有生产条件或在条件许可情况下，以班级学习小组为单位，根据小组成员共同编制的矩形垫块零件机械加工工艺过程卡片进行加工，由企业兼职教师与小组选派的学生代表根据机床操作规程、工艺文件，共同完成零件的加工。其余小组学生对加工后的零件进行检验，判断零件合格与否。

(2) 工艺准备(可与合作企业共同准备)。

① 毛坯准备：矩形垫块零件选择 HT200 的矩形铸件，规格为 110mm×50mm×60mm。

a. 目测检验毛坯的形状和表面质量。如各面之间是否基本平行、垂直，表面是否有无法通过铣削加工的凹陷、硬点等。

b. 用钢直尺检验毛坯的尺寸，并结合各毛坯面的垂直和平行情况，测量最短的尺寸，以检验坯件是否有加工余量。

② 设备、工装准备。加工所用的主要设备、工装包括 X5032 型立式铣床、带网纹钳口的机用虎钳、刀口形直尺、外径千分尺、90° 角尺等。

③ 资料准备：机床使用说明书、刀具说明书、机床操作规程、零件图、工艺文件、《机械加工工艺人员手册》、5S 现场管理制度等。

(3) 准备相似零件，参观生产现场或观看相关加工视频。

2. 任务实施与检查

(1) 分组分析零件图样：根据图 1.2 矩形垫块零件图，分析图样的完整性及主要的加工表面。根据分析可知，零件的结构工艺性较好。

(2) 分组讨论毛坯选择问题：该零件结构简单，生产类型属单件小批生产，材料为

HT200，故毛坯选用矩形铸件，规格为 110mm×50mm×60mm。

(3) 分组讨论零件加工工艺路线：确定加工表面的加工方案，划分加工阶段，选择定位基准，确定加工顺序，设计工序内容等。

(4) 矩形垫块零件的加工步骤按其机械加工工艺过程执行(见表 1-11)。

图 1.101　矩形垫块零件

加工完成的矩形垫块零件如图 1.101 所示。

(5) 矩形垫块零件精度检验。

① 检验尺寸精度和平行度误差。用千分尺测量平行面之间的尺寸应在 49.95～50.05mm、39.95～40.05mm 范围内，但因平行度公差为 0.05mm，因此用千分尺测得的尺寸最大偏差应在 0.05mm 以内。

② 检验平面度误差。平面度误差的常用检验方法有以下几种。

a. 涂色法。在工件的平面上涂一层极薄的显示剂((红印油等)，然后将工件放在精密平板上，使涂显示剂的平面与平板接触，双手扶住工件前后左右平稳地呈 8 字形移动几下，再取下工件仔细地观察摩擦痕迹分布情况，以确定工件的平面度误差。

b. 透光法。工件的平面度误差也可用样板平尺测量，样板平尺有刀刃式、宽面式和楔式等几种(图 1.102)，其中以刀刃式最为准确，应用最广，这种尺也叫做刀口形直尺[图 1.102(b)]。

测量时将样板平尺刃口垂直放在被检验平面上并且对着光源，观察刃口与工件平面之间缝隙透光是否均匀。若各处都不透光，表明工件平面度误差很小；若有个别段透光，则可凭操作者的经验，估计出平面度误差的大小。

如图 1.103 所示，各个方向的直线度均应在 0.05mm 范围内，必要时可用 0.05mm 的塞尺检查刀口形直尺与被测平面之间缝隙的大小。

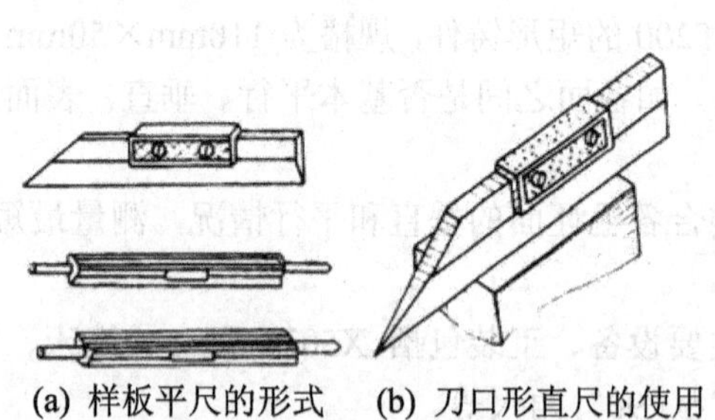
(a) 样板平尺的形式　(b) 刀口形直尺的使用

图 1.102　样板平尺

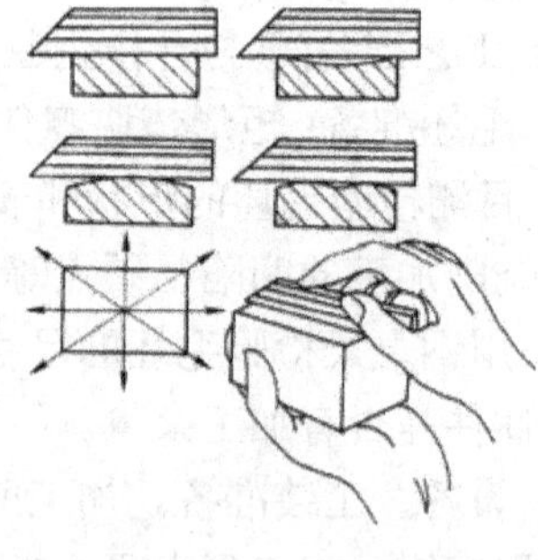
图 1.103　用刀口形直尺测量平面度误差

c. 千分表法。如图 1.104 所示，在精密平板上用 3 个千斤顶顶住工件(千斤顶开距尽量大些)，通过调节千斤顶，用千分表把工件表面 *A*、*B*、*C*、*D* 4 点调至高度相等，误差不大于 0.005mm。然后以此高度为准测量整个平面，百分表上的读数差即为平面度误差值。测量时，平板和千分表底座要清洁，移动千分表时要平稳。这种方法测量精度较高，而且可以得到平面度误差值，但测量时需有一定的技能。

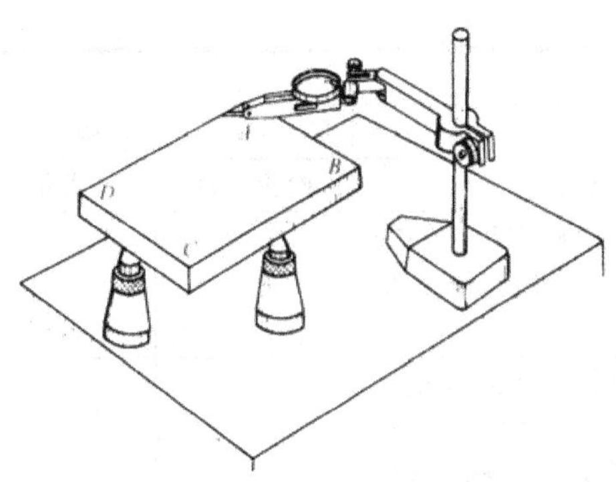

图 1.104　用千分尺检验平面度误差

③ 检验垂直度误差。

如图 1.105 所示，用 90° 角度尺测量相邻面垂直度时，应以工件上 *A* 面为基准，并注意在平面的两端测量，以测得最大实际误差值，分析并找出垂直度误差产生的原因。

④ 检验表面粗糙度。

通过目测类比法进行表面粗糙度的检验，如图 1.106 所示。

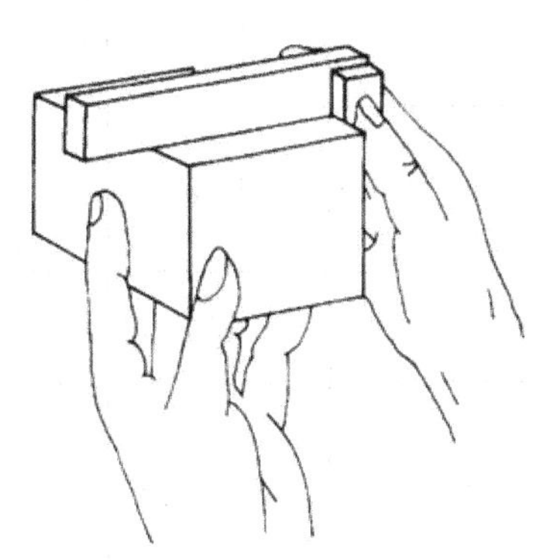

图 1.105　用 90° 角度尺测量垂直度

图 1.106　目测类比法测量表面粗糙度

(6) 任务实施的检查与评价。

具体的任务实施检查与评价内容见表 1-12。

表 1-12　典型零件机械加工工艺规程实施检查与评价表

任务名称					
学生姓名：		学号：	班级：	组别：	
序号	检查内容	检查记录	评价	分值	备注
1	零件图分析：是否识别零件的材料；是否识别加工表面及其尺寸、尺寸精度、形位精度、表面粗糙度和技术要求等；结构工艺性分析是否正确；是否形成记录			5%	

续表

<table>
<tr><td>任务名称</td><td colspan="7"></td></tr>
<tr><td colspan="3">学生姓名：</td><td>学号：</td><td>班级：</td><td colspan="2">组别：</td><td></td></tr>
<tr><td>序号</td><td colspan="2">检查内容</td><td>检查记录</td><td>评价</td><td colspan="2">分值</td><td>备注</td></tr>
<tr><td>2</td><td colspan="2">毛坯确定：是否确定毛坯的类型、制造方法、尺寸；毛坯图是否正确、完整</td><td></td><td></td><td colspan="2">5%</td><td></td></tr>
<tr><td rowspan="2">3</td><td rowspan="2">机械加工工艺规程编制</td><td>工艺过程卡片：机械加工工艺路线拟定是否合理；工装选择是否规范、合理(或零件加工工艺过程是否合理、可行)</td><td></td><td></td><td rowspan="2">40%</td><td>20%</td><td></td></tr>
<tr><td>工序卡片：工序图绘制是否正确、完整；切削用量选择是否合理；其他内容是否规范、正确(或重要工序内容确定是否合理、可行)</td><td></td><td></td><td>20%</td><td></td></tr>
<tr><td>4</td><td colspan="2">机床操作：调整机床是否正确；是否按安全操作规范进行操作；是否遵循机械加工工艺规程要求</td><td></td><td></td><td colspan="2">10%</td><td></td></tr>
<tr><td>5</td><td colspan="2">零件检验：方法是否正确、规范；是否形成检验记录；产品是否合格；若不合格，是否找出造成原因</td><td></td><td></td><td colspan="2">10%</td><td></td></tr>
<tr><td>6</td><td rowspan="4">职业素养</td><td>时间纪律：是否不迟到、不早退、中途不离开工作场地</td><td></td><td></td><td colspan="2">10%</td><td></td></tr>
<tr><td>7</td><td>5S 管理：教、学、做一体现场是否符合“整理、整顿、清扫、清洁、素养”的 5S 现场管理要求</td><td></td><td></td><td colspan="2">10%</td><td></td></tr>
<tr><td>8</td><td>团结协作：组内是否有效沟通、配合良好；是否积极参与讨论并完成本任务</td><td></td><td></td><td colspan="2">5%</td><td></td></tr>
<tr><td>9</td><td>其他能力：是否积极提出或回答问题，条理是否清晰；工作是否有计划性；是否能吃苦耐劳；能否有创新性地开展工作等</td><td></td><td></td><td colspan="2">5%</td><td></td></tr>
<tr><td colspan="4">总评：</td><td colspan="3">评价人：</td><td></td></tr>
</table>

问题讨论：

① 矩形零件的装夹方法有哪些？

② 加工矩形零件时，如何保证加工表面间的位置精度？

3. 铣削矩形零件加工误差分析

铣削矩形零件的加工误差分析见表 1-13。

表 1-13　铣削矩形零件常见问题

常见问题	产生原因
平面度超差	① 铣床工作台导轨的间隙过大，进给时工作台面上下波动或摆动等； ② 立铣头与工作台面不垂直
平行度较差	① 工件装夹时定位面未与平行垫块紧贴； ② 圆柱铣刀有锥度； ③ 平行垫块精度差、机用虎钳安装时底面与工作台面之间有脏物或毛刺等
垂直度较差	① 立铣头轴线与工作台面不垂直； ② 虎钳安装精度差、钳口铁安装精度差或形状精度差、工件装夹时没有使用圆棒，工件基准面与定钳口之间有毛刺或脏物、衬垫铜片或纸片的厚度与位置不正确，虎钳夹紧时固定钳口外倾等
平行面之间尺寸超差	① 铣削过程预检尺寸误差大； ② 工作台垂向上升的吃刀量数据计算或操作错误； ③ 量具的精度差、测量值读错等
表面粗糙度达不到要求	① 铣削位置调整不当采用了不对称顺铣； ② 铣刀刃磨质量差和过早磨损、刀杆精度差引起铣刀端面跳动； ③ 铣床进给有爬行、工件材料有硬点等

任务 1.2　坐标镗床变速箱壳体零件机械加工工艺规程编制与实施

1.2.1　任务引入

编制图 1.107 所示坐标镗床变速箱壳体的机械加工工艺规程并实施。零件材料为 ZL106，生产类型为小批生产。

(a) 实物图

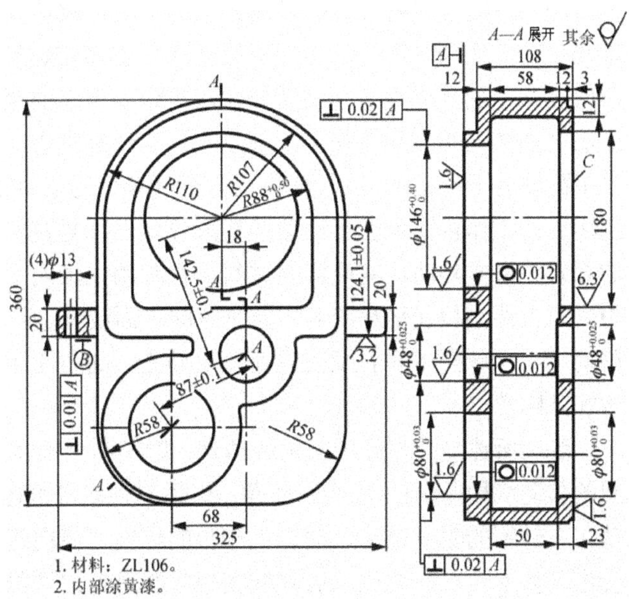

(b) 视图

图 1.107　坐标镗床变速箱壳体图

1.2.2 相关知识

1. 镗孔(boring)

镗孔是最常用的孔加工方法，可以作为粗加工，也可以作为精加工，并且加工范围很广，可以加工各种零件上不同尺寸的孔。镗孔使用镗刀对已经钻出、铸出或锻出的孔做进一步的加工。镗孔一般在镗床上进行，但也可以在车床、铣床、数控机床和加工中心上进行。镗孔的加工精度为 IT7～IT10，表面粗糙度 Ra 为 6.3～0.8μm。由于镗孔时刀具(镗杆和镗刀)尺寸受到被加工孔径的限制，因此，一般刚性较差，会影响孔的精度，并容易引起弯曲、扭转和振动，特别是小直径、离支承较远的孔，振动情况更为突出。与扩孔和铰孔相比，镗孔生产率比较低。但在单件小批生产中采用镗孔是较经济的，因刀具成本较低，而且镗孔能保证孔中心线的准确位置，并能修正毛坯或上道工序加工后所造成的孔的轴心线歪曲和偏斜。对于直径很大的孔和大型零件的孔，镗孔是唯一的加工方法。

1) 镗床(boring machine)

镗床主要用于加工尺寸较大且精度要求较高的孔，特别是分布在不同表面上、孔距和位置精度要求很严格的孔系，如箱体、发动机缸体等零件上的孔系加工。镗床工作时，由刀具作旋转主运动，进给运动则根据机床类型和加工条件的不同由刀具或者由工件完成。

镗床主要类型有卧式镗床、坐标镗床、落地镗床、金刚镗床等。

(1) 卧式镗床。

① 卧式镗床的组成及其运动。卧式镗床的外形如图 1.108 所示。它主要由床身 10、主轴箱 8、工作台 3、平旋盘 4 和前后立柱 7、2 等组成。主轴箱中装有镗轴 5、平旋盘 4 及主运动和进给运动的变速操纵机构。加工时，镗轴 5 带动镗刀旋转形成主运动，并可沿其轴线移动实现轴向进给运动；平旋盘 4 只作旋转运动，装在平旋盘端面燕尾导轨中的径向刀架 6 除了随平旋盘一起旋转外，还可带动刀具沿燕尾导轨作径向进给运动；主轴箱 8 可沿前立柱 7 的垂直导轨作上下移动，以实现垂直进给运动。工件装夹在工作台 3 上，工作台下面装有下滑座 11 和上滑座 12，下滑座可沿床身 10 水平导轨作纵向移动，实现纵向进给运动；工作台还可在上滑座的环形导轨上绕垂直轴回转，进行转位以及上滑座沿下滑座的导轨作横向移动，实现横向进给。再利用主轴箱上、下位置调节，可使工件在一次装夹中，对工件上相互平行或成一定角度的平面或孔进行加工。后立柱 2 可沿床身导轨作纵向移动，后支承架 1 可在后立柱垂直导轨上，进行上下移动，用以支承悬伸较长的镗杆，以增加其刚性。

综上所述，卧式镗床的主运动有：镗轴和平旋盘的旋转运动(两者是独立的，分别由不同的传动机构驱动)；进给运动有：镗轴的轴向进给运动，平旋盘上径向刀架的径向进给运动，主轴箱的垂直进给运动，工作台的纵向、横向进给运动；此外，辅助运动有：工作台转位，后立柱纵向调位，后立柱支架的垂直方向调位，以及主轴箱沿垂直方向和工作台沿纵、横方向的快速调位运动。

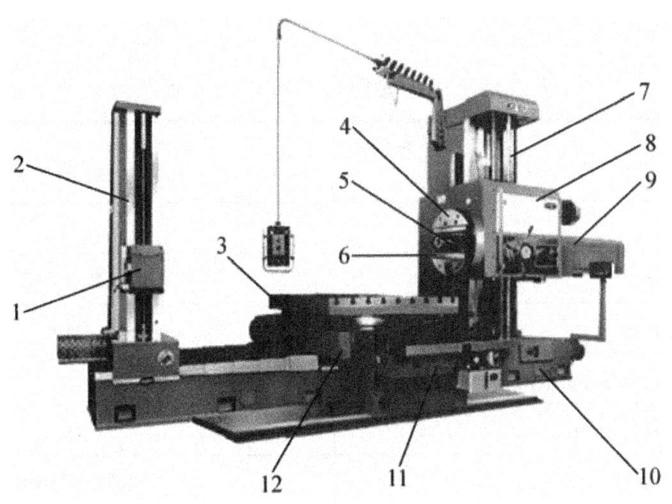

图 1.108　卧式镗床

1—后支承架；2—后立柱；3—工作台；4—平旋盘；5—镗轴；6—径向刀架；
7—前立柱；8—主轴箱；9—后尾筒；10—床身；11—下滑座；12—上滑座

卧式镗床结构复杂，工艺范围很广，除可进行镗孔外，还可进行钻孔、加工各种形状沟槽、铣平面、车削端面和螺纹等。一般情况下，零件可在一次安装中完成大部分甚至全部的加工工序。它广泛用于机修和工具车间，适用于单件小批生产。图 1.109 为其典型加工方法。

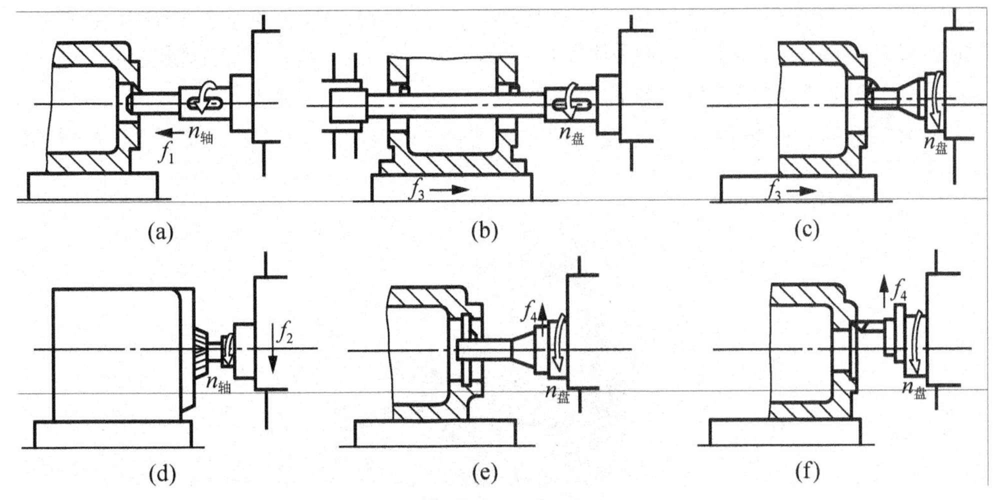

图 1.109　卧式镗床的典型加工方法

其中，图 1.109(a)为利用装在镗轴上的镗刀镗孔，纵向进给运动 f_1 由镗轴移动完成；图 1.109(b)为利用后立柱支架支承长镗杆镗削同轴孔，纵向进给运动 f_3 由工作台移动完成；图 1.109(c)为利用平旋盘上刀具镗削大直径孔，纵向进给运动 f_3 由工作台完成；图 1.109(d)为利用装在镗轴上的端铣刀铣平面，垂直进给运动 f_2 由主轴箱完成；图 1.109(e)、(f)为利用装在平旋盘径向刀架上的刀具车内沟槽和端面，径向进给运动 f_4 由径向刀架完成。

② 卧式镗床的技术性能。卧式镗床的主参数是镗轴直径。以 T617 型卧式镗床为例，

具体参数见表 1-14。

表 1-14　T617 型卧式镗床的主要技术参数

主要技术参数 \ 产品型号	T617
镗轴直径/mm	75
最大加工孔直径/mm	150，240
主轴至工作台距离/mm	710
主轴轴线至工作台最大移动距离/mm	900
平旋盘最大加工外圆直径/mm	350
主轴转速范围/(r · min^{-1})	13～1160
主电机功率/kW	5.5

(2) 坐标镗床(coordinate boring machine)。该类机床上具有测量坐标位置的精密测量装置，加工孔时，按直角坐标来精密定位，所以称为坐标镗床。这种机床的主要零部件的制造和装配精度都很高，并有良好的刚性和抗振性，是一种高精度机床。所以它主要用于镗削尺寸精度和位置精度要求很高的孔或孔系，如钻模、镗模等的孔系。坐标镗床除了按坐标尺寸镗孔以外，还可以进行钻、扩、铰孔，锪端面，铣平面和沟槽，用坐标测量装置作精密刻线和划线，进行孔距和直线尺寸的测量等。此外，还可以作精密刻线、样板划线、孔距及直线尺寸的精密测量等工作。坐标镗床的结构特点是有精密的坐标测量装置，实现工件孔和刀具轴线的精确定位(定位精度可达 2μm)，它是保证机床加工精度的关键。坐标镗床主要用于工具车间工模具的单件小批生产。

坐标镗床分为立式单柱、立式双柱和卧式 3 种类型。图 1.110 所示为立式双柱坐标镗床。

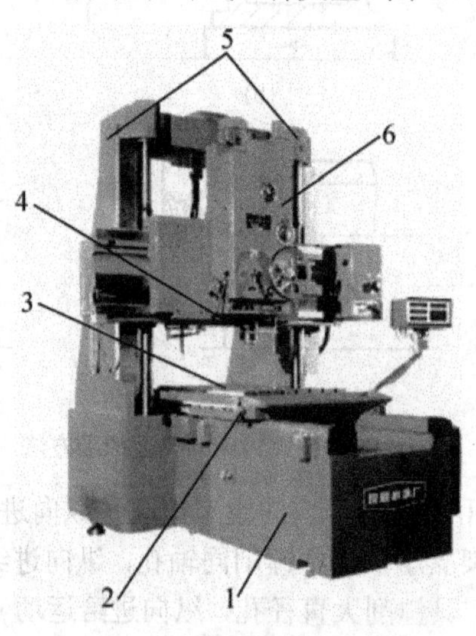

图 1.110　立式双柱坐标镗床

1—床身；2—滑座；3—工作台；4—主轴；5—左、右立柱；6—主轴箱

(3) 落地镗床(floor type boring machine)。落地镗床的外形如图 1.111 所示，用于加工大而重的工件，没有移动的工作台，工件直接装在落地平台上，加工过程中的工作运动和调整运动全由刀具来完成。

图 1.111　落地镗床及其工作图

(4) 金刚镗床(fine boring machine)。金刚镗床是一种高速精密镗床，因以前采用金刚石镗刀而得名。现已大量采用硬质合金刀具。这种机床的特点是切削速度很高(加工钢件 v_c=1.7～3.3m/s，加工有色合金件 v_c=5～25m/s)，而背吃刀量和进给量极小(背吃刀量一般不超过 0.1mm，进给量一般为 0.01～0.14mm/r)，因此可以获得很高的加工精度(孔径精度一般为 IT7～IT6 级，圆度误差不大于 5～3μm)和表面质量(表面粗糙度一般为 0.08μm≤Ra≤1.25μm)，主要用于中、小零件的精密孔加工。金刚镗床分为卧式和立式两种。图 1.112 所示为卧式金刚镗床外形图。

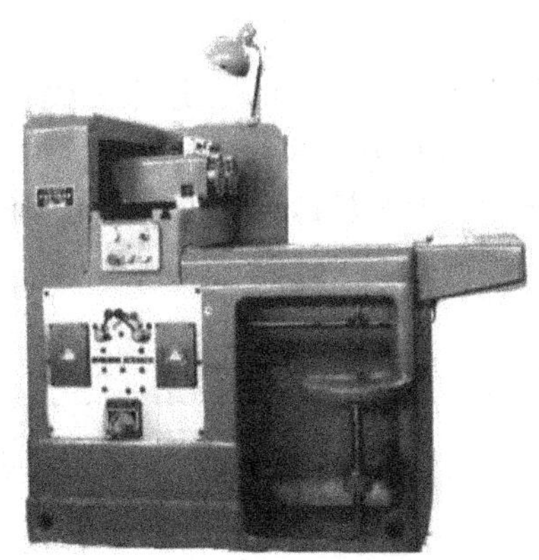

图 1.112　卧式金刚镗床外形图

2) 镗刀(boring cutter)

(1) 镗刀类型。镗刀是具有一个或两个切削部分，专门用于对已有孔进行粗加工、半精加工或精加工的刀具。镗刀可在镗床、车床或铣床上使用。因装夹方式的不同，镗刀柄部有方柄、莫氏锥柄和 7∶24 锥柄等多种形式。

镗刀有多种类型，按其切削刃数量可分为单刃镗刀、双刃镗刀和多刃镗刀；按其加工

表面可分为内孔镗刀和端面镗刀，内孔镗刀又分为通孔镗刀、阶梯孔镗刀、盲孔镗刀；按其结构可分为整体式、装配式和可调式。

(2) 镗刀的选用。镗刀的主要类型有以下几种。

① 单刃镗刀。大多数单刃镗刀制成可调结构，图 1.113(a)、(b)和(c)所示分别为用于镗削通孔、阶梯孔和盲孔的单刃镗刀，调节螺钉 1 用于调整尺寸，紧固螺钉 2 起锁紧作用。单刃镗刀刀头结构与车刀类似，因刚性差，切削时易引起振动，所以其主偏角选得较大，以减少径向力。

单刃镗刀结构简单，可以校正原有孔轴线偏斜和小的位置偏差，适应性较广，可用来进行粗加工、半精加工或精加工。但是，所镗孔径尺寸的大小要靠人工调整刀头的悬伸长度来保证，较为麻烦，加之仅有一个主切削刃参加工作，故生产效率较低，多用于单件小批生产。

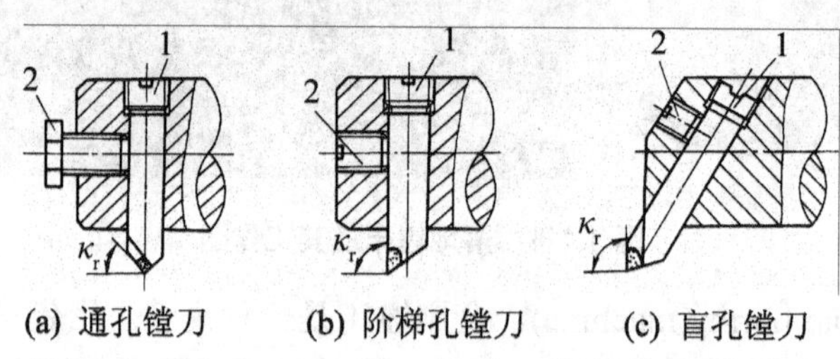

(a) 通孔镗刀　　(b) 阶梯孔镗刀　　(c) 盲孔镗刀

图 1.113　单刃镗刀

1—调节螺钉；2—紧固螺钉

② 双刃镗刀。简单的双刃镗刀就是镗刀的两端有一对对称的切削刃同时参与切削，其优点是可以消除径向力对镗杆的影响，可以用较大的切削用量，对刀杆刚度要求低，不易振动，所以切削效率高。工件孔径尺寸精度由镗刀径向尺寸保证。常用的双刃镗刀有固定式镗刀和浮动镗刀两种。

a．固定式镗刀。图 1.114(a)所示为简单的固定式双刃镗刀。工作时，镗刀块可通过斜楔、锥销或螺钉装夹在镗杆上，镗刀块相对于轴线的位置偏差会造成孔径误差。固定式双刃镗刀是定尺寸刀具，适用于粗镗或半精镗直径较大(＞ϕ 40mm)的孔。镗刀由高速钢制成整体式，也可由硬质合金制成焊接式或可转位式。

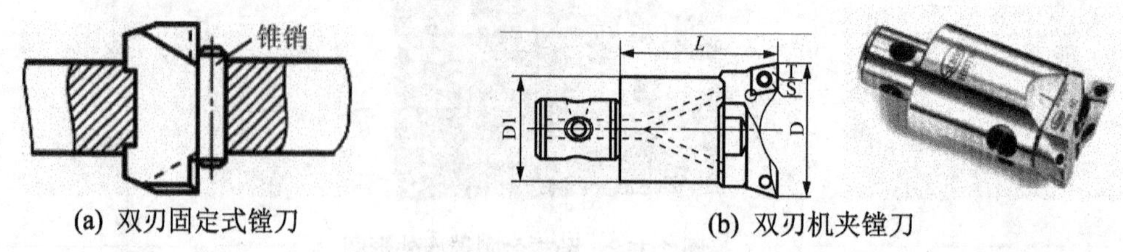

(a) 双刃固定式镗刀　　(b) 双刃机夹镗刀

图 1.114　双刃固定式镗刀

图 1.114(b)所示为近年来广泛使用的双刃机夹镗刀，其刀片更换方便，不需重磨，易于调整，对称切削镗孔的精度较高。同时，与单刃镗刀相比，每转进给量可提高一倍左右，生产率高。大直径的镗孔加工可选用可调双刃镗刀，其镗刀头部可作大范围的更换调整，最大镗孔直径可达 1000mm。

b．浮动镗刀。它是一种尺寸可调，并可自动定心的双刃镗刀。图 1.115(a)为可调节浮动镗刀块，调节时，先松开紧固螺钉 2，转动调节螺钉 1，改变刀片的径向位置至两切削刃之间尺寸等于所要加工孔径尺寸，最后拧紧紧固螺钉 2。工作时，镗刀块在镗杆的径向槽中不紧固，能在径向自由滑动，镗刀块在切削力的作用下保持平衡对中，可以减少镗刀块安装误差及镗杆径向跳动所引起的加工误差，而获得较高的加工精度，浮动镗孔如图 1.115(b)所示。但它不能校正原有孔轴线的直线度误差和相互位置误差，其使用应在单刃镗之后进行。浮动镗削适于精加工批量较大、孔径较大的孔。

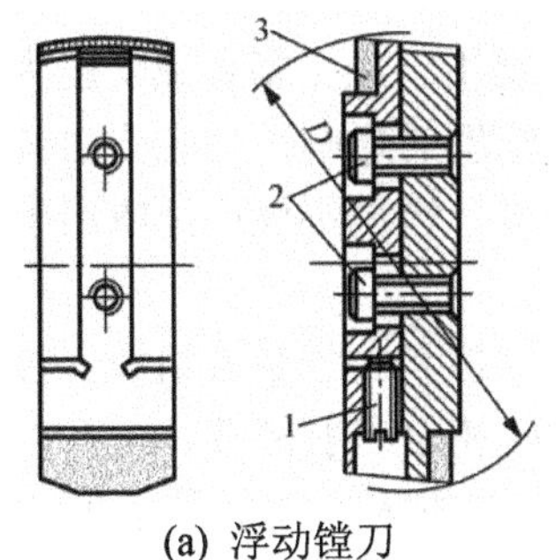

(a) 浮动镗刀

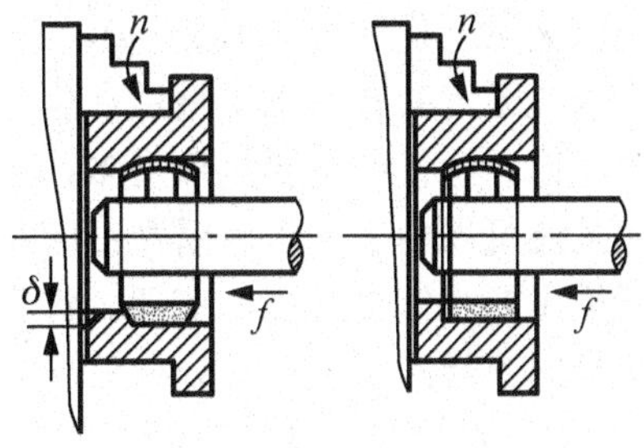

(b) 用浮动镗刀镗孔

图 1.115　浮动镗刀及浮动镗孔

1—调节螺钉；2—紧固螺钉；3—镗刀块

③ 多刃镗刀。在一个刀头上安排多个径向和轴向尺寸加工的镗刀称为多刃镗刀。多刃镗刀的加工效率比单刃镗刀高，多用于大批大量生产中，特别是在加工有色金属工件时。在多刃镗刀中应用较多的是多刃复合镗刀，即在一个刀体或刀杆上设置两个或两个以上的刀头，每个刀头都可以单独调整。图 1.116 所示为用于粗、精镗孔的多刃复合镗刀。

图 1.116　多刃复合镗刀

④ 微调镗刀。为了提高镗刀的调整精度，在数控机床、加工中心和精密镗床上常使用如图 1.117 所示的微调镗刀。这种镗刀的径向尺寸可以在一定范围内调整，其调整精度可达 0.01mm。调整尺寸时，先松开拉紧螺钉 4，然后转动带刻度盘的精调螺母 5，待刀头调至所需尺寸，再拧紧拉紧螺钉 4。此种镗刀的结构比较简单，精度较高，通用性强，刚性好。

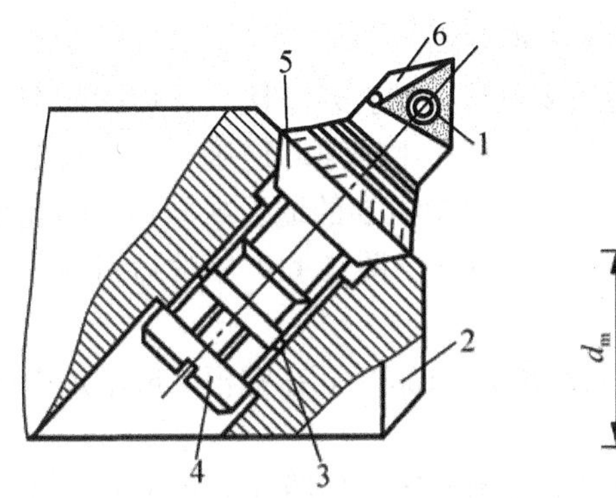

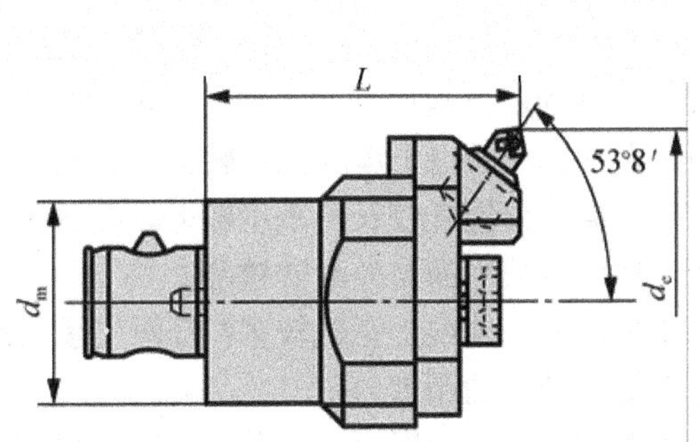

图 1.117　微调镗刀

1—刀片；2—镗杆；3—导向键；4—拉紧螺钉；5—精调螺母；6—镗刀头

(3) 镗刀的安装。安装镗刀时应注意以下几个问题。

① 刀杆伸出刀架处的长度应尽可能短，以增加刚性，避免因刀杆弯曲变形，而使孔产生锥形误差。

② 刀尖应略高于工件旋转中心，以减小振动和扎刀现象，防止镗刀下部碰坏孔壁，影响加工精度。

③ 刀杆要装正，不能歪斜，以防止刀杆碰坏已加工表面。

3) 镗床夹具的典型结构形式

镗床夹具又称镗模(boring jig)，是一种精密夹具，主要用于加工箱体或支座类零件上的精密孔或孔系，其孔的加工精度和位置精度可不受镗床精度的影响，而主要由镗模保证。与钻模相比，镗模结构要复杂得多，制造精度也要高很多。镗模不仅广泛应用于各类镗床上，而且还可以用于车床、摇臂钻床及组合机床上。

镗模主要由镗模底座、支架、镗套、镗杆及必要的定位和夹紧装置组成。镗床夹具的种类按导向支架的布置形式分为双支承镗模、单支承镗模和无支承镗模。

(1) 双支承镗模。其上有两个引导镗杆的支承，镗杆与机床主轴采用浮动连接(浮动接头如图 1.118 所示)，镗孔的位置精度主要取决于镗模两导向孔的位置精度，消除了机床主轴回转误差对镗孔精度的影响而与机床主轴回转精度无关，故两镗套必须严格同轴。

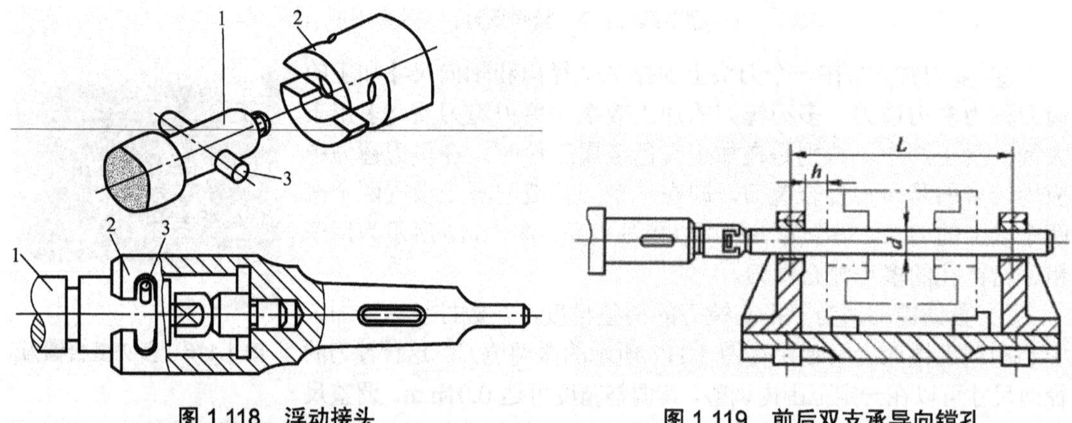

图 1.118　浮动接头

1—镗杆；2—接头体；3—拨动销

图 1.119　前后双支承导向镗孔

根据支承相对于刀具的位置，镗模分为以下 2 种方式。

① 前后双支承镗模。图 1.119 所示为前后双支承导向镗孔示意图，镗模的两个支承分别设置在刀具的前方和后方，工件介于两套之前，镗杆与主轴浮动连接。前后双支承镗模应用得最普通，一般用于镗削孔径较大，孔的长径比 $L/D>1.5$ 的通孔或同轴线的孔系，其加工精度较高，但镗杆较长、刚度较差，更换刀具不方便。图 1.119 中的后引导采用内滚式镗套，前引导采用的是外滚式镗套。

当工件在同一轴线上孔数较多，且两支承间距离 $L>10d$ 时，在镗模上应增加中间引导支承，以提高镗杆的刚度。

镗削车床尾座孔的镗模就是前后双支承镗模的应用实例，如图 1.120 所示。镗模的两个支承分别设置在刀具的前方和后方，镗杆 9 和主轴之间通过浮动接头 10 连接。工件以底面、槽及侧面在定位板 3、4 及可调支承钉 7 上定位，限制工件的 6 个自由度。镗模采用联动夹紧机构，拧紧夹紧螺钉 6，压板 5、8 同时将工件夹紧。镗模支架 1 上装有滚动回转镗套 2，用以支承和引导镗杆。镗模以底面 *A* 作为安装基面安装在机床工作台上，其侧面设置找正基面 *B*，因此可不设定位键。

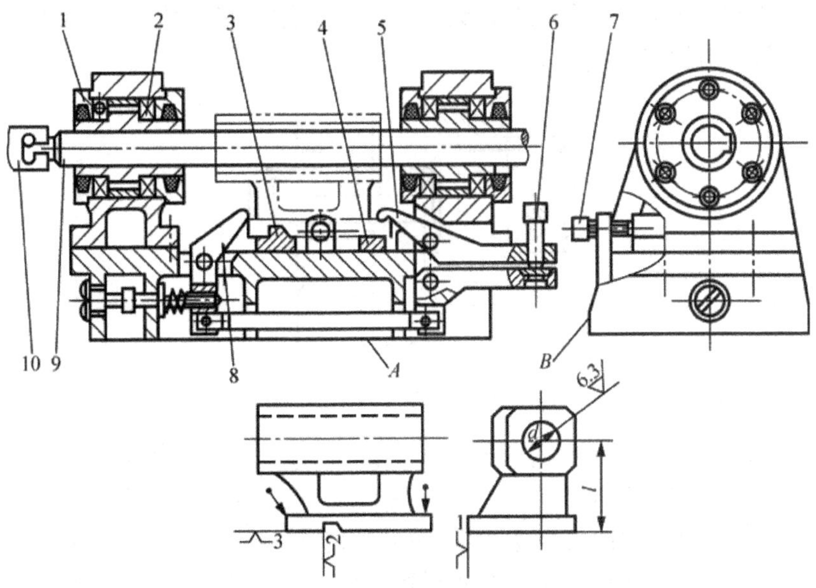

图 1.120　镗削车床尾座孔镗模

1—镗模支架；2—回转镗套；3、4—定位板；5、8—压板；6—夹紧螺钉；7—可调支承钉；9—镗杆；10—浮动接头

② 后双支承镗模。图 1.121 为后双支承导向镗孔示意图，当在某些情况下，因条件限制不能使用前后双支承导向时，可将两支承设置在刀具后方，镗杆与主轴浮动连接。这种布置方式装卸工件方便，更换镗杆容易，便于观察和测量，较多应用于大批生产中。由于镗杆在切削时呈悬臂状，为了保证镗杆刚度，镗杆悬伸长度 $L_1<5d$；为增强镗杆刚度和轴向移动的平稳性，保证镗孔精度，两支承导向长度 $L>(1.25\sim1.5)L_1$。

后双支承导向镗模可在箱体一个壁上镗孔，便于装卸工件和刀具，也便于观察和测量。

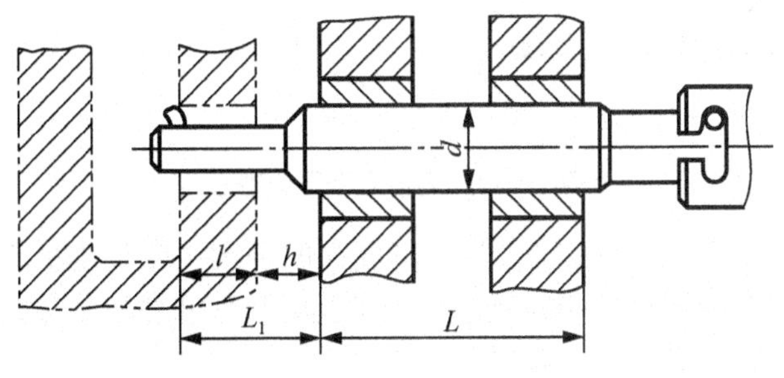

图 1.121　后双支承导向镗孔

(2) 单支承镗模。这类镗模只有一个导向支承，镗杆与主轴采用刚性连接。根据支承相对于刀具的位置分为以下 2 种。

① 前单支承镗模。图 1.122 所示为前单支承导向镗孔，镗模支承设置在刀具的前方，主要用于加工孔径 $D>\phi60$mm、$L/D<1$ 的通孔或小型箱体上单向排列的同轴线通孔。一般情况下镗杆的导向部分直径 $d<D$。因导向部分直径不受加工孔径大小的影响，故在多工步加工时，可不更换镗套。这种布置便于在加工中观察和测量，特别适合需要锪平面、攻螺纹的工序；缺点是刀具的行程较长，切屑易带入镗套中(特别是在立镗时)，镗杆和镗套易于磨损，应设置防护罩。

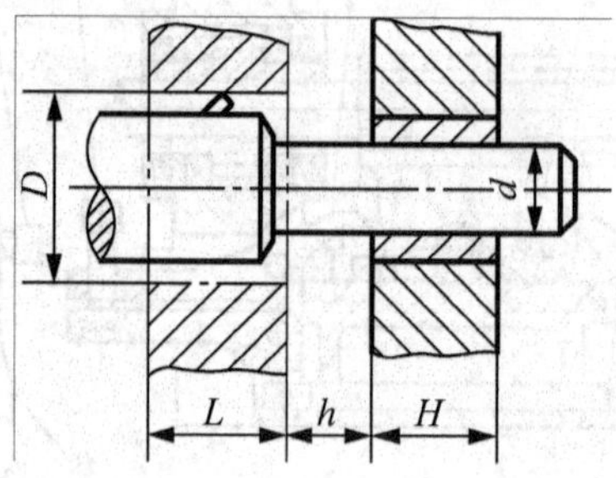

图 1.122　前单支承导向镗孔

② 后单支承镗模。图 1.123 所示为后单支承导向镗孔，镗套设置在刀具的后方，主要用于镗削 $D<\phi60$mm 的通孔或盲孔，如图 1.123(a)所示。这种方式装卸工件和换刀较方便；用于立镗时，切屑不会影响镗套。适用场合分两种情况：当 $L/D<1$ 时，可使镗杆导向部分的尺寸 $d>D$，故镗杆刚度较好，加工精度较高，装卸工件和更换刀具方便，多工步加工时可不更换镗杆；当 $L/D>1\sim1.25$ 时，如图 1.123(b)所示，应使镗杆导向部分直径 $d<D$，以便镗杆导向部分可伸入加工孔，从而缩短镗套与工件之间的距离及镗杆的悬伸长度。

为便于装卸刀具及测量工件，单支承镗模的镗套与工件之间的距离 h 一般在 20～80mm 之间，常取 $h=(0.5\sim1)D$。

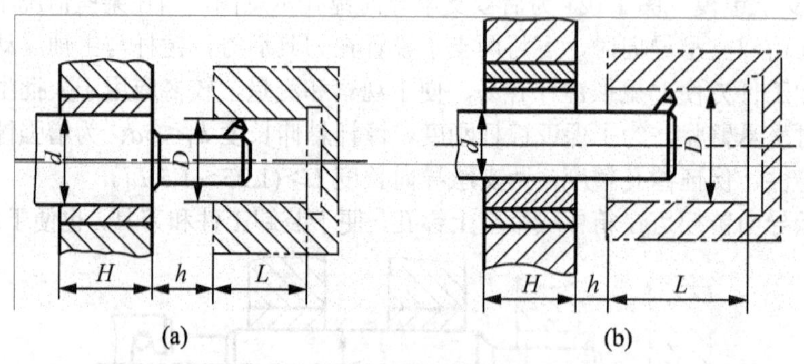

图 1.123　后单支承导向镗孔

(3) 无支承镗床夹具。工件在刚性好、精度高的金刚镗床、坐标镗床或数控机床、加工中心上镗孔时，夹具上不设置镗模支承，加工孔的尺寸和位置精度均由镗床保证。这类夹具只需设计定位装置、夹紧装置和夹具体即可。

图 1.124 所示为镗削曲轴轴承孔的金刚镗床夹具。在卧式双头金刚镗床上同时加工两个工件，工件以两主轴颈及其一端面在两个 V 形块 1、3 上定位。安装工件时，将前一个曲轴颈放在转动叉形块 7 上，在弹簧 4 的作用下，转动叉形块 7 使工件的定位端面紧靠在 V 形块 1 的侧面上。当液压缸活塞 5 向下运动时，带动活塞杆 6 和浮动压板 8、9 向下运动，

使 4 个浮动压块 2 分别从主轴颈上方压紧工件。当活塞上升松开工件时，活塞杆 6 带动浮动压板 8、9 转动 90°，以便装卸工件。

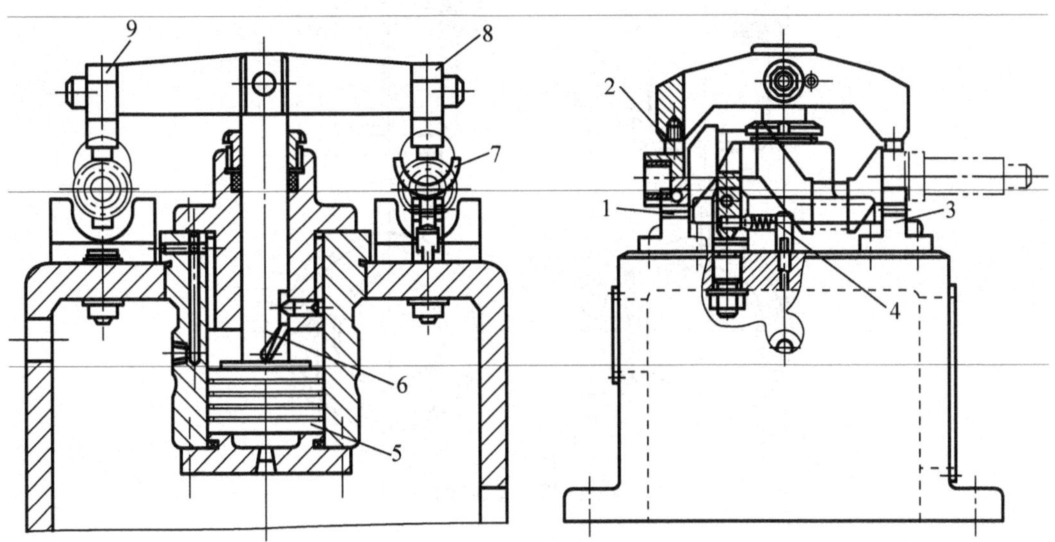

图 1.124　镗削曲轴轴承孔的金刚镗床夹具

1、3—V 形块；2—浮动压块；4—弹簧；5—活塞；6—活塞杆；7—转动叉形块；8、9—浮动压板

镗床夹具的设计要点

设计镗模时，除了定位、夹紧装置外，主要考虑与镗刀密切相关的刀具导向装置的合理选用(镗套、镗杆)。

1. 引导方式

镗杆的引导方式分为单、双支承引导。单支承时，镗杆与机床主轴采用刚性连接，主轴回转精度影响镗孔精度，故适于小孔和短孔的加工。双支承时，镗杆和机床主轴采用浮动连接，镗孔的位置精度取决于镗模两支承的位置精度，而与机床主轴精度无关。

2. 镗套(sleeve)

镗模和钻模一样，依靠刀具导向元件——镗套来引导镗杆(也可引导扩孔钻或铰刀)从而保证被加工孔的位置精度。镗孔的位置精度可不受机床精度影响，而主要取决于镗套的位置精度和结构的合理性。镗套的结构形式和精度直接影响被加工孔的精度和表面质量。常用的镗套结构有固定式和回转式两种。设计时可根据工件的不同加工要求和加工条件合理选用。

1) 固定式镗套(图 1.125)

固定式镗套外形尺寸小，结构紧凑，制造简单，导向精度高，所以一般在扩孔、镗孔或铰孔中应用较多。由于镗套是固定在镗模支架中，不随镗杆转动和移动，而镗杆在镗套内一边回转，一边作轴向移动，镗套易磨损，故只适用于低速的情况下工作，且应采取有效的润滑措施。

其结构形状与可换钻套基本相同，但尺寸较大。它有两种类型，A 型不带油杯，只适宜在低速下工作。B 型带有压配式油杯，内孔开有油槽，以便在镗孔中滴油润滑，故可适当提高切削速度。这两种固定式镗套均已标准化。

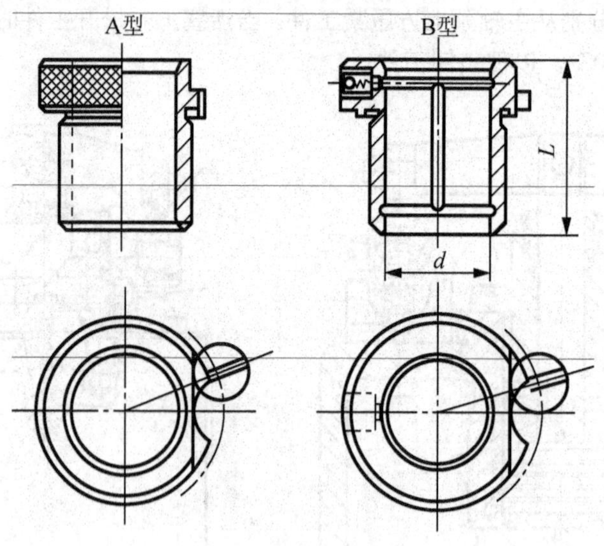

图 1.125　固定镗套

2) 回转式镗套

回转式镗套在镗孔过程中随镗杆一起转动，适用于在较高速度下工作(线速度 $v_c \geqslant 0.4$m/s)。由于镗杆在镗套内只有相对移动而无相对转动(转动部分采用轴承)，两者配合较紧，可防止微小切屑落入镗套内，大大减少了磨损，也不会因摩擦发热而“卡死”。

根据回转部分的工作方式不同，回转式镗套分为内滚式回转镗套和外滚式回转镗套。内滚式回转镗套是把回转部分安装在镗杆上，并且成为镗杆的一部分；外滚式回转镗套是把回转部分安装在导向支架上。图 1.126 是常见的几种外滚式回转镗套的典型结构。

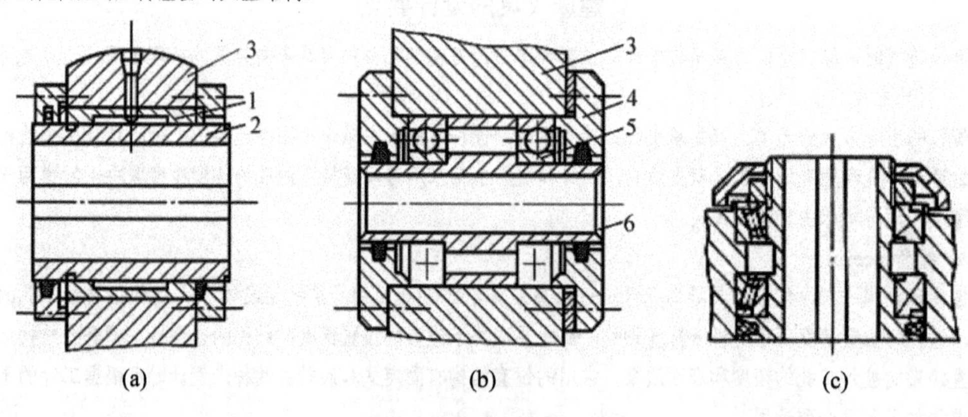

图 1.126　外滚式回转镗套

1—滑动轴承；2、6—镗套；3—支架；4—轴承端盖；5—滚动轴承

图 1.126(a)为滑动轴承外滚式回转镗套，镗套 2 可在滑动轴承 1 内回转，镗模支架 3 上设置油杯，经油孔将润滑油送到回转副，使其充分润滑。镗套中间开有键槽，镗杆上的键通过键槽带动镗套回转。这种镗套的径向尺寸较小，适用于孔中心距较小的孔系加工，且回转精度高，减振性好，承载能力大，但需要充分润滑。常用于精加工，摩擦面线速度 $v < 0.3 \sim 0.4$m/s。

图 1.126(b)为滚动轴承外滚式回转镗套，镗套 6 支承在两个滚动轴承 5 上，轴承安装在镗模支架 3 的轴承孔中，轴承孔的两端用轴承端盖 4 封住。这种镗套采用标准滚动轴承，所以设计、制造和维修方便，镗杆转速高，

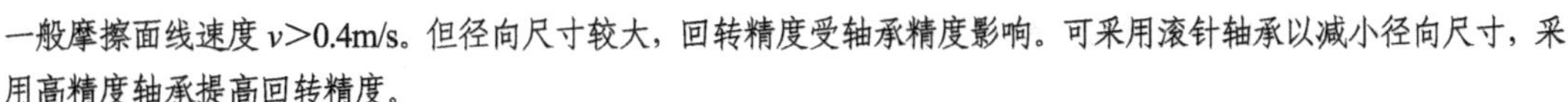

一般摩擦面线速度 $v>0.4\text{m/s}$。但径向尺寸较大，回转精度受轴承精度影响。可采用滚针轴承以减小径向尺寸，采用高精度轴承提高回转精度。

图 1.126(c)为立式镗孔用的回转镗套，为避免切屑和切削液落入镗套，需要设置防护罩。为承受轴向力，一般采用圆锥滚子轴承。

回转镗套一般用于镗削孔距较大的孔系，当被加工孔径大于镗套孔径时，需在镗套上开引刀槽，使装好刀的镗杆能顺利进入。为确保进入引刀槽，镗套上设置尖头键或钩头键，如图 1.127 所示。回转镗套的导向长度 $L=(1.5\sim3)d$。

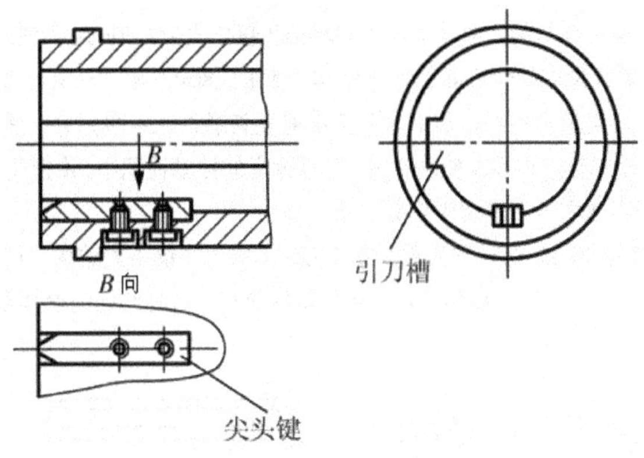

图 1.127　回转镗套的引刀槽及尖头键

镗套的长度 H 直接影响导向性能，其取值一般如下。

固定式镗套 $H=(1.5\sim2)d$

滑动式镗套 $H=(1.5\sim3)d$

滚动式镗套 $H=0.75d$

式中，d 为镗杆导向部分的直径。

3) 镗套材料及技术要求

(1) 镗套的材料：负荷大时采用 50 钢或 20 钢渗碳(渗碳深度为 0.8～1.2mm)，淬硬至 55～60HRC；也可用青铜做固定式镗套，适用高速镗孔；在生产批量不大时，大直径镗套多用铸铁 HT200。一般情况下，镗套的硬度应低于镗杆的硬度。

(2) 镗套的主要技术要求，一般规定如下。

镗套内径公差为 H6 或 H7；外径公差，粗加工采用 g6，精加工采用 g5。

镗套内孔与外圆的同轴度：当内径公差为 H7 时，为 ϕ0.01mm；当内径公差为 H6 时，为 ϕ0.005mm(外径 $\leqslant\phi$85mm 时)或 ϕ0.01mm(外径 $\geqslant\phi$85mm 时)。内孔的圆度和圆柱度公差一般为 0.01～0.002mm。

镗套内孔表面粗糙度 Ra 值为 0.4～0.1μm；外圆表面粗糙度 Ra 值为 0.8～0.4μm。

镗套用衬套的内径公差：粗加工采用 H7，精加工采用 H6。衬套的外径公差为 n6。

衬套内孔与外圆的同轴度：当内径公差为 H7 时，为 ϕ0.01mm。当内径公差为 H6 时，为 ϕ0.005mm(外径 $\leqslant\phi$52mm 时)或 ϕ0.01mm(外径 $\geqslant\phi$52mm 时)。

4) 镗杆和浮动接头

(1) 镗杆(boring bar)。镗杆是镗模中的一个重要组成部分。在设计镗模的结构前须先设计镗杆。主要是确定其直径 d 和长度。镗杆直径 d 受到加工孔径 D 的限制，但应尽可能大些，一般取 $d=(0.6\sim0.8)D$。设计镗杆时，镗杆直径 d 及长度主要是根据镗孔的直径 D 及刀具截面尺寸 $B\times B$ 来确定(可查表 1-15)，它们之间应符合下式关系：$(D-d)/2=(1\sim1.5)B$。其双引导部分的 $L/d\leqslant10$ 为宜，而悬伸部分的 $L/d\leqslant4\sim5$，以使其有足够的刚度来保证加工精度。

镗杆与加工孔之间应有足够的间隙，以容纳切屑。

表 1-15　镗孔直径 *D*、镗杆直径 *d* 与镗刀截面 *B*×*B* 的尺寸关系

D	30～40	40～50	50～70	70～90	90～100
d	20～30	30～40	40～50	50～65	65～90
B×*B*	8×8	10×10	12×12	16×16	16×16　20×20

用于固定镗套的镗杆导向部分结构有整体式($d<50$mm)和镶条式($d>50$mm)两种。

图 1.128 所示为用于固定式镗套的镗杆导引部分结构。图 1.128(a)所示是开有油槽的圆柱镗杆，这种镗杆结构最简单，但与镗套接触面大，润滑也不好，加工时又很难避免切屑进入导引部分，常常容易产生“咬死”现象。

图 1.128(b)和(c)所示是开有直槽和螺旋槽的镗杆。它与镗套的接触面积小，沟槽又可以容屑，情况比图 1.128(a)所示的镗杆要好。但一般切削速度仍不宜超过 20m/min。

当镗杆导引部分直径 $d>\phi 50$mm 时，常采用如图 1.128(d)所示的镶条式结构。镶条应采用摩擦系数小而耐磨的材料，如铜或钢。镶条磨损后，可在底部加垫片，重新修磨使用。这种结构的摩擦面积小，容屑量大，不易“卡死”，可以提高切削速度。

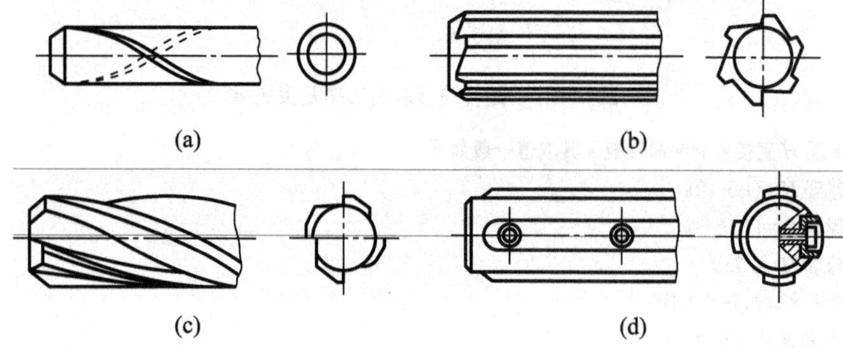

图 1.128　用于固定镗套的镗杆导引部分的结构

图 1.129 所示为用于回转式镗套的镗杆导引部分结构。图 1.129(a)所示为在镗杆前端设置平键，键下装有压缩弹簧，键的前部有斜面，适用于开有键槽的镗套。无论镗杆以何位置进入镗套，平键均能自动进入键槽，带动镗套回转。图 1.129(b)所示的镗杆开有键槽，其头部做成小于 45° 的螺旋引导结构，可与图 1.127 所示装有尖头键的镗套配合使用。

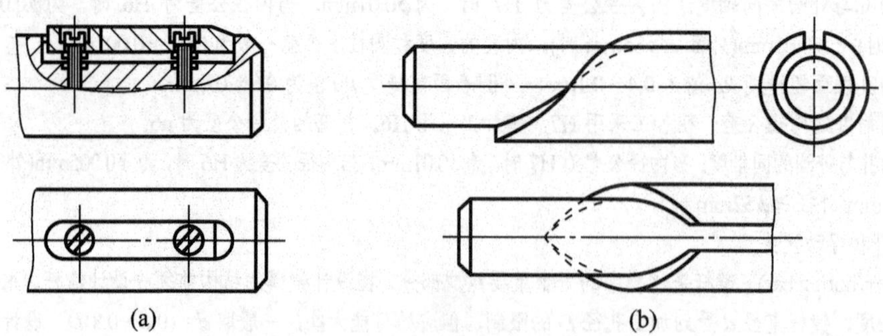

图 1.129　用于回转镗套的镗杆导引结构

镗杆要求表面硬度高而内部有较好的韧性。因此采用 20 钢、20Cr 钢，渗碳淬火，渗碳层厚度为 0.8～1.2mm，淬火硬度为 61～63HRC；也可用氮化钢 38CrMoAl。大直径镗杆也可用 45 钢、40Cr 或 65Mn 钢制造。

镗杆的制造精度对其回转精度有很大影响，其主要技术要求一般规定如下。

① 镗杆引导部分直径公差，粗镗时取 g6，精镗时取 g5；表面粗糙度 Ra 取 0.4～0.2μm。

② 镗杆引导部分圆度和圆柱度允差控制在直径公差的 1/2 以内。

③ 镗杆的直线度允差为 0.01～0.1mm∶500mm；刀孔对镗杆轴线的对称度为 0.1～0.01mm，垂直度为 100∶0.02～100∶0.01mm。装刀孔不淬火。

(2) 浮动接头(float joint)。双支承镗模的镗杆均采用浮动接头与机床主轴连接。如图 1.116 所示，镗杆 1 上拨动销 3 插入接头体 2 的槽中，镗杆与接头体之间留有浮动间隙，接头体的锥柄安装在主轴锥孔中。主轴的回转可通过接头体、拨动销传给镗杆。浮动接头能补偿镗杆轴线和机床主轴的同轴度误差。

5) 镗模支架和底座

镗模支架和底座多为铸铁件(一般为 HT200)，毛坯应进行时效处理，常分开制造。

(1) 镗模支架(scaffold)。镗模支架是组成镗模的重要零件之一。它主要用来安装镗套和承受切削力。因此必须具有足够的刚度和稳定性。为了满足上述功用与要求，防止镗模支架受力振动和变形，故在结构上应有较大的安装基面和设置必要的加强筋。而且镗模支架上不允许安装夹紧机构和承受夹紧反力，以免支架变形而破坏精度。其典型结构和尺寸见表 1-16。

表 1-16　镗模支架典型结构和尺寸　　(单位：mm)

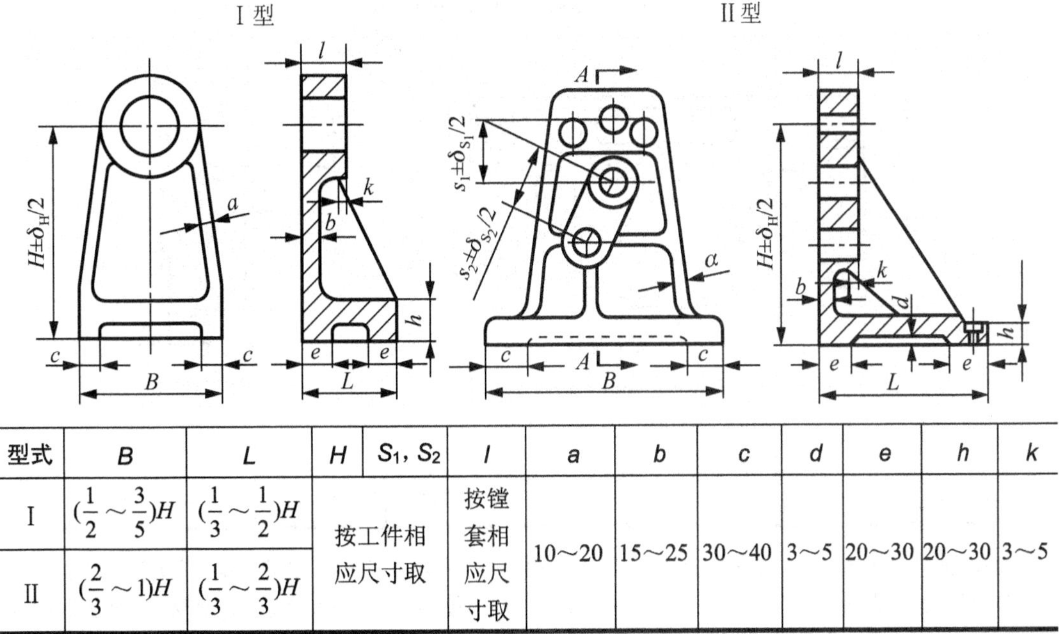

型式	B	L	H	S_1，S_2	l	a	b	c	d	e	h	k
I	$(\frac{1}{2}\sim\frac{3}{5})H$	$(\frac{1}{3}\sim\frac{1}{2})H$	按工件相应尺寸取		按镗套相应尺寸取	10～20	15～25	30～40	3～5	20～30	20～30	3～5
II	$(\frac{2}{3}\sim 1)H$	$(\frac{1}{3}\sim\frac{2}{3})H$										

注：本表材料为铸铁；对铸钢件，其厚度可减薄。

图 1.130 所示的镗模结构，就是遵守这一准则的例子。图 1.130(b)中为了不使镗模支架因受夹紧反力作用而发生变形，所以特别在支架上开孔使螺钉 1 穿过，夹紧反力由镗模底座承受。如果在支架上加工出螺孔，而使螺钉 1 直接拧在此螺孔中去顶紧工件，如图 1.130(a)所示，则这时支架必然受到螺钉所产生的夹紧反力的作用而引起支架变形，从而影响支架上镗套的位置精度，进而影响镗孔精度。

(2) 镗模底座(pedestal)。镗模底座是镗模的主要支承元件之一，其上要安装各种装置和元件，并承受切削力和夹紧力，因此必须有足够的强度与刚度，并有较好的尺寸精度稳定性。其典型结构和尺寸见表 1-17。

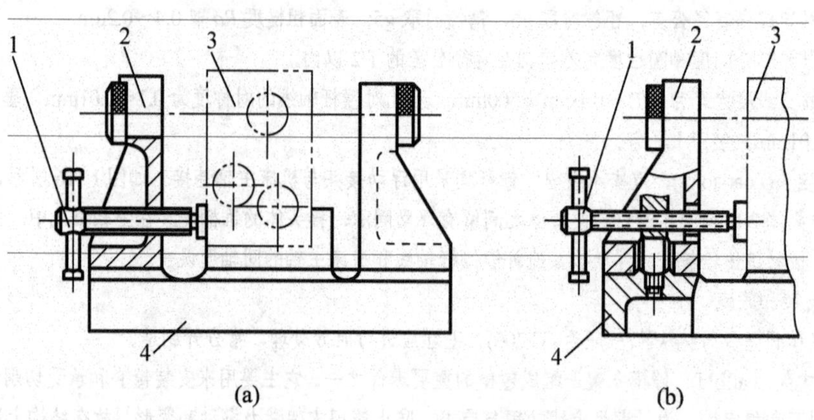

图 1.130　不允许镗模支架承受夹紧反力

1—夹紧螺钉；2—镗模支架；3—工件；4—镗模底座

表 1-17　镗模底座典型结构和尺寸　　(单位：mm)

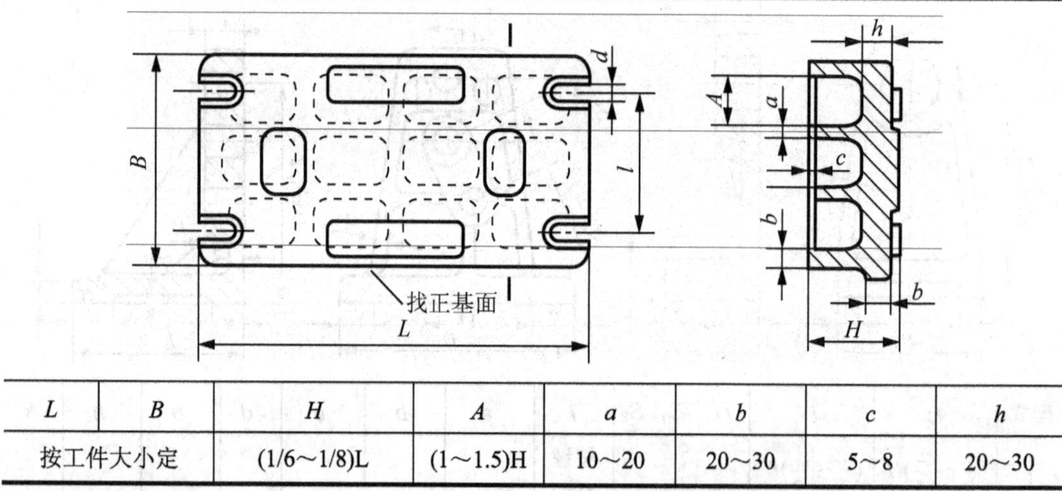

L	B	H	A	a	b	c	h
按工件大小定		(1/6～1/8)L	(1～1.5)H	10～20	20～30	5～8	20～30

镗模底座与其他夹具体相比要厚，且内腔应设置加强肋，常采用十字肋条。镗模底座上安放定位元件和镗模支架等的平面应铸出高度为 3～5mm 的凸台，凸台需要磨削或刮研，其对底面(安装基面)有较高的垂直度或平行度，其误差不超过 0.01/100。镗模底座上还应设置定位或找正基面(该面可刮削，表面粗糙度 *Ra* 为 1.6μm，平面度误差小于 0.05mm，并与底面垂直，其误差在 0.01mm 之内)，以保证镗模在机床上安装时的正确位置。大型镗模的底座上还应设置手柄或吊环，以便搬运。

镗模支架与镗模底座的连接一般仍沿用销钉定位、螺钉紧固的形式。

4) 镗削用量

镗床镗削用量选择分别见表 1-18、表 1-19。

表 1-18　卧式镗床的镗削用量参考表

加工方式	加工精度	刀具材料	刀具类型	加工材料：铸铁			钢及铸钢			铜、铝及其合金			a_p/(mm)(直径上)
				表面粗糙度 Ra/μm	切削速度 v/(m · min^{-1})	进给量 f/(mm · r^{-1})	表面粗糙度 Ra/μm	切削速度 v/(m · min^{-1})	进给量 f/(mm · r^{-1})	表面粗糙度 Ra/μm	切削速度 v/(m · min^{-1})	进给量 f/(mm · r^{-1})	
粗镗	孔径：H12～H10 孔距：±0.5～1	高速钢	刀头	25～12.5	20～35	0.3～1.0	25	20～40	0.3～1.0	25～12.5	100～150	0.4～1.5	5～8
			镗刀块		25～40	0.3～0.8		—	—		120～150	0.4～1.5	5～8
		硬质合金	刀头		40～80	0.3～1.0		40～60	0.3～1.0		200～250	0.4～1.5	5～8
			镗刀块		35～60	0.3～0.8		—	—		200～250	0.4～1.0	5～8
半精镗	孔径：H9～H8 孔距：±0.1～0.3	高速钢	刀头	12.5～6.3	25～40	0.2～0.8	25～12.5	30～50	0.2～0.8	12.5～6.3	150～200	0.2～1.0	1.5～3
			镗刀块		30～40	0.2～0.6		—	—		150～200	0.2～1.0	1.5～3
			粗铰刀	6.3～3.2	15～25	2～5	6.3～3.2	10～20	0.5～3	6.3～3.2	30～50	2～5	0.3～0.8
		硬质合金	刀头	12.5～6.3	60～120	0.2～0.8	25～12.5	80～120	0.2～0.8	12.5～6.3	250～300	0.2～0.8	1.5～3
			镗刀块		50～80	0.2～0.6		—	—		250～300	0.2～0.6	1.5～3
			粗铰刀	6.3～3.2	30～50	3～5	6.3～3.2	—	—	6.3～3.2	80～120	3～5	0.3～0.8
精镗	孔径：H8～H6 孔距：±0.02～0.05	高速钢	刀头	3.2～1.6	15～30	0.15～0.5	6.3～1.6	20～35	0.1～0.6	3.2～0.8	150～200	0.2～1.0	0.6～1.2
			镗刀块		8～15	1～4		6～12	1～4		20～30	1～4	0.6～1.2
			粗铰刀		10～20	2～5	3.2～1.6	10～20	0.5～3		30～50	2～5	0.1～0.4
		硬质合金	刀头	3.2～1.6	50～80	0.15～0.5	6.3～1.6	60～100	0.15～0.5	3.2～0.8	200～250	0.15～0.5	0.6～1.2
			镗刀块		20～40	1～4		8～20	1～4		30～50	1～4	0.6～1.2
			粗铰刀		30～50	2～5	3.2～1.6	—	—		50～100	2～5	0.1～0.4

注：1. 镗杆以镗套支承时，v 取中间值；镗杆悬伸时，v 取小值。
2. 当加工孔径较大时，a_p 取大值；加工孔径较小，且加工精度要求较高时，a_p 取小值。
3. 数控镗床的半精加工和精加工按上述切削用量选取，粗加工可以按一般卧式镗床的粗加工切削用量选取。

表 1-19　坐标镗床的镗削用量参考表

加工方式	刀具材料	f/(mm·r^{-1})	a_p/(mm)(直径上)	切削速度 v/(m·min^{-1})				
				软钢	中碳钢	铸铁	铝、镁合金	铜合金
半精镗	高速钢	0.1～0.3	0.1～0.8	18～25	15～18	18～22	50～75	30～60
	硬质合金	0.08～0.25	0.1～0.8	50～70	40～50	50～70	150～200	150～200
精镗	高速钢	0.02～0.08	0.05～0.2	25～28	18～20	22～25	50～75	30～60
	硬质合金	0.02～0.06	0.05～0.2	70～80	60～65	70～80	150～200	150～200
钻孔	高速钢	0.08～0.15	—	20～25	12～18	14～20	30～40	60～80
扩孔	硬质合金	0.1～0.2	2～5	22～28	15～18	20～24	30～50	60～90
精钻、精铰	硬质合金	0.08～0.2	0.05～0.1	6～8	5～7	6～8	8～10	8～10

5) 镗孔加工方法

孔的镗削加工往往要经过粗镗、半精镗、精镗工序的过程。粗镗、半精镗、精镗工序的选择决定于所镗孔的精度要求、工件的材质及工件的具体结构等因素。

(1) 粗镗。粗镗是圆柱孔镗削加工的重要工艺过程，它主要是对工件的毛坯孔(铸、锻孔)或对钻、扩后的孔进行预加工，为下一步半精镗、精镗加工达到要求奠定基础，并能及时发现毛坯的缺陷(裂纹、夹砂、砂眼等)。

粗镗后一般留单边 2～3mm 作为半精镗和精镗的余量。对于精密的箱体工件，一般粗镗后还应安排回火或时效处理，以消除粗镗时所产生的内应力，最后再进行精镗。

由于在粗镗中采用较大的切削用量，故在粗镗中产生的切削力大、切削温度高，刀具磨损严重。为了保证粗镗的生产率及一定的镗削精度，因此要求粗镗刀应有足够的强度，能承受较大的切削力，并有良好的抗冲击性能；粗镗要求镗刀有合适的几何角度，以减小切削力，并有利于镗刀的散热。

(2) 半精镗。半精镗是精镗的预备工序，主要是解决粗镗时残留下来的余量不均部分。对精度要求高的孔，半精镗一般分两次进行：第一次主要是去掉粗镗时留下的余量不均匀的部分；第二次是镗削余下的余量，以提高孔的尺寸精度、形状精度及减小表面粗糙度。半精镗后一般留精镗余量为 0.3～0.4mm(单边)，对精度要求不高的孔，粗镗后可直接进行精镗，不必设半精镗工序。

(3) 精镗。精镗是在粗镗和半精镗的基础上，用较高的切削速度、较小的进给量，切去粗镗或半精镗留下的较少余量，准确地达到图纸规定的内孔表面。粗镗后应将夹紧压板松一下，再重新进行夹紧，以减少夹紧变形对加工精度的影响。通常精镗背吃刀量≥0.01mm，进给量≥0.05mm/r。

特别提示

镗床安全操作规程

(1) 操作前要穿紧身防护服，袖口扣紧，上衣下摆不能敞开，不得在开动的机床旁穿、脱换衣服，或围布于

身上，防止机器绞伤。女工必须戴好安全帽，不得留长辫子，辫子应放入帽内，不得穿裙子、拖鞋。高速切削和产生崩碎切屑时，要戴好防护镜，以防铁屑飞溅伤眼，并在机床周围安装挡板使之与操作区隔离。

(2) 操作者必须熟悉设备的结构和性能，严禁超规格使用设备。

(3) 工作前必须检查油箱储油量，并按设备润滑图表规定注油，注油后应将油杯(池)盖好。

(4) 停车 8h 再开动设备应先低速转 3～5min，确认润滑系统畅通，各部分运转正常后再开始工作。

(5) 禁止在镗杆锥孔内安装与其锥度不符或锥面有划痕、不清洁的工具。

(6) 机床各部分的夹紧装置，在部件不动时应将其夹紧。

(7) 在移动主轴箱、主轴工作台上滑板、下滑板前必须松开夹紧装置，并保证其滑动面、丝杆、牙条的清洁和润滑良好，同时还必须检查移动方向是否会和主轴相碰，确认安全后方可开车。

(8) 不得用开反车的方法制动回转的花盘或镗杆。

(9) 工作中进给(或快速)有报警时，应立即停止主电机并查明原因。

(10) 手动手柄不能放在机动位置上走快车。

(11) 在工作台回转 90°时不允许用力撞击定位挡块。

(12) 主轴变换转速时将手柄拉到相反位置，然后按表牌转到所需位置把手柄转盘推上，若有阻力，将手柄推拉几次即可完成变速。

(13) 只有在机床停车时，才可以操纵变换速度和进给量的手柄转盘。

(14) 禁止使用磨钝的刀具进行切削。禁止在工作台上敲打和校直工件。

(15) 禁止操作者离开或托人代管开动着的设备。

(16) 工作中必须注意经常清除上下滑板及工作台导轨上的铁屑和油污，并保持周围环境整洁。

(17) 使用铣刀盘铣削平面时，刀盘上安装的刀具一般不得少于两把。

(18) 使用花盘径向刀架单独切削时，镗杆需退后到极限位置。

(19) 在切削过程中刀具未退开工件前不得停车。

(20) 工作完毕时需将各手柄置于非工作位置上，工作台退到中间位置，镗杆退回，并切断电源。

(21) 工作完毕后，做好机器的保养和清洁工作。

2. 箱体零件孔系加工

箱体上一系列相互位置有精度要求的孔的组合，称为孔系。孔系可分为平行孔系、同轴孔系和交叉孔系(图 1.131)。孔系加工不仅孔本身的精度要求较高，而且孔距精度和相互位置精度的要求也高，因此是箱体加工的关键。孔系的加工方法根据箱体加工批量不同和孔系精度要求不同而不同，现分别予以讨论。

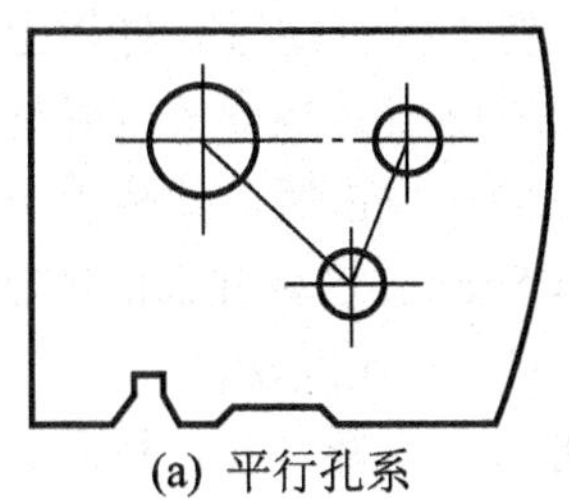

(a) 平行孔系

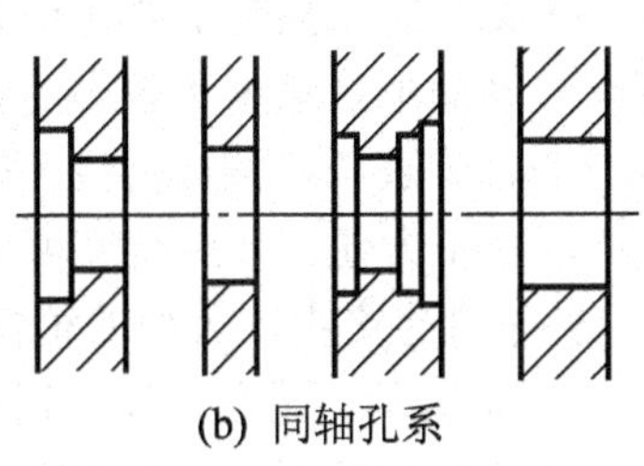

(b) 同轴孔系

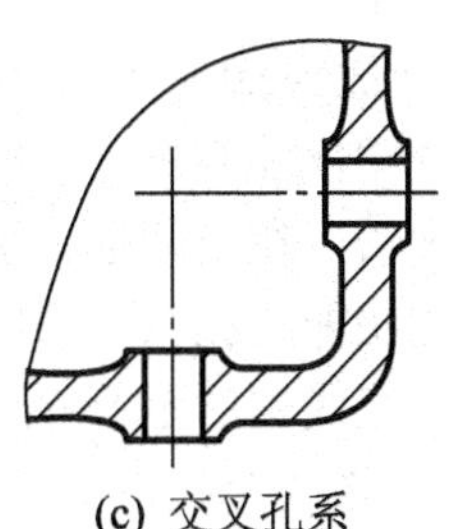

(c) 交叉孔系

图 1.131　孔系分类

1) 平行孔系的加工

平行孔系的主要技术要求是各平行孔中心线之间及中心线与基准面之间的距离尺寸精度和相互位置精度。保证平行孔系加工精度的方法有如下几种。

(1) 找正法。找正法是在通用机床(镗床、铣床)上利用辅助工具来找正要加工孔的正确位置的加工方法。这种找正法加工效率低，一般只适于单件小批生产。根据找正方法的不同，找正法又可分为以下几种。

① 划线找正法。加工前按照零件图在毛坯上划出各孔的位置轮廓线，然后按划线一一进行加工。划线和找正时间较长，生产率低，而且加工出来的孔距精度也低，一般在±0.5mm左右。为提高划线找正的精度，往往结合试切法进行，即先按划线找正镗出一孔，再按线将主轴调至第二孔中心，试镗出一个比图样要小的孔，若不符合图样要求，则根据测量结果重新调整主轴的位置，再进行试镗、测量、调整，如此反复几次，直至达到要求的孔距尺寸。此法虽比单纯的按线找正所得到的孔距精度高，但孔距精度仍然较低，且操作的难度较大，生产效率低，适用于单件小批生产。

② 心轴和量块找正法。图 1.132 所示为心轴和量块找正法。镗第一排孔时将心轴插入主轴孔内(或直接利用镗床主轴)，然后根据孔和定位基准的距离组合一定尺寸的量块来校正主轴位置，校正时用塞尺测定量块与心轴之间的间隙，以避免量块与心轴直接接触而损伤量块，如图 1.132(a)所示。镗第二排孔时，分别在机床主轴和已加工孔中插入心轴，采用同样的方法来校正主轴轴线的位置，以保证孔距的精度，如图 1.132(b)所示。这种找正法其孔心距精度可达±0.3mm。

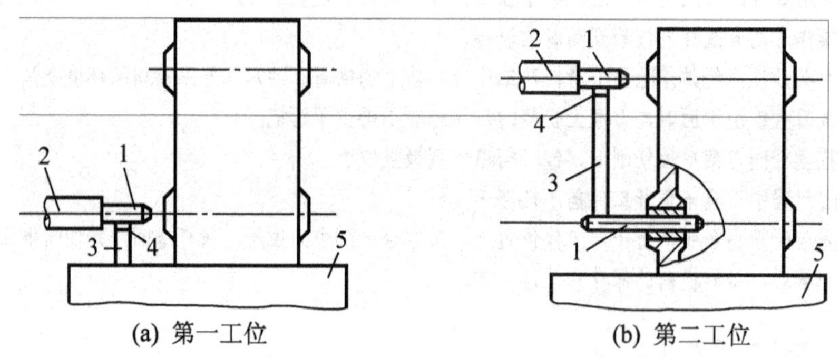

(a) 第一工位 (b) 第二工位

图 1.132 用心轴和量块找正

1—心轴；2—镗床主轴；3—量块；4—塞尺；5—镗床工作台

③ 样板找正法。图 1.133 所示为样板找正法，用 10～20mm 厚的钢板制成样板 1，装在垂直于各孔的端面上(或固定于机床工作台上)。样板上的孔距精度较箱体孔系的孔距精度高(一般为±0.1～±0.3mm)，样板上的孔径较工件孔径大，以便于镗杆通过。样板上的孔径尺寸精度要求不高，但要有较高的形状精度和较小的表面粗糙度值。当样板准确地装到工件上后，在机床主轴上装一个百分表 2，按样板找正机床主轴，找正后，即换上镗刀加工。此法加工孔系不易出差错，找正方便，孔距精度可达±0.05mm。这种样板的成本低，仅为镗模成本的 1/9～1/7，单件小批生产中、大型的箱体孔系加工常用此法。

④ 定心套找正法。如图 1.134 所示，先在工件上划线，再按线攻螺钉孔，然后装上形状精度高而光洁的定心套，定心套与螺钉间有较大间隙，然后按图样要求的孔心距公差的 1/5～1/3 调整全部定心套的位置，并拧紧螺钉。复查后即可上机床，按定心套找正镗床主轴位置，卸下定心套，镗出一孔。每加工一个孔找正一次，直至孔系加工完毕。此法工装简单，可重复使用，特别适宜于单件生产的大型箱体和缺乏坐标镗床条件下加工钻模板上的孔系。

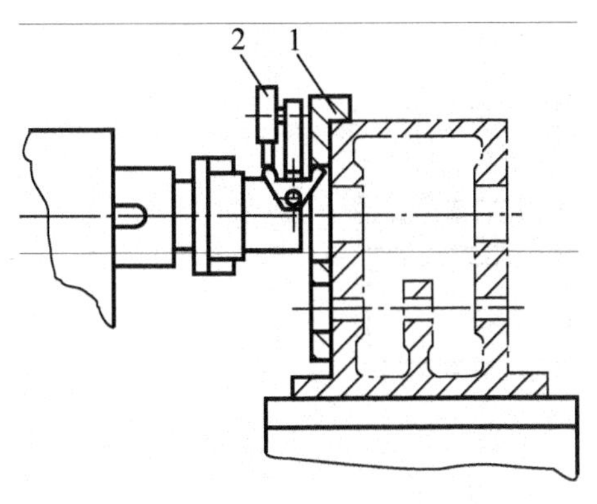

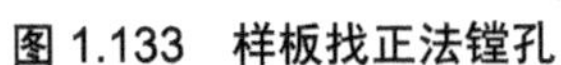

图 1.133　样板找正法镗孔

1—样板；2—百分表

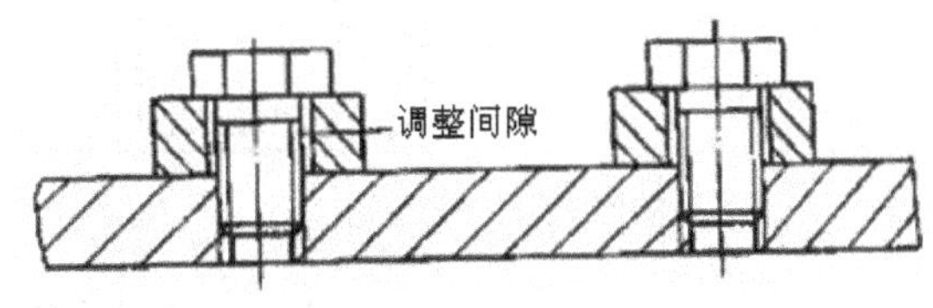

图 1.134　定心套找正法

(2) 镗模法。镗模法即利用镗模夹具加工孔系，如图 1.135 所示。镗孔时，工件 5 装夹在镗模上，镗杆 4 被支承在镗模的导套 6 中，增加了系统刚性。导套的位置决定了镗杆的位置，这样，装在镗杆上的镗刀 3 通过模板上的孔将工件上相应的孔加工出来，机床精度对孔系加工精度影响很小，孔距精度主要取决于镗模，因而可以在精度较低的机床上加工出精度较高的孔系。当用两个或两个以上的镗架支承 1 来引导镗杆时，镗杆与镗床主轴 2 必须浮动连接。

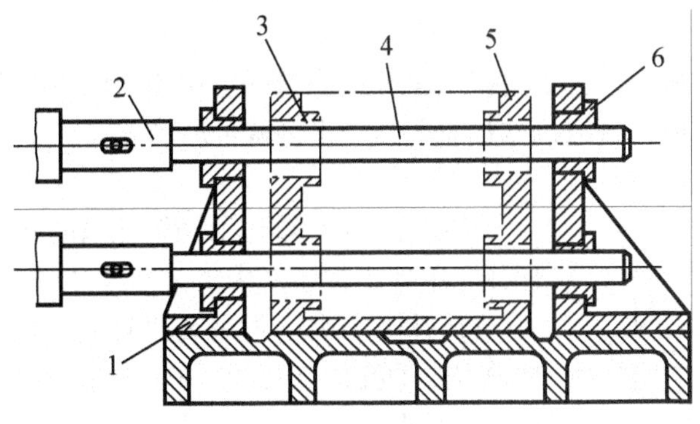

图 1.135　用镗模加工孔系

1—镗架支承；2—镗床主轴；3—镗刀；4—镗杆；5—工件；6—导套

镗模法加工孔系时镗杆刚度大大提高，定位夹紧迅速，节省了调整、找正的辅助时间，生产效率高，是成批、大量生产中广泛采用的加工方法。但由于镗模自身存在的制造误差，导套与镗杆之间存在间隙与磨损，所以孔距的精度一般仅为±0.05mm，同轴度和平行度从一端加工时为 0.02～0.03mm；当分别从两端加工时为 0.04～0.05mm；加工孔的公差等级为 IT7 级，其表面粗糙度 *Ra* 可达 5～1.25μm。此外，镗模的制造要求高、周期长、成本高，对于大型箱体较少采用镗模法。

用镗模法加工孔系，既可在通用机床上加工，也可在专用机床或组合机床上加工，图 1.136 为组合机床上用镗模加工孔系的示意图。

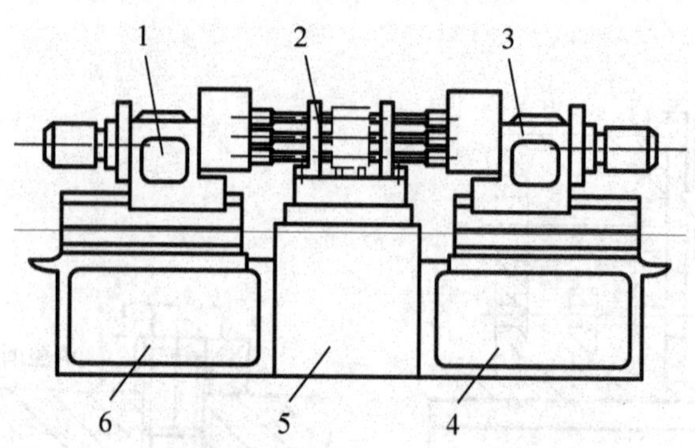

图 1.136　在组合机床上用镗模加工孔系

1—左动力头；2—镗模；3—右动力头；4、6—侧底座；5—中间底座

(3) 坐标法。坐标法镗孔是在普通卧式镗床、坐标镗床或数控镗铣床等设备上，借助于精密测量装置，调整机床主轴与工件间在水平和垂直方向的相对位置，来保证孔距精度的一种镗孔方法。

采用坐标法加工孔系时，要特别注意选择基准孔和镗孔顺序，否则，坐标尺寸累积误差会影响孔距精度。基准孔应尽量选择本身尺寸精度高、表面粗糙度值小的孔(一般为主轴孔)，这样在加工过程中，便于校验其坐标尺寸。孔距精度要求较高的两孔应连在一起加工；加工时，应尽量使工作台朝同一方向移动，因为工作台多次往复，其间隙会产生误差，影响坐标精度。

现在国内外许多机床厂已经直接用坐标镗床或加工中心机床来加工一般机床箱体。这样就可以加快生产周期，适应机械行业多品种小批量生产的需要。

2) 同轴孔系的加工

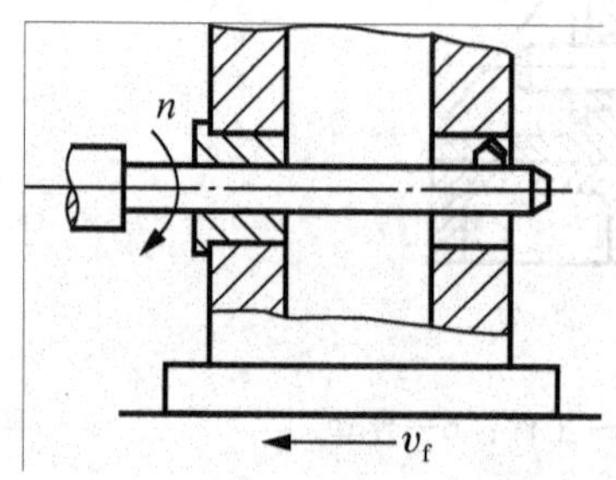

图 1.137　利用已加工孔导向

成批生产中，箱体上同轴孔系的同轴度几乎都由镗模来保证。单件小批生产中，其同轴度用下面几种方法来保证。

(1) 利用已加工孔作支承导向。如图 1.137 所示，当箱体前壁上的孔加工好后，在孔内装一导向套，支承和引导镗杆加工后壁上的孔，从而保证两孔的同轴度要求。这种方法适于加工箱壁相距较近的孔。

(2) 利用镗床后立柱上的导向套支承导向。这种方法其镗杆系两端支承，刚性好，但此法调整麻烦，镗杆长、笨重，故只适于单件小批生产中大型箱体的加工。

(3) 采用调头镗。当箱体箱壁相距较远时，可采用调头镗，如图 1.138 所示。工件在一次装夹下，镗好一端孔后，将镗床工作台回转 180°，调整工作台位置，使已加工孔与镗床主轴同轴，然后再加工另一端孔。

当箱体上有一较长并与所镗孔轴线有平行度要求的平面时，镗孔前应先用装在镗杆上的百分表对此平面进行校正，使其与镗杆轴线平行，如图 1.138(a)所示，校正后加工孔 *B*，孔 *B* 加工后，将工作台回转 180°，并用装在镗杆上的百分表沿此平面重新校正，如图 1.138(b)所示，然后再加工孔 *A*，从而保证孔 *A*、*B* 同轴。若箱体上无长的加工好的工艺基面，也可

用平行长铁置于工作台上，使其表面与要加工的孔轴线平行后固定，调整方法同上，也可达到两孔同轴的目的。

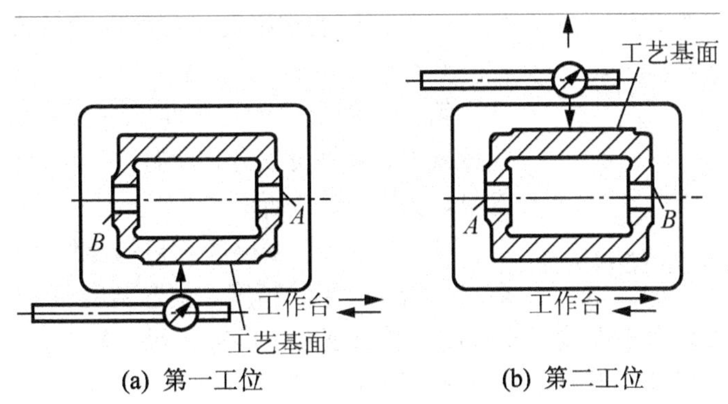

图 1.138　调头镗孔时工件的校正

3) 交叉孔系的加工

交叉孔系的主要技术要求是控制有关孔的垂直度误差。在普通镗床上主要靠机床工作台上的 90° 对准装置来完成。因为它是挡块装置，结构简单，但对准精度低。

当有些镗床工作台 90° 对准装置精度很低时，可用心轴与百分表找正来提高其定位精度，即在加工好的孔中插入心轴，工作台转位 90°，移动工作台用百分表找正，如图 1.139 所示。

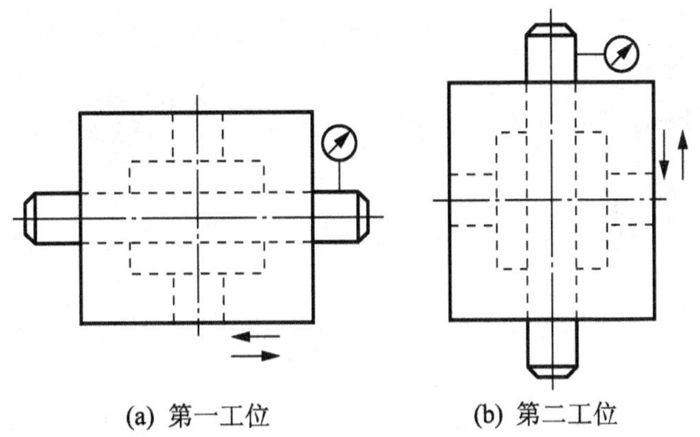

图 1.139　找正法加工交叉孔系

3. 箱体零件的检验

1) 箱体零件的主要检验项目

①各加工面的表面粗糙度及外观检查；②孔的尺寸精度、几何形状精度；③平面的尺寸精度、几何形状精度；④孔系的相互位置精度(孔轴线的同轴度、平行度、垂直度；孔轴线与平面的平行度、垂直度等)、孔距精度。

2) 各项目的检验方法

(1) 表面粗糙度检验通常用目测或样板比较法(图 1.106)，只有当 *Ra* 值很小时，才考虑使用光学测量仪或表面粗糙度测量仪器。外观检查只需根据工艺规程检查完工情况及加工表面有无缺陷即可。

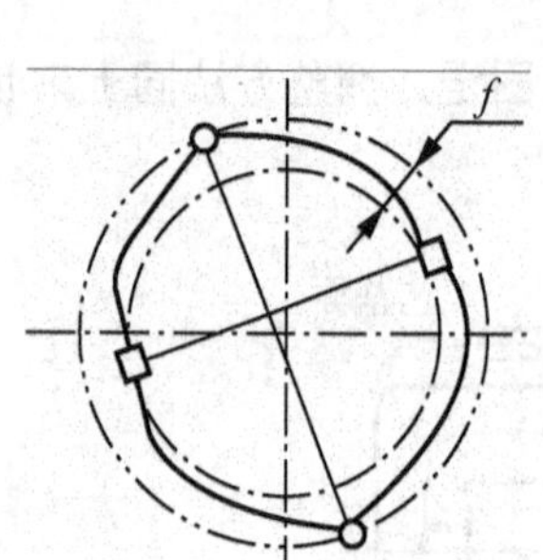

图 1.140　圆度误差的最小包容区域

(2) 孔的尺寸精度一般用塞规检验，当需要确定误差的数值或单件小批生产时可用内径千分尺或内径千分表检验；若精度要求很高可用气动测量仪检验(示值误差达1.2～0.4μm)。

箱体零件上孔的几何形状精度检验主要是检验孔的圆度误差、圆柱度误差。检验方法可以以最小包容区域来度量，如图 1.140 所示。

(3) 平面的精度检验。箱体零件上平面的精度检验包括尺寸精度、形状精度、位置精度和表面粗糙度 4 项，而平面的形位精度主要有平面度、平行度、垂直度和角度等，尺寸精度、表面粗糙度和平面度的检验方法已介绍过，下面分别介绍其他项目的常规检验方法。

① 平行度误差的检验。平行度误差的常用检验方法有以下几种。

a．用外径千分尺(或杠杆千分尺)测量。在工件上用外径千分尺测量相隔一定距离的厚度，测出几点厚度值，其差值即为平面的平行度误差值，如图 1.141 所示，测量点越多，测量值越精确。

b．用千分表(或百分表)测量。将工件和千分表支架都放在平板上，把千分表的测量头顶在平面上，然后移动工件，让工件整个平面均匀地通过千分表测量头，其读数的差值即为工件平行度的误差值(图 1.142)。测量时，应将工件、平板擦拭干净，以免拉毛工件平面或影响平行度误差测量的准确性。

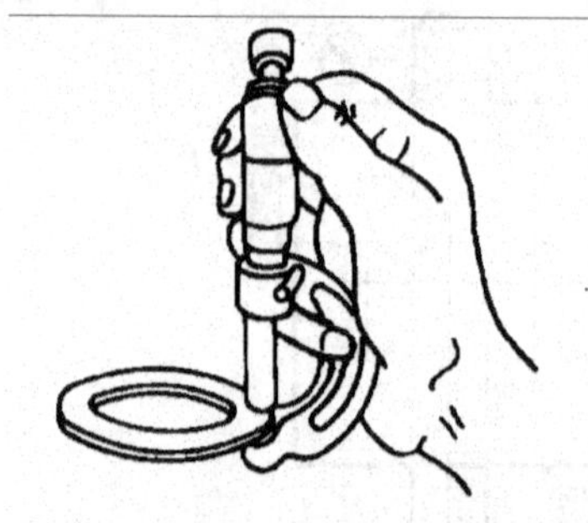

图 1.141　用千分尺测量平行度误差

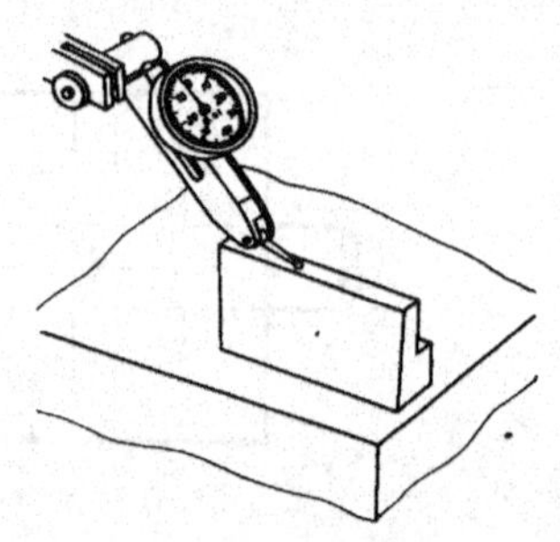

图 1.142　用百分表检验平行度误差

② 垂直度误差的检验。垂直度误差的常用检验方法有以下几种。

a．用 90° 角尺测量。检验小型工件两平面的垂直度误差时，可以把 90° 角尺的两个尺边接触工件的垂直平面。测量时，可以把 90° 角尺的一个尺边贴紧工件一个面，然后移动 90° 角尺，让另一个尺边靠上工件另一个面，根据透光情况来判断其垂直度误差(图 1.143)。

工件尺寸较大时，可以将工件和 90° 角尺放在平板上，90° 角尺的一边紧靠在工件的垂直平面上，根据尺边与工件表面间的透光情况判断垂直度误差(图 1.144)。

b．用 90° 圆柱角尺测量。在实际生产中，广泛采用 90° 圆柱角尺测量工件的垂直度误差(图 1.145)。将 90° 圆柱角尺放在精密平板上，被测量工件慢慢向 90° 圆柱角尺的素线靠拢，根据透光情况判断垂直度误差。这种测量法基本上消除了由于测量不当而产生的误差。由于一般 90° 圆柱角尺的高度都要超过工件高度一至几倍，因而测量精度高，测量也方便。

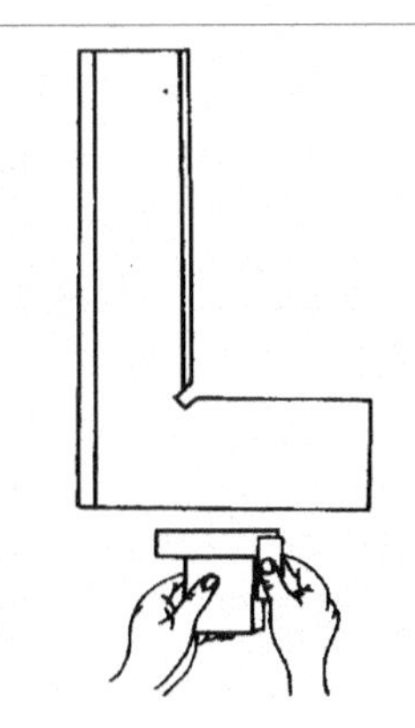

图 1.143　用 90° 角尺测量垂直度

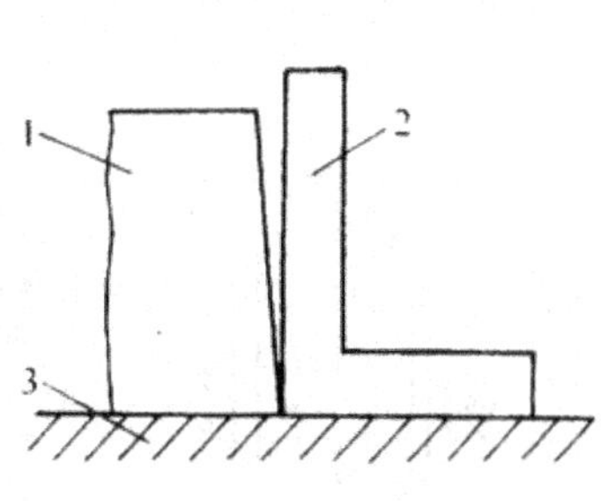

图 1.144　用 90° 角尺在平板上测量垂直度

1—被测工件；2—90° 角尺；3—精密平板

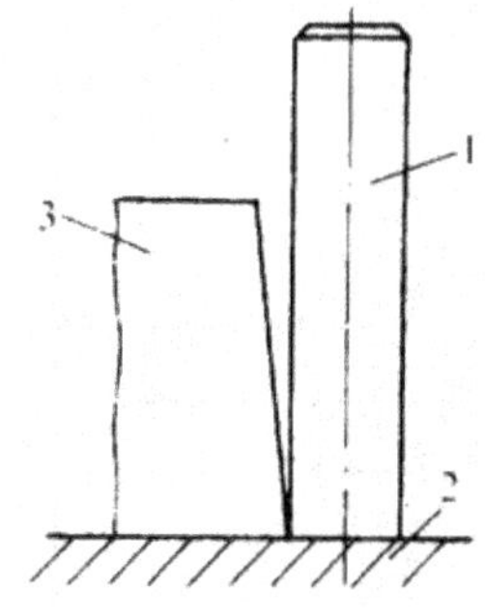

图 1.145　用 90° 圆柱角尺测量垂直度

1—90° 圆柱角尺；2—精密平板；3—被测工件

c．用百分表(或千分表)测量。为了确定工件垂直度误差的具体数据，可采用百分表(或千分表)测量[图 1.146(a)]。测量时，应事先将工件的平行度误差测量好，将工件的平面轻轻向圆柱测量棒靠紧，此时，可从百分表上读出数值。将工件转动 180°，将另一平面也轻轻靠上圆柱量棒，从百分表上又可读出数值(工件转向测量时，要保证百分表、圆柱的位置固定不变)，两个读数差值的 1/2 即为底面与测量平面的垂直度误差[图 1.146(b)]。

两平面的垂直度误差也可以用百分表和精密角铁在平板上进行检验。测量时，将工件的一面紧贴精密角铁的垂直平面上，然后使百分表测量头沿着工件的一边向另一边移动，百分表在全长两点上的读数差就等于工件在该距离上的垂直度误差值(图 1.147)。

(4) 箱体零件孔系位置精度及孔距精度的检验

① 孔系同轴度检验。一般工厂常用检验棒检验同轴度。当孔系同轴度精度要求不高时，可用通用的检验棒配上检验套进行检验，如图 1.148 所示。若检验棒能自由地推入同轴线上的孔内，即表明孔的同轴度符合要求；当孔系同轴度精度要求较高时，可采用专用检验棒检验。若要确定孔之间同轴度的偏差数值，可利用图 1.149 所示的方法，用检验棒和百分表检验。

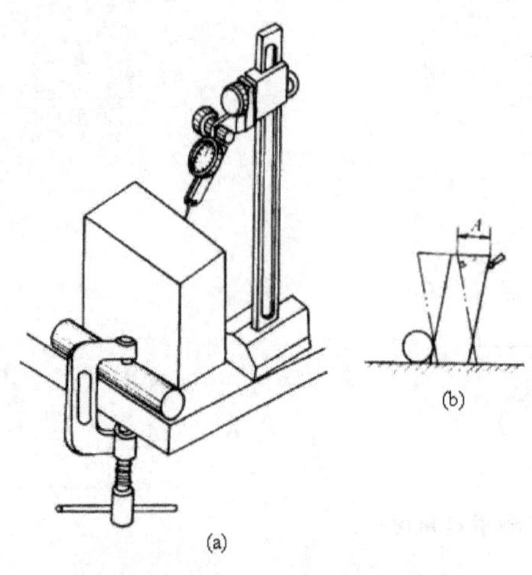

图 1.146　用百分表测量垂直度

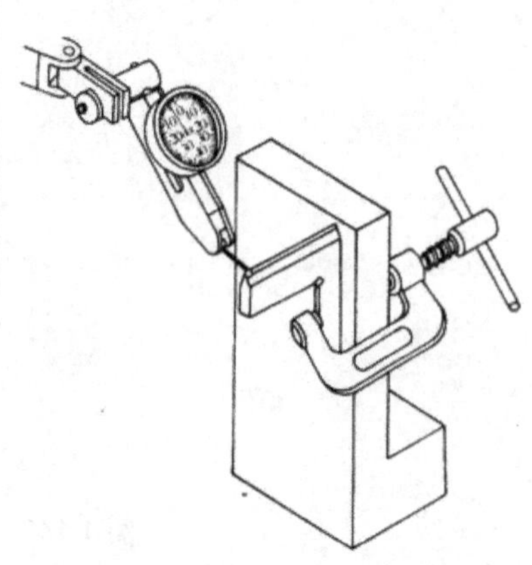

图 1.147　用精密角铁测量垂直度

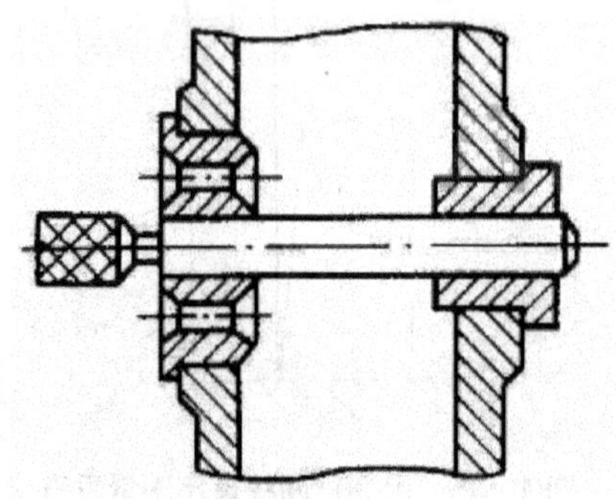

图 1.148　用检验棒与检验套检验同轴度

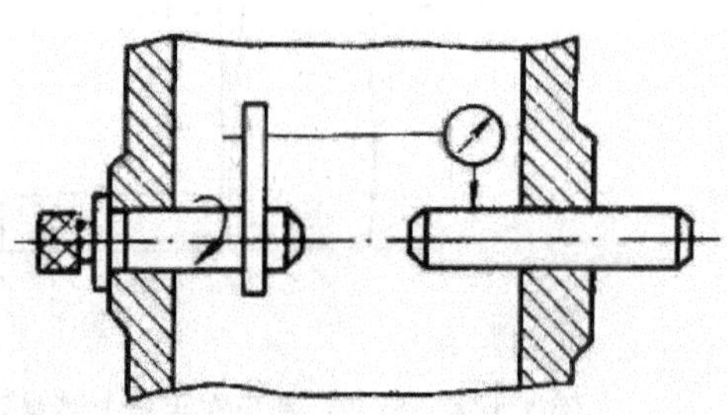

图 1.149　用检验棒及百分表检验同轴度误差

对于孔距、孔轴线间的平行度、孔轴线与端面的垂直度检验，也可利用检验棒、千分表、百分表、90° 角尺及平台等相互组合进行测量。

② 孔系的平行度检验。

a．孔的轴线对基面的平行度。可用图 1.150(a)所示方法检验：将被测零件直接放在平台上，被测轴线由心轴模拟，用百分表(或千分表)测量心轴两端，其差值即为测量长度内轴心线对基面的平行度误差。

b．孔的轴线之间的平行度。常用图 1.150(b)所示方法进行检验：将被测箱体的基准轴线与被测轴线均用心轴模拟，用百分表(或千分表)在垂直于心轴的轴线方向上进行测量。首先调整基准轴线与平台平行，然后测量被测心轴两端的高度，测得的高度差值即为测量长度内孔轴线之间的平行度误差。

③ 孔轴线与端面的垂直度检验。

a．采用模拟心轴及百分表(或千分表)检验。可以在被测孔内装上模拟心轴，并在其一端装上百分表(或千分表)，让表的测头垂直于端面并与端面接触，心轴旋转一周，即可测出检验范围内孔与端面的垂直度误差，如图 1.151(a)所示。

b．着色法检验。如图 1.151(b)所示，将带有检验圆盘的心轴插入孔内，用着色法检验圆盘与端面的接触情况；或者用塞尺检查圆盘与端面的间隙Δ，也可确定孔轴线与端面的垂直度误差。

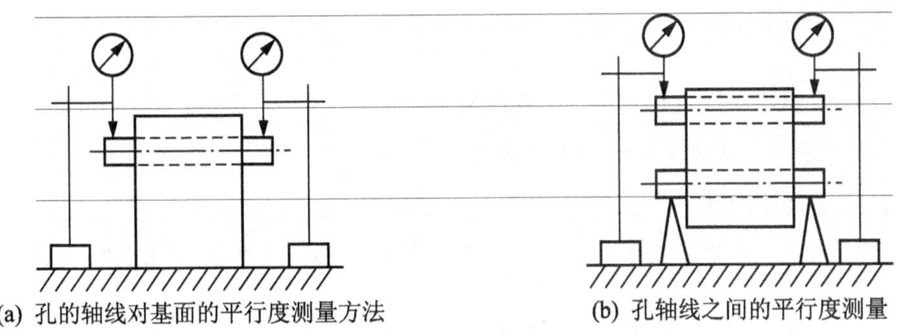

(a) 孔的轴线对基面的平行度测量方法　　(b) 孔轴线之间的平行度测量

图 1.150　孔系的平行度检验

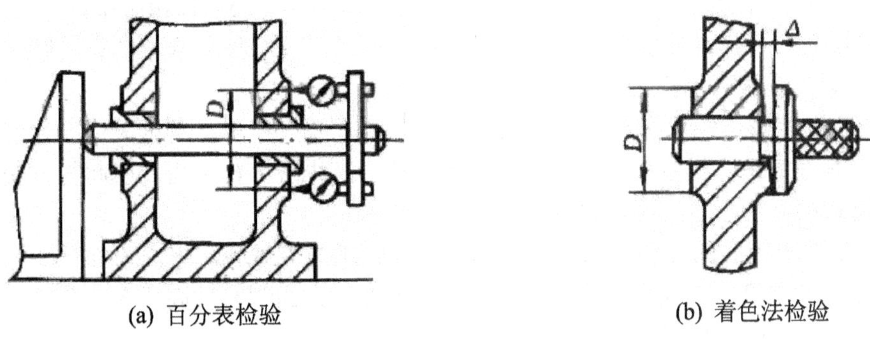

(a) 百分表检验　　(b) 着色法检验

图 1.151　孔轴线与端面的垂直度检验

④ 孔间距检验。当孔距精度要求不高时，可直接用游标卡尺检验，如图 1.152(a)所示。当孔距精度要求较高时，可用心轴与千分尺检验，如图 1.152(b)所示，还可以用心轴与量规检验。孔距的大小为 $A=L+(d_1+d_2)/2$。

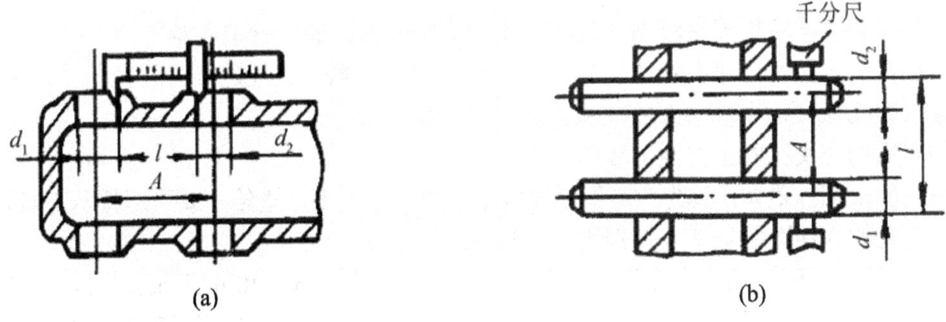

(a)　　(b)

图 1.152　孔距的检验

(5) 三坐标测量机(three coordinate measuring machine)可同时对零件的尺寸、形状和位置等进行高精度的测量。

1.2.3 任务实施

一、变速箱壳体零件机械加工工艺规程编制

1. 分析变速箱壳体零件的结构和技术要求

1) 箱体零件的结构特点

箱体的结构形式虽然多种多样，但从工艺上分析它们仍有许多共同之处，其结构特点如下。

(1) 形状复杂：箱体通常作为装配的基础件，在它上面安装的零件或部件愈多，箱体的形状愈复杂，因为安装时要有定位面、定位孔，还要有固定用的螺钉孔等；为了支撑零部件，需要有足够的刚度，采用较复杂的截面形状和加强筋等；为了储存润滑油，需要具有一定形状的空腔，还要有观察孔、放油孔等；考虑吊装搬运，还必需做出吊钩、凸耳等。

(2) 体积较大：箱体内要安装和容纳有关的零部件，因此必然要求箱体有足够大的体积。例如，大型减速器箱体长达 4～6m、宽 3～4m。

(3) 壁薄容易变形：箱体体积大，形状复杂，又要求减少质量，所以大都设计成腔形薄壁结构。但是在铸造、焊接和切削加工过程中往往会产生较大内应力，引起箱体变形。即使在搬运过程中，由于方法不当也容易引起箱体变形。

(4) 有精度要求较高的孔和平面：这些孔大都是轴承的支承孔，平面大都是装配的基准面，它们在尺寸精度、表面粗糙度、形状和位置精度等方面都有较高要求。其加工精度将直接影响箱体的装配精度及使用性能。

因此，一般说来，箱体不仅需要加工部位较多，而且加工难度也较大。据统计资料表明，一般中型机床厂用在箱体零件的机械加工工时约占整个产品的 15%～20%。

(5) 箱体结构工艺性。

① 基本孔。箱体的基本孔可分为通孔、阶梯孔、交叉孔、盲孔等几类。通孔工艺性最好，通孔内又以孔长 L 与孔径 D 之比 $L/D \leqslant 1 \sim 1.5$ 的短圆柱孔工艺性为最好；$L/D>5$ 的孔称为深孔，若深度精度要求较高、表面粗糙度值较小时，加工就很困难。

阶梯孔的工艺性与“孔径比”有关。孔径相差越小则工艺性越好；孔径相差越大，且其中最小的孔径又很小，则工艺性越差。

相贯通的交叉孔的工艺性也较差。

盲孔的工艺性最差，因为在精镗或精铰盲孔时，要用手动进给，或采用特殊工具进给。此外，盲孔的内端面的加工也特别困难，故应尽量避免。

② 同轴孔。同一轴线上孔径大小向一个方向递减(如 CA6140 的主轴孔)时，可使镗孔时镗杆从一端进入，逐个加工或同时加工出同轴线上的几个孔，以保证较高的同轴度和生产率。单件小批生产时一般采用这种孔径分布形式。

同轴线上的孔的直径大小从两边向中间递减(如 CA6140 主轴箱轴孔)时，可使刀杆从两边进入，这样不仅缩短了镗杆长度，提高了镗杆的刚性，而且为双面同时加工创造了条件。所以大批大量生产的箱体常采用此种孔径分布形式。

同轴线上孔的直径的分布形式应尽量避免中间隔壁上的孔径大于外壁的孔径。因为加工这种孔时，要将刀杆伸进箱体后装刀、对刀，结构工艺性差。

③ 装配基面。为便于加工、装配和检验，箱体的装配基面尺寸应尽量大，形状应尽量简单。

④ 凸台。箱体外壁上的凸台应尽可能在一个平面上，以便可以在一次走刀中加工出来。而无须调整刀具的位置，使加工简单方便。

⑤ 紧固孔和螺纹孔。箱体上的紧固孔和螺纹孔的尺寸规格应尽量一致，以减少刀具数量和换刀次数。

此外，为保证箱体有足够的动刚度与抗振性，应酌情合理使用肋板、肋条，加大圆角半径，收小箱口，加厚主轴前轴承口厚度。

2) 箱体零件的主要技术要求

箱体零件中，机床主轴箱的精度要求较高，可归纳为以下 5 项。

(1) 孔径精度：孔径的尺寸误差和几何形状误差会造成轴承与孔的配合不良。孔径过大，配合过松，使主轴回转轴线不稳定，并降低了支承刚度，易产生振动和噪声；孔径太小，会使配合偏紧，轴承将因外环变形，不能正常运转而缩短寿命。装轴承的孔不圆，也会使轴承外环变形而引起主轴径向圆跳动。

从上面分析可知，箱体零件对孔的精度要求是较高的。主轴孔的尺寸公差等级为 IT6，其余孔为 IT8～IT7。孔的形状精度未作规定的，一般控制在尺寸公差的 1/2 范围内即可。

(2) 孔与孔的位置精度：包括孔系轴线之间的距离尺寸精度和平行度，同一轴线上各孔的同轴度，以及孔端面对孔轴线的垂直度等。

同一轴线上各孔的同轴度误差和孔端面对轴线的垂直度误差会使轴和轴承装配到箱体内出现歪斜，从而造成主轴径向圆跳动和轴向窜动，加剧轴承磨损。孔系之间的平行度误差会影响齿轮的啮合质量。一般孔距允差为±0.025～±0.060mm，而同一轴线上的支承孔的同轴度约为最小孔尺寸公差之半。

(3) 孔和平面的位置精度：主要孔对主轴箱安装基面的平行度决定了主轴与床身导轨的相互位置关系。这项精度是在总装时通过刮研来达到的。为了减少刮研工作量，一般规定在垂直和水平两个方向上，只允许主轴前端向上和向前偏。

(4) 主要平面的精度：箱体的主要平面是装配基面，并且往往是加工时的定位基面。装配基面的平面度影响主轴箱与床身连接时的接触刚度和相互位置精度，加工过程中作为定位基面则会影响主要孔的加工精度。因此规定底面和导向面必须平直，为了保证箱盖的密封性，防止工作时润滑油泄出，还规定了顶面的平面度要求，当大批大量生产将其顶面用作定位基面时，对它的平面度要求还要提高。一般箱体主要平面的平面度为 0.1～0.03mm，各主要平面对装配基面垂直度为 0.1/300。

(5) 表面粗糙度：一般主轴孔的表面粗糙度 *Ra* 为 0.4μm，其他各纵向孔的表面粗糙度 *Ra* 为 1.6μm；孔的内端面的表面粗糙度 *Ra* 为 3.2μm，装配基面和定位基面的表面粗糙度 *Ra* 为 2.5～0.63μm，其他平面的表面粗糙度 *Ra* 为 10～2.5μm。

经分析可知，本例所示的变速箱壳体的外形尺寸为 360mm×325mm×108mm，属小型箱体零件，内腔无加强肋。结构简单，孔多壁薄，刚性较差。其主要加工面和加工要求如下。

① 3 组平行孔系。3 组平行孔用来安装轴承，因此都有较高的尺寸精度(IT7)和形状精度(圆度 0.012mm)要求，表面粗糙度 *Ra* 为 1.6μm，彼此之间的孔距公差为±0.1mm。

② 端面 *A*。端面 *A* 是与其他相关部件连接的接合面，其表面粗糙度 *Ra* 为 1.6μm；端面 *A* 与 3 组平行孔系有垂直度要求，公差为 0.02mm。

③ 装配基面 B。在变速箱壳体两侧中段分别有两块外伸面积不大的安装面 B，它是该零件的装配基面。为了保证齿轮传动位置和传动精度的准确性，要求 B 面和 A 面的垂直度为 0.01mm，B 面与 ϕ146mm 大孔中心距为 124.1mm±0.05mm，表面粗糙度 Ra 为 3.2μm。

④ 其他表面。除上述主要表面外，还有与 A 面相对的另一端面 C、R88mm 扇形缺圆孔及 B 面上的安装小孔等。

2. 明确变速箱壳体零件毛坯状况

箱体零件材料一般选用 HT200～HT400 的各种牌号的灰铸铁，而最常用的为 HT200。灰铸铁不仅成本低，而且具有较好的耐磨性、可铸性、可切削性和阻尼特性。单件小批生产或某些简易机床的箱体，为了缩短生产周期和降低成本，可采用钢材焊接结构。此外，精度要求较高的坐标镗床主轴箱则选用耐磨铸铁。负荷大的主轴箱也可采用铸钢件。

其铸造方法视铸件精度和生产批量而定。单件小批生产多用木模手工造型，毛坯精度低，加工余量大。有时也采用钢板焊接方式。大批大量生产常用金属模机器造型，毛坯精度较高，加工余量可适当减小。

毛坯的加工余量与生产批量、毛坯尺寸、结构、精度和铸造方法等因素有关。有关数据可查有关资料及根据具体情况决定。毛坯铸造时，应防止砂眼和气孔的产生。为了减少毛坯制造时产生残余应力，应使箱体壁厚尽量均匀。

为了消除铸造时形成的内应力，减少变形，保证其加工精度的稳定性，箱体浇铸后应安排时效处理或退火工序。

该变速箱壳体零件的材料为 ZL106 铝硅铜合金，根据零件形状及材料确定只能采用铸造毛坯。因为该零件为小批生产，且结构比较简单，因此选用木模手工造型的方法生产毛坯。采用这种方法生产的毛坯，其铸件精度较低，铸孔留的余量较多而且也不均匀。这个问题在制定机械加工工艺规程时要给予充分的重视。

3. 拟定变速箱壳体零件的加工工艺路线

1) 确定加工方案

(1) 主要表面加工方法的选择。箱体的主要表面有平面和轴承支承孔。

主要平面的加工，对于中、小件，一般在牛头刨床或普通铣床上进行。对于大件，一般在龙门刨床或龙门铣床上进行。刨削的刀具结构简单，机床成本低，调整方便，但生产率低；在大批大量生产时，多采用铣削；当生产批量大且精度又较高时可采用磨削。单件小批生产精度较高的平面时，除一些高精度的箱体仍需手工刮研外，一般采用宽刃精刨。若生产批量较大或为保证平面间的相互位置精度，可采用组合铣削和组合磨削，如图 1.153 所示。

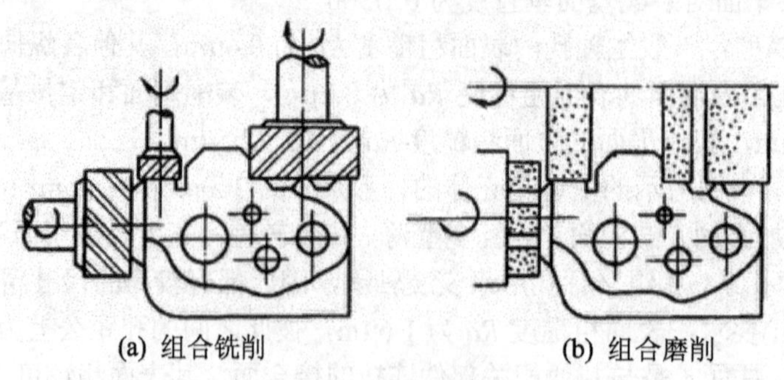
(a) 组合铣削　　(b) 组合磨削

图 1.153　箱体平面的组合铣削和组合磨削

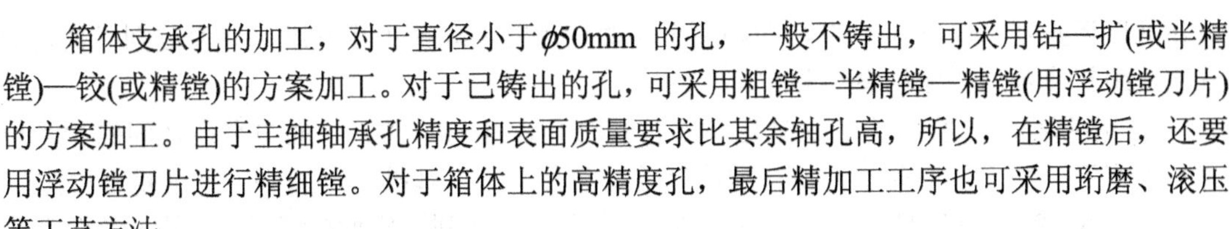

箱体支承孔的加工，对于直径小于ϕ50mm 的孔，一般不铸出，可采用钻—扩(或半精镗)—铰(或精镗)的方案加工。对于已铸出的孔，可采用粗镗—半精镗—精镗(用浮动镗刀片)的方案加工。由于主轴轴承孔精度和表面质量要求比其余轴孔高，所以，在精镗后，还要用浮动镗刀片进行精细镗。对于箱体上的高精度孔，最后精加工工序也可采用珩磨、滚压等工艺方法。

(2) 根据零件材料为有色金属、孔的直径较大、各表面加工精度要求较高的实际情况，确定各表面的加工工艺路线如下。

① 平面加工工艺路线：粗铣→精铣。

② 孔加工工艺路线：粗镗→半精镗→精镗。

③ 由于 *B* 面与 *A* 面有较高的垂直度要求，采用铣削不易保证精度要求，故在表面铣削后还应增加一道精加工工序，考虑到该表面面积较小，在小批生产条件下，可采用刮削的方法来保证加工要求。

2) 划分加工阶段

粗、精加工分开的原则：对于刚性差、批量较大、要求精度较高的箱体，一般要粗、精加工分开进行，即在主要平面和各支承孔的粗加工之后再进行主要平面和各支承孔的精加工。这样可以消除由粗加工所造成的内应力、切削力、切削热、夹紧力对加工精度的影响，并且有利于合理地选用设备等。

粗、精加工分开进行，会使机床、夹具的数量及工件安装次数增加，而使成本提高，所以对单件、小批生产，精度要求不高的箱体，常常将粗、精加工合并在一道工序进行，但必须采取相应措施，以减少加工过程中的变形。例如粗加工后松开工件，让工件充分冷却，然后用较小的夹紧力，以较小的切削用量多次走刀进行精加工。

该零件加工要求较高，刚性较差，为减少加工过程中不利因素对加工质量的影响，整个加工过程划分为粗加工、半精加工和精加工 3 个阶段。在粗加工和半精加工阶段，平面和孔交替反复加工，逐步提高精度。根据孔系位置精度要求较高的情况，零件上的 3 个孔应安排在一道工序一次装夹中加工出来。同时，考虑到零件位置精度的要求，其他平面的加工也应当适度集中。

3) 选择定位基准

(1) 粗基准的选择。在选择粗基准时，通常应满足以下几点要求。

第一，在保证各加工面均有余量的前提下，应使重要孔的加工余量均匀，孔壁的厚薄尽量均匀，其余部位均有适当的壁厚。

第二，装入箱体内的回转零件(如齿轮、轴套等)应与箱壁有足够的间隙。

第三，注意保持箱体必要的外形尺寸。此外，还应保证定位稳定，夹紧可靠。

为了满足上述要求，通常选用箱体重要孔的毛坯孔作粗基准。

根据生产类型不同，以主轴孔为粗基准的工件安装方式也不一样。大批大量生产时，由于毛坯精度高，可以直接用箱体上的重要孔在专用夹具上定位，工件安装迅速，生产率高。在单件小批及中批生产时，一般毛坯精度较低，按上述办法选择粗基准，往往会造成箱体外形偏斜，甚至局部加工余量不够，因此通常采用划线找正的办法进行第一道工序的加工。

本任务中，为了保证加工面与不加工面有一正确的位置以及孔加工时余量均匀，根据

粗基准选择原则，选不加工的 C 面和两个相距较远的毛坯孔为粗基准，并通过划线找正的方法兼顾其他各加工面的余量分布。

(2) 精基准的选择。为了保证箱体零件孔与孔、孔与平面、平面与平面之间的相互位置和距离尺寸精度，箱体零件精基准选择常用两种原则：基准统一原则、基准重合原则。

① 一面两孔(基准统一原则)。在多数工序中，箱体利用底面(或顶面)及其上的两孔作定位基准，加工其他的平面和孔系，以避免由于基准转换而带来的累积误差。

② 三面定位(基准重合原则)。箱体上的装配基准一般为平面，而它们又往往是箱体上其他要素的设计基准，因此以这些装配基准平面作为定位基准，避免了基准不重合误差，有利于提高箱体各主要表面的相互位置精度。

由分析可知，这两种定位方式各有优缺点，应根据实际生产条件合理确定。在中、小批量生产时，尽可能使定位基准与设计基准重合，以设计基准作为统一的定位基准。而大批大量生产时，优先考虑的是如何稳定加工质量和提高生产率，由此而产生的基准不重合误差通过工艺措施解决，如提高工件定位面精度和夹具精度等。

另外，箱体中间孔壁上有精度要求较高的孔需要加工时，需要在箱体内部相应的地方设置镗杆导向支承架，以提高镗杆刚度。因此可根据工艺上的需要，在箱体底面开一矩形窗口，让中间导向支承架伸入箱体。产品装配时窗口上加密封垫片和盖板用螺钉紧固。这种结构形式已被广泛认可和采纳。

若箱体结构不允许在底面开窗口，而又必须在箱体内设置导向支承架，中间导向支承需用吊架装置悬挂在箱体上方，如图 1.154 所示。由于吊架刚度差，安装误差大，影响孔系精度；且吊装困难，影响生产率。

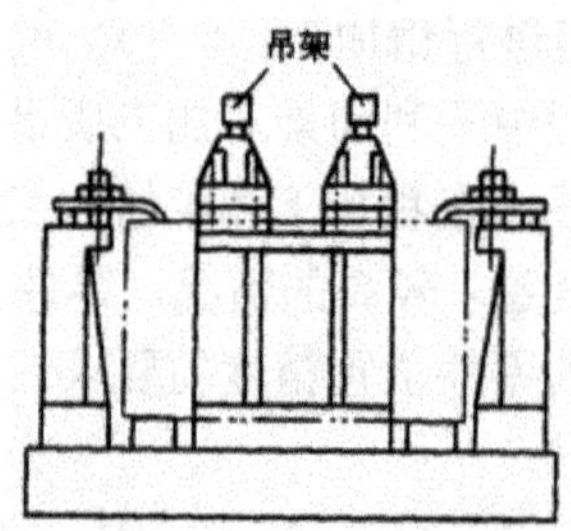

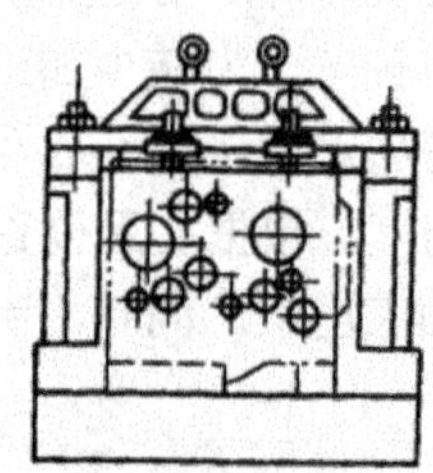

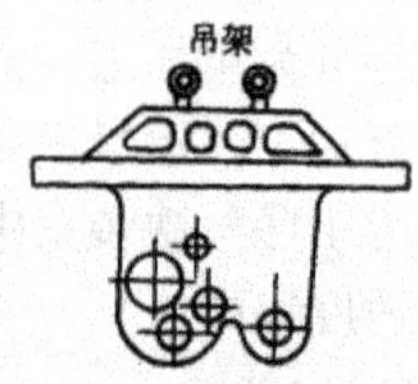

图 1.154 吊架式镗模夹具

该零件为一小型箱体，选择精基准时，考虑到箱体零件的加工表面之间有较高的位置精度要求，故应首先考虑采用基准统一的定位方案。由零件分析可知，B 面是该零件的装配基面，用它来定位可以使很多加工要求实现基准重合。但是，由于 B 面很小，用它作主要定位基准易出现装夹不稳定的情况，故改用面积较大、要求也较高的 A 面作主要定位基面，限制 3 个自由度；用 B 面限制 2 个自由度；用加工过的 ϕ146mm 孔限制 1 个自由度，实现工件完全定位。

4) 加工顺序安排

(1) 先面后孔的加工顺序。箱体主要由平面和孔组成，这也是它的主要表面。先加工平面，后加工孔，是箱体加工的一般规律。因为主要平面是箱体在机器上的装配基准，先加工主要平面后加工支承孔，可以使定位基准与设计基准和装配基准重合，从而消除因基准不重合而引起的误差。另外，先以孔为粗基准加工平面，再以平面为精基准加工孔，这样可为孔的加工提供稳定可靠的定位基准，并且加工平面时切去了铸件的硬皮和凹凸不平处，对后续孔的加工有利，可减少钻头引偏和崩刃现象，对刀调整也比较方便。

(2) 根据“基准先行”的原则，在工艺过程的开始阶段首先将 A 面、B 面两个定位基面加工出来；根据“先面后孔”的原则，在每个加工阶段均先加工平面，再加工孔；根据“先粗后精”的原则，对于次要表面(如小孔、扇形窗口等)的加工安排在加工过程的各个阶段完成，精加工阶段可以不再加工平面。由于该变速箱体零件的加工精度在加工过程中较易保证，故只在零件加工完成后安排一道检验工序。

(3) 合理安排热处理工序。为了消除铸造时形成的内应力，减少变形，保证其加工精度的稳定性，箱体浇铸后应安排时效处理或退火工序。精度要求高或形状复杂的箱体还应在粗加工后多安排一次人工时效处理，以消除残留的铸造内应力和粗加工时产生的内应力，进一步提高加工精度的稳定性。对于特别精密的箱体(如坐标镗床主轴箱箱体)，在机械加工过程中还应安排较长时间的自然时效。箱体人工时效的方法，除加热保温外，也可采用振动时效。

4. 设计工序内容

1) 确定加工余量和工序尺寸

现以变速箱壳体端面加工为例，介绍确定加工余量和工序尺寸的方法。

(1) 查阅各工序加工余量及公差。从相关手册查得端面加工各工序的加工余量及公差如下。

$Z_{毛坯A}$=4.5mm(铸件顶面)，$Z_{毛坯C}$=3.5mm(铸件底面)，$Z_{粗铣}$=2.5mm。

粗铣经济精度 IT12：$T_{粗铣}$=0.35mm

精铣经济精度 IT10：$T_{精铣}$=0.14mm

(2) 计算工序尺寸。

毛坯尺寸：108mm+4.5mm+3.5mm=116mm

粗铣 A 面后，获得的尺寸：116mm－$Z_{粗铣}$=116mm－2.5mm=113.5mm

粗铣 C 面后，获得的尺寸：113.5mm－2.5mm=111mm

A 面得精铣余量：$Z_{精铣A}$=4.5mm－2.5mm=2mm

C 面得精铣余量：$Z_{精铣C}$=3.5mm－2.5mm=1mm

第一次精铣尺寸：111mm－2mm=109mm

第二次精铣尺寸等于零件设计尺寸 108mm。

(3) 确定切削用量和时间定额。

① 铣削用量和切削液的选择。

a. 根据铣削用量的选择原则，查阅相关标准或手册，确定、计算铣削用量。

b. 切削液的合理选用。切削液的选用，主要应根据工件材料、刀具材料和加工性质来确定。选用时，应根据不同情况有所侧重。

粗加工时，由于切削量大，所产生的热量较多，切削区域温度容易升高，而且对表面质量的要求不高，因此应选用以冷却为主，并具有一定润滑、清洗和防锈作用的切削液，如水溶液和乳化液等。

精加工时，由于切削量少，所产生的热量也较少，而对工件表面质量则要求较高，因

此应选用以润滑为主，并具有一定冷却作用的切削液，如切削油。

在铣削铸铁等脆性金属时，因为它们的切屑呈细小颗粒状和切削液混在一起，容易粘接和堵塞铣刀、工件、工作台、导轨及管道，从而影响铣刀的切削性能和工件表面的加工质量，所以一般不加切削液。在用硬质合金铣刀进行高速切削时，由于刀具耐热性能好，故也可不用切削液。

② 确定各工序切削用量和时间定额时可采用查表法或经验法。采用查表法时，应注意结合所加工零件的具体情况以及企业的实际生产条件对所查得的数值进行修订，使其更符合生产实际。

2) 选择设备工装

根据单件小批生产类型的工艺特征，选择通用机床进行零件加工。选择工艺装备时，应采用标准型号的刀具和量具。选择夹具时，为加工方便，可根据需要选用部分专用夹具。变速箱壳体加工设备、工装具体选用情况如下。

(1) 设备、夹具选用：详见表 1-20。

(2) 刀具选用：因变速箱壳体的材料为 ZL106 铝硅铜合金，硬度低但强度较高，切削加工性能较好。同时因含有硅，故易使刀具磨损。又因该材料熔点较低，在切削中易产生积屑瘤，会影响工件的表面粗糙度及尺寸精度，因此，应充分考虑工件材料的热变形，减小刀面同工件的摩擦，要求刀具刃口必须锋利，不采用倒棱。

按材料特性，选 YG8 镗刀作为粗镗刀具；YT15 或 W18Cr4V 作为精镗刀具。其他刀具选择见表 1-20。

(3) 量具选用：游标卡尺、百分表、内径千分表、平台、检验棒、心轴、钢直尺、外径千分尺、90° 角尺等。

5. 变速箱壳体零件机械加工工艺路线

根据以上分析，拟定变速箱壳体零件机械加工工艺路线，见表 1-20。

表 1-20 变速箱壳体零件机械加工工艺路线

工序	工序名称	工序内容	设备	工艺装备
1	铸	铸造		
2	退火			
2	划线	以ϕ146mm、ϕ80mm 两孔为基准，适当兼顾轮廓，划出各平面的轮廓线	钳工台	
	粗、精铣	按线找正，粗、精铣 *A* 面及其对面 *C*，保证尺寸 108mm	X5036	面铣刀
3	粗、精铣	*A* 面定位，按线找正，粗、精铣安装面 *B*，留刮研余量 0.2mm	X5036	面铣刀
4	划线	划三孔及 *R*88mm 扇形缺圆窗口线		
5	粗镗	以 *A* 面(3)、*B* 面(2)为定位基准，按线找正粗镗三对孔及 R88mm 扇形缺圆孔	T618	通用角铁、镗刀、螺栓、压板
6	钻	钻 *B* 面安装孔ϕ13mm	Z525	钻模、钻头

续表

工序	工序名称	工序内容	设备	工艺装备
7	刮	刮研 *B* 面，达 6～10 点(25mm×25mm)，保证尺寸 20mm、垂直度 0.01mm，四边倒角		平板、刮刀、研具
8	半精镗	半精镗三对孔及 *R*88mm 扇形缺圆孔	T618	镗模、镗刀
9	涂装	内腔涂黄色漆		
10	精镗	精镗三对孔达图样要求	T618	镗模、镗刀
11	检验	检验入库		内径千分表等

二、变速箱壳体零件机械加工工艺规程实施

1. 任务实施准备

(1) 根据现有生产条件或在条件许可情况下，参观生产现场或完成零件的部分粗加工(可在校内实训基地，由兼职教师与学生根据机床操作规程、工艺文件共同完成)。

(2) 工艺准备(可与合作企业共同准备)。

① 毛坯准备：该变速箱壳体零件的材料为 ZL106 铝硅铜合金，根据零件形状及材料确定只能采用铸造毛坯(可由合作企业提供)。

a. 目测检验毛坯的形状和表面质量，各表面不得有明显的气孔、砂眼、裂纹、肉瘤等。

b. 用钢直尺检验毛坯的尺寸，测量最短的尺寸处，以检验毛坯是否有加工余量。

② 设备、工装准备。详见变速箱壳体零件机械加工工艺规程编制中相关内容。

③ 资料准备：机床使用说明书、刀具说明书、机床操作规程、产品的装配图以及零件图、工艺文件、《机械加工工艺人员手册》、5S 现场管理制度等。

(3) 准备相似零件，观看相关加工视频，了解其加工工艺过程。

2. 任务实施与检查

(1) 分组分析零件图样：根据图 1.107 所示的变速箱壳体零件图，分析图样的完整性及主要的加工表面。根据分析可知，零件的结构工艺性较好。

(2) 分组讨论毛坯选择问题：该变速箱壳体零件的材料为 ZL106 铝硅铜合金，采用铸造毛坯。又因为该零件为小批生产，且结构比较简单，故选用木模手工造型的方法生产毛坯。

(3) 分组讨论零件加工工艺路线：确定加工表面的加工方案，划分加工阶段，选择定位基准，确定加工顺序，设计工序内容等。

(4) 变速箱壳体零件的加工步骤按其机械加工工艺过程执行(表 1-20)。

(5) 变速箱壳体精度检验。可采用三坐标测量机同时对零件的尺寸、形状和位置等进行高精度的测量。

(6) 任务实施的检查与评价。具体的任务实施检查与评价内容参见表 1-12。

问题讨论：

① 该箱体上的平行孔系采用的是哪种加工方案？如何定位、夹紧？各工序的切削用量如何确定？

② 判断箱体零件合格与否的依据是什么？若零件不合格，原因是什么？

3. 铣削、卧式镗床镗削加工误差分析

(1) 铣削加工中常见问题产生原因及消除方法见表 1-21。

表 1-21 铣削加工中常见问题产生原因及消除方法

问　题	产生原因	消除方法
刃边粘切屑	变化振动负荷造成铣削力与温度增加	① 将刀尖圆弧或倒角处用油石研光； ② 改变合金刀片牌号，增加刀片强度； ③ 减少每齿进给量，铣削硬材料时，降低铣削速度； ④ 使用足够的润滑性能和冷却性能好的切削液
镶齿刀刃破碎或刀片裂开	过高的铣削力	① 采用抗振合金刀片； ② 采用强度较高的负角铣刀； ③ 用较厚的刀片、刀垫； ④ 减小进给量或铣削深度； ⑤ 检查刀片座是否全部接触
刃口过度磨损或边磨损	磨削作用、机械振动及化学反应	① 采用抗磨合金刀片； ② 降低铣削速度、增加进给量； ③ 进行刃磨或更换刀片
铣刀排屑槽结渣	① 不正常的切屑； ② 容屑槽太小	① 增大容屑空间和排屑槽； ② 铣削铝合金时，抛光排屑槽
铣削中，工件产生鳞刺	① 铣削力过大； ② 铣削温度过高	① 铣削硬度在 34～38HRC 以下软材料及硬材料时增加铣削速度； ② 改变刀具几何角度，增大前角并保持刃口锋利； ③ 采用涂层刀片
工件产生冷硬层	① 铣刀磨钝； ② 铣削厚度太小	① 刃磨或更换刀片； ② 增加每齿进给量； ③ 采用顺铣； ④ 采用较大正前角的铣刀
表面粗糙度值超差	① 铣削用量偏大； ② 铣削中产生振动，铣刀跳动； ③ 铣刀磨钝	① 降低每齿进给量； ② 采用宽刃大圆弧修光齿铣刀； ③ 检查工作台镶条消除其间隙以及其他运动部件的间隙； ④ 检查主轴孔与刀杆配合及刀杆与铣刀配合，消除其间隙或在刀杆上加装惯性飞轮； ⑤ 检查铣刀刀齿跳动，调整或更换刀片，用油石研磨刃口，降低刃口粗糙度值； ⑥ 刃磨与更换可转位刀片的刃口或刀片，保持刃口锋利； ⑦ 铣削侧面时，用有侧隙角的错齿或镶齿三面刃铣刀

续表

问　题	产生原因	消除方法
平面度超差	① 工件在夹紧中产生变形； ② 铣削中工件变形； ③ 铣刀轴心线与工件不垂直	① 减小夹紧力，避免产生变形； ② 检查夹紧点是否在工件刚度最好的位置； ③ 在工件的适当位置增设可锁紧的辅助支承，以提高工件刚度； ④ 检查定位基面是否有毛刺、杂物，是否全部接触； ⑤ 工件装夹过程中应遵循由中间向两侧或对角顺次夹紧的原则，避免由于夹紧顺序不当而引起的工件变形； ⑥ 减小铣削深度 ap，降低铣削速度 v，加大进给量 f，采用小余量、低速大进给铣削，尽可能降低铣削时工件的温度变化； ⑦ 精铣前，放松工件后再夹紧，以消除精铣时的工件变形； ⑧ 校准铣刀轴线与工件平面的垂直度，避免铣削时工件表面产生下凹
垂直度超差	① 立铣刀铣侧面时直径偏小，或振动、摆动； ② 三面刃铣刀垂直于轴线进给铣侧面时刀杆刚度不足	① 选用直径较大、刚度好的立铣刀； ② 检查铣刀套筒或夹头与主轴的同轴度以及内孔与外圆的同轴度，并消除安装中可能产生的歪斜； ③ 减小进给量或提高铣削速度； ④ 适当减小三面刃铣刀直径，增大刀杆直径，并降低进给量，以减小刀杆的弯曲变形
尺寸超差	立铣刀、键槽铣刀、三面刃铣刀等刀具本身摆动	① 检查铣刀刃磨后是否符合图样要求，及时更换已磨损的刀具； ② 检查铣刀安装后的摆动是否超过精度要求范围； ③ 检查铣刀刀杆是否弯曲； ④ 检查铣刀与刀杆套筒接触之间的端面是否平整或与轴线是否垂直，或有杂物毛刺未清除

(2) 卧式镗床镗削加工中常见问题产生原因及消除方法见表 1-22。

表 1-22　卧式镗床镗削加工中常见问题产生原因及消除方法

问　题	产生原因	消除方法
尺寸超差	① 精镗的切削深度没掌握好； ② 镗刀刀块刃磨尺寸起变化，镗刀块定位面间有脏物； ③ 用对刀规对刀时产生测量误差； ④ 铰刀直径选择不对，切削液选择不对； ⑤ 镗杆刚性不足有让刀； ⑥ 机床主轴径向跳动过大	① 调整切削深度； ② 调换合格的镗刀块；清除脏物重新安装； ③ 利用样块对照仔细测量； ④ 试铰后选择直径合适的铰刀；调换切削液； ⑤ 改用刚性好的镗杆或减小切削用量； ⑥ 调整机床
表面粗糙度值超差	① 镗刀刃口磨损； ② 镗刀几何角度不当； ③ 切削用量选择不当； ④ 刀具用钝或有损坏； ⑤ 没有用切削液或选用不当； ⑥ 镗杆刚性差有振动	① 重新刃磨镗刀刃口； ② 合理改变镗刀几何角度； ③ 合理调整切削用量； ④ 调换刀具； ⑤ 使用合适的切削液； ⑥ 改用刚性好的镗杆或镗杆支承形式

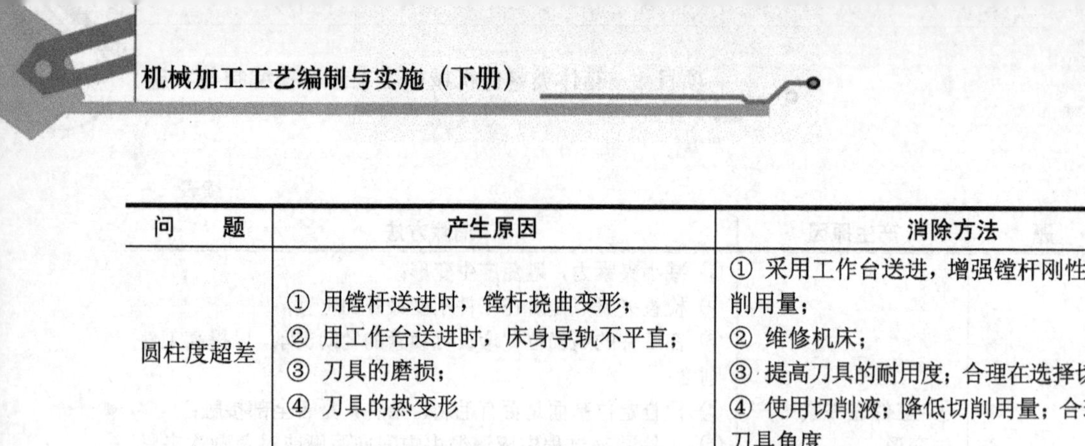

续表

问　　题	产生原因	消除方法
圆柱度超差	① 用镗杆送进时，镗杆挠曲变形； ② 用工作台送进时，床身导轨不平直； ③ 刀具的磨损； ④ 刀具的热变形	① 采用工作台送进，增强镗杆刚性，减少切削用量； ② 维修机床； ③ 提高刀具的耐用度；合理在选择切削用量； ④ 使用切削液；降低切削用量；合理地选择刀具角度
圆度超差	① 主轴的回转精度差； ② 工作台送进方向与主轴轴线不平行； ③ 镗杆与导向套的几何精度与配合间隙不当； ④ 加工余量不均匀，材质不均匀； ⑤ 切削深度很小时，多次重复走刀形成“溜刀”； ⑥ 夹紧变形； ⑦ 铸造内应力； ⑧ 热变形	① 维修、调整机床； ② 维修、调整机床； ③ 使镗杆和导向套的几何形状符合技术要求并控制合适的配合间隙； ④ 适当增加走刀次数；合理地安排热处理工序，精加工采用浮动镗削； ⑤ 控制精加工走刀次数与切削深度采用浮动镗削； ⑥ 正确选择夹紧力、夹紧方向和着力点； ⑦ 进行人工时效，粗加工后停放一段时间； ⑧ 粗、精加工分开，注意充分冷却
同轴度超差	① 镗杆挠曲变形； ② 床身导轨不平直； ③ 床身导轨与工作台的配合间隙不当； ④ 加工余量不均匀，不一致；切削用量不均衡	① 减少镗杆的悬伸长度，采用工作台送进、调头镗，增加镗杆刚性，采用镗套或后主柱支承； ② 维修机床，修复导轨精度； ③ 恰当调整导轨与工作台间的配合间隙，镗同一轴线孔时采用同一送进方向； ④ 尽量使各孔的余量均匀一致；切削用量相近；增强镗杆刚性，适当降低切削用量，增加走刀次数
平行度超差	① 镗杆挠曲变形； ② 工作台与床身导轨不平行	① 增强镗杆刚性；采用工作台送进； ② 维修机床

特别提示

箱体机械加工工艺过程及工艺分析

各种箱体的具体结构、尺寸虽不相同，但其加工工艺过程却有许多共同之处。

在拟定箱体零件机械加工工艺规程时，应该遵循以下基本原则。

1. 加工顺序为先面后孔

箱体零件的加工顺序均为先加工面，以加工好的平面定位，再加工孔。因为箱体孔的精度要求高，加工难度大，先以孔为粗基准加工平面，再以平面为精基准加工孔，这样不仅为孔的加工提供了稳定可靠的精基准，同时还可以使孔的加工余量较为均匀。由于箱体上的支承孔大多分布在箱体外壁平面上，先加工外壁平面可切去铸件表面的凹凸不平及夹砂等缺陷，这样钻孔时，钻头不易引偏，扩孔或铰孔时，刀具也不易崩刃，对孔的加工有利。

2. 加工阶段粗精分开、先粗后精

箱体的结构复杂，壁厚不均，刚性不好，而主要平面及孔系加工精度要求又高，故箱体重要加工表面都要划分粗、精加工两个阶段，这样可以避免粗加工造成的内应力、切削力、夹紧力和切削热对加工精度的影响，有利

于保证箱体的加工精度。粗、精分开也可及时发现毛坯缺陷，避免更大的浪费；同时还能根据粗、精加工的不同要求来合理选择设备，有利于提高生产率。

3. 基准的选择

箱体零件一般都用它上面的重要孔和另一个相距较远的孔作粗基准，这样不仅可以较好地保证重要孔及其他各轴孔的加工余量均匀，还能较好地保证各轴孔轴心线与箱体不加工表面的相互位置。

精基准选择一般采用基准统一的方案，常以箱体零件的装配基准或专门加工的一面两孔为定位基准，使整个加工工艺过程基准统一，夹具结构类似，基准不重合误差降至最小甚至为零(当基准重合时)。

4. 工序集中，先主后次

箱体零件上相互位置要求较高的孔系和平面，一般尽量集中在同一工序中加工，以保证其相互位置要求和减少装夹次数。紧固螺纹孔、油孔等次要工序的安排，一般在平面和支承孔等主要加工表面精加工之后再进行加工。

5. 工序间合理安排热处理

箱体零件的结构复杂，壁厚也不均匀，因此，在铸造时会产生较大的残余应力。为了消除残余应力，减少加工后的变形和保证精度的稳定，在铸造之后必须安排人工时效处理。人工时效的工艺规范为加热到 500～550℃，保温 4～6h，冷却速度小于或等于 30℃/h，出炉温度小于或等于 200℃。

普通精度的箱体零件一般在铸造之后安排一次人工时效出理。对一些高精度或形状特别复杂的箱体零件，在粗加工之后还要安排一次人工时效处理，以消除粗加工所造成的残余应力。有些精度要求不高的箱体零件毛坯，有时不安排时效处理，而是利用粗、精加工工序间的停放和运输时间，使之得到自然时效。箱体零件人工时效的方法，除了加热保温法外，也可采用振动时效来达到消除残余应力的目的。

知识拓展

编制图 1.155 所示分离式齿轮箱体零件的机械加工工艺规程。

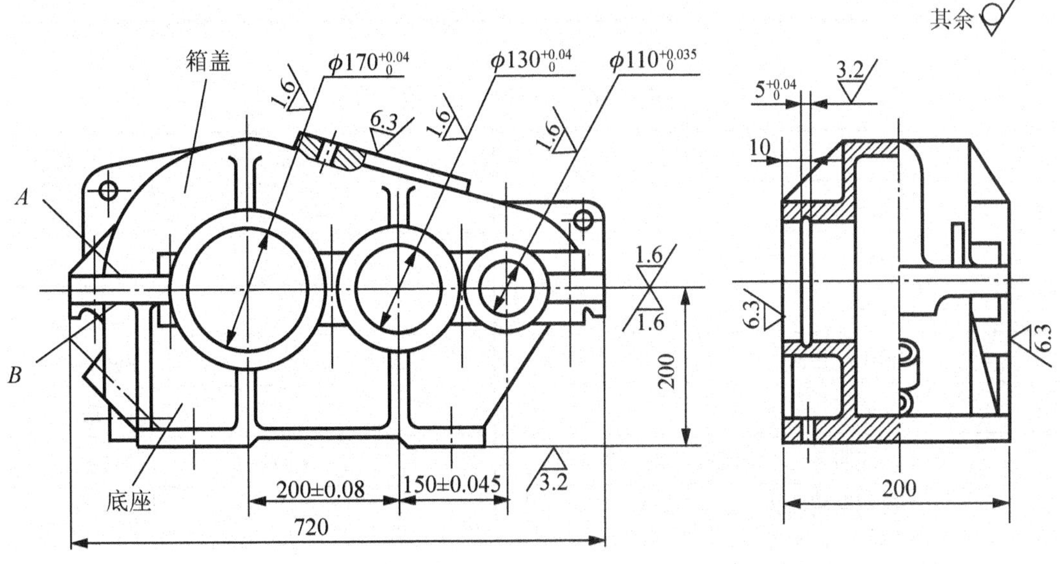

图 1.155　分离式齿轮箱体

加工要点分析如下。

1. 分析分离式齿轮箱体零件的结构和技术要求

一般减速箱为了制造与装配的方便，常做成可分离的，如图 1.155 所示。分离式箱体零件的主要技术要求如下。

(1) 对合面对底座的平行度误差不超过0.5/1000。

(2) 对合面的表面粗糙度值 *Ra* 小于1.6μm，两对合面的结合间隙不超过0.03mm。

(3) 轴承支承孔必须在对合面上，误差不超过±0.2mm。

(4) 轴承支承孔的尺寸公差为H7，表面粗糙度值 *Ra* 小于1.6μm，圆柱度误差不超过孔径公差之半，孔距精度误差为±0.05～0.08mm。

2. 分离式齿轮箱体的工艺特点

分离式齿轮箱体的工艺过程见表1-23、表1-24和表1-25。

表1-23 箱盖的工艺过程

序　号	工序内容	定位基准	工艺装备
1	铸造		
2	时效		
3	涂底漆		
4	粗刨对合面	凸缘A面	B6085
5	刨顶面	对合面	B6085
6	磨对合面	顶面	M7140
7	钻结合面连接孔	对合面、凸缘轮廓	Z3050
8	钻顶面螺纹底孔、攻螺纹	对合面两孔	Z3050
9	检验		

表1-24 底座的工艺过程

序　号	工序内容	定位基准	工艺装备
1	铸造		
2	时效		
3	涂底漆		
4	粗刨对合面	凸缘B面	B6085
5	刨底面	对合面	B6085
6	钻底面4孔、锪沉孔、铰2个工艺孔	对合面、端面、侧面	Z3050
7	钻侧面测油孔、放油孔、螺纹底孔、锪沉孔、攻螺纹	底面、两孔	Z3050
8	磨对合面	底面	M7140
9	检验		

表 1-25　箱体合装后的工艺过程

序　号	工序内容	定位基准	工艺装备
1	将箱盖与底座对准合笼夹紧，配钻、铰二定位销孔，打入锥销，根据箱盖配钻底座、结合面的连接孔，锪沉孔		Z3050
2	拆开箱盖与底座，修毛刺、重新装配箱体，打入锥销，拧紧螺栓		
3	铣两端面	底面及两孔	卧式双面铣
4	粗镗轴承支承孔，割孔内槽	底面及两孔	T618
5	精镗轴承支承孔，割孔内槽	底面及两孔	T618
6	去毛刺、清洗、打标记		
7	检验		

由表可见，分离式箱体虽然遵循一般箱体的加工原则，但是由于结构上的可分离性，因而在工艺路线的拟定和定位基准的选择方面均有一些特点。

(1) 工艺路线

分离式箱体工艺路线与整体式箱体工艺路线的主要区别在于整个加工过程分为两大阶段：第一阶段先对箱盖和底座分别进行加工，主要完成对合面及其他平面与紧固孔和定位孔的加工，为箱体的合装做准备；第二阶段在合装好的箱体上加工孔及其端面。在两个阶段之间安排钳工工序，将箱盖和底座合装成箱体，并用两销定位，使其保持一定的位置关系，以保证轴承孔的加工精度和拆装后的重复精度。

(2) 定位基准

① 粗基准的选择。分离式箱体最先加工的是箱盖和箱座的对合面。分离式箱体一般不能以轴承孔的毛坯面作为粗基准，而是以凸缘不加工面为粗基准，即箱盖以凸缘 A 面，底座以凸缘 B 面为粗基准。这样可以保证对合面凸缘厚薄均匀，减少箱体合装时对合面的变形。

② 精基准的选择。分离式箱体的对合面与底面(装配基面)有一定的尺寸精度和相互位置精度要求；轴承孔轴线应在对合面上，与底面也有一定的尺寸精度和相互位置精度要求。为了保证以上几项要求，加工底座的对合面时，应以底面为精基准，使对合面加工时的定位基准与设计基准重合；箱体合装后加工轴承孔时，仍以底面为主要定位基准，并与底面上的两定位孔组成典型的“一面两孔”定位方式。这样，轴承孔的加工，其定位基准既符合“基准统一”原则，也符合“基准重合”原则，有利于保证轴承孔轴线与对合面的重合度及与装配基面的尺寸精度和平行度。

3. 问题讨论

(1) 分离式齿轮箱体工艺路线分为几个阶段？为什么？

(2) 分离式齿轮箱体加工时的定位基准选择原则是什么？

特别提示

平面磨削加工误差分析

平面磨削加工中常见问题产生原因及消除方法见表 1-26。

表 1-26 平面磨削中常见误差的产生原因和消除方法

误差项目	产生原因	消除方法
表面粗糙度超差	① 砂轮垂向或横向进给量过大 ② 冷却不充分 ③ 砂轮钝化后没有及时修整 ④ 砂轮修整不符合磨削要求	① 选择合适的进给量 ② 保证磨削时充分冷却 ③ 磨削中要及时修整砂轮，使砂轮经常保持锋利
尺寸超差	① 量具选用不当 ② 测量方法或手势不正确 ③ 没有控制好进给量	① 选用合适的量具 ② 掌握正确的测量方法和手 ③ 磨削中测量出剩下余量后，应仔细控制进给量，并经常测量
平面度超差	① 工件变形 ② 砂轮垂向或横向进给量过大 ③ 冷却不充分	① 采取措施减少工件变形 ② 选择合理的磨削用量，适当延长无进给磨削时间 ③ 经常保持砂轮锋利，提高砂轮磨削性能 ④ 保持充分冷却，减少热变形
工件边缘塌角	砂轮越出工件边缘太多	正确选择砂轮换向时间，使砂轮越出工件边缘约为(1/3～1/2)砂轮宽度
平行度超差	① 工件定位面或工作台面不清洁 ② 工作台面或工件表面有毛刺，或工件本身平面度已超差 ③ 砂轮磨损不均匀	① 加工前做好清洁、修毛刺工作 ② 做好工件定位面的精度检查，如平面度超差应及时修正 ③ 重新修整砂轮

项 目 小 结

本项目通过由简单到复杂的两个工作任务，结合箱体零件的结构特点，详细介绍了常用平面加工方法——刨削、铣削、磨削的工艺系统(机床、箱体零件、刀具、夹具)和镗孔及各类孔系(平行孔系、同轴孔系、交叉孔系)加工方法、相关机床操作及箱体零件检验等知识。在此基础上，从完成任务角度出发，认真研究和分析在不同的生产批量和生产条件下，工艺系统各个环节间的相互影响，然后根据不同的生产要求及加工工艺规程的制定原则与步骤，合理制定矩形垫块、坐标镗床变速箱壳体等零件的机械加工工艺规程，正确填写工艺文件并实施。同时，总结出箱体零件机械加工工艺过程及工艺分析等内容。在此过程中，使学生懂得机床安全生产规范，体验岗位需求，培养职业素养与习惯，积累工作经验。

此外，通过学习砂轮的安装、拆卸与修整，镗模设计，铣床附件应用及分离式齿轮箱体机械加工工艺规程编制等知识，可以进一步扩大知识面，提高解决实际生产问题的能力。

思 考 练 习

1．镗削加工的工艺范围和加工特点是什么？常用镗刀有哪几种类型？其结构和特点如何？

2．卧式镗床有哪些成形运动？它能完成哪些加工工作？

3．镗床夹具由哪几个主要部分组成？

4．工件在镗床夹具上常用的定位形式有哪些？试述其特点。

5．镗模的引导装置有哪几种布置形式？简述各种形式的特点。

6．镗杆与机床主轴，什么时候用刚性连接，什么时候用浮动连接？

7．镗套分哪几种？各用在什么场合？

8．试述刨削的工艺特点和应用。

9．刨刀与车刀相比有何特点？

10．常用刨床有哪几种？它们的应用有何不同？

11．试述插削的工艺范围。

12．以 X6132 型铣床为例，试述其机床切削运动有哪些。

13．试述铣削加工的工艺范围及特点。

14．常用铣床的类型有哪些？

15．常用铣床及铣床附件有哪几种？各自的主要用途是什么？

16．简要说明常用铣刀的类型。

17．铣床夹具分哪几种类型？各有何特点？

18．试述铣床夹具的设计要点。

19．铣削为什么比其他切削加工方法容易产生振动？

20．铣削用量的选择原则是什么？

21．在 X6132 型铣床上，选用直径为ϕ100mm，齿数为 16 的铣刀，转速采用 75r/min，设进给量选用f_z=0.06mm/z，试求机床的进给速度。

22．在 X6132 型铣床上，选用铣刀直径是ϕ80mm，齿数是 10，铣削速度选用 26m/min，每齿进给量选用 0.10mm/z。求铣床主轴转速和进给速度。

23．铣削方式有哪些？各有何特点？如何合理选用？

24．怎样维护与保养铣床？

25．编制图 1.156 所示四棱柱小轴零件的机械加工工艺规程。零件材料为 45 钢(生产类型：单件小批生产)。

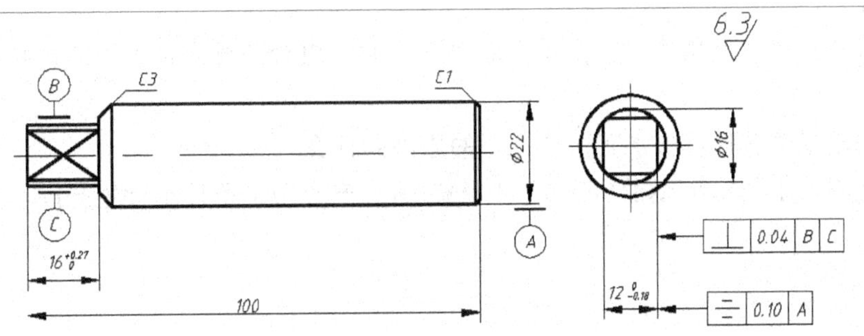

图 1.156　四棱柱小轴

26．编制图 1.157 所示带直角沟槽的垫块零件的机械加工工艺规程。零件材料：HT200 (生产类型：单件小批生产)。

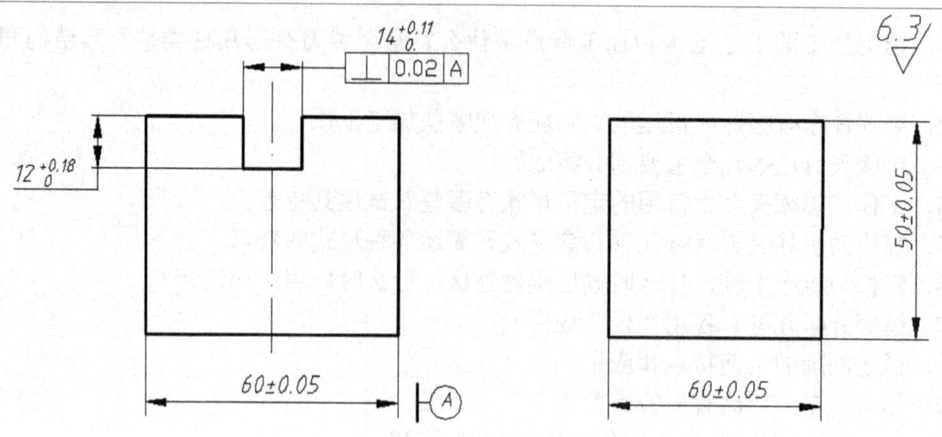

图 1.157　直角沟槽工件

27．平面磨床有哪几种类型？常用的是哪种类型？

28．试分析磨平面时，端磨法与周磨法各自的特点。

29．平面磨削的装夹方法有哪几种?各适用于什么场合?

30．箱体零件上平面的精度检验包括哪些内容?

31．垂直面的磨削有哪些特点？

32．电磁吸盘装夹工件有何优点？磨削非磁性材料及薄片工件平面时，应如何装夹？

33．在电磁吸盘上如何装夹窄而高的零件?

34．镗模导向装置有哪些布置形式？

35．镗杆与机床主轴何时采用刚性连接？何时采用浮动连接？

36．何谓孔系？孔系加工方法有哪几种？试举例说明各种加工方法的特点和适用范围。

37．保证箱体平行孔系孔距精度的方法有哪些？各适用于什么场合？

38．箱体的结构特点和主要的技术要求有哪些？为什么要规定这些要求？

39．箱体零件常用什么材料？箱体零件加工工艺要点是什么？

40．箱体零件定位基准的选择有什么特点？它与生产类型有什么关系？

41．举例说明箱体零件选择粗、精基准时应考虑哪些问题？针对不同的生产类型如何选择粗基准？

42．试举例比较采用“一面两销”或“几个面”组合两种定位方案的优缺点和适用的场合。

43．制定箱体零件机械加工工艺过程的原则是什么？

44．编制图 1.158 所示泵体的加工工艺规程(生产类型：单件小批生产)。

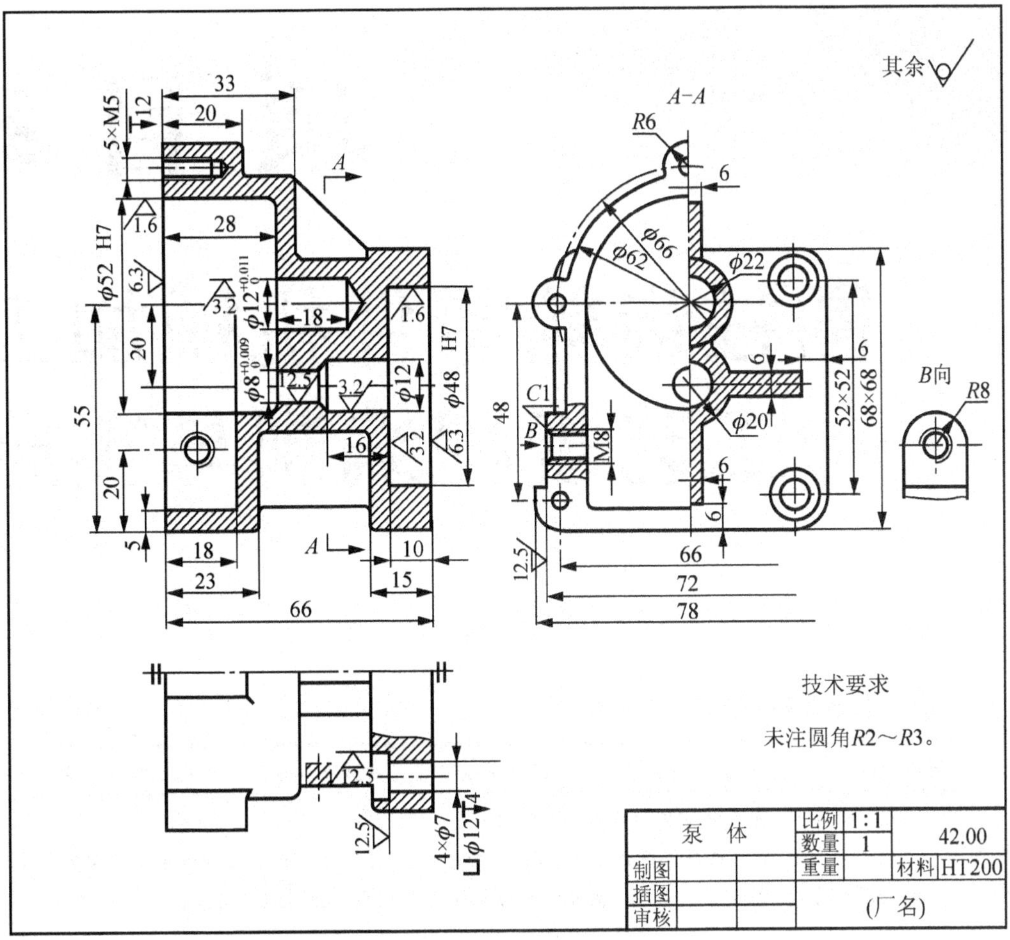

其余

A–A

B向

技术要求

未注圆角R2～R3。

泵　体		比例	1:1	42.00	
		数量	1		
制图		重量		材料	HT200
描图		(厂名)			
审核					

图 1.158　泵体零件简图

项目 2

圆柱齿轮零件机械加工工艺规程编制与实施

教学目标

最终目标	能合理编制圆柱齿轮零件的机械加工工艺规程并实施，加工出合格的零件
促成目标	1. 能正确分析圆柱齿轮零件结构和技术要求。 2. 能根据实际生产需要合理选用设备、工装；合理选择金属切削加工参数。 3. 能合理编制圆柱齿轮的机械加工工艺规程，正确填写其相关工艺文件。 4. 能考虑齿轮零件加工成本，对其加工工艺进行优化设计。 5. 能合理进行齿轮零件精度检验。 6. 能查阅并贯彻相关国家标准和行业标准。 7. 能进行设备的常规维护与保养，执行安全文明生产。 8. 能注重培养学生的职业素养与习惯。

引言

圆柱齿轮(cylindrical gear)是机械传动中应用极为广泛的零件之一，其功用是按规定的传动比传递运动和动力。直齿圆柱齿轮是最基本，也是应用最多的。两种圆柱齿轮零件如图 2.1 所示。

一个齿轮的加工过程是由若干工序组成的。为了获得符合精度要求的齿轮，齿形加工是整个齿轮加工的关键，整个加工过程都是围绕着齿形加工工序进行的。

图 2.1　圆柱齿轮零件

任务 2.1　直齿圆柱齿轮零件机械加工工艺规程编制与实施

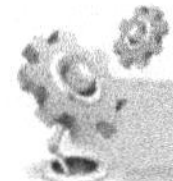

2.1.1　任务引入

编制图 2.2 所示直齿圆柱齿轮的机械加工工艺规程并实施。零件材料为 40Cr，生产类型为小批生产。

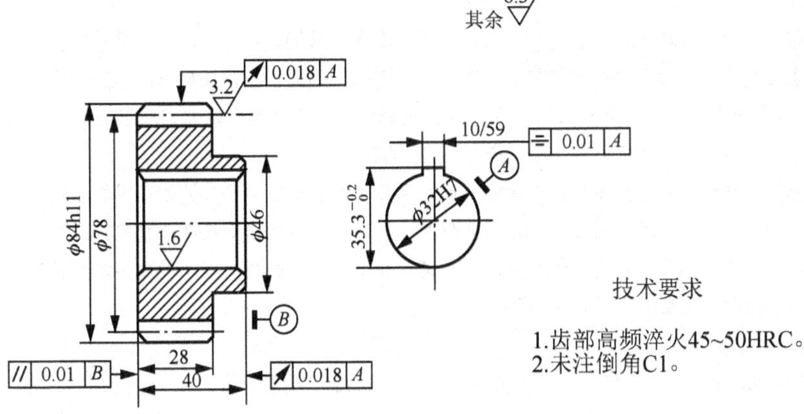

模　数	m	3
齿数	Z	26
齿形角	α	20°
精度等级	8FH/GB/T 10095—2008	
齿圈径向跳动公差	F_r	0.045
公法线长度变动公差	F_w	0.040
齿距极限偏差	f_{pt}	±0.020
基节极限偏差	f_{pb}	±0.018
齿向公差	F_β	0.018
跨齿数	k	3
公法线平均长度及极限偏差	$W_{E_{wi}}^{E_{ws}}$	$23.233_{-0.139}^{-0.086}$

图 2.2　直齿圆柱齿轮

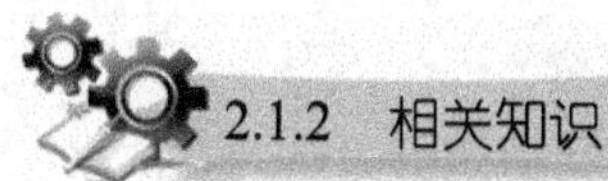

2.1.2 相关知识

齿形加工方法很多，按加工中有无切削，可分为无切削加工和有切削加工两大类。

齿形的无切削加工包括热轧齿轮、冷轧齿轮、精锻、粉末冶金等新工艺。无切削加工具有生产率高，材料消耗少、成本低等一系列的优点，目前已推广使用。但因其加工精度较低，工艺不够稳定，特别是生产批量小时难以采用，这些缺点限制了它的使用。

特别提示

1. 圆柱齿轮的精度要求

齿轮本身的制造精度对整个机器的工作性能、承载能力及使用寿命都有很大影响。根据齿轮的使用条件，对齿轮传动提出以下几方面的要求。

(1) 传递运动准确性(运动精度)。要求齿轮能准确地传递运动，传动比恒定，即要求齿轮在一转中的转角误差不超过一定范围。

(2) 传递运动平稳性(工作平稳性)。要求齿轮传递运动平稳，冲击、振动和噪声要小，即要求限制齿轮转动时瞬时速比的变化，也就是要限制短周期内的转角误差。

(3) 载荷分布均匀性(接触精度)。齿轮在传递动力时，为了不致因载荷分布不均匀使接触应力过大，引起齿面过早磨损，要求齿轮工作时齿面接触要均匀，并保证有一定的接触面积和符合要求的接触位置。

(4) 合理的齿侧间隙。要求齿轮传动时，非工作齿面间留有一定间隙，以储存润滑油，补偿因温度、弹性变形所引起的尺寸变化和加工、装配时的一些误差。

齿轮的制造精度和齿侧间隙主要根据齿轮的用途和工作条件而定。对于分度传动用的齿轮，主要要求齿轮的运动精度较高；对于高速动力传动用齿轮，为了减少冲击和噪声，对工作平稳性精度有较高要求；对于重载低速传动用的齿轮，则要求齿面有较高的接触精度，以保证齿轮不致过早磨损；对于换向传动和读数机构用的齿轮，则应严格控制齿侧间隙，必要时，须消除间隙。

2. 齿轮传动的精度等级

我国在 GB/T 10095—2008 标准中对齿轮及齿轮副规定了 12 个精度等级，从 1～12 顺次降低。其中 1～2 级为超精密等级，3～5 级为高精度等级，6～8 级为中精度等级，9～12 级为低精度等级。常用的精度等级为 6～9 级，7 级精度是基础级，是设计中普遍采用且在一般条件下用滚、插、剃 3 种切齿方法就能得到的精度等级。标准根据齿轮各项加工误差的特性以及它们对传动性能影响的不同，每个精度等级都有 3 个公差组，即传递运动的准确性、传动的平稳性、载荷的均匀性，分别规定出各项公差和偏差项目，见表 2-1。

表 2-1　齿轮各项公差和极限偏差的分组

<table>
<tr><th>公差组</th><th>公差与极限偏差项目</th><th>对传动性能的主要影响</th><th colspan="2">误差特性</th></tr>
<tr><td rowspan="6">I</td><td>齿圈径向跳动公差 F_r</td><td rowspan="6">传递运动的准确性</td><td rowspan="2">径向单项指标</td><td rowspan="6">以齿轮转一转为周期的误差</td></tr>
<tr><td>径向综合公差 F_i''</td></tr>
<tr><td>公法线长度变动公差 F_w</td><td>切向单项指标</td></tr>
<tr><td>切向综合公差 F_i'</td><td rowspan="3">综合指标</td></tr>
<tr><td>齿距累积公差 F_p</td></tr>
<tr><td>k 个齿距累计公差 F_{pk}</td></tr>
</table>

续表

公差组	公差与极限偏差项目	对传动性能的主要影响	误差特性	
II	基节极限偏差 $\pm f_{pb}$	传动的平稳性、噪声、振动	单项指标	在齿轮一周内多次周期重复出现的误差
	齿形公差 f_f			
	齿距极限偏差 $\pm f_{pt}$			
	螺旋线波度公差 $f_{f\beta}$(斜齿轮)			
	一齿径向综合公差 f_i''		综合指标	
	一齿切向综合公差 f_i'			
III	齿向公差 F_β F_{px}	载荷分布的均匀性	单项指标	齿向线的误差

3. 圆柱齿轮的精度检验组及测量条件，详见表 2-2。

表 2-2　齿轮的精度检验组及测量条件

检验组	公差组			适用等级	测量条件
	I	II	III		
1	F_i'	f_i'	F_β	3～6	万能齿轮测量机、齿向仪
2	F_i'	f_i'	F_β	5～8	整体误差测量仪(便于工艺分析)
3	F_i'	f_i'	F_β	5～8	单啮仪、齿向仪(适于大批大量生产)
4	F_p	f_{pt}、f_f、$f_{f\beta}$	F_b、F_{px}	3～6	齿距仪、齿形仪、波度仪、轴向齿距仪
5	F_i''、F_w	f_i''	F_β	6～9	双啮仪、齿向仪、公法线千分尺
6	F_p	f_f、f_{pt}	F_β	3～7	齿距仪、齿向仪、齿形仪
7	F_p	f_f、f_{pb}	F_β	3～7	齿距仪、齿形仪、基节仪
8	F_p	f_{pt}、f_{pb}	F_β	7～9	齿距仪、齿向仪、基节仪
9	F_w、F_r	f_f、f_{pb}	F_β	5～7	跳动仪、齿形仪、公法线千分尺、基节仪、齿向仪
10	F_w、F_r	f_{pt}、f_{pb}	F_β	7～9	跳动仪、公法线千分尺、基节仪、齿向仪
11	F_r	f_{pt}	F_β	10～12	跳动仪、齿距仪、齿向仪

齿形的有切削加工具有良好的加工精度，目前仍是齿形的主要加工方法。按其加工原理可分为成形法和展成法两种。

1. *成形法*(shaping method)

成形法加工齿轮是利用与被加工齿轮齿槽法向截面形状相符的成形刀具，在齿坯上加工出齿形的方法。成形法加工齿轮的方法有铣齿、拉齿、插齿、刨齿及磨齿等，其中最常用的方法是在普通铣床上用成形铣刀铣齿。当齿轮模数 $m \geq 8$mm 时，在立式铣床上用指形铣刀铣削，如图 2.3(a)所示；当齿轮模数 $m < 8$mm 时，一般在卧式铣床上用盘形铣刀铣削，如图 2.3(b)所示。

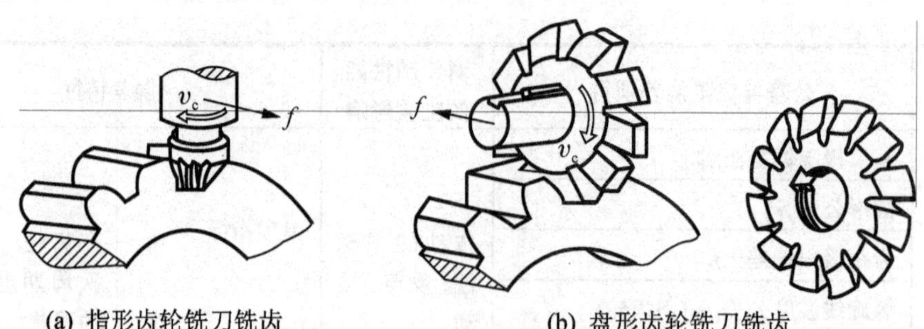

(a) 指形齿轮铣刀铣齿　　(b) 盘形齿轮铣刀铣齿

图 2.3　直齿圆柱齿轮的成形铣削

铣削时，将齿坯装夹在心轴上，心轴装在分度头顶尖和尾座顶尖间，模数铣刀作旋转主运动，工作台带着分度头、齿坯作纵向进给运动，实现齿槽的成形铣削加工。每铣完一个齿槽，工件退回，按齿数 z 进行分度，然后再加工下一个齿槽，直至铣完所有的齿槽。铣削斜齿圆柱齿轮应在万能铣床上进行，铣削时，工作台偏转一个齿轮的螺旋角β，齿坯在随工作台进给的同时，由分度头带动作附加转动，形成螺旋线运动。

用成形法加工齿轮的齿廓形状由模数铣刀刀刃形状来保证；齿廓分布的均匀性则由分度头分度精度保证。标准渐开线齿轮的齿廓形状是由该齿轮的模数 m 和齿数 z 决定的。因此，要加工出准确的齿形，就必须要求同一模数不同齿数的齿轮都有一把相应的模数铣刀，这将导致刀具数量非常多，在生产中是极不经济的。实际生产中，为了减少成形刀具的数量，同一模数的铣刀通常只做出 8 把刀，分别铣削齿形相近的一定齿数范围的齿轮。模数铣刀刀号及其加工齿数范围见表 2-3。

表 2-3　模数铣刀刀号及其加工齿数范围

刀号	1	2	3	4	5	6	7	8
加工齿数范围	12～13	14～16	17～20	21～25	26～34	35～54	55～134	135 以上

由于每种刀号齿轮铣刀的刀齿形状均按加工齿数范围中最少齿数的齿形设计，所以在加工该范围内其他齿数齿轮时，会有一定的齿形误差产生。

当加工精度要求不高的斜齿圆柱齿轮时，可以借用加工直齿圆柱齿轮的铣刀。但此时铣刀的刀号应按照斜齿轮法向截面内的当量齿数 z_d 来选择。斜齿圆柱齿轮的当量齿数 z_d 可按下式求出。

$$z_d = \frac{z}{\cos^3 \beta}$$

式中：z——斜齿圆柱齿轮的齿数；

β——斜齿圆柱齿轮的螺旋角。

成形法铣齿时由于受刀具的齿形误差和分度误差的影响，加工的齿轮存在较大的齿形误差和分齿误差，故铣齿精度较低，加工精度为 9～12 级，齿面粗糙度 Ra 值为 6.3～3.2μm。但这种加工方法可在一般铣床上进行，对于缺乏专用齿轮加工设备的工厂较为方便；模数铣刀比其他齿轮刀具结构简单，制造容易，因此生产成本低。但由于每铣一个齿槽均需进

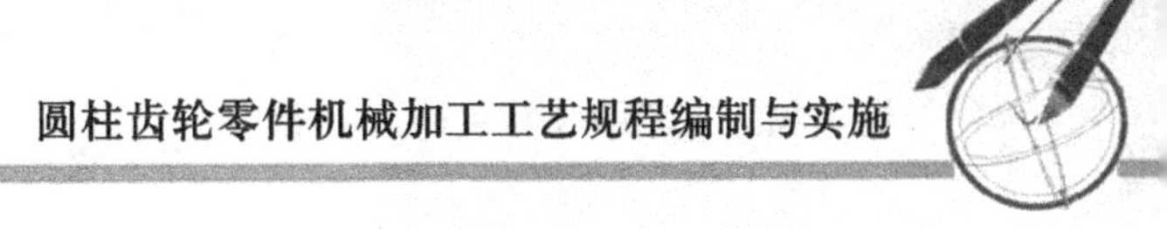

行切入、切出、退刀以及分度等工作，加工时间和辅助时间长，所以生产效率低。

成形法铣齿一般用于单件小批生产或机修工作中，加工直齿、斜齿和人字齿圆柱齿轮，也可加工重型机械中精度要求不高的大型齿轮。

2. 展成法(generating method)

展成法是应用齿轮啮合原理来进行加工的，用这种方法加工出来的齿形轮廓是刀具切削刃运动轨迹的包络线。齿数不同的齿轮，只要模数和齿形角相同，都可以用同一把刀具来加工。用展成原理加工齿形的方法有：滚齿、插齿、剃齿、珩齿和磨齿等方法。其中剃齿、珩齿和磨齿属于齿形的精加工方法(具体内容将在本项目的任务 2 中介绍)。展成法的加工精度和生产率都较高，刀具通用性好，所以在生产中应用十分广泛。

1) 滚齿(gear hobbing)

(1) 滚齿原理及工艺特点。滚齿是齿形加工方法中生产率较高、应用最广的一种加工方法。在滚齿机上用齿轮滚刀加工齿轮的过程，相当于一对螺旋齿轮互相啮合运动的过程[图 2.4(a)]，只是其中一个螺旋齿轮的齿数极少，且分度圆上的螺旋升角很小，所以它便成为蜗杆形状[图 2.4(b)]。再将蜗杆开槽铲背、淬火、刃磨，便成为齿轮滚刀[图 2.4(c)]。

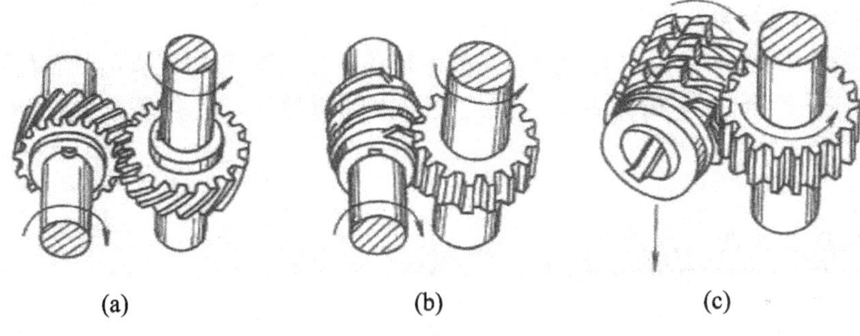

图 2.4　滚齿原理

在滚切过程中，滚刀与齿坯按啮合传动关系作相对运动，在齿坯上切出齿槽，形成了渐开线的齿形，如图 2.5(a)所示。分布在螺旋线上的滚刀各刀齿相继切除齿槽中一薄层金属，每个齿槽在滚刀连续旋转中由几个刀齿依次切出，渐开线齿廓则由切削刃一系列瞬时位置包络而成，如图 2.5(b)所示。

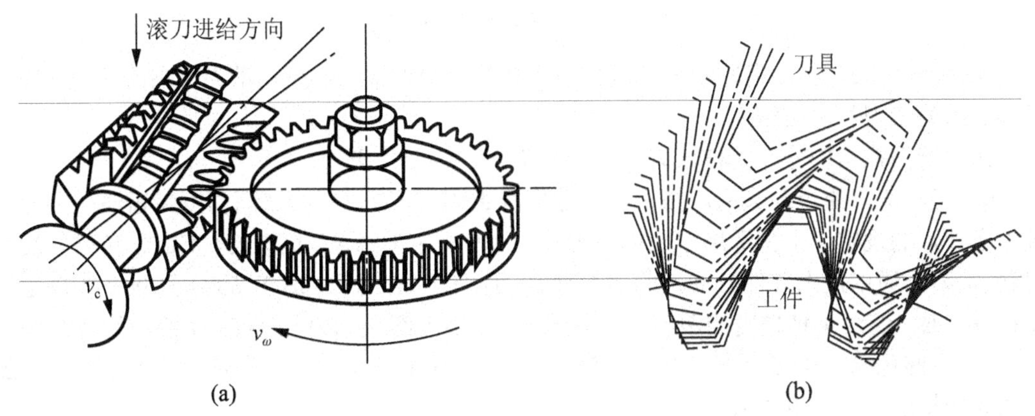

图 2.5　滚齿渐开线的形成

滚齿加工的通用性较好，既可加工圆柱齿轮，又可加工蜗轮；既可加工渐开线齿形，又可加工圆弧、摆线及其他特殊齿形；加工的尺寸范围从仪器仪表中的小模数齿轮直到化工、矿山机械中的大型齿轮。

滚齿既可用于齿形的粗加工，也可用于精加工，滚齿加工的精度范围为 5～9 级。一般滚齿后可直接得到 8～9 级精度的齿轮，当采用 AA 级以上的齿轮滚刀和高精度滚齿机时也可以加工出 7 级以上精度的齿轮，甚至加工出 5 级精度的齿轮。通常滚齿可作为剃齿或磨齿等齿形精加工前的粗加工和半精加工工序。

一般生产中多用高速钢滚刀，因此滚齿多用于软齿面(未淬火)齿轮的加工，切削用量也较低，一般切削速度在 30m/min 左右，进给量取 1～3mm/r。近年来超硬高速钢滚刀、硬质合金滚刀的相继投入使用，使滚齿切削速度大大提高。在功率大、刚度高的滚齿机上，切削速度已达 300m/min，滚齿生产效率得到大幅度提高。此外，硬质合金滚刀的采用，为淬火后硬齿面齿轮的精加工或半精加工开辟了一条新路。

由于滚齿加工时的齿面是由滚刀刀齿的包络面形成，且参加切削的刀齿数目有限，因此滚齿齿面的表面质量较低。为提高加工精度和提高齿面质量，应将粗、精滚齿加工分为两个工序(或工步)进行。粗滚后齿面上只留 0.5～1mm 的精滚余量，精滚时宜采用较高的切削速度和较小的进给量。

(2) 齿轮滚刀(gear hob)。齿轮滚刀是按螺旋齿轮啮合原理加工直齿和斜齿圆柱齿轮的一种刀具。它相当于一个齿数很少，螺旋角很大的斜齿轮，其外貌呈蜗杆状，如图 2.6 所示。

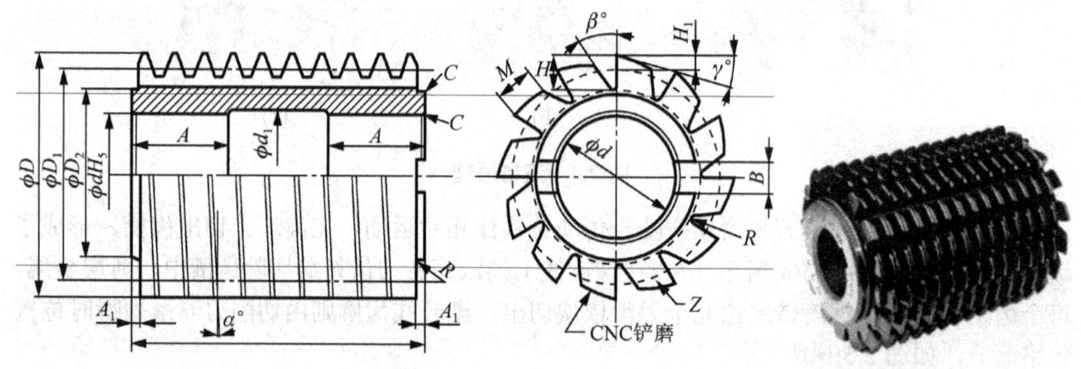

图 2.6　齿轮滚刀及其结构尺寸

① 齿轮滚刀种类。齿轮滚刀按照加工性质分为精切滚刀、粗切滚刀、剃前滚刀、刮前滚刀、挤前滚刀和磨前滚刀。

齿轮滚刀按结构分为整体滚刀、焊接式滚刀、装配式滚刀。

② 齿轮滚刀的合理选用。按机械行业标准 JB/T 3227—1999《高精度齿轮滚刀　通用技术条件》的规定，Ⅰ型适用于 JB/T 3227—1999 规定的 AAA 级滚刀、GB/T 6084—2001《齿轮滚刀　通用技术条件》规定的 AA 级滚刀；Ⅱ型适用于 GB/T 6084—2001 所规定的 AA、A、B、C 级 4 种精度的滚刀。一般情况下，AA 级滚刀可加工 6～7 级齿轮，A 级可加工 7～8 级齿轮，B 级可加工 8～9 级齿轮，C 级可加工 9～10 级齿轮。滚刀精度与被加工齿轮的精度关系见表 2-4。

表 2-4　滚刀精度等级与被加工齿轮精度等级的关系

滚刀精度等级	AAA 级	AA 级	A 级	B 级	C 级
可加工齿轮精度等级	5～6 级	6～7 级	7～8 级	8～9 级	9～10 级

知识拓展

齿轮滚刀

(1) 齿轮滚刀的形成。齿轮滚刀是用展成法加工直齿和斜齿圆柱齿轮的一种刀具，齿轮滚刀相当于一个小齿轮，被切齿轮相当于一个大齿轮，如图 2.5 所示。齿轮滚刀是一个螺旋角β很大而螺纹头数很少(1～3 个齿)、齿很长，并能绕滚刀分度圆柱很多圈的螺旋齿轮，这样就像螺旋升角γ_z很小的蜗杆了，其形状及结构尺寸如图 2.6 所示。为了形成刀刃，在蜗杆端面沿着轴线铣出几条容屑槽，以形成前刀面及前角；经铲齿和铲磨，形成后刀面及后角，如图 2.7 所示。

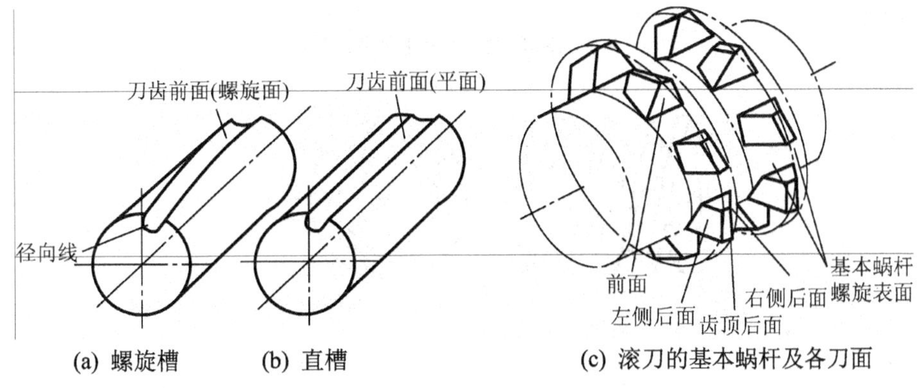

图 2.7　齿轮滚刀刃的形成及容屑槽

(2) 齿轮滚刀的基本蜗杆。齿轮滚刀的两侧刀刃是前面与侧铲表面的交线，它应当分布在蜗杆螺旋表面上，这个蜗杆称为滚刀的基本蜗杆。基本蜗杆有以下 3 种。

① 渐开线蜗杆。如图 2.8 所示，渐开线蜗杆的螺纹齿侧面是渐开螺旋面；与基圆柱相切的任意平面和渐开螺旋面的交线是一条直线；其端剖面是渐开线；渐开线蜗杆轴向剖面与渐开螺旋面的交线是曲线。用这种基本螺杆制造的滚刀没有齿形设计误差，切削的齿轮精度高，然而制造滚刀困难。

② 阿基米德蜗杆。如图 2.9 所示，阿基米德蜗杆的螺旋齿侧面是阿基米德螺旋面；通过蜗杆轴线剖面与阿基米德螺旋面的交线是直线，其他剖面都是曲线；其端剖面是阿基米德螺旋线。用这种基本蜗杆制成的滚刀，制造与检验滚刀齿形均比渐开线蜗杆简单和方便，但有微量的齿形误差，不过这种误差在允许的范围之内，为此，生产中大多数精加工滚刀的基本蜗杆均用阿基米德蜗杆代替渐开线蜗杆。

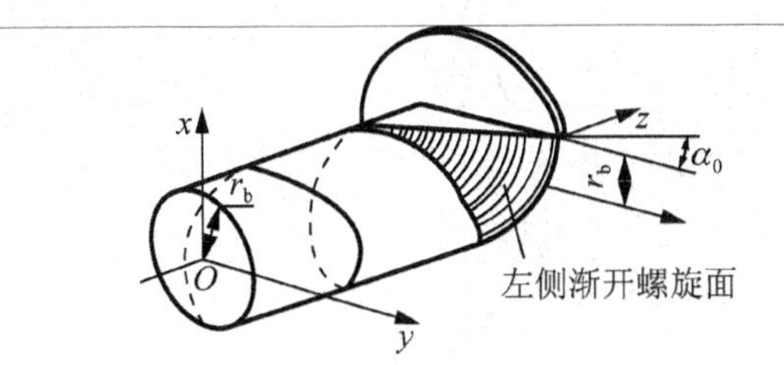

图 2.8　渐开线蜗杆的几何特征图

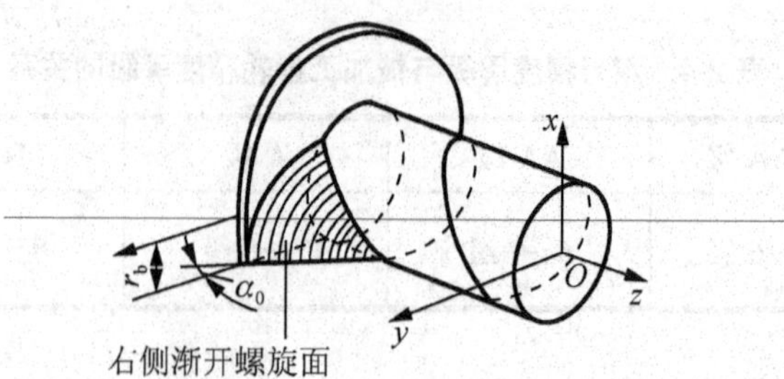

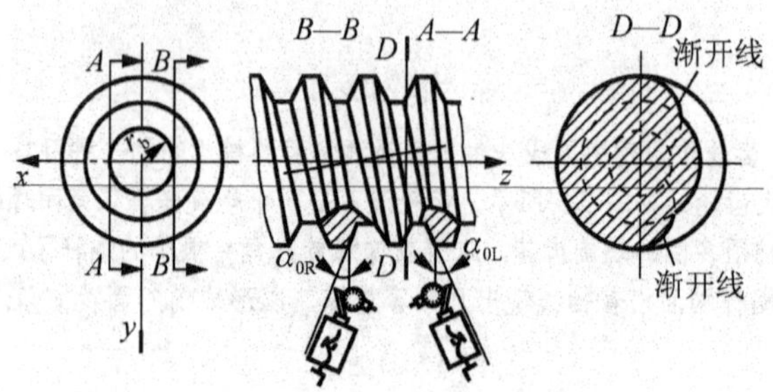

图 2.8 渐开线蜗杆的几何特征图(续)

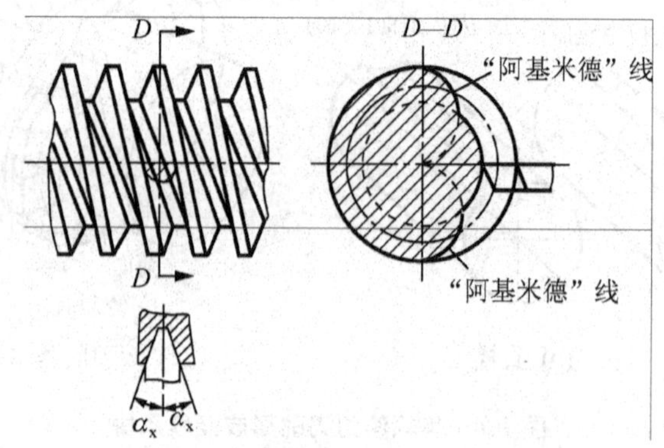

图 2.9 阿基米德蜗杆的几何特征图

③ 法向直廓蜗杆。如图 2.10 所示，法向直廓蜗杆法剖面内的齿形是直线，端断面为延长渐开线。用这种基本蜗杆代替渐开线基本蜗杆作滚刀，其齿形设计误差大，故一般作为大模数、多头和粗加工滚刀用。

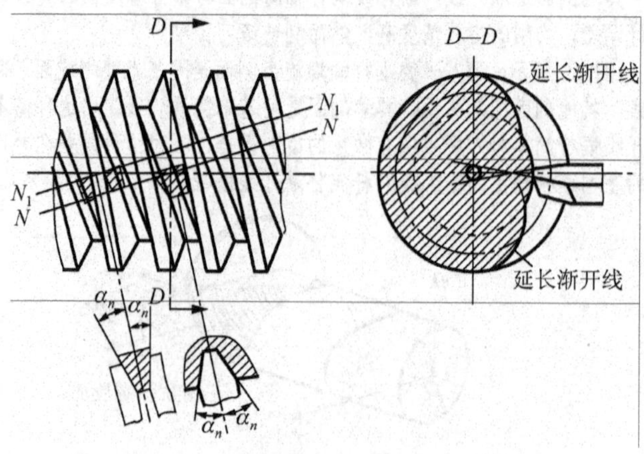

图 2.10 法向直廓蜗杆的几何特征图

(3) 滚齿机(hobbing machine)。滚齿机可进行滚铣圆柱直齿轮、斜齿轮、蜗轮及花键轴等加工。

① 滚齿机的组成。Y3150E 型滚齿机是一种中型通用滚齿机，主要用于加工直齿和斜齿圆柱齿轮，也可采用径向切入法加工蜗轮。可加工的工件最大直径为 500mm，最大模数为 8mm，最小齿数 5*k*(*k* 为滚刀头数)。如图 2.11 所示，机床由床身 1、立柱 2、刀架溜板 3、滚刀架 5、后立柱 7 和工作台 9 等主要部件组成。立柱 2 固定在床身 1 上，刀架溜板 3 带动滚刀架 5 可沿立柱导轨作垂直方向进给运动或快速移动。滚刀安装在刀杆 4 上，由滚刀架 5 的主轴带动作旋转主运动。滚刀架 5 安装在刀架溜板 3 上，滚刀架可绕自己的水平轴线转动，以调整滚刀和工件间的相对位置(安装角)，使它们符合一对轴线交叉的交错斜齿轮副的啮合位置。工件安装在工作台 9 的心轴 8 上或直接安装在工作台上，随同工作台一起作旋转运动。后立柱 7 和工作台 9 一起装在床鞍 10 上，可沿床身的水平导轨移动，用于调整工件的径向位置或作径向进给运动。后立柱上的支架 6 可通过轴套或顶尖支承工件心轴的上端，以提高滚切工作的平稳性。

图 2.11　Y3150E 型滚齿机

1—床身；2—立柱；3—刀架溜板；4—刀杆；5—滚刀架；6—支架；
7—后立柱；8—心轴；9—工作台；10—床鞍

② 滚齿机的调整计算。滚齿时齿廓的成形方式是展成法，成形运动是滚刀旋转运动和工件旋转运动组成的复合运动，这个复合运动称为展成运动。当滚刀与工件连续不断地旋转时，便在工件整个圆周上依次切出所有齿槽。也就是说，滚齿时齿面的成形过程与齿轮的分度过程是结合在一起的，因而展成运动也就是分度运动。

a．加工直齿圆柱齿轮的调整计算。

(a) 工作运动。根据展成法滚齿原理可知，用滚刀加工齿轮时，除具有切削运动外，还必须严格保持滚刀和工件之间的运动关系，这是切制出正确齿廓形状的必要条件。因此，滚齿机在加工直齿圆柱齿轮时的工作运动有以下 3 个(图 2.5)。

——主运动。主运动即滚刀的旋转运动。根据合理的切削速度和滚刀直径，即可确定滚刀的转速。

——展成运动。展成运动即滚刀与工件之间的啮合运动，两者应准确地保持一对啮合齿轮的传动比。为了得到所需的渐开线齿廓和齿轮齿数，滚齿时滚刀和工件之间必须保持

严格的相对运动关系：即每当滚刀转 1 转时，工件应该相应地转 k/z 转(k 为滚刀头数，z 为工件齿数)。

——垂直进给运动。垂直进给运动即滚刀沿工件轴线方向作连续的进给运动，以切出整个齿宽上的齿形。

为了实现上述 3 个运动，机床就必须具有 3 条相应的传动链，而在每一传动链中，又必须有可调环节(即变速机构)，以保证传动链两端件间的运动关系。图 2.12 所示为滚切直齿圆柱齿轮时滚齿机传动原理图。图中，主运动传动链的两端件是主电动机和滚刀(主轴)，滚刀的转速可通过改变 u_v 的传动比进行调整；展成运动传动链的两端件是是滚刀和工件，通过调整 u_x 的传动比，保证滚刀转 1 转时，工件相对于滚刀转 k/z 转，以实现展成运动；垂直进给运动传动链的两端件是工件与滚刀，通过调整 u_f 的传动比，使工件转 1 转时，滚刀在垂向进给丝杠的带动下，沿工件轴向移动所要求的进给量。

(b) 传动链的调整计算。根据上述滚齿机在加工直齿圆柱齿轮时的运动和传动原理图(图 2.12)，即可从图 2.15 所示的滚齿机传动系统图中找出各个传动链并进行运动的调整计算。

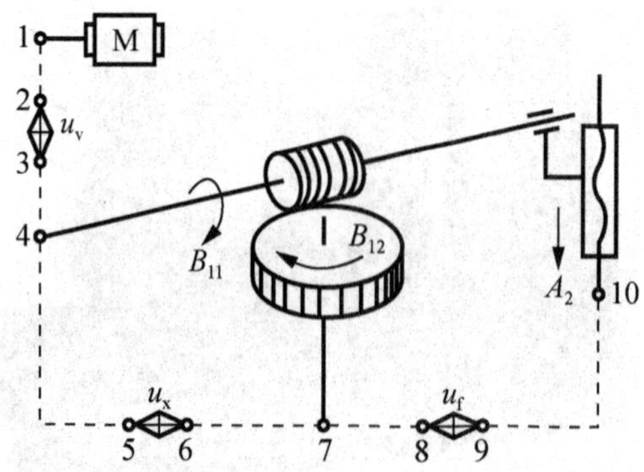

图 2.12　滚切直齿圆柱齿轮的传动原理图

——主运动传动链。由图 2.12 传动原理图中得主运动传动链为主电动机(M)—1—2—u_V—3—4—滚刀(B_{11})。这是一条外联系传动链，其传动链中换置机构 u_V 用于调整渐开线齿廓的成形速度，应当根据工艺条件确定滚刀转速来调整其传动比。

主运动传动链的两端件及其运动关系是：主电动机的转速 1430(r/min)—滚刀主轴的转速 $n_{刀}$(r/min)。其传动路线表达式为

$$\text{主电动机}\begin{pmatrix}4KW\\1430r/\min\end{pmatrix}-\frac{\phi115}{\phi165}-\text{I}-\frac{21}{42}-\text{II}-\begin{bmatrix}\frac{31}{39}\\\frac{35}{35}\\\frac{27}{43}\end{bmatrix}-\text{III}-\frac{A}{B}-\text{IV}-\frac{28}{28}-\text{V}-\frac{28}{28}-\text{VI}-\frac{28}{28}-\text{VII}-\frac{20}{80}-\underset{(\text{滚刀主轴})}{\text{VIII}}$$

传动链的运动平衡式为

$$1430\times\frac{\phi115}{\phi165}\times\frac{21}{42}\times u_{\text{II}-\text{III}}\times\frac{A}{B}\times\frac{28}{28}\times\frac{28}{28}\times\frac{28}{28}\times\frac{20}{28}=n_{刀}$$

由上式可得主运动变速挂轮的计算公式：

$$\frac{A}{B}=\frac{n_{刀}}{124.583u_{\text{II}-\text{III}}}$$

式中：$n_{刀}$——滚刀主轴转速(r/min)，按合理切削速度及滚刀外径计算；

$u_{\text{II}-\text{III}}$——轴 II—III之间三联滑移齿轮变速组的三种传动比。

机床上备有 A、B 挂轮为 $\frac{A}{B}=\frac{22}{44}$、$\frac{33}{33}$、$\frac{44}{22}$。因此，滚刀共有如表 2-5 所列的 9 级转速。

表 2-5　滚刀主轴转速

A/B	22/44			33/33			44/22		
$u_{\text{II}-\text{III}}$	27/43	31/39	35/35	27/43	31/39	35/35	27/43	31/39	35/35
$n_{刀}$/(r/min)	40	50	63	80	100	125	160	200	250

——展成运动传动链。由图 2.12 传动原理图得展成运动传动链为滚刀(B_{11})—4—5—u_x—6—7—工作台(B_{12})。由这条传动链保证工件和刀具之间严格的运动关系，其中换置机构 u_x 用来适应工件齿数和滚刀头数的变化。这是一条内联系传动链，它不仅要求传动比准确，而且要求滚刀和工件两者旋转方向必须符合一对交错轴螺旋齿轮啮合时相对运动方向。当滚刀旋转方向一定时，工件的旋转方向由滚刀螺旋方向确定。

展成运动传动链的两端件及其运动关系是：滚刀转 1 转时，工件相对于滚刀转 k/z 转。其传动路线表达式为

$$\text{IV}-\frac{28}{28}-\text{V}-\frac{28}{28}-\text{VI}-\frac{28}{28}-\text{VII}-\frac{20}{80}-\text{VIII}\text{（滚刀主轴）}$$

$$\text{IV}-\frac{42}{56}-\text{IX}-\text{合成机构}-\text{X}-\frac{e}{f}-\text{XII}-\frac{a}{b}\,\frac{c}{d}-\text{XIII}-\frac{1}{72}-\text{工作台（工件）}$$

传动链的运动平衡式为

$$1\times\frac{80}{20}\times\frac{28}{28}\times\frac{28}{28}\times\frac{28}{28}\times\frac{42}{56}\times u'_{合}\times\frac{e}{f}\,\frac{a}{b}\,\frac{c}{d}\times\frac{1}{72}=\frac{k}{z}$$

滚切直齿圆柱齿轮时，运动合成机构用离合器 M_1 联接，此时运动合成机构的传动比 $u'_{合}=1$。化简上式可得展成运动挂轮的计算公式为

$$\frac{a}{b}\,\frac{c}{d}=\frac{e}{f}\,\frac{24k}{z}$$

上式中的 $\frac{e}{f}$ 挂轮，应根据 $\frac{z}{k}$ 值而定，可有如下 3 种选择。

当 $5\leqslant\frac{z}{k}\leqslant20$ 时，取 $e=48$，$f=24$；

当 $21\leqslant\frac{z}{k}\leqslant142$ 时，取 $e=36$，$f=36$；

当 $143\leqslant\frac{z}{k}$ 时，取 $e=24$，$f=48$。

这样选择后，可使$\frac{a}{b}\frac{c}{d}$的数值适中，以便于挂轮的选取和安装。

——轴向进给传动链。由图 2.12 传动原理图得轴向进给传动链为工作台(B_{12})—7—8—u_f —9—10—刀架丝杠(A_2)。为了切出整个齿宽，滚刀在自身旋转的同时，必须沿工件轴线作直线进给运动 A_2，滚刀的垂直进给运动是由滚刀刀架沿立柱导轨移动实现的。传动链中的换置机构 u_f 用以调整垂直进给量的大小和进给方向，以适应不同加工表面粗糙度的要求。由于刀架的垂直进给运动是简单运动，所以，这条传动链是外联系传动链。通常以工作台(工件)每转一转，刀架的位移来表示垂直进给量的大小。

轴向进给传动链两端件及其运动关系是：当工作台(工件)每转一转时，由滚刀架带动滚刀沿工件轴线进给 f mm。其传动路线表达式为

$$\text{XIII}-\frac{1}{72}-\text{工作台（工件）}$$

$$\text{XIII}-\frac{2}{25}-\text{XIV}-\frac{39}{39}-\text{XV}-\frac{a_1}{b_1}-\text{XVI}-\frac{23}{69}-\text{XVII}-\begin{bmatrix}\frac{49}{35}\\ \frac{30}{54}\\ \frac{39}{45}\end{bmatrix}-\text{XVIII}-M_3-\frac{2}{25}-\text{XIX（刀架垂向进给丝杠）}$$

传动链的运动平衡式为

$$1\times\frac{72}{1}\times\frac{2}{25}\times\frac{39}{39}\times\frac{a_1}{b_1}\times\frac{23}{69}\times u_{\text{XVII—XVIII}}\times\frac{2}{25}\times 3\pi=f$$

化简上式可得垂向进给运动挂轮的计算公式为

$$\frac{a_1}{b_1}=\frac{f}{0.46\pi u_{\text{XVII—XVIII}}}$$

式中：f ——垂直进给量(mm/r)，根据工件材料、加工精度及表面粗糙度等条件选定；

$u_{\text{XVII—XVIII}}$——进给箱中轴 XVII—XVIII之间的滑移齿轮变速组的 3 种传动比。

当垂直进给量选定后，可从表 2-6 中查出进给挂轮。

表 2-6 垂向进给量及挂轮齿数

a_1/b_1	26/52			32/46			46/32			52/26		
$u_{\text{XVII—XVIII}}$	$\frac{30}{54}$	$\frac{39}{45}$	$\frac{49}{35}$	$\frac{30}{54}$	$\frac{39}{45}$	$\frac{49}{35}$	$\frac{30}{54}$	$\frac{39}{45}$	$\frac{49}{35}$	$\frac{30}{54}$	$\frac{39}{45}$	$\frac{49}{35}$
f/(mm/r)	0.4	0.63	1	0.56	0.87	1.41	1.16	1.8	2.9	1.6	2.5	4

b．加工斜齿圆柱齿轮的的调整计算。

(a) 工作运动。与加工直齿圆柱齿轮时一样，加工斜齿圆柱齿轮时同样需要主运动、展成运动、垂直进给运动。此外，为了形成螺旋形的轮齿，在滚刀作轴向进给运动的同时，还必须给工件一个附加运动－旋转运动 B_{22}[图 2.13(b)]，这同在普通车床上切削螺纹相似，即刀具沿工件轴线方向进给一个螺旋线导程时，工件应均匀地转一转。如图 2.13(b)所示，图中 u_t 为附加运动链的变速机构。所以，在加工斜齿圆柱齿轮时，机床必须有 4 条相应的传动链来实现上述 4 个工作运动。

需要特别指出的是，在加工斜齿圆柱齿轮时，形成渐开线齿廓的展成运动和附加运动这两条传动链需要将两种不同要求的旋转运动同时传给工件。在一般情况下，两个运动同时传到一根轴上时，运动要发生干涉而将轴损坏。所以，在滚齿机上设有把两个任意方向和大小的转动进行合成的机构，即运动合成机构[图 2.13(b)]。

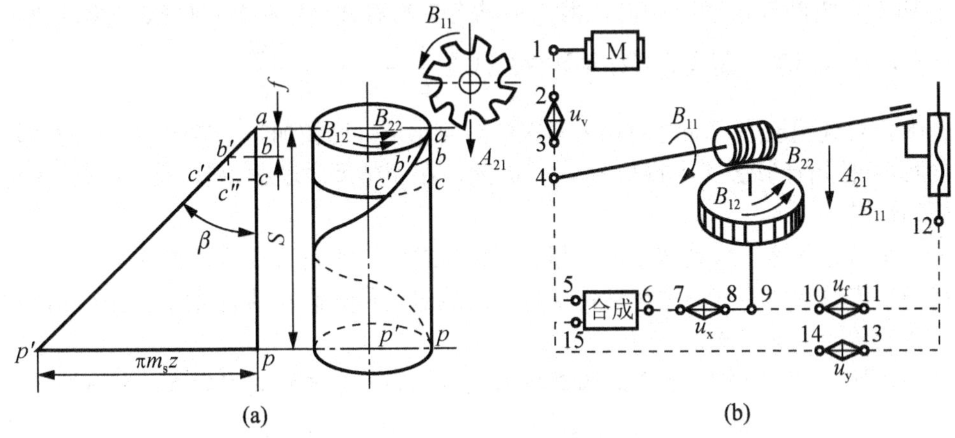

图 2.13　滚切斜齿圆柱齿轮的传动原理图

(b) 运动合成机构。滚齿机所用的运动合成机构通常是圆柱齿轮或锥齿轮行星机构。图 2.14 所示为 Y3150 型滚齿机所用的运动合成机构，主要由模数 $m=3$，齿数 $z=30$，螺旋角$\beta=0°$ 的四个弧齿锥齿轮组成。

滚切斜齿圆柱齿轮时(图 2.14)，在轴 X 上先装上套筒 G(用键与轴连接)，再将离合器 M_2 空套在套筒 G 上。离合器 M_2 的端面齿与空套齿轮 z_f 的端面齿以及转臂 H 后部套筒上的端面齿同时啮合，将它们联接在一起，因而来自刀架的附加运动可通过 z_f 传递给转臂 H。

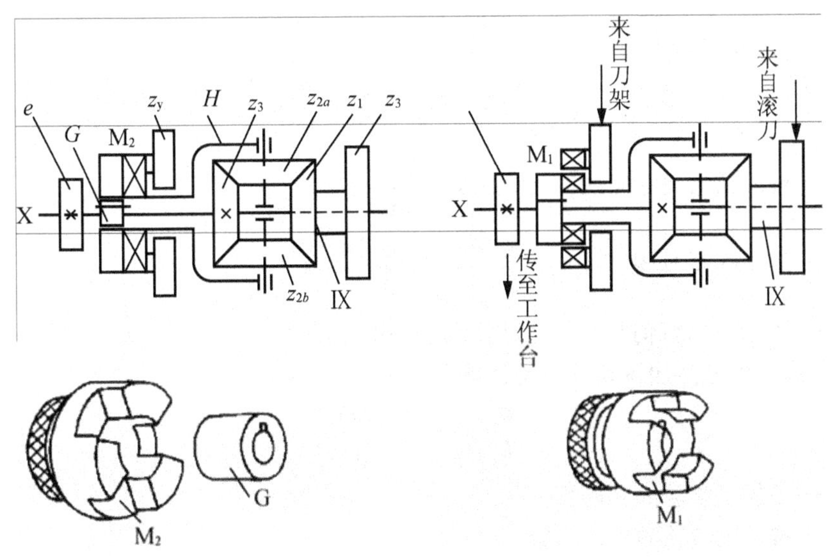

图 2.14　滚齿机运动合成机构工作原理(Y3150E)

(c) 传动链的调整计算。

——主运动传动链。加工斜齿圆柱齿轮时，机床主运动传动链的调整计算与加工直齿圆柱齿轮时相同。

——展成运动传动链。加工斜齿圆柱齿轮时，虽然展成运动的传动路线以及运动平衡式都和加工直齿圆柱齿轮时相同，但因运动合成机构用 M_2 离合器联接，其传动比应为 $u_{合1}=-1$，代入运动平衡式后得挂轮计算公式为 $\frac{a}{b}\frac{c}{d}=-\frac{e}{f}\frac{24k}{z}$

式中负号说明展成运动链中轴X与IX的转向相反。而在加工直齿圆柱齿轮时两轴的转动方向相同(挂轮计算公式中符号为正)。因此，在调整展成动挂轮时，必须按机床说明书规定配加惰轮。

——垂直进给运动传动链。加工斜齿圆柱齿轮时，垂直进给传动链及其调整计算和加工直齿圆柱齿轮相同。其中主运动传动链、展成运动传动链和轴向进给运动传动链与直齿圆柱齿轮的传动原理相同。

——附加运动传动链。加工斜齿圆柱齿轮时，为了形成螺旋线齿线，在滚刀作垂直进给运动的同时，在刀架与工件之间还应增加一条附加运动传动链：刀架(滚刀移动 A_{21})—12—13—u_y—14—15—合成机构—6—7—u_x—8—9—工作台(工件附加运动 B_{22})，这条传动链又称为差动运动传动链，其中换置机构 u_y 适应工件螺旋线导程 S 和螺旋方向的变化。

附加运动传动链的两端件是滚刀与工件，运动关系是：当滚刀架带动滚刀在垂向移动工件的一个螺旋线导程 S 时，工件应附加转动±1 转，如图 2.13(a)所示。

其传动路线表达式为

$$\text{XVIII}-M_3-\frac{2}{25}-\text{XIX（刀架垂向进给丝杠）}$$

$$\text{└}\ \frac{2}{25}-\text{XX}-\frac{a_2}{b_2}\frac{c_2}{d_2}-\text{XXI}-\frac{36}{72}-M_2-\text{合成机构}-\text{X}-\frac{e}{f}-\text{XIII}-\frac{1}{72}-\text{工作台（工件）}$$

传动链的运动平衡式为

$$\frac{S}{3\pi}\times\frac{25}{2}\times\frac{2}{25}\times\frac{a_2}{b_2}\frac{c_2}{d_2}\times\frac{36}{72}\times u_{合2}\times\frac{e}{f}\frac{a}{b}\frac{c}{d}\times\frac{1}{72}=\pm1$$

式中：S——被加工齿轮螺旋线的导程，$S=\frac{\pi m_n z}{\sin\beta}$；

$\frac{a}{b}\frac{c}{d}$——展成运动挂轮传动比，$\frac{a}{b}\frac{c}{d}=-\frac{e}{f}\frac{24k}{z}$；

$u_{合2}$——运动合成机构在附加运动传动链中的传动比，$u_{合2}=2$。

代入上式，可得附加运动挂轮的计算公式为

$$\frac{a_2}{b_2}\frac{c_2}{d_2}=\pm9\frac{\pi m_n z}{\sin\beta}$$

式中：β——被加工齿轮的螺旋角；

m_n——被加工齿轮的法向模数；

k——滚刀头数。

式中的“±”值，表明工件附加运动有不同的旋转方向，它决定于工件的螺旋方向和

刀架进给运动的方向。在计算挂轮齿数时，“±”值可不予以考虑，但在安装附加运动挂轮时，应按照机床说明书规定配加惰轮。

附加运动传动链是形成螺旋线齿线的内联系传动链，其传动比数值的精确度，影响着工件齿轮的齿向精度，所以挂轮传动比应配算精确。但是，附加运动挂轮计算公式中包含有无理数 $\sin\beta$，所以往往无法配算得非常精确。实际选配的附加运动挂轮传动比与理论计算的传动比之间的误差，对于 8 级精度的斜齿轮，要精确到小数点后第 4 位数字；对于 7 级精度的斜齿轮，要精确到小数点后第 5 位数字，才能保证不超过精度标准中规定的齿向允差。

应注意的是，在加工一个斜齿圆柱齿轮的整个过程中，展成运动传动链和附加运动传动链都不可脱开。例如，在第一刀粗切完毕后，需将刀架快速向上退回，以便进行第二刀切削时，绝不能分开展成运动和附加运动传动链中的挂轮或离合器，否则将会使工件产生乱刀及斜齿被破坏等现象，并可能造成刀具及机床的损坏。

特别提示

在 Y3150E 型滚齿机上，展成运动、垂向进给运动和附加运动三条传动链的调整，共用一套模数为 2mm 的配换挂轮，其齿数为 20(两个)、23、24、25、26、30、32、33、34、30、37、40、41、43、45、46、47、48、50、52、53、55、57、58、59、60(两个)、61、62、65、67、70、71、73、75、79、80、83、85、89、90、92、95、97、98、100 共 47 个。

c．滚刀架的快速垂向移动。在 Y3150E 传动系统中有主运动、展成运动、轴向进给运动和附加运动 4 条传动链，另外还有一条刀架快速移动(空行程)传动链。

利用快速电动机可使刀架实现快速升降运动，以便调整刀架位置及在进给前后实现快进和快退，刀架快速移动方向可通过快速电动机的正反转来变换。此外，在加工斜齿圆柱齿轮时，启动快速电动机，可经附加运动传动链带动工作台旋转，以便检查工作台附加运动的方向是否正确。

由图 2.15 中的 Y3150E 型滚齿机传动系统可知，刀架快速移动的传动路线如下：

快速电动机$\begin{pmatrix}1.1\text{kW}\\1410\text{r/min}\end{pmatrix}$—$\dfrac{13}{26}$ XⅧ—M3—$\dfrac{2}{25}$—XXI(刀架轴向进给丝杠)。在 Y3150E 型滚齿机上，启动快速电动机前，必须先用操纵手柄将轴XⅧ上的三联滑移齿轮移到空档位置，以脱开XⅦ和XⅧ之间的传动联系(图 2.15)。为了确保操作安全，机床设有电气互锁装置，保证只有当操纵手柄放在“快速移动”位置上时，才能启动快速电动机。

d．滚齿机加工蜗轮时的调整计算。Y3150E 型滚齿机通常用径向进给法加工蜗轮(worm wheel，图 2.16)。加工时共需 3 个运动：主运动、展成运动和径向进给运动。主运动及展成运动传动链的调整计算与加工直齿圆柱齿轮相同，径向进给运动只能手动实现。此时，应将离合器 M_3 脱开，使垂向进给传动链断开。转动方头 P_4 经蜗杆蜗轮副 2/25、齿轮副 75/36 带动螺母转动，使工作台溜板作径向进给。

工作台溜板可由液压缸驱动作快速趋近和退离刀具的调整移动。

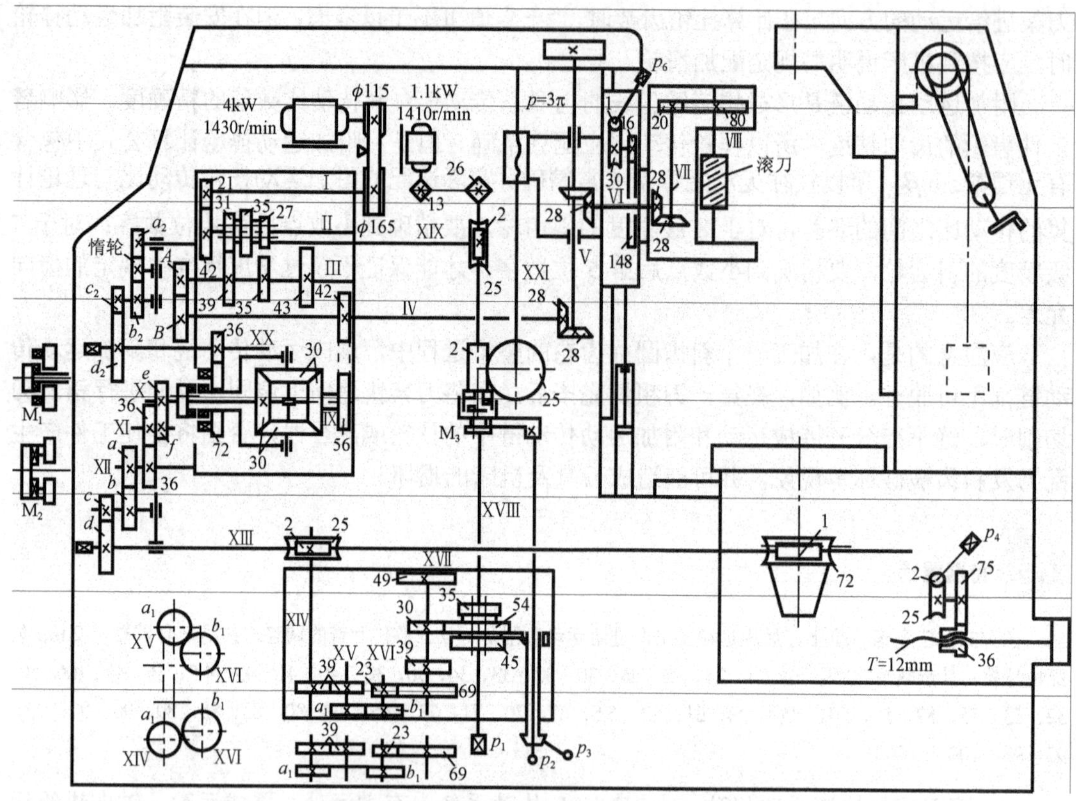

图 2.15　Y3150E 型滚齿机传动系统图

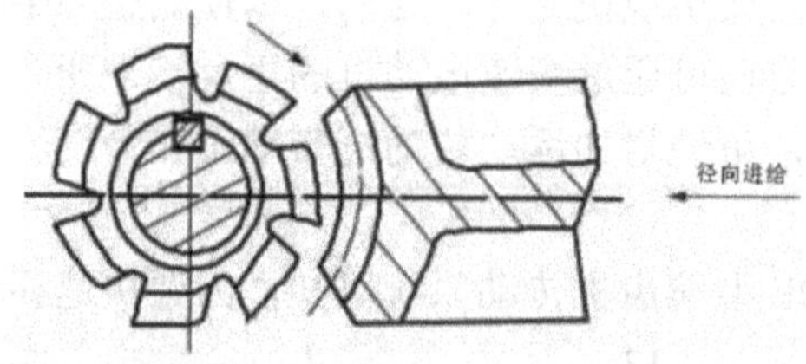

图 2.16　径向切入法加工蜗轮

(4) 滚齿机的工作调整。

① 运动方向的确定。滚刀的旋转方向一般情况下应按图 2.17 及图 2.18 所示的方向转动，与滚刀螺旋方向无关。当滚刀按图示方向转动时，滚刀的垂向进给运动方向一般是从上向下的，此时工件的展成运动方向只取决于滚刀的螺旋方向(图 2.17 及图 2.18 的实线箭头所示)；工件的附加运动方向只取决于工件的螺旋方向(图 2.18 的虚线箭头所示)。滚切齿轮前，应按图 2.17 或图 2.18 检查机床各运动的方向是否正确，如发现运动方向相反，只需在相应的传动链挂轮中装上(或拿去)一惰轮即可。

② 滚刀安装角(setting angle)的确定。滚齿时，为了切出准确的齿形，应使滚刀和工件处于正确“啮合”位置，即滚刀在切削点处的螺旋线方向应与被加工齿轮齿槽的方向一致。为此，需将滚刀轴线与工件端面安装成一定的角度，称为安装角δ。这一点无论对直齿圆柱齿轮还是对斜齿圆柱齿轮都是一样的。

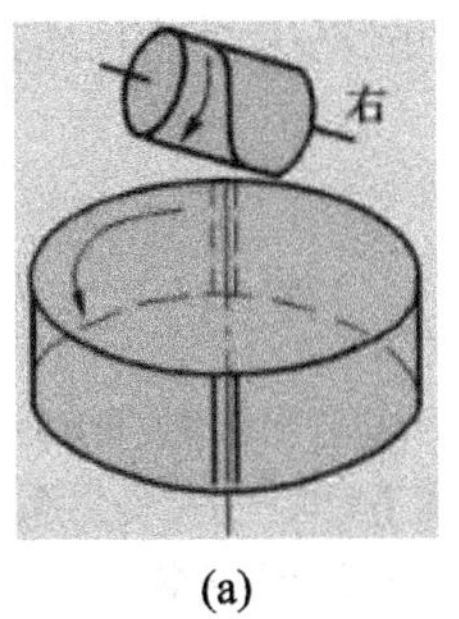

(a)

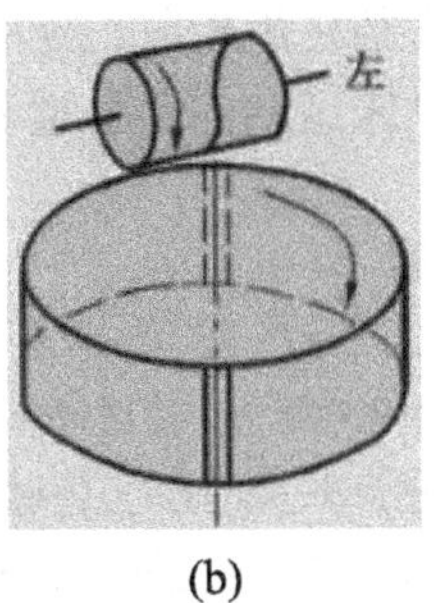

(b)

图 2.17　滚齿机加工直齿圆柱齿轮

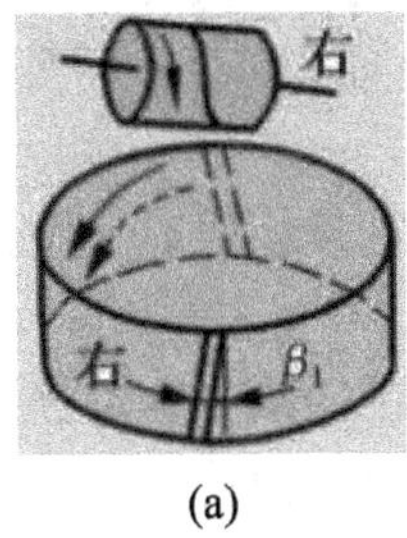

(a)

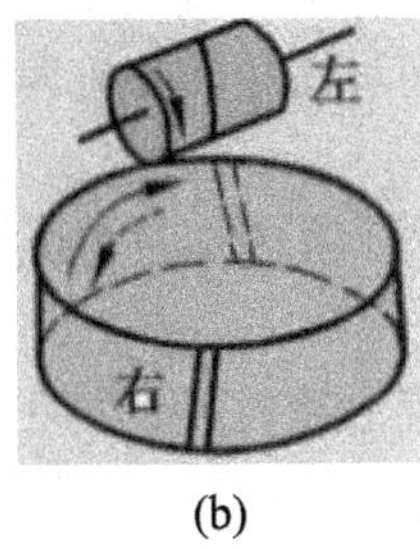

(b)

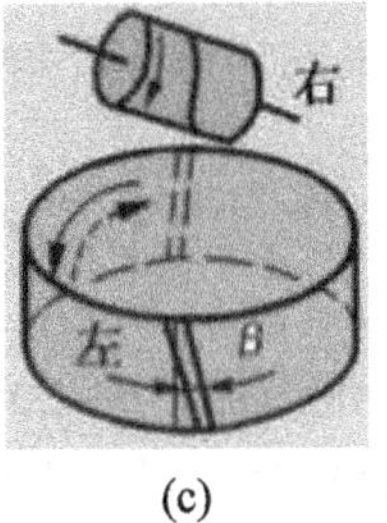

(c)

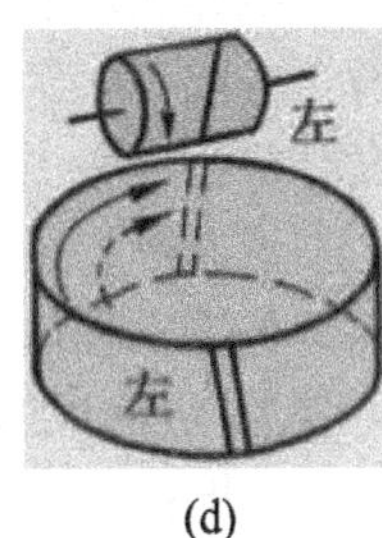

(d)

图 2.18　滚齿机加工斜齿圆柱齿轮

根据上述要求，即可确定滚刀安装角的大小和倾斜方向。

加工直齿圆柱齿轮时，安装角δ等于滚刀的螺旋升角λ，即$\delta=\lambda$。倾斜方向与滚刀螺旋方向有关，如图 2.19 所示。

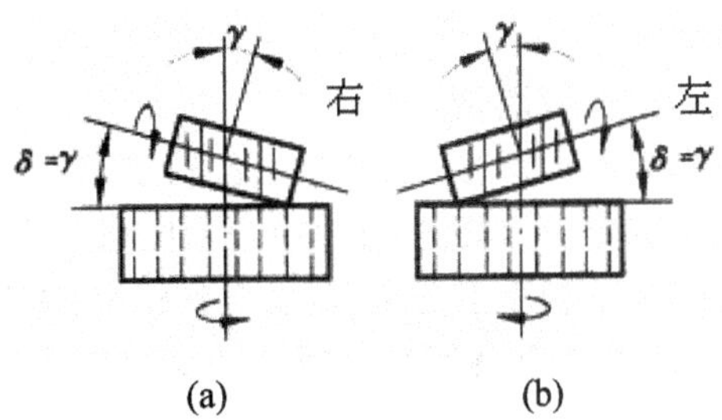

(a)　　(b)

图 2.19　滚切直齿圆柱齿轮时滚齿刀的安装角

加工斜齿圆柱齿轮时，安装角δ与滚刀的螺旋升角λ和工件的螺旋角β大小有关，且与二者的螺旋线方向有关，即$\delta=\beta\pm\lambda$(二者螺旋线方向相反时取“＋”号，相同时取“－”号)，倾斜方向如图 2.20 所示。

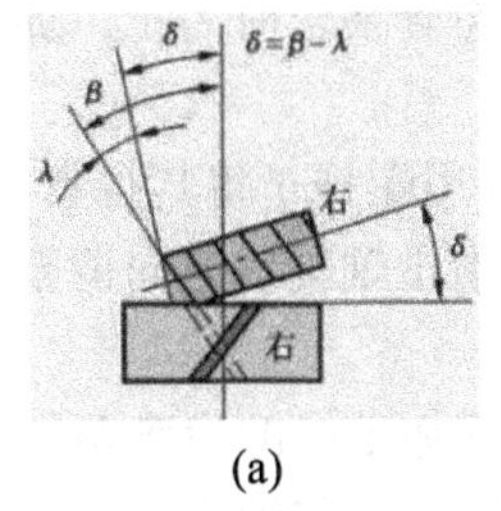

(a)

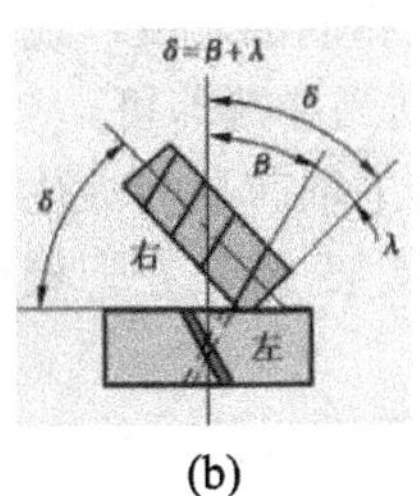

(b)

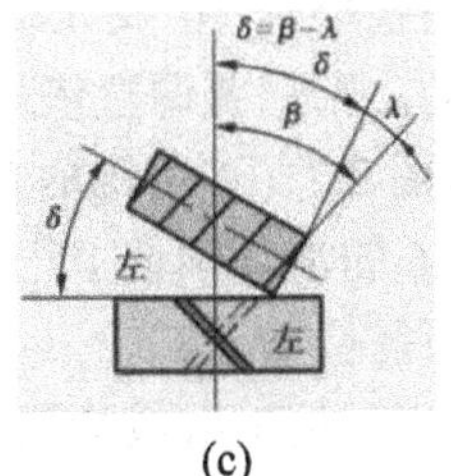

(c)

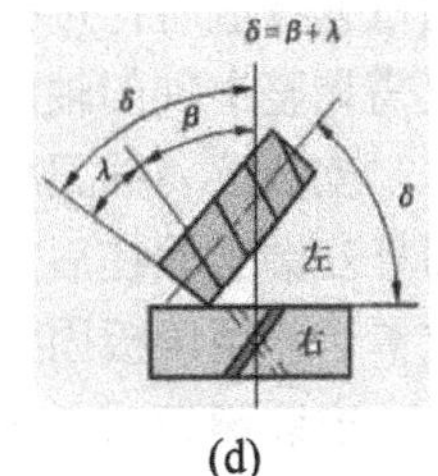

(d)

图 2.20　滚切斜齿圆柱齿轮时滚齿刀的安装角

滚切斜齿圆柱齿轮时，应尽量采用与工件螺旋方向相同的滚刀，使滚刀的安装角较小，以利于提高机床运动的平稳性和加工精度。

拓展阅读

从图 2.20 中不难看出，滚切斜齿圆柱齿轮时，当滚刀的螺旋升角λ的旋向与齿轮螺旋角β的旋向相同时，滚刀安装角δ的大小为$\beta-\lambda$；当滚刀的螺旋升角λ的旋向与齿轮螺旋角β的旋向不同时，滚刀安装角δ的大小为$\beta+\lambda$。滚刀安装角δ的偏转方向与被加工齿轮的旋向有关，当加工右旋齿轮时，滚刀逆时针偏转；当加工左旋齿轮时，滚刀顺时针偏转。根据以上分析，可总结出如下口诀："同减异加，右逆左顺。"

同减异加：指当滚刀的螺旋升角λ的旋向与齿轮的螺旋角β的旋向相同时，滚刀安装角计算公式取"－"号；当滚刀的螺旋升角λ的旋向与齿轮的螺旋角β的旋向不同时，滚刀安装角计算公式取"＋"号。

右逆左顺：指当加工右旋齿轮时，滚刀逆时针偏转安装角δ；加工左旋齿轮时，滚刀顺时针偏转安装角δ。

例如：用$\lambda=2°$的左旋滚刀加工$\beta=20°$的左旋齿轮时，则对照口诀用"同减"和"左顺"来确定。即：滚刀的安装角大小为$\delta=\beta-\lambda=20°-2°=18°$，方向为顺时针偏转。

又如：用$\lambda=2°$的左旋滚刀加工$\beta=20°$的右旋齿轮时，则对照口诀用："异加"和"右逆"来计算和偏转。即：滚刀的安装角大小为$\delta=\beta+\lambda=20°+2°=22°$，方向为逆时针偏转。

加工直齿轮时，因$\beta=0°$，则滚刀安装角δ为

$$\delta=\pm\lambda$$

其偏转方向决定于滚刀的螺旋升角λ的旋向，即左旋时逆时针偏转λ，右旋时顺时针偏转λ，此时不必用以上口诀。

③ 滚刀刀架结构和滚刀的安装调整。

a. 滚刀刀架结构。图 2.21 所示为 Y3150E 型滚齿机滚刀刀架的结构。刀架体 1 用装在环形 T 形槽内的 6 个螺钉 4 固定在刀架溜板(图中未示出)上。调整滚刀安装角时，应先松开螺钉 4，然后用扳手转动刀架溜板上的方头 p_4(图 2.15)，经蜗杆副 1/36 及齿轮 Z16，带动固定在刀架体上的齿轮 Z148，使刀架体回转至所需的滚刀安装角。调整完毕后，应重新扳紧螺钉 4 上的螺母。

主轴 14 前(左)端用内锥外圆的滑动轴承 13 支承，以承受径向力，并用两个推力球轴承 11 承受轴向力。主轴后(右)端通过铜套 8 及花键套筒 9 支承在两个圆锥滚子轴承 6 上。轴承 13 及 11 安装在轴承座 15 内，15 用 6 个螺钉 2 通过两块压板压紧在刀架上。主轴以其后端的花键与套筒 9 内花键孔联接。当主轴前端的滑动轴承 13 磨损，引起主轴径向跳动超过允许值时，可拆下调整垫片 10 及 12，磨去相同的厚度，调配至符合要求时为止。如仅需调整主轴的轴向窜动，则只要调整垫片 10 适当磨薄即可。

安装滚刀的刀杆 18[图 2.21(b)]用锥柄安装在主轴前端的锥孔内，并用螺杆 7 将其拉紧。刀杆左端支承在后支架 16 的滑动轴承 17 上，后支架 16 可在刀架体上沿主轴轴线方向调整位置，并用压板固定在所需位置上。

安装滚刀时，为使滚刀的刀齿(或齿槽)对称于工件的轴线，以保证加工出的齿廓两侧齿面对称；另外，为使滚刀的磨损不过于集中在局部长度上，而是沿全长均匀地磨损，以

提高其使用寿命，都需调整滚刀轴向的位置，即所谓对中和串刀。调整时，先松开压板螺钉 2，然后用手柄转动方头轴 3，经方头轴 3 上的小齿轮 5 和轴承座 15 上的齿条，带动轴承座连同滚刀主轴一起轴向移动。调整合适后，应拧紧压板螺钉。本机床的最大串刀距离为 55 mm。

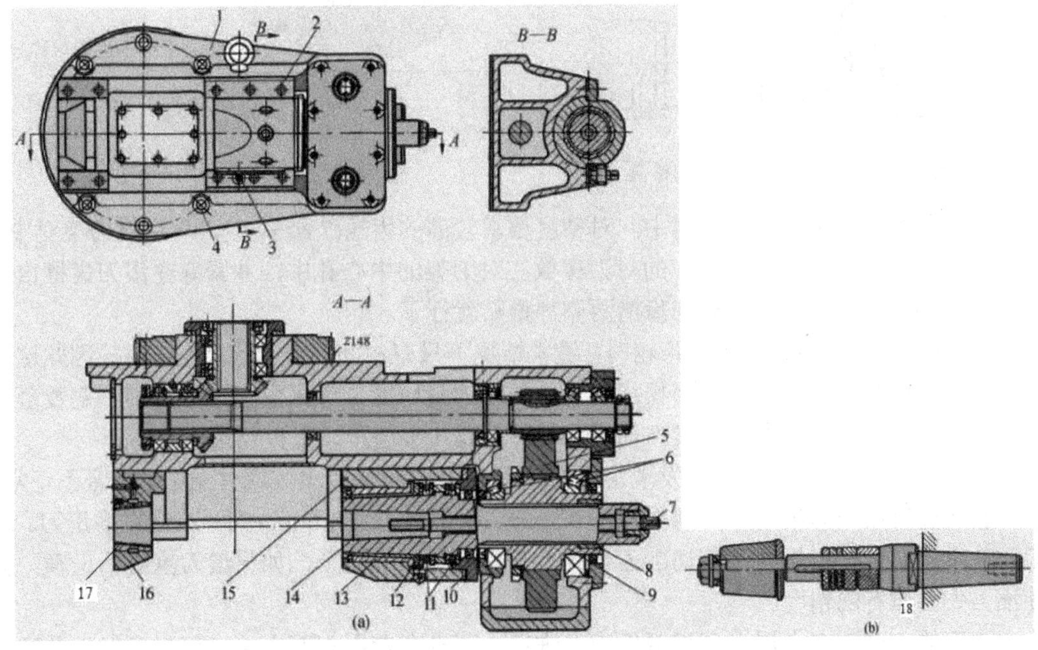

图 2.21　Y3150E 型滚齿机滚刀刀架

1—刀架体；2、4—螺钉；3—方头轴；5—齿轮；6—圆锥滚子轴承；7—方头螺杆；8—铜套；9—花键套筒；10、12—垫片；11—推力球轴承；13—滑动轴承；14—主轴；15—轴承座；16—后支架；17—后支架滑动轴承；18—滚刀刀杆

b．滚刀的安装、调整与刃磨。

(a) 正确安装。滚刀安装在滚齿机的刀杆上，需要用千分表检验滚刀两端凸台的径向圆跳动不大于 0.005 mm，如图 2.22 所示。

(b) 滚刀对中。滚刀开出刀刃后，分布在螺旋线上的刀齿只有断续的几个齿(图 2.23)，滚切时，滚刀就是用这有限的几个刀齿包络出齿轮轮齿的两侧齿形。所以要求滚刀中间的一个刀齿或刀槽的对称线要通过齿坯的中心，即要求对中。否则，切出的齿形是不对称的(尤其是加工齿数较少的齿轮时。这样的齿形会影响齿轮传动平稳性的要求。下面介绍两种简单的对刀方法。

——试切法对中。对精度要求不高的齿轮(8 级以下)，可用试切法对中，即将滚刀中间的一个齿移近齿坯中心位置，然后开车，并径向移动滚刀(或工作台)，在齿坯外圆上先切出一圈很浅的刀痕，观察这个刀痕的两侧是否对称。如差得多，就拧动刀架上调整刀杆轴向位置的螺栓，使滚刀移动少许，再另选一个位置试切，直至刀痕两侧对称为止。也可以是滚刀中间的一个齿槽移近齿坯中心位置，再用纸塞进齿坯外圆与滚刀之间，摇手柄使滚刀径向移至齿槽将纸压紧，然后看纸上，若出现两个刀尖痕迹就说明滚刀对中了。

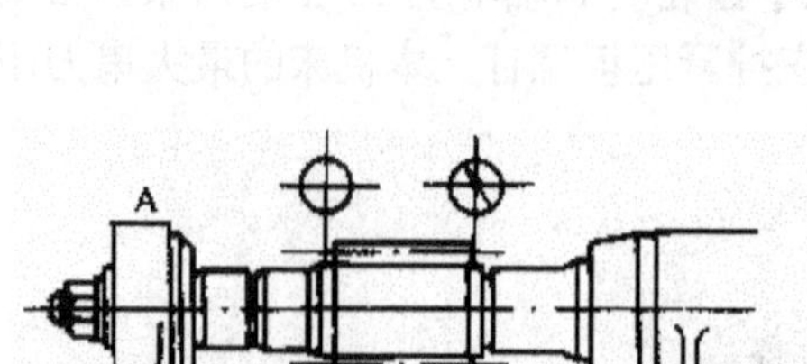

图 2.22　滚刀轴台跳动量的检查

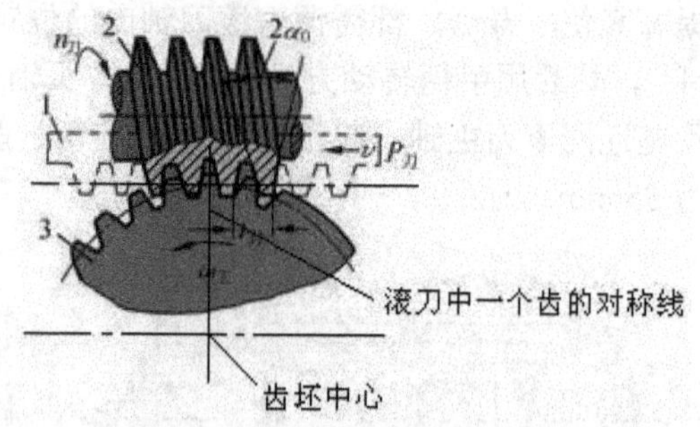

图 2.23　滚刀对中示意图

——采用对刀架和对刀棒对中。对精度要求较高的齿轮(7 级以上)，可用对刀架对中。对刀时，选用和滚刀模数相对应的对刀棒放在对刀架的中心孔中，并紧塞在滚刀齿槽内，调整滚刀轴向位置，使对刀棒在齿槽两侧都紧贴就行了。

(c) 适时窜位。滚刀在滚切齿轮时，通常情况下只有中间几个刀齿切削工件，因此这几个刀齿容易磨损。为使各刀齿磨损均匀，延长滚刀耐用度，可采取当滚刀切削一定数量的齿轮后，用手动或机动方法沿滚刀轴线移动一个或几个齿距，以提高滚刀寿命。

(d) 及时刃磨。滚齿时，当发现齿面粗糙度在 *Ra*3.2μm 以上，或有光斑、声音不正常，或在精切齿时滚刀刀齿后刀面磨损超过 0.5mm，粗切齿超过 1.0 mm 时，就应重磨滚刀。对滚刀的重磨必须予以重视，使切削刃仍处于基本蜗杆螺旋面上，如果滚刀重磨不正确，会使滚刀失去原有的精度。

滚刀的刃磨应在专用滚刀刃磨机床上进行。若没有专用刃磨机床，可在万能工具磨床上装一专用夹具来重磨滚刀。专用夹具使滚刀作螺旋运动，并精密分度。注意不能徒手刃磨。

④ 工作台结构和工件的安装。

a. 工作台结构。图 2.24 所示为 Y3150E 型滚齿机的工作台结构。工作台 2 的下部有一圆锥体，与溜板 1 壳体上的锥体滑动轴承 17 精密配合，以定中心。工作台支承在溜板壳体的环形平面导轨 M 和 N 上作旋转运动。分度蜗轮 3 用螺栓及定位销固定在工作台的下平面上，与分度蜗轮相啮合的蜗杆 7 由两个圆锥滚子轴承 4 和两个角接触球轴承 8 支承着，通过双螺母 5 可以调节圆锥滚子轴承 4 的间隙。底座 12 用它的圆柱表面 P_2 与工作台中心孔上的 P_1 孔配合定中心，并用 T 形螺钉 11 紧固在工作台 2 上；工件心轴 15 通过莫氏锥孔配合，安装在底座 12 上，用其上的压紧螺母 13 压紧，用锁紧套 14 两旁的螺钉锁紧以防松动。

加工小尺寸的齿轮工件时，可安装在工件心轴 15 上，心轴上的圆柱体 D 可用后立柱支架上的顶尖或套筒支承起来。加工大尺寸的齿轮时，可用具有大端面的心轴底座装夹，并尽量在靠近加工部位的轮缘处夹紧。

b. 工件的安装。滚齿加工中，工件的安装形式很多，它不仅与工件的形状、大小、精度要求等有关，而且还受到生产批量和装备条件的限制。滚齿加工通常用端面及内孔定位的方式进行安装，如图 2.25 所示，工件以内孔定心，以端面作为支承，定心心轴 2 装在铸铁底座 5 的钢套 4 上，用螺母压紧。为了适应加工不同尺寸的工件，在底座上可以安装不同规格的心轴，还有可胀心轴和花键心轴等。

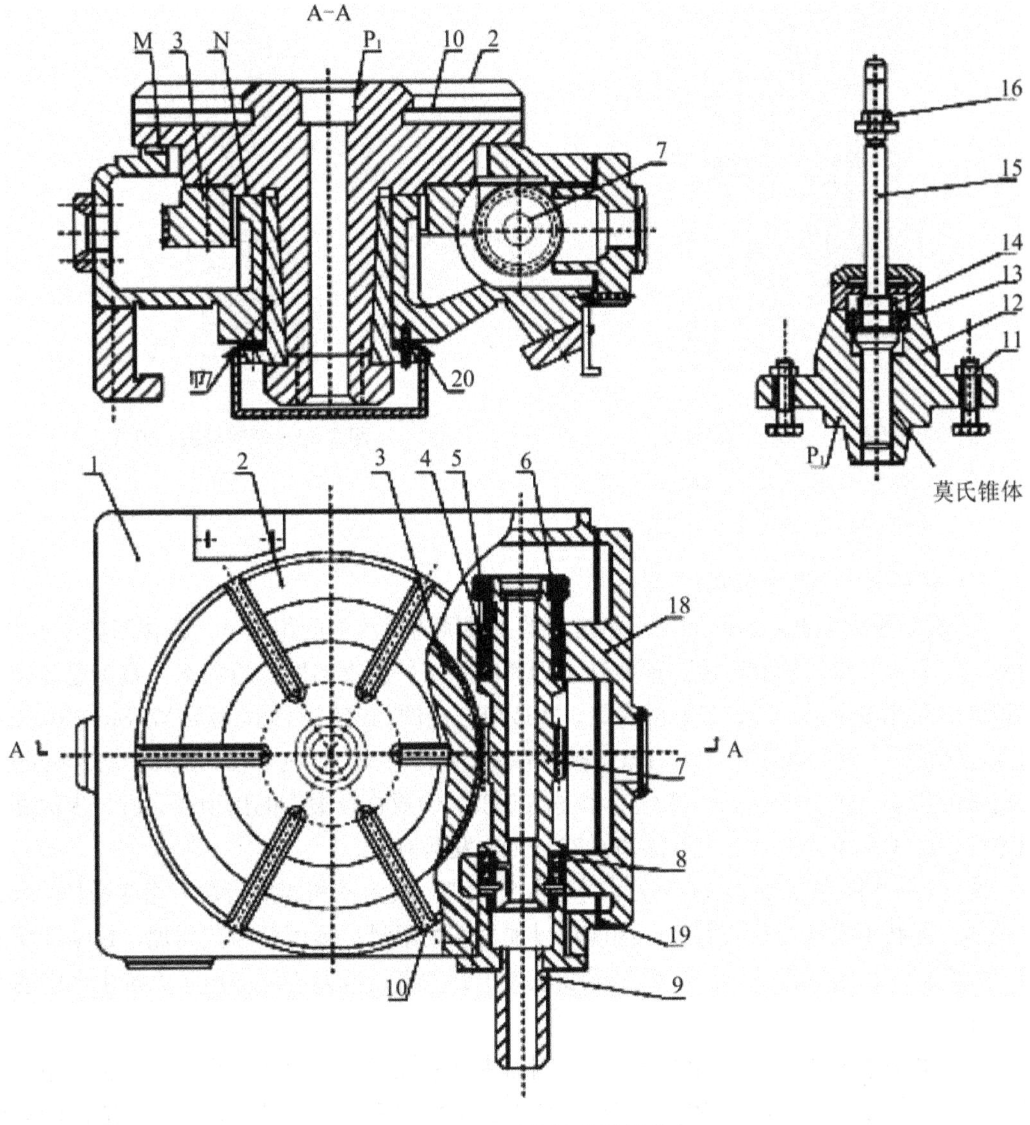

图 2.24　Y3150E 型滚齿机工作台

1—溜板；2—工作台；3—分度蜗轮；4—圆锥滚子轴承；5—双螺母；6—隔套；7—蜗杆；
8—角接触球轴承；9—套筒；10—T 形槽；11—T 型螺钉；12—底座；13、16—压紧螺母；
14—锁紧套；15—工件心轴；17—锥体滚动轴承；18—支架；19、20—垫片；
M、N—环形平面导轨；P_1—工作台中心孔上的面；P_2—底座上的圆柱表面

安装夹具时，由于心轴与机床工作台回转中心不重合、或齿坯内孔与心轴间有间隙、安装时偏向一边或基准端面定位不好、夹紧后内孔相对工作台中心产生偏斜等，都会使切齿时产生齿轮的径向误差。为了提高定心精度，可采用精密可胀心轴以消除配合间隙。

加工齿轮轴时，一般采用双顶尖方式或是一夹一顶的方式。如图 2.26 所示为双顶尖装夹方式，采用鸡心夹头拨动，也可以把下顶尖改为三爪卡盘或弹簧夹头。采用这种装夹方式，夹具结构简单，装夹方便，但是比较容易使轴颈表面受到破坏，所以使用时轴颈常留出一定的加工余量或是外加铜片，避免装夹时造成的损坏。

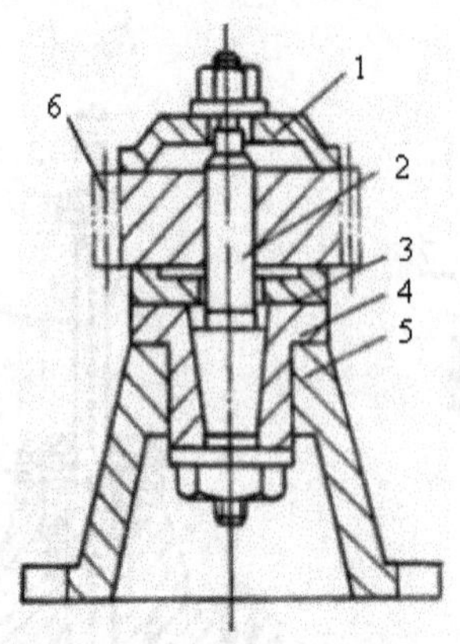

图 2.25　滚齿安装方式

1—压套；2—心轴；3—垫圈；
4—钢套；5—底座；6—齿坯

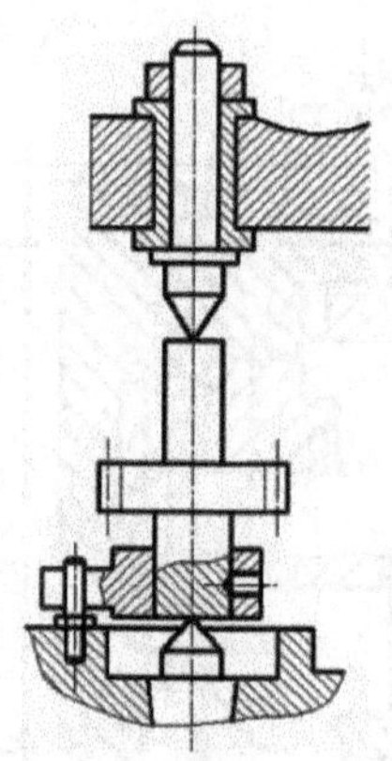

图 2.26　齿轮轴装夹方式

(5) 提高滚齿生产率的途径。

① 提高滚齿速度。目前提高滚齿速度的主要障碍是滚刀耐用度低，滚齿机的刚度低、功率小。为提高滚刀的耐用度，研制新型刀具材料是关键性问题。近年来，我国已开始设计和制造高速滚齿机，同时研制的含钴、钼成分较高的高速钢，如牌号为 W6Mo5Cr4V2Al 的高速钢滚刀，硬度可达 66～70HRC，热硬性好、耐用度高，切削速度可达 80～120m/min，轴向进给量 f=1.5～2.8mm/r，使生产率提高 25%。硬质合金滚刀的出现，为进一步提高切削速度创造了条件。总之，高速滚齿具有一定的发展前途。

② 采用大直径滚刀和多头滚刀。外径大的滚刀，其内径和圆周齿数可相应增加。内孔直径加大有利于提高刀杆的刚度，因而可以加大切削用量；圆周刀齿数增加，包络齿面的刀刃数增多，切削过程平稳，齿面粗糙度值减小。大直径滚刀广泛应用于大量生产中的剃齿前加工。

采用多头滚刀切齿，齿坯转速提高，因而生产率提高。但由于多头滚刀螺旋升角大，刀具齿形误差较大，被切齿轮的齿形误差变大；多头滚刀存在分度误差，会造成齿轮的周节偏差；多头滚刀加工包络齿面的刀齿数较少，被切齿面粗糙度较大。因此，多头滚刀多用于粗滚和半精滚。采用多头滚刀应注意被切齿轮的齿数不应为滚刀头数的倍数，这样可以减小滚刀分头误差对周节误差的影响。

③ 改进滚齿加工方法。

a．多件加工。将几个齿坯串装在心轴上加工，可以减少滚刀对每个齿坯的切入切出时间及装卸时间。

b．采用径向切入。滚齿时滚刀切入齿坯的方法有径向切入和轴向切入两种。径向切入比轴向切入行程短，可节省切入时间，对大直径滚刀滚齿时尤为突出。

c．采用轴向窜刀。滚刀工作过程中刀齿的负荷是不均匀的，当负荷最重的刀齿达到磨损标准需要重磨时，可将滚刀在轴向移动一段距离(轴向窜刀)后继续切削，这样不仅提高了刀具的耐用度，而且也可减少换刀次数和换刀时间。但机床需配有窜刀机构。

d. 对角滚齿。在滚齿过程中，滚刀在沿齿坯轴向进给的同时，还沿滚刀自身轴线方向作切向进给(连续移动)，这就形成了对角滚齿，如图 2.27(a)所示。用对角滚齿法滚齿，齿面刀痕成交叉网纹，如图 2.27(b)所示。而一般滚齿齿面刀痕成条状，如图 2.27(c)所示。

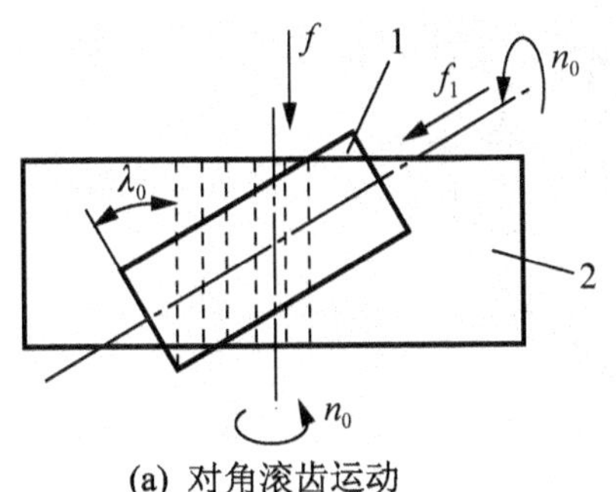

(a) 对角滚齿运动

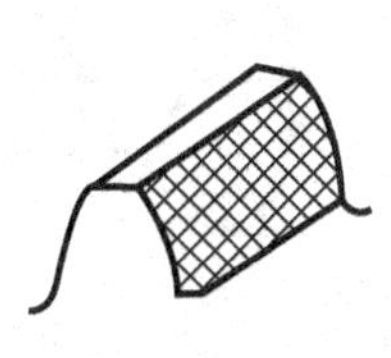

(b) 对角滚齿齿面刀痕

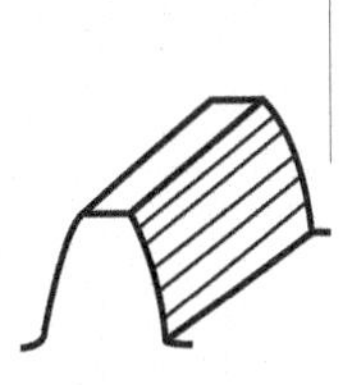

(c) 一般滚齿齿面刀痕

图 2.27　对角滚齿

1—滚刀；2—齿坯

对角滚齿的优点是滚刀全长内的刀齿都参加切削，刀齿负荷均匀，刀具耐用度提高，加工齿面粗糙度值减小，对以后的剃齿是有利的。对角滚齿要求机床具有切向进给机构，且需要适当加长滚刀的长度。此外还需增加一些调整、计算工作量，且对角滚齿的齿向精度较差。

特别提示

滚齿加工的工艺特点

(1) 加工精度高。属于展成法的滚齿加工，不存在成形法铣齿的那种齿形曲线理论误差，所以分齿精度高，一般可加工 8～7 级精度的齿轮。

(2) 生产率高。滚齿加工属于连续切削，无辅助时间损失，生产率一般比铣齿、插齿高。

(3) 一把滚刀可加工模数和压力角与滚刀相同而齿数不同的圆柱齿轮。

在齿轮齿形加工中，滚齿应用最广泛，它除可加工直齿、斜齿圆柱齿轮外，还可以加工蜗轮、花键轴等。但一般不能加工内齿轮、扇形齿轮和相距很近的双联齿轮。滚齿适用于单件小批生产和大批大量生产。

知识拓展

滚齿加工质量分析

1. 影响传动精度的加工误差分析

影响齿轮传动精度的主要原因是在加工中滚刀和被切齿轮的相对位置和相对运动发生了变化。相对位置的变化(几何偏心)产生齿轮的径向误差，它以齿圈径向跳动ΔF_r来评定；相对运动的变化(运动偏心)产生齿轮切向误差，它以公法线长度变动ΔF_w来评定。现分别加以讨论。

(1) 齿轮的径向误差。齿轮径向误差是指滚齿时，由于齿坯的实际回转中心与其基准孔中心不重合，使所切齿轮的轮齿发生径向位移而引起的周节累积公差，如图 2.28 所示。从图中可以看出，O 为切齿时的齿坯回转中心，O'为齿坯基准孔的几何中心(即齿轮工作时的回转中心)。

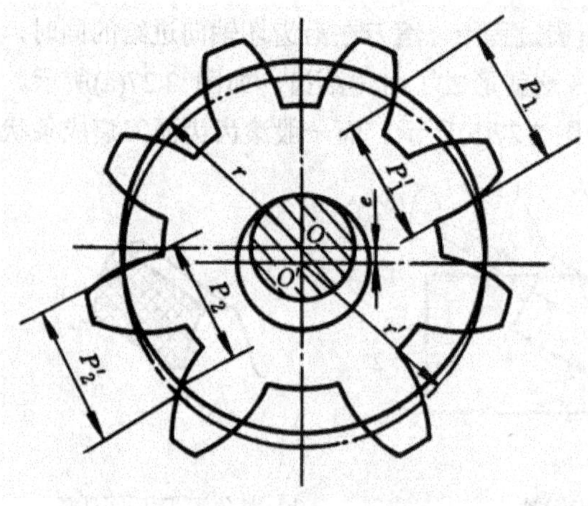

图 2.28　几何偏心引起的径向误差

r—滚齿时的分度圆半径；r'—以孔轴心 O'为旋转中心时，齿圈的分度圆半径

齿轮的径向误差一般可通过测量齿圈径向跳动ΔF_r反映出来。切齿时产生齿轮径向误差的主要原因如下。

① 调整夹具时，心轴和机床工作台回转中心不重合。

② 齿坯基准孔与心轴间有间隙，装夹时偏向一边。

③ 基准端面定位不好，夹紧后内孔相对工作台回转中心产生偏心。

(2) 齿轮的切向误差。齿轮的切向误差是指滚齿时，实际齿廓相对理论位置沿圆周方向(切向)发生位移所引起的齿距累积误差，如图 2.29 所示。由图中可以看出，当轮齿出现切向位移时，图中每隔一齿所测公法线的长度是不等的。如 2、8 齿间的公法线长度明显大于 4、6 齿间的公法线长度。所以，当齿轮出现切向位移时，可通过测量公法线长度变动ΔF_W来反映。因此在生产中公法线长度变动可以作为评定齿轮传递运动准确性的指标之一。

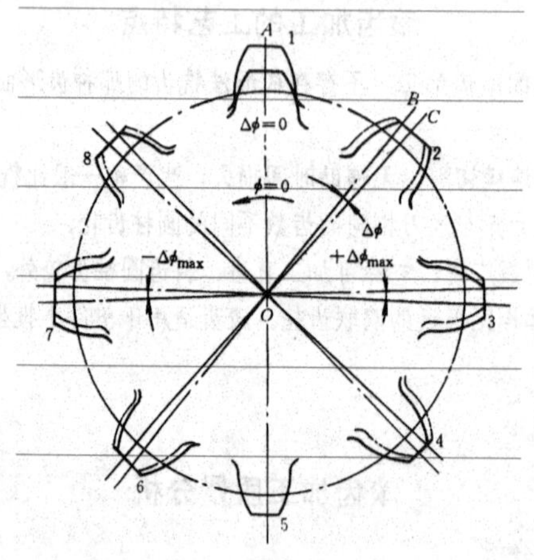

图 2.29　齿轮的切向误差

切齿时产生齿轮切向误差的主要原因是分齿传动链的传动误差。在分齿传动链的各传动元件中，对传动误差影响最大的是工作台下的分度蜗轮。分度蜗轮在制造和安装中与工作台回转中心不重合(运动偏心)，使工作台回转中发生转角误差，并复映给齿轮。影响传动误差的另一重要因素是分齿挂轮的制造和安装误差，这些误差也以较大的比例传递到工作台上。

为了减少齿轮的切向误差，主要应提高机床分度蜗轮的制造和安装精度。对高精度滚齿机还可通过校正装置去补偿蜗轮的分度误差，使被加工齿轮获得较高的加工精度。

2. 影响齿轮工作平稳性的加工误差分析

影响齿轮传动工作平稳性的主要因素是齿轮的齿形误差Δf_f和基节偏差Δf_{pb}。齿形误差会引起每对齿轮啮合过程中传动比的瞬时变化；基节偏差会引起一对齿过渡到另一对齿啮合时传动比的突变。齿轮传动由于传动比瞬时变化和突变而产生噪声和振动，从而影响工作平稳性精度。

滚齿时产生的齿轮基节偏差较小，而齿形误差通常较大。下面分别进行讨论。

(1) 齿形误差。齿形误差主要是由于齿轮滚刀的制造、刃磨误差及安装误差等原因造成的，因此在滚刀的每一转中都会反映到齿面上。滚齿后常见的齿形误差如图 2.30 所示，图(a)为齿面出棱，图(b)为齿形不对称，图(c)为齿形角误差，图(d)为齿面上的周期性误差，图(e)为齿轮根切。其中齿面出棱、齿形不对称和根切可直接看出来；而齿形角误差和周期误差需要通过仪器才能测出。应该指出，图 2.30 所示的误差是齿形误差的几种单独表现形式，实际齿形误差常是上述几种形式的叠加。这样，由于齿轮的齿面偏离了正确的渐开线，使齿轮传动中瞬时传动比不稳定，影响齿轮的工作平稳性。

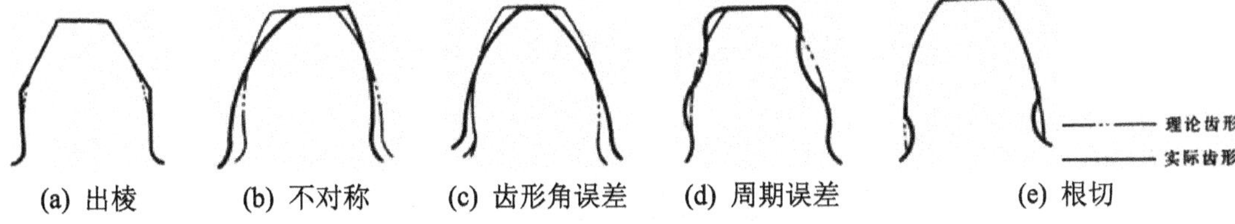

图 2.30 滚齿后常见的齿形误差

(2) 基节偏差。滚齿时，齿轮的基节应等于滚刀的基节。齿轮的基节偏差主要受滚刀基节偏差的影响。滚刀基节的计算式为

$$p_{b0}=p_{n0}\cos\alpha_0=p_{t0}\cos\lambda_0\cos\alpha_0\approx p_{t0}\cos\alpha_0$$

式中：p_{b0}——滚刀基节；

p_{n0}——滚刀法向齿距；

p_{t0}——滚刀轴向齿距；

α_0——滚刀法向齿形角；

λ_0——滚刀分度圆螺旋升角，一般很小，因此$\cos\lambda_0\approx 1$。

由上式可见，为减少基节偏差，滚刀制造时应严格控制轴向齿距及齿形角误差，同时对影响齿形角误差和轴向齿距误差的刀齿前刀面的非径向性误差也要加以控制。

3. 影响齿轮接触精度的加工误差分析

齿轮齿面的接触状况直接影响齿轮传动中载荷分布的均匀性。齿轮接触精度受到齿宽方向接触不良和齿高方向接触不良的影响。滚齿时，影响齿高方向接触精度的主要因素是齿形误差Δf_f和基节偏差Δf_{pb}。影响齿宽方向接触精度的主要因素是齿向误差ΔF_β。此处只分析影响齿向误差ΔF_β的主要因素。

齿向误差ΔF_β是指在分度圆柱面上，齿宽工作部分范围内，包容实际齿线且距离为最小的两条设计齿线之间的端面距离。产生齿向误差的主要原因如下。

(1) 滚齿机刀架导轨相对于工作台回转轴线存在平行度误差，如图 2.31 所示。

(2) 齿坯装夹歪斜。夹具支承端面与回转轴线的垂直度误差，或齿坯孔与定位端面的垂直度误差及垫圈两端面不平行等工件的装夹误差均会造成被切齿轮的齿向误差，如图 2.32 所示。

(3) 滚切斜齿轮时，除上述影响因素外，机床差动挂轮计算的误差也会影响齿轮的齿向误差。

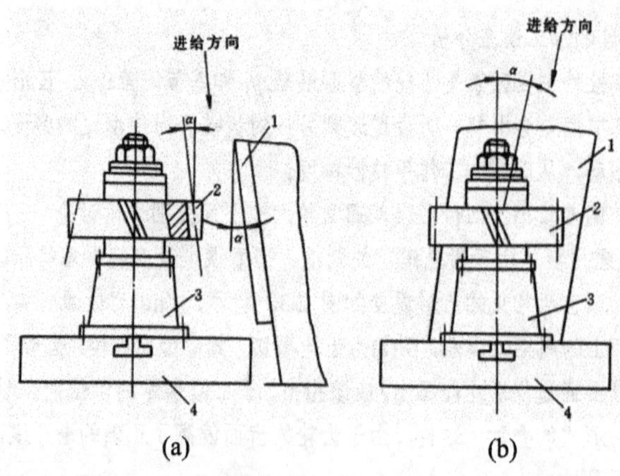

图 2.31　滚齿机刀架导轨误差对齿向误差的影响

1—刀架导轨；2—齿坯；3—夹具底座；4—机床工作台

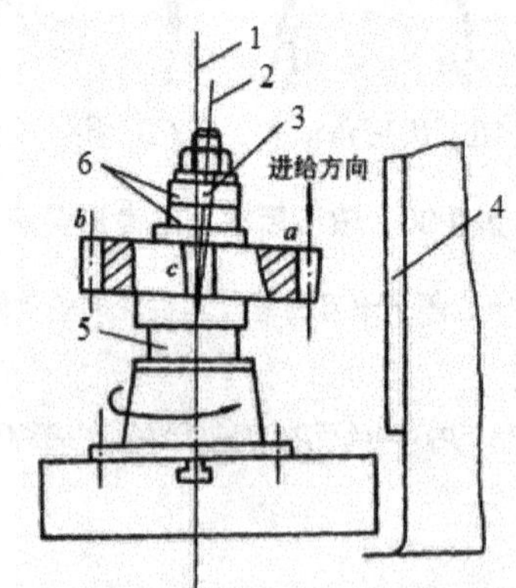

图 2.32　齿坯安装歪斜对齿向误差的影响

1—工作台回转轴线；2—心轴轴线；3—齿坯内孔轴线；4—刀架导轨；5、6—垫圈

2) 插齿(gear shaping)

(1) 插齿原理与运动。用插齿刀按展成法或成形法加工内、外齿轮或齿条等的齿面称为插齿。插齿也是生产中普遍应用的一种切齿方法。

① 插齿原理。从插齿过程分析其原理，如图 2.33 所示，插齿相当于一对轴线相互平行的圆柱齿轮相啮合。插齿刀相当于一个磨有前、后角并具有切削刃的高精度齿轮，而齿轮齿坯则作为另一个齿轮。工件和插齿刀的运动形式，如图 2.33(a)所示。插齿时刀具沿工件轴线方向作高速的往复直线运动，形成切削加工的主运动，同时还与工件做无间隙的啮合运动，在工件上加工出全部轮齿齿廓。在加工过程中，刀具每往复一次仅切出工件齿槽的很小一部分，工件齿槽的齿面曲线是由插齿刀切削刃多次切削的包络线所组成的，如图 2.33(b)所示。

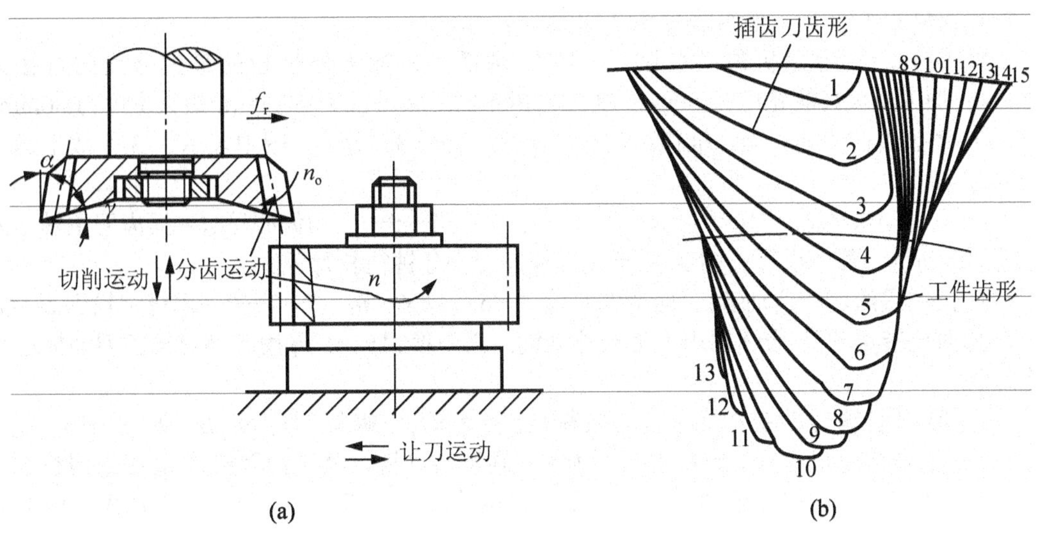

图 2.33　插齿时的运动

② 插齿加工时，插齿机必须具备以下运动，如图 2.33 所示。

a．主运动。插齿时的主运动是指插齿刀的上、下往复运动。以每分钟的往复次数来表示，向下为切削行程，向上为返回行程。

b．分齿展成运动。插齿时，插齿刀与工件之间必须保持一对齿轮副的啮合运动关系，即插齿刀每转过一个齿($1/z_{刀转}$)时，工件也必须转过一个齿($1/z_{工转}$)。

c．径向进给运动。插齿时，为了逐渐切至工件的全齿深，插齿刀必须有径向进给运动。径向进给量用插齿刀每次往复行程中工件或刀具径向移动的毫米数来表示。当达到全齿深时，机床便自动停止径向进给运动，之后工件和刀具必须对滚一周，才能加工出全部轮齿。

d．圆周进给运动。展成运动只确定插齿刀和工件的相对运动关系，而运动快、慢由圆周进给运动来确定。插齿刀每一往复行程在分度圆上所转过的弧长称为圆周进给量，其单位为 mm/往复行程。

e．让刀运动。为了避免插齿刀在回程时擦伤已加工表面和减少刀具磨损，刀具和工件之间应让开一段距离，而在插齿刀重新开始向下工作行程时，应立即恢复到原位，以便刀具向下切削工件。这种让开和恢复原位的运动称为让刀运动。一般新型号的插齿机通过刀具主轴座的摆动来实现让刀运动，以减小让刀产生的振动。

(2) 插齿机。插齿机多用于粗、精加工内外啮合的直齿圆柱齿轮，特别适用于加工在滚齿机上不能加工的双联、多联齿轮、内齿轮。当机床上装有专用装置后，可以加工斜齿圆柱齿轮及齿条。

插齿机分立式和卧式两种，立式插齿机使用最普遍。立式插齿机又有刀具让刀和工件让刀两种形式。高速和大型插齿机用刀具让刀，中、小型插齿机一般用工件让刀。在立式插齿机上，插齿刀装在刀具主轴上，同时作旋转运动和上下往复插削运动；工件装在工作台上，作旋转运动，工作台(或刀架)可横向移动实现径向切入运动。刀具回程时，刀架向后稍作摆动，以便实现让刀运动或工作台作让刀运动。加工斜齿轮时，通过装在主轴上的附件(螺旋导轨)使插齿刀随上下运动而作相应的附加转动。20 世纪 60 年代出现高速插齿机，其主要特点是采用硬质合金插齿刀，刀具主轴的冲程数高达 2000 次/min；采用静压轴承和静压滑块；由刀架摆动实现让刀，以减少冲击。

① Y5132 型插齿机的组成如图 2.34 所示。

② Y5132 型插齿机加工范围。Y5132 型插齿机加工外齿轮的最大分度圆直径为 320mm，加工最大齿轮宽度为 80mm，加工内齿轮的最大外径为 500mm，最大宽度为 50mm。

③ 插齿机的传动原理。插齿机的传动原理如图 2.35 所示。图中表示了 3 个成形运动的传动链。

a．主运动传动链：“电动机 M—1—2—u_v—3—4—5—曲柄偏心轮 *A*—插齿刀主轴”为主运动传动链，其中换置机构 u_v 用于改变插齿刀每分钟往复行程数。

b．圆周进给运动传动链：“曲柄偏心轮 *A*—5—4—6—u_f—7—8—9—蜗杆蜗轮副 *B*—插齿刀主轴(旋转运动)”为圆周进给运动传动链，其中换置机构 u_f 用来调整插齿刀圆周进给量大小。

c．展成运动传动链：“插齿刀主轴(旋转运动)—蜗杆蜗轮副 *B*—9—8—10—u_x—11—12—蜗杆蜗轮副 *C*—工作台主轴”为展成运动传动链，其中换置机构 u_x 用来调整插齿刀与工件所需的准确相对运动关系。由于让刀运动及径向切入运动不直接参加表面成形运动，因此没有在图中表示。

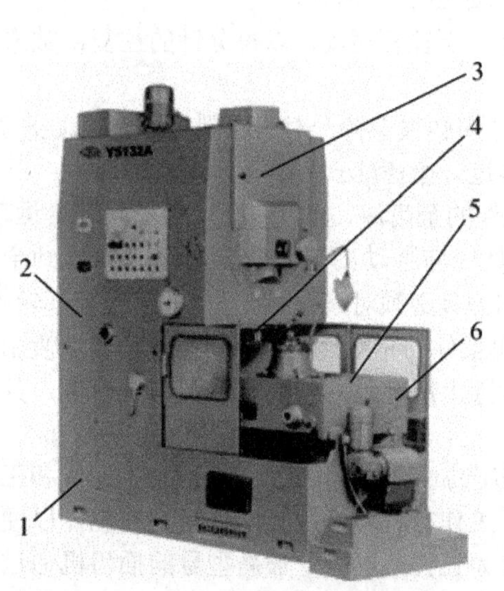

图 2.34　Y5132 型插齿机外形图

1—床身；2—立柱；3—刀架；
4—主轴；5—工作台；6—工作台溜板

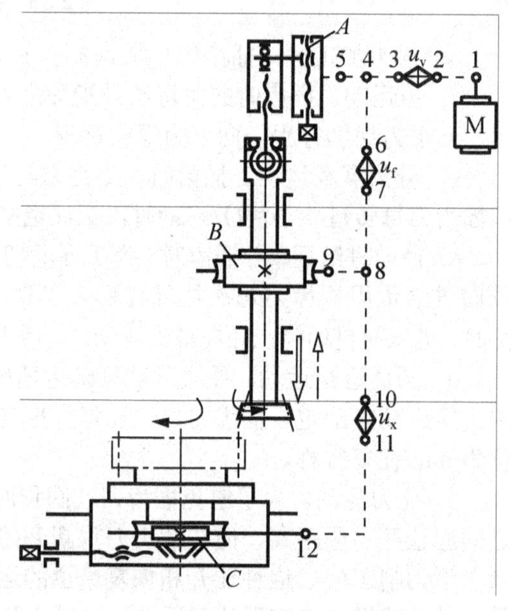

图 2.35　插齿机的传动原理图

(3) 插齿刀(pinion cutter)。

① 插齿刀的产生齿轮。图 2.33 所示为直齿插齿刀加工直齿圆柱齿轮的情形。插齿刀的形状很像齿轮，它的模数和名义齿形角等于被加工齿轮的模数和齿形角，不同的是插齿刀有切削刃和前后角。用螺母紧固在机床主轴上的插齿刀随主轴一起往复运动，它的切削刃便在空间形成一个假想齿轮，称为产生齿轮，如图 2.36(a)所示。加工斜齿圆柱齿轮时用的是斜齿插齿刀，如图 2.36(b)所示，除了它的模数和齿形角应和被加工齿轮的相等外，其螺旋角还应和被加工齿轮的螺旋角大小相等，旋向相反。插齿时，插齿刀作主运动和展成运动的同时，还有一个附加的转动，使切削刃在空间形成一个假想的斜齿圆柱齿轮，此时

好像一对轴线平行的斜齿圆柱齿轮啮合。

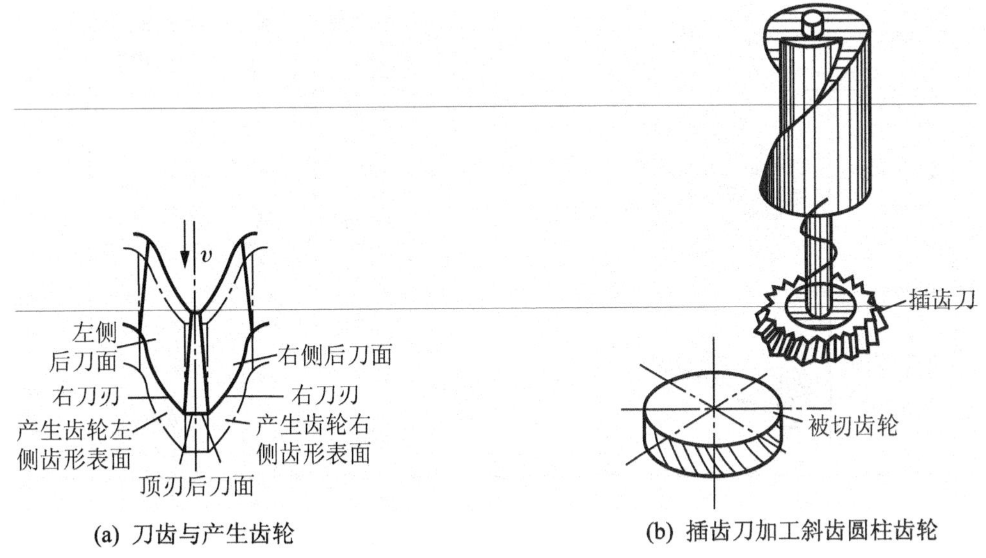

(a) 刀齿与产生齿轮　　(b) 插齿刀加工斜齿圆柱齿轮

图 2.36　插齿刀切齿原理

② 插齿刀的选用。

a．插齿刀的工作原理(Y5132 型插齿机)。插齿刀安装在插齿机床的主轴上，它具有圆周进给运动、上下直线切削主运动，还有让刀运动。工件逐渐地向插齿刀作径向切入的径向进给运动，并与插齿刀按规定传动比作啮合旋转运动(展成运动)。这样，被切齿轮坯转过一周后便成为齿轮。

b．插齿刀的分类及选用。插齿刀的类型及应用范围见表 2-7。

选用插齿刀时，除了根据被切齿轮的种类选定插齿刀的类型，使插齿刀的模数、齿形角和被切齿轮的模数、齿形角相等外，还需根据被切齿轮参数进行必要的校验，以防切齿时发生根切、顶切和过渡曲线干涉等。

插齿刀制成 AA、A、B 三级精度(参见 GB/T 6081—2001《直齿插齿刀　基本型式和尺寸》)，分别加工 6、7、8 级精度的齿轮。

表 2-7　插齿刀主要类型与规格、用途

序号	类型	简　　图	应用范围	规　　格		D 或莫氏锥度	
				d_0/mm	m		
1	盘形直齿插齿刀		加工普通直齿外齿轮和大直径内齿轮	ϕ63	0.3～1	31.743	AA、A、B
				ϕ75	1～4		
				ϕ100	1～6		
				ϕ125	4～8		
				ϕ160	6～10	88.90	
				ϕ200	8～12	101.60	

续表

序号	类型	简　　图	应用范围	规　　格		D或莫氏锥度	
				d_0/mm	m		
2	碗形直齿插齿刀		加工塔形、双联直齿轮	ϕ50	1～3.5	20 31.743	AA、A、B
				ϕ75	1～4		
				ϕ100	1～6		
				ϕ125	4～8		
3	锥柄直齿插齿刀		加工直齿内齿轮	ϕ25	0.3～1	莫氏 2号	A、B
				ϕ25	1～2.75		
				ϕ38	1～3.75	莫氏 3号	

知识拓展

直齿插齿刀的结构特点

(1) 插齿刀不同的端剖面是一个连续的变位齿轮。插齿刀的每一个刀齿都有3个刀刃，1个顶刃和2个侧刃。由图2.37(a)可知，由于插齿刀要有后角，所以仅切削刃处在产生齿轮表面上，顶刃后刀面和侧刃后刀面均缩在铲形齿轮以内。随着插齿刀沿前刀面重磨，直径逐渐缩小，齿厚也逐渐变薄。但要求齿形仍为同一基圆上的渐开线，这样才可以保证通过调节插齿刀与齿轮中心距后，仍能切出正确的渐开线齿形。为了满足这一要求，插齿刀各端剖面中的齿轮应为同一基圆具有不同变位系数的齿轮齿形。如图2.37所示，若0—0剖面中具有标准齿形，该剖面称为原始剖面，其变位系数χ=0。在原始剖面前端各剖面中，变位系数为正值。新插齿刀端剖面内(即Ⅰ—Ⅰ剖面)，χ值最大。在原始剖面的后端剖面中，变位系数为负值。使用到最后的插齿刀端剖面内(Ⅱ—Ⅱ)，χ值最小。

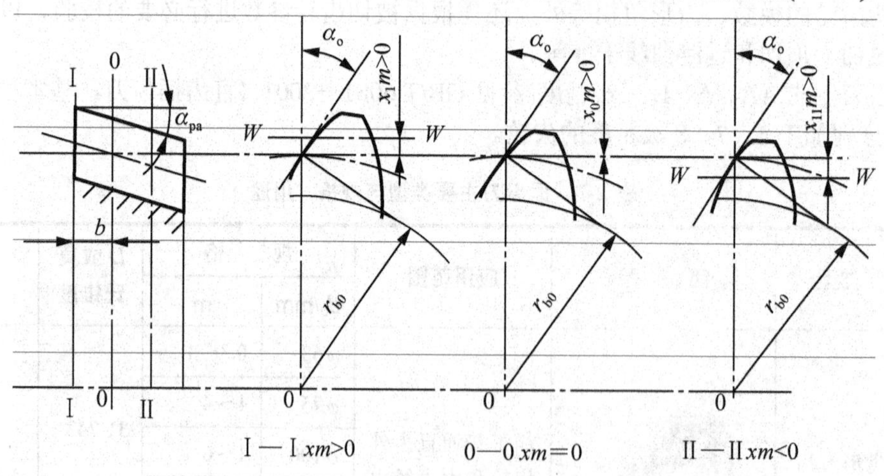

图2.37　插齿刀不同剖面的齿形

(2) 插齿刀的齿侧面是渐开螺旋面。为了使插齿刀的每个端剖面齿形成为变位系数不同的齿轮，将齿顶齿根按后角α_{pa}做成圆锥体，并按分度圆柱上螺旋角β_0值，将齿左侧磨成右旋渐开螺旋面，将齿右侧磨成左旋渐开螺旋面。这样一来，由渐开螺旋面的性质可知，齿侧表面在端剖面的截形仍是渐开线，并获得相等的两侧刃后角。

(3) 插齿刀的前角和齿形误差。为了减少齿形误差，标准插齿刀规定顶刃背前角$\gamma_{pa}=5°$，顶刃背后角$\alpha_{pa}=6°$。在制造插齿刀时，将分度圆压力角做得比标准齿形角略大些，以保证插齿刀加工出的齿轮在分度处的压力角为标准值。经过修正后的插齿刀在端面投影的曲线分度圆处的压力角为标准值，齿顶和齿根处略微增大，这样会使被切齿轮在齿顶和齿根处产生微量根切，有利于减少啮合时的噪声，如图 2.38 所示。

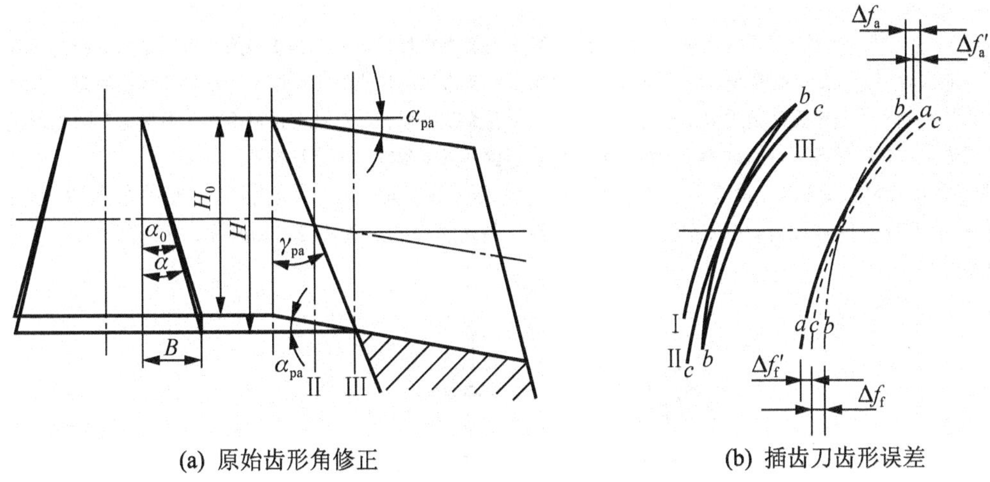

(a) 原始齿形角修正　　　　(b) 插齿刀齿形误差

图 2.38　插齿刀原始齿形角修正及齿形误差

(4) 工件的安装。插齿加工时工件通常用端面及内孔定位的方式进行安装，如图 2.39 所示。工件以内孔定心，以端面作为支承，定心心轴 2 装在插齿机的锥孔内，用螺母压紧。为了适应加工不同尺寸的工件，可以安装不同规格的心轴，还有可胀心轴和花键心轴等。

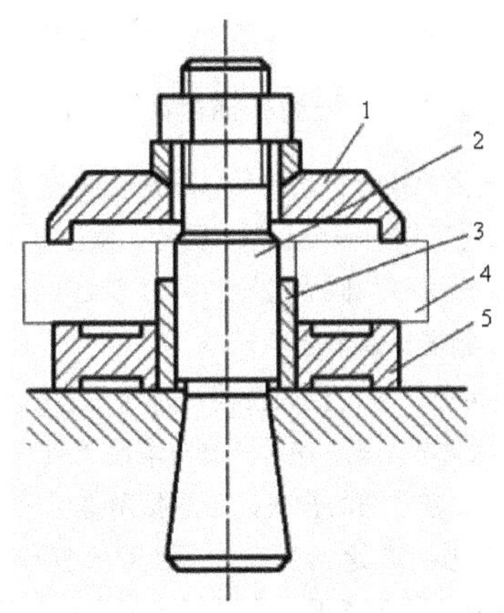

图 2.39　插齿安装方式

1—压套；2—心轴；3—衬套；4—齿坯；5—垫圈

(5) 提高插齿生产率的途径。

① 提高圆周进给量可减少机动时间，但圆周进给量和空行程时的让刀量成正比，因此，必须解决好刀具的让刀问题。

② 挖掘机床潜力，增加往复行程次数，采用高速插齿。有的插齿机每分钟往复行程次数可达 1200～1500 次/min，最高的可达到 2500 次/min。比常用的提高了 3～4 倍，使切削速度大大提高，同时也能减少插齿所需的机动时间。

③ 改进刀具参数，提高插齿刀的耐用度，充分发挥插齿刀的切削性能。如采用 W18Cr4V 插齿刀，切削速度

可达到 60m/min；加大前角至 15°，后角至 9°，可提高耐用度 3 倍；在前刀面磨出 1～1.5mm 宽的平台，也可提高耐用度 30%左右。

(6) 插齿与滚齿工艺特点比较。插齿与滚齿同为常用的齿形加工方法，它们的加工精度和生产率也大体相当。但在加工质量(精度指标)、生产率和应用范围等方面又各自有其特点。

① 加工质量。

a. 插齿的齿形精度比滚齿高。滚齿时，形成齿形包络线的切线数量只与滚刀容屑槽的数目和基本蜗杆的头数有关，它不能通过改变加工条件而增减；但插齿时，形成齿形包络线的切线数量由圆周进给量的大小决定，并可以选择。此外，制造齿轮滚刀时是近似造形的蜗杆来替代渐开线基本蜗杆，这就有造形误差。而插齿刀的齿形比较简单，可通过高精度磨齿获得精确的渐开线齿形。所以插齿可以得到较高的齿形精度。

b. 插齿后的齿面粗糙度值比滚齿小。这是因为滚齿时，滚刀在齿向方向上作间断切削，形成如图 2.40(a)所示的鱼鳞状波纹；而插齿时，插齿刀沿齿向方向的切削是连续的，如图 2.40(b)所示。所以插齿时，齿面粗糙度较细。

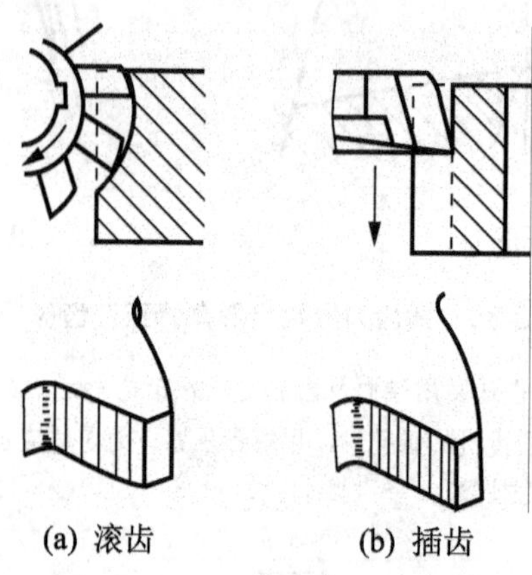

(a) 滚齿　　(b) 插齿

图 2.40　滚齿和插齿齿面的比较

c. 插齿的运动精度比滚齿差。这是因为插齿机的传动链比滚齿机多了一个刀具蜗轮副，即多了一部分传动误差。另外，插齿刀的一个刀齿相应地切削工件的一个齿槽，因此，插齿刀上的齿距累积误差必然会反映到工件上；而滚齿时，因为工件的每一个齿槽都是由滚刀相同的 2～3 圈刀齿加工出来的，故滚刀的齿距累积误差不影响被加工齿轮的齿距精度，所以滚齿的运动精度比插齿高。

d. 插齿的齿向误差比滚齿大。插齿时的齿向误差主要决定于插齿机主轴往复运动轨迹与工作台回转轴线的平行度误差。由于插齿刀工作时往复运动的频率高，使得主轴与套筒之间的磨损大，因此插齿的齿向误差比滚齿大。

所以就加工精度来说，对运动精度要求不高的齿轮，可直接用插齿来进行齿形精加工，而对于运动精度要求较高的齿轮和剃齿前齿轮(剃齿不能提高运动精度)，则用滚齿较为有利。

② 生产率。切制模数较大的齿轮时，插齿速度要受到插齿刀主轴往复运动惯性和机床刚性的制约；切削过程又有空程时间损失，故插齿的生产率不如滚齿高。但在加工小模数、多齿数并且齿宽较窄的齿轮时，插齿的生产率会比滚齿高。

③ 滚、插齿应用范围。从上面分析可得出两种齿轮加工方法的应用范围如下。

a. 加工带有台肩的齿轮以及空刀槽很窄的双联或多联齿轮，只能用插齿。这是因为插齿刀“切出”时只需要很小的空间，而滚齿时滚刀会与大直径部位发生干涉。

b. 加工无空刀槽的人字齿轮，只能用插齿。

c. 加工内齿轮，只能用插齿。

d. 加工蜗轮，只能用滚齿。

e. 加工斜齿圆柱齿轮，两者都可用，但滚齿比较方便。插制斜齿轮时，插齿机的刀具主轴上须设有螺旋导轨，来提供插齿刀的螺旋运动，并且要使用专门的斜齿插齿刀，所以很不方便。

特别提示

齿轮加工机床安全操作规程

(1) 操作者必须熟悉此类机床的传动系统、加工范围、结构性能、原理及操作维护规程，凭操作合格证操作，严禁超性能使用。

(2) 上班前穿好工作服、扎好袖口，女工要戴好工作帽，禁止戴围巾、手套进行工作，禁止穿凉鞋进入工作岗位。

(3) 开机前应检查各部分螺钉，调节螺钉是否紧固和松紧适度，砂轮有无伤痕、缺口、松动现象；按设备点检卡检查机床，并按润滑规定加好润滑油和润滑油脂，检查油标、油量、油质是否清洁。

(4) 工作前要正确选择刀具，并要装夹牢靠，不准用机动对刀和上刀，刀架角度搬动后要紧固。砂轮选择必须符合使用要求(合格证、粒度、线速度标准等)并进行平衡。

(5) 工作前要正确计算各挂轮架的齿轮、齿数，啮合间隙要合适。挂轮架内不准有杂物。

(6) 工件装卡要牢固，但不得用加长套管的扳手。

(7) 齿轮毛坯必须牢固地安装在心轴上，若同时安放多件毛坯，其端面要紧密靠拢，各接触面间不得有切屑和脏物。

(8) 滚刀杆放到主轴上时，必须用刀杆紧固螺钉将其固定；滚刀装上后，再将后轴承放上，旋紧螺钉并用压板压紧，最后将滚刀紧牢。

(9) 刚开始工作时吃刀量要小，待工件锐角铣开后才准吃大刀。

(10) 工作中要经常检查工件、刀具及挂轮架的紧固情况，防止松动。

(11) 在挂轮、夹压工件及更换刀具时，要停车进行。当加工中须停车时，应先退出刀具。

(12) 机床在运转中严禁变换速度。严禁在机床运转中进行擦拭、调整、测量和清扫等工作。

(13) 加工少齿数齿轮时，应按机床规定计算，不得超过工作台蜗杆的允许工作速度。

(14) 工作完毕后，必须清除设备上的灰尘，特别是砂轮架滑道凸轮，减少设备磨损。加工铸铁件后，应彻底清除切屑，防止研伤导轨。

(15) 要注意润滑和维护分度蜗轮和蜗杆，保持精度。

(16) 机床发生故障或异常声音时，必须停机检查修理或报修。

(17) 定期进行(数控)滚齿机精度检查，如有误差应及时调整。

(18) 工作后将各手柄放在非工作位置。刀架鞍子放在最低位置。工作台放在导轨中间位置后立即退回。松开紧固装置，切断电源，清扫机床，保持清洁、完好。

(19) 作好交接班工作及记录。

3. 齿形精度检测

1) 公法线千分尺(gear tooth micrometer)

公法线千分尺用于测量齿轮公法线长度，是一种通用的齿轮测量工具，如图 2.41 所示。当检验直齿轮时，公法线千分尺的两卡脚跨过 K 个齿，两卡脚与齿廓相切于 a、b 两点，两切点间的距离 ab 称为公法线(基圆切线)长度，用 W表示。

2) 齿厚游标卡尺(gear tooth vernier caliper)

齿厚游标卡尺专用于测量齿轮齿厚，形状像 90° 角尺，有平行和垂直两种，垂直尺杆专门测量齿顶之高度，平行齿杆则测量齿厚之厚度，如图 2.42 所示。尺测量时，以分度圆齿高 h_a 为基准来测量分度圆弦齿厚 s。由于测量分度圆弦齿厚是以齿顶圆为基准的，测量结果必然受到齿顶圆公差的影响。而公法线长度测量与齿顶圆无关。公法线测量在实际应

用中较广泛。 在齿轮检验中，对较大模数(m＞10mm)的齿轮，一般检验分度圆弦齿厚；对成批生产的中、小模数齿轮，一般检验公法线长度 W。

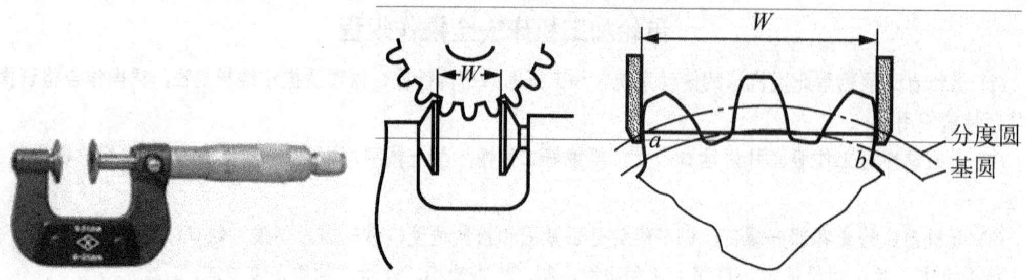

图 2.41　公法线千分尺

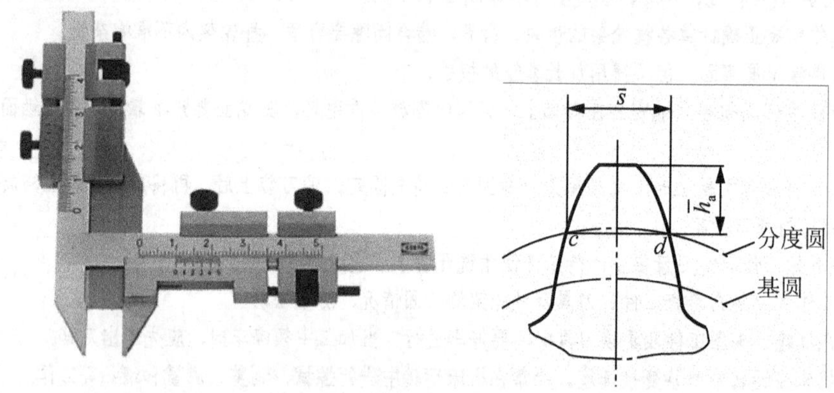

图 2.42　齿厚游标卡尺

3) 齿圈径向跳动检查仪(ring gear radial runout tester)

齿圈径向跳动检查仪用于检查圆柱、圆锥外啮合齿轮及蜗轮、蜗杆的径向跳动或端面跳动。齿圈径向跳动测量，测头可以用球形或锥形，如图 2.43 所示。

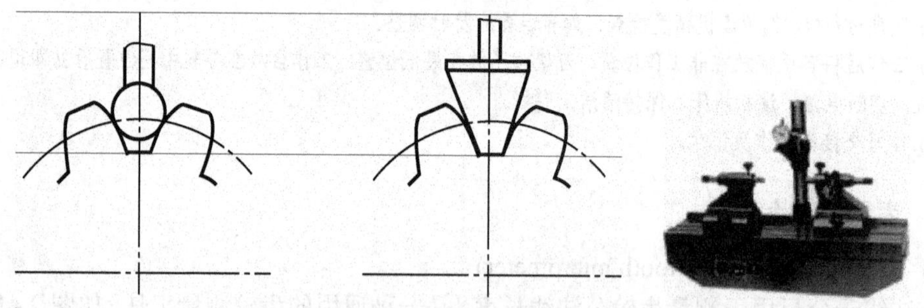

图 2.43　齿圈径向跳动检查仪及测量示意图

4) 齿形齿向测量仪

如图 2.44 所示，本仪器用于测量圆柱齿轮或齿轮刀具的渐开线齿形误差和螺旋线齿向误差，是一种结构简单、实用的高精度齿轮测量仪，广泛应用于计量室或车间检查点。

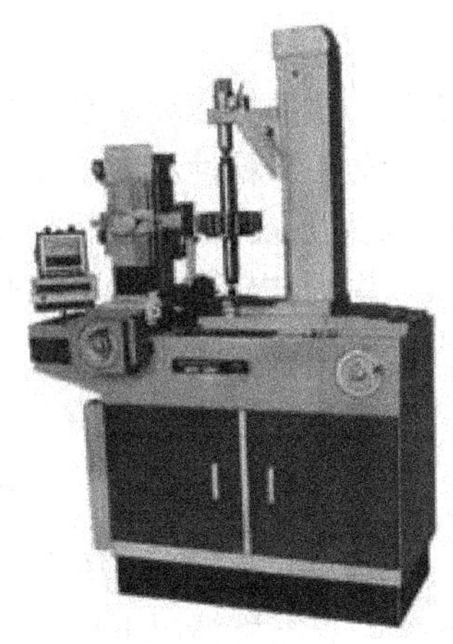

图 2.44　齿形齿向测量仪

2.1.3　任务实施

一、直齿圆柱齿轮机械加工工艺规程编制

1. 分析直齿圆柱齿轮的结构和技术要求

1) 圆柱齿轮的结构特点

齿轮的结构由于使用要求不同而有不同的结构形式，但从机械加工的角度来看，圆柱齿轮分轮体和齿圈两部分。按照齿圈上轮齿的分布形式，可分为直齿、斜齿、人字齿等；按照轮体的结构特点，齿轮大致可分为盘形齿轮、套筒齿轮、轴齿轮、扇形齿轮和齿条等，如图 2.45 所示。

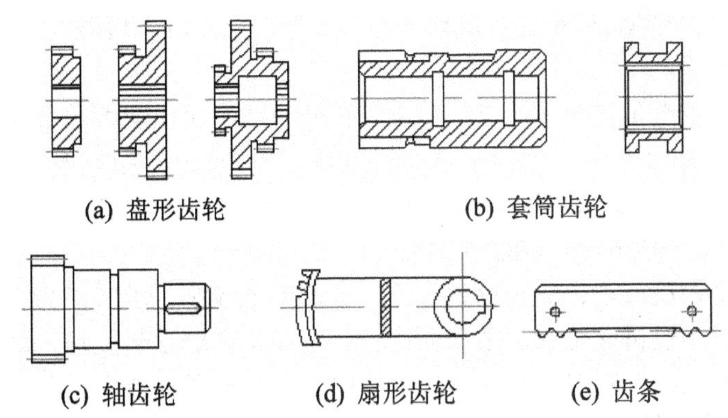

图 2.45　圆柱齿轮的常见结构形式

在上述各种齿轮中，以盘形齿轮应用最广。其特点是内孔多为精度较高的圆柱孔或花键孔，轮缘具有一个或多个齿圈。普通的单齿圈齿轮结构工艺性最好，可采用任何一种齿形加工方法加工轮齿；双联或三联等多齿圈齿轮[图 2.45(a)]，当其轮缘间的轴向距离较小时，小齿圈齿形的加工方法的选择就受到限制，通常只能选用插齿。如果小齿圈精度要求高，需要精滚、剃齿或磨齿加工，而轴向距离在设计上又不允许加大时，可将此多齿圈齿轮做成单齿圈齿轮的组合结构，以改善其加工工艺性。

2) 分析直齿圆柱齿轮的技术要求

图 2.2 所示的直齿圆柱齿轮，传递运动精度为 8 级，主要技术要求是齿圈径向跳动公差 F_r 为 0.045mm，公法线变动公差 F_w 为 0.040mm；传动的平稳性精度为 8 级，主要技术要求有齿距极限偏差 f_{pt} 为 ±0.020mm，基节极限偏差 f_{pb} 为 ±0.016mm；载荷分布的均匀性精度为 8 级，主要技术要求是齿向公差 F_β 为 0.018mm。端面与轴线有垂直度要求。齿面表面粗糙度 Ra 为 3.2μm。齿部需高频淬火，硬度达 45～50HRC。

2. 明确直齿圆柱齿轮毛坯状况

1) 齿轮的材料与毛坯

(1) 齿轮的材料。根据齿轮的工作条件(如速度与载荷)和失效形式(如点蚀、剥落或折断等)，制造齿轮常用的材料有锻钢和铸钢，其次是铸铁，在特殊情况下也可采用有色金属和非金属材料。

① 钢：含碳量为 0.1%～0.6%的钢较常用，因其性能最好(可通过热处理提高力学性能)。

a．锻钢：钢材经锻造，性能提高，最常用的是 45 钢。锻钢的强度比直接采用轧制钢材好，重要齿轮都采用锻钢。

中碳结构钢：采用 45 钢等进行调质或表面淬火。经热处理后，综合力学性能较好，但切削性能较差，齿面粗糙度值较大，适用于制造低速、载荷不大的齿轮。

中碳合金结构钢：采用 40Cr 进行调质或表面淬火。经热处理后其力学性能较 45 钢好、热处理变形小，用于制造速度、精度较高及载荷较大的齿轮。

渗碳钢：采用 20Cr 和 20CrMnTi 等进行渗碳或碳氮共渗。经渗碳淬火后齿面硬度可达 58～63HRC，芯部有较高的韧性，既耐磨损、又耐冲击，适于制造高速、中载或承受冲击载荷的齿轮。但渗碳处理后的齿轮变形较大，需进行磨齿加以纠正，成本较高。采用碳氮共渗处理变形较小，由于渗层较薄，承载能力不如前者。

氮化钢：采用 38CrMoAIA 进行氮化处理，变形较小，可不再磨齿，齿面耐磨性较高，适用于制造高速齿轮。

从齿面硬度和制造工艺来分，可把钢制齿轮分为软齿面和硬齿面齿轮。

软齿面齿轮(≤350HBW)：坯料→热处理(正火、调质)→切齿(一般 8 级、精切 7 级)。

硬齿面齿轮(≥350HBW)：坯料→热处理(正火)→切齿→表面硬化处理(淬火、氰化、氮化)→精加工(磨齿，一般 6 级，精磨 5 级)。

软齿面齿轮是调质或正火后进行精加工，齿面硬度较小，承载能力不高，但其制造工艺较简单，适用于一般机械传动。硬齿面齿轮在精加工后进行热处理，硬度较高，承载能力也较软齿面齿轮大，但制造工艺复杂，一般用于高速重载及结构要求紧凑的机械中。

b．铸钢：当齿轮的直径为 ϕ400～ϕ600mm 时，轮坯不宜于锻造，可采用铸钢，但其精加工前要进行正火处理，以消除铸件的残余应力和使硬度均匀化，利于切削。

② 铸铁：铸铁的铸造性能好，但抗弯强度和耐冲击性较差，自身所含石墨能起一定润滑作用。故开式齿轮传动中常采用铸铁齿轮。

③ 非金属材料：常用的有夹布胶木、工程塑料等。非金属材料的弹性模量小，齿轮易变形，可减轻动载荷和噪声，一般适用于高速轻载及精度要求不高的齿轮传动。

非传力齿轮也可以用铸铁、夹布胶木或锦纶等材料。

(2) 齿轮的毛坯。根据齿轮的材料、结构形状、尺寸大小、使用条件以及生产批量等因素确定毛坯的种类。

齿轮的毛坯形式主要有棒料、锻件和铸件。棒料用于小尺寸、结构简单且对强度要求不太高的齿轮。当齿轮强度要求高，并要求耐磨损、耐冲击时，多用锻造毛坯。生产批量较小或尺寸较大的齿轮采用自由锻造；生产批量较大的中小齿轮采用模锻。图 2.46 所示为齿坯模锻示意图。

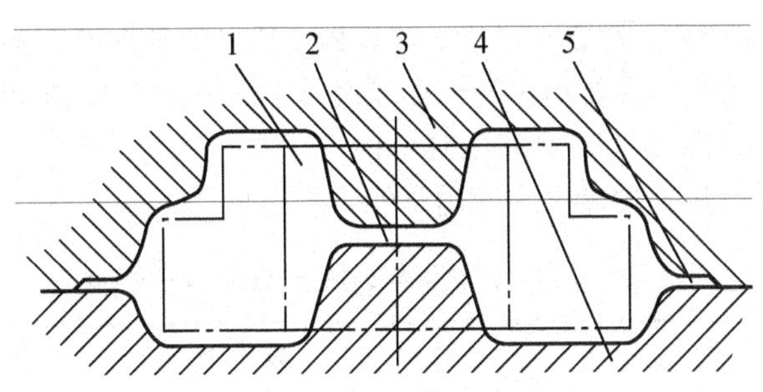

图 2.46　模锻齿轮毛坯

1—齿轮毛坯；2—连皮；3—上模；4—下模；5—飞边

对于直径＞ϕ400～ϕ600mm 且结构比较复杂、不便锻造的齿轮，常用铸钢毛坯。铸钢齿轮的晶粒较粗，力学性能较差，切削性能不好，加工前应进行正火处理，使硬度均匀并消除内应力，以改善加工性能。为了减少机械加工量，对大尺寸、低精度的齿轮，可以直接铸出轮齿；对于小尺寸、形状复杂的齿轮，可用精密铸造、压力铸造、精密锻造、粉末冶金、热轧和冷挤等新工艺制造出具有轮齿的齿坯，以提高劳动生产率、节约原材料。

(3) 齿轮的热处理。齿轮加工中根据不同的目的，安排两类热处理工序。

① 毛坯热处理：在齿轮毛坯加工前后常安排预先热处理——正火或调质。其主要目的是消除锻造及粗加工所引起的残余应力，改善材料的切削性能和齿轮材料内部的金相组织，防止淬火时出现较大变形。

a. 正火：正火处理能消除内应力，提高强度和韧性，改善切削性能。故毛坯正火一般安排在粗加工之前。经过正火的齿轮，淬火后变形较大，但切削性能较好，拉孔和切齿时刀具磨损较轻，加工表面粗糙度值较小。对机械强度要求不高的齿轮传动可用中碳钢正火处理或铸钢正火处理。正火处理后齿面硬度一般为 160～220HBW。

b. 调质：常用于中碳钢，如 45、40Cr 钢等。调质处理后齿面硬度一般为 200～280HBW。因硬度不高，故可在热处理后进行精加工。调质多安排在齿坯粗加工之后，一般用于小批量、对传动尺寸没有严格限制的齿轮传动。

② 轮齿的热处理：齿轮的齿形切出后，为提高齿面的硬度和耐磨性，常安排表面淬火、渗碳淬火或氮化处理等热处理工序，一般安排在滚齿、插齿、剃齿之后，珩齿、磨齿之前。

a. 表面淬火：表面淬火是将钢件表面进行淬火，而芯部仍保持原先的组织的一种热处理方法，常用于中碳钢或中碳合金钢，如 45 钢、40Cr 等。淬火后表面硬度可达 45～50HRC，芯部较软，有较高的韧性，齿面接触强度高，耐磨性好。表面淬火常采用高频淬火(适于模数小的齿轮)、超声频感应淬火(适于 m＝3～6mm 的齿轮)和中频感应淬火(适于大模数齿轮)。表面淬火齿轮的齿形变形较小，内孔直径通常要缩小 0.01～0.05mm，淬火后应予以修正。表面淬火一般用于受中等冲击载荷的重要齿轮传动。

b．渗碳淬火：渗碳淬火是向钢件的表面渗入碳原子再采用淬火加低温回火的工艺，钢件的表面有高的硬度和耐磨性，而芯部仍保持一定强度和较高的韧性。常用的材料是低碳钢或低合金钢，如 20、20Cr、20CrMnTi 等。齿轮经渗碳淬火后表面硬度可达 58～63HRC，芯部仍保持有较高的韧性，齿面接触强度高，耐磨性好，使用寿命长，但变形较大，对于精密齿轮尚需安排磨齿工序。渗碳淬火一般用于受冲击载荷的重要齿轮传动。

c．氮化：氮化是向钢表面渗入氮原子的过程，其目的是提高钢的表面硬度和耐磨性以及提高疲劳强度和耐蚀性。氮化后齿轮表面硬度可大于 65HRC，变形小，适用于难以磨齿的场合，如内齿轮等。常用材料如 38CrMoAlA 等。

常用的齿轮材料、热处理硬度和应用举例见表 2-8。

表 2-8　常用的齿轮材料、热处理硬度和应用举例

材　料	牌　号	热处理方法	硬　度		应用举例
			齿芯/HBW	齿面/HRC	
优质碳素钢	35	正火	150～180		低速轻载的齿轮或中速中载的大齿轮
	45		169～217		
	50		180～220		
	45	调质	217～255		
合金钢	35SiMn		217～269		
	40Cr		241～286		
优质碳素钢	35	表面淬火	180～210	40～45	高速中载、无剧烈冲击的齿轮，如机床变速箱中的齿轮
	45		217～255	40～50	
合金钢	40Cr		241～286	48～55	
	20Cr	渗碳淬火		56～62	高速中载、承受冲击的齿轮，如汽车、拖拉机中的重要齿轮
	20CrMnTi			56～62	
	38CrMoAlA	氮化	229	＞850HV	载荷平稳、润滑良好的高速齿轮，内齿轮
铸钢	ZG45	正火	163～197		重型机械中的低速齿轮
	ZG55		179～207		
球墨铸铁	QT700—2		225～305		可用来代替铸钢
	QT600—2		229～302		
灰铸铁	HT250		170～241		低速中载、不受冲击的齿轮，如机床操纵机构中的齿轮
	HT300		187～255		

2) 直齿圆柱齿轮的材料与毛坯

该直齿圆柱齿轮材料为 40Cr，毛坯形式为锻件。该齿轮热处理要求为齿部高频淬火，淬火后齿面硬度达 45～50HRC。

3. 拟定直齿圆柱齿轮的工艺路线

齿轮加工的工艺路线根据齿轮材质和热处理要求、齿轮结构及尺寸大小、精度要求、生产批量和车间设备条件而定。一般可归纳工艺路线如下。

毛坯制造→毛坯热处理→齿坯加工→齿形加工→齿端加工→齿面热处理→齿轮定位表面精加工→齿形精加工。

1) 确定加工方案

(1) 齿坯的机械加工。齿形加工之前的齿轮加工称为齿坯加工。在齿坯加工中，要切除大量多余金属，加工出齿形加工时所用的定位和测量基准。因此，齿坯加工在整个齿轮加工中占有重要的地位，必须保证齿坯的加工质量，并提高生产效率。

① 齿坯加工精度。齿轮的内孔(或轴颈)、基准端面或外圆经常是齿轮加工、测量和装配的基准，它们的加工精度对齿轮各项精度指标有着重要的影响。因此，切齿前齿坯的精度应满足一定的要求。

齿坯加工中，主要要求保证的是基准孔(或轴颈)的尺寸精度和形状精度、基准端面相对于基准孔(或轴颈)的位置精度。不同精度的孔(或轴颈)的齿坯公差以及表面粗糙度等要求分别列于表 2-9、表 2-10 和表 2-11 中。

表 2-9　齿坯公差

齿轮精度等级①		5	6	7	8	9
孔	尺寸公差 形状公差	IT5	IT6	IT7		IT8
轴	尺寸公差 形状公差	IT5		IT6		IT7
顶圆直径②		IT7	IT8			IT9

注：① 当 3 个公差组的精度等级不同时，按最高精度等级确定公差值。

② 当顶圆不作为测量齿厚基准时，尺寸公差按 IT11 给定，但应不大于 0.1mm。

表 2-10　齿轮基准面径向和端面圆跳动公差　　(单位：μm)

分度圆直径/mm		精度等级				
大于	至	1 和 2	3 和 4	5 和 6	7 和 8	9～12
—	125	2.8	7	11	18	28
125	400	3.6	9	14	22	36
400	800	5.0	12	20	32	50
800	1600	—	—	28	45	71

表 2-11　齿坯基准面的表面粗糙度参数 *Ra*　(单位：μm)

精度等级	3	4	5	6	7	8	9	10
孔	≤0.2	≤0.2	0.4～0.2	≤0.8	1.6～0.8	≤1.6	≤3.2	≤3.2
颈端	≤0.1	0.2～0.1	≤0.2	≤0.4	≤0.8	≤1.6	≤1.6	≤1.6
端面顶圆	0.2～0.1	0.4～0.2	0.6～0.4	0.6～0.3	1.6～0.8	3.2～1.6	≤3.2	≤3.2

② 齿坯加工方案的选择。齿坯加工方案的选择主要与齿轮的轮体结构、技术要求和生产类型等因素有关。对于轴齿轮和套筒齿轮的齿坯，其加工过程和一般轴、套筒零件基本相似。现主要讨论盘类齿轮的齿坯加工方案。

a. 大批大量生产的齿坯加工。大批大量加工中等尺寸齿坯时，多采用“钻→拉→多刀车”的工艺方案：以毛坯外圆定位加工端面和孔(钻孔或扩孔，留拉削余量)；以端面支承拉孔(或花键孔)；以孔在心轴上定位，在多刀半自动车床上粗车外圆、端面、切槽及倒角等。不卸下芯轴，在另一台车床上继续精车外圆、端面、切槽和倒角，如图 2.47 所示。这种工艺方案由于采用高效机床，可以组成流水线或自动线，所以生产效率高。

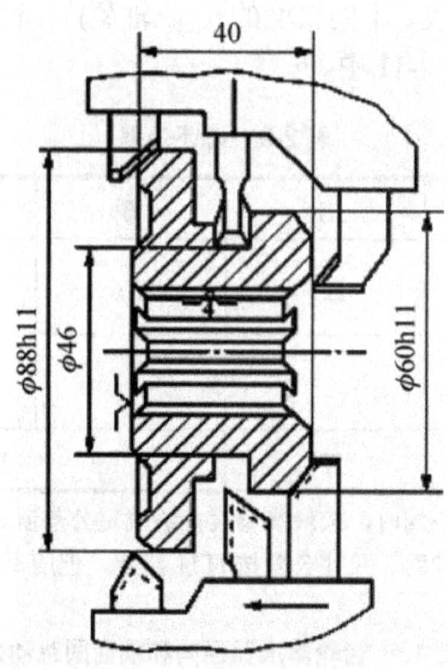

图 2.47　在多刀半自动车床上精车齿坯外形

b. 成批生产的齿坯加工。成批生产齿坯时，常采用“粗车→拉→精车”的工艺方案：以齿坯外圆或轮毂定位，粗车外圆、端面和内孔(留拉削余量)；以端面支承拉孔(或花键孔)；以孔在心轴上定位精车外圆及端面等。

这种方案可由卧式车床或转塔车床及拉床实现。它的特点是加工质量稳定，生产效率较高。当齿坯孔有台阶或端面有槽时，可以充分利用转塔车床上的多刀来进行多工位加工，在转塔车床上一次完成齿坯的加工。

c. 单件小批生产的齿坯加工。单件小批生产齿轮时，尽量采用通用机床加工。对于圆

柱孔齿坯，可采用“粗车→精车”的工艺方案：一般齿坯的孔、端面及外圆的粗、精加工都在通用机床上经两次装夹完成，但必须注意将孔和基准端面的精加工在一次装夹内完成，以保证位置精度。

(2) 齿形加工方案选择。齿形加工是齿轮加工的关键，其加工方案的选择主要取决于齿轮的精度等级，此外还应考虑齿轮的结构特点、表面粗糙度、生产批量、热处理方法、设备条件等。根据本任务中齿轮齿形加工精度等级要求，采用滚齿加工即可满足要求。

(3) 齿端加工。如图 2.48 所示，齿轮的齿端加工有倒圆、倒尖、倒棱和去毛刺等。倒圆、倒尖后的齿轮，沿轴向滑动时容易进入啮合。倒棱可去除齿端的锐边，这些锐边经渗碳淬火后很脆，在齿轮传动中易崩裂。

用指形铣刀进行齿端倒圆，如图 2.49 所示。倒圆时，齿轮慢速旋转，指形铣刀在高速旋转的同时沿圆弧作往复摆动(每加工一齿往复摆动一次)。加工完一个齿后工件沿径向退出，分度后再进给加工下一个齿端。齿轮每转过一齿，铣刀往复运动一次，两者在相对运动中即完成齿端倒圆。同时由齿轮的旋转实现连续分齿，生产率较高。

齿端加工必须安排在齿轮淬火之前，通常多在滚(插)齿之后。

该齿轮齿端加工采用倒圆方式，安排在齿轮淬火之前，滚齿之后。

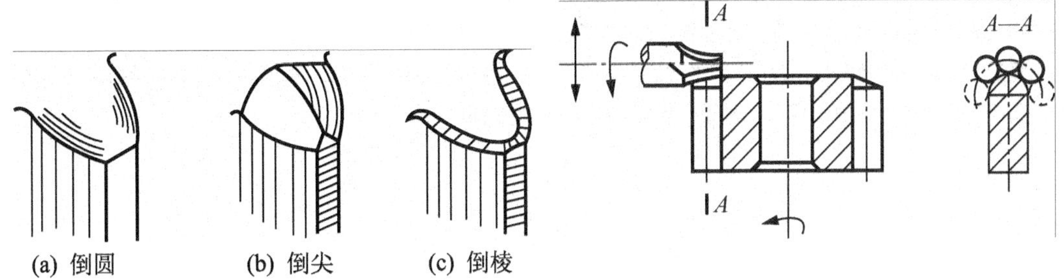

(a) 倒圆　(b) 倒尖　(c) 倒棱

图 2.48　齿端加工

图 2.49　齿端倒圆

2) 划分加工阶段

齿轮加工的工艺路线根据齿轮材质和热处理要求、齿轮结构及尺寸大小、精度要求、生产批量和车间设备条件而定。齿轮加工工艺过程大致要经过如下几个阶段。毛坯制造、毛坯热处理、齿坯加工、齿形加工、齿端加工、齿面热处理、齿轮定位表面精加工(精基准修正)及齿形精加工等。

(1) 加工第一阶段——齿坯加工。由于齿轮的传动精度主要决定于齿形精度和齿距分布均匀性，而这与切齿时采用的定位基准(孔和端面)的精度有着直接的关系，所以，这个阶段主要是为下一阶段加工齿形准备精基准，使齿轮的内孔和端面的精度基本达到规定的技术要求。在这个阶段中除了加工出基准外，对于齿形以外的次要表面的加工，也应尽量在这一阶段的后期加工完成。

(2) 加工第二阶段——齿形加工。对于不需要淬火的齿轮，一般来说这个阶段也就是齿轮的最后加工阶段，经过这个阶段就应当加工出基本符合图样要求的齿轮。对于需要淬硬的齿轮，必须在这个阶段中加工出能满足齿形的最后精加工要求的齿形精度，所以这个阶段的加工是保证齿轮加工精度的关键阶段，应予以特别注意。

(3) 加工第三阶段——热处理。在这个阶段中主要对齿面进行淬火处理，使齿面达到规定的硬度要求。

(4) 加工第四阶段——齿形精加工。这个阶段的目的，在于修正齿轮经过淬火后所引起的齿形变形，进一步提高齿形精度和降低表面粗糙度，使之达到最终的精度要求。在这个阶段中首先应对定位基准面(孔和端面)进行修整，因淬火后齿轮的内孔和端面均会产生变形，如果在淬火后直接采用这样的孔和端面作为基准进行齿形精加工，是很难达到齿轮精度的要求的。以修整过的基准面定位进行齿形精加工，可以使定位准确可靠，余量分布也比较均匀，以便达到精加工的目的。

精基准修正方法

齿轮淬火后基准孔产生变形，为保证齿形精加工质量，必须对基准孔给予修正。

对外径定心的花键孔齿轮，通常用花键推刀修正。推孔时要防止推刀歪斜，有的工厂采用加长推刀前引导来防止歪斜，已取得较好效果。

对圆柱孔齿轮的修正可采用推孔或磨孔，推孔生产率高，常用于未淬硬齿轮；磨孔精度高，但生产率低，对于整体淬火后内孔变形大、硬度高的齿轮，或内孔较大、厚度较薄的齿轮，则以磨孔为宜。

磨孔时一般以齿轮分度圆定心，如图 2.50 所示，这样可使磨孔后的齿圈径向跳动较小，对以后磨齿或珩齿有利。为提高生产率，有的工厂以金刚镗代替磨孔也取得了较好的效果。

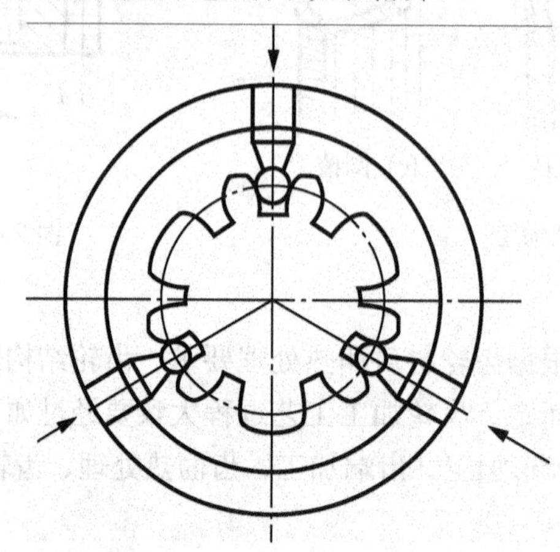

图 2.50　齿轮分度圆定心示意图

3) 选择定位基准

定位基准的精度对齿形加工精度有直接的影响。对于齿轮定位基准的选择常因齿轮的结构形状不同而有所差异。轴类齿轮的加工主要采用中心孔定位，空心轴且孔径大时则采用锥堵。中心孔定位的精度高，且能做到基准统一。某些大模数的轴类齿轮多选择齿轮轴颈和一端面定位。盘套类带孔齿轮的齿形加工常采用以下两种定位方式。

(1) 以内孔和端面定位，即以工件内孔和端面联合定位，确定齿轮中心和轴向位置，并采用面向定位端面的夹紧方式(图 2.25)。这种方式既可使定位基准、设计基准、装配基

准和测量基准重合，又能使齿形加工等工序基准统一，定位精度高。只要严格控制内孔精度，在专用心轴上定位时不需要找正，故生产率高，广泛用于成批生产中，但对夹具的制造精度要求较高。

(2) 以外圆和端面定位。齿坯内孔在通用心轴上安装，工件和夹具心轴的配合间隙较大，可用千分表找正外圆以决定孔中心的位置，并以端面定位；从另一端面施以夹紧。这种方式因每个工件都要找正，故生产效率低；它对齿坯的内、外圆同轴度要求高，而对夹具精度要求不高，故适于单件小批生产。

4) 加工工序安排

应遵循加工顺序安排的一般原则，如先粗后精、先主后次等。

该齿轮的加工工艺路线为：毛坯锻造→正火→齿坯粗、精车→滚齿→齿端倒圆→齿面淬火→齿轮定位表面内孔磨削→检验。

4. 设计工序内容

1) 确定工序尺寸

(1) 粗车齿坯时，各端面、外圆、内孔按图样加工尺寸均留精加工余量 1.0mm。

(2) 齿圈滚齿到图纸尺寸，但要比图纸精度高一级。

(3) 精加工：内孔磨削加工到图样规定尺寸，满足其技术要求。

2) 选择设备工装

(1) 设备选用。齿轮加工分两部分：轮体部分和齿圈部分。轮体采用普通车床加工，一般根据尺寸选择 C6132、CA6140 或其他车床；齿圈部分，尺寸大或模数大的齿轮采用滚齿机，对于尺寸小或结构紧凑的齿轮用插齿机。本任务中选用的设备详见表 2-14。

(2) 工装选用。

① 夹具。齿轮加工夹具一般有两种。滚齿、插齿加工夹具一般选用心轴(图 2.25、图 2.39)；节圆专用夹具需要时可根据齿轮加工实际要求、机床夹具设计基础知识及相关手册进行设计、制造并使用。

本任务中选用的夹具明细如下：三爪卡盘、顶尖、滚齿夹具、倒角夹具、插键槽夹具。

② 刀具：各类车刀、键槽插刀、m3 齿轮滚刀、内磨砂轮、倒角刀、锉刀等。

③ 量具：游标卡尺、公法线千分尺、百分表、检验用心轴、齿圈径向跳动检查仪、齿形齿向测量仪、基节仪等。

3) 确定切削用量、切削液

(1) 滚齿切削用量。滚齿切削用量标准见表 2-12。

表 2-12　滚齿切削用量

模数/mm	切削速度 v_c/(m·min^{-1})	轴向进给量 f/(mm·r^{-1})	备　注
≤10(单头滚刀)	30～40	粗加工：1.5～2.8 精加工：0.7～1.5	$v_c = \pi Dn/1000$ 式中，D——滚刀直径； n——滚刀转速，r/min
链轮	25～35	1.2～2	

a．滚齿加工余量。滚齿加工余量分配见表 2-13。

b．进给量。根据表 2-12，滚齿时选取粗加工进给量 f=2.5 mm/r；精加工进给量 f=0.9mm/r。

c．切削速度：滚刀切削速度是根据刀具材料、工件材料及其粗、精加工的要求等来确定的。

表 2-13　滚齿加工余量分配表

模数/mm	走刀次数	余量分配
≤3	1	切至全齿深
＞3～8	2	第一次留精滚余量 0.5～1mm，第二次切至全齿深，第一次滚削需滚削全齿长
≥8(链轮)	3	第一次切去 1.4～1.6mm，第二次留精滚余量 0.5～1mm，切至全齿深

选取直径ϕ85mm 的滚刀切齿，粗加工时滚刀的理论转速为 32r/min，查表可知，在机床滚刀主轴转速 125～100r/min，为了不降低刀具的耐用度，粗加工时滚刀主轴的转速实际取 100r/min；精加工时滚刀的理论转速为 40 r/min，在机床滚刀主轴转速为 160～125r/min，实际取 125 r/min。滚刀的实际转速选取与机床上接近理论转速的低一级转速。

(2) 切削液的选择。切削液最好选用硫化油，使刀具与工件得到充分的冷却，以冲洗切屑，消除齿面撕裂现象。

5. 直齿圆柱齿轮加工工艺过程

表 2-14 为直齿圆柱齿轮的机械加工工艺过程。

表 2-14　直齿圆柱齿轮加工过程卡

工序号	工序内容	定位基准	设　备
1	锻造		
2	正火		
3	粗车小端端面、外圆及台阶端面；调头，粗车大端端面、外圆及内孔，各外均留余量 1.5mm	外圆、端面	车床 CA6132
4	调质，硬度 45～50HRC		
5	精车小端端面、外圆及台阶端面，内、外圆倒角；调头，精车大端端面、外圆，车内孔，内、外圆倒角	外圆、端面	车床 CA6132
6	磨小端面	大端面	M7132
7	键槽划线	外圆、端面 B	钳工台、划针
8	插键槽达图样要求	外圆、端面 B	插床
9	滚齿	内孔、端面 B	Y3150E
10	齿端倒圆	内孔、端面 B	倒角机

续表

工序号	工序内容	定位基准	设　备
11	去毛刺		
12	齿部高频淬火：45～50HRC		
13	磨内孔达图样要求	外圆、端面 *B*	M2120A
14	检验		

二、直齿圆柱齿轮零件机械加工工艺规程实施

1. 任务实施准备

(1) 根据现有生产条件或在条件许可情况下，委托合作企业操作人员根据学生编制的直齿圆柱齿轮零件机械加工工艺过程卡片进行加工，由学生对加工后的零件进行检验，判断零件合格与否。(可在校内实训基地，由兼职教师与学生代表根据机床操作规程、工艺文件，共同完成齿坯加工)

(2) 工艺准备(可与合作企业共同准备)。

① 毛坯准备。该直齿圆柱齿轮材料为 40Cr，采用锻造毛坯(可由合作企业提供)。

② 设备准备。设备规格、型号详见表 2-14。

③ 工装准备。详见直齿圆柱齿轮工艺规程编制中相关内容。

④ 资料准备。机床使用说明书、刀具说明书、机床操作规程、产品的装配图以及零件图、工艺文件、《机械加工工艺人员手册》、5S 现场管理制度等。

(3) 准备相似零件，参观生产现场或观看相关加工视频。

2. 任务实施与检查

(1) 分组分析零件图样。根据图 2.2 所示的直齿圆柱齿轮零件图，分析图样的完整性及主要的加工表面。根据分析可知，本零件的结构工艺性较好。

(2) 分组讨论毛坯选择问题。应根据齿轮的材料、结构形状、尺寸大小、使用条件以及生产批量等因素确定毛坯的种类。该直齿圆柱齿轮采用锻件毛坯。

(3) 分组讨论零件加工工艺路线。确定加工表面的加工方案，划分加工阶段，选择定位基准，确定加工顺序，设计工序内容等。

(4) 直齿圆柱齿轮零件的加工步骤按其机械加工工艺过程执行(表 2-14)。

(5) 齿轮精度检验。参照表 2-2，按照直齿圆柱齿轮零件的精度检验组、测量条件及要求进行检验。

(6) 任务实施的检查与评价。具体的任务实施检查与评价内容参见表 1-12。

问题讨论：

① 加工直齿圆柱齿轮时的定位基准如何选择？

② 直齿圆柱齿轮零件的工艺方案有几种？哪种为最佳方案？为什么？

3. 滚齿误差分析

滚齿误差产生原因及其消除方法见表 2-15。

表 2-15　滚齿误差产生原因及其消除方法

序号	滚齿误差	产生原因	消除方法
1	齿圈径向跳动公差超差	① 齿坯几何偏心和安装偏心； ② 用顶尖装夹定位时，顶尖与机床中心偏心	① 提齿坯基准面精度，提高夹具定位面精度；提高调整水平； ② 更换或重新装调顶尖
2	公法线长度变动公差超差	① 机床分度蜗轮副制造及安装误差造成运动偏心； ② 机床工作台定心锥形导轨副间隙过大，造成工作台运动中心线不稳定； ③ 滚刀主轴系统轴向圆跳动过大或平面轴承损坏	① 提高分度蜗轮副的制造精度和安装精度； ② 提高工作台定心锥形导轨副的配合精度； ③ 提高滚刀主轴系统轴向精度，更换损坏的平面轴承
3	齿距偏差超差	① 滚刀的轴向和径向圆跳动过大； ② 分度蜗杆和分度蜗轮齿距误差超差； ③ 齿坯安装偏心	① 提高滚刀安装精度； ② 修复或更换分度蜗轮副； ③ 消除齿坯安装误差
4	基圆齿距偏差超差	① 滚刀的轴向齿距误差，齿形误差及前刃面非径向性和非轴精度； ② 分度蜗轮副的齿距误差； ③ 齿坯安装几何偏心； ④ 刀架回转角度不正确	① 提高滚刀铲磨精度和刃磨； ② 修复或更换分度蜗轮副； ③ 消除几何偏心； ④ 调整角度
5	齿顶部变肥，左右齿廓对称	滚刀铲磨时齿形角度小或刃磨时产生较大的正前角，使齿形角变小	更换滚刀或重磨齿形角及前刀面
6	齿顶部变瘦，左右齿廓对称	滚刀铲磨时齿形角度大或刃磨时产生较大的负前角，使齿形角变大	更换滚刀或重磨齿形角及前刀面
7	齿廓不对称	滚刀安装对中不好，刀架回转角误差大，滚刀前刃面有导程误差	保证滚刀安装精度，提高滚刀刃磨精度，控制前刃面导程误差，微调滚刀回转角
8	齿面出棱	滚刀制造或刃磨时容屑槽等分误差	重磨滚刀达到等分要求
9	齿廓周期性误差	滚刀安装后，径向或端面圆跳动大，机床工作台回转不均匀，分齿挂轮安装偏心，或齿面有磕碰，刀架滑板松动，齿坯安装不合理，产生振动	控制滚刀安装精度，检查、调整分度蜗轮副传动精度，重新调整分齿挂轮、滑板和齿坯

续表

序号	滚齿误差	产生原因	消除方法
10	螺旋线总偏差超差	① 垂直进给导轨与工作台轴线平行度误差或歪斜，上、下顶尖不同轴，上、下顶尖轴线与工作台回转轴线同轴度差； ② 夹具和齿坯制造、安装、调整精度低； ③ 分齿、差动交换挂轮误差大； ④ 齿坯或夹具刚性差，夹紧后变形	① 根据误差原因，加以消除(刀架导轨方向的平行度、倾斜度误差<0.02/150。下顶尖与工作台回转中心同轴度<0.02/200)； ② 提高夹具、齿坯的制造和调整精度≤0.005； ③ 重新计算分齿及差动交换挂轮(精确≤0.00001；挂轮间隙 0.03～0.05； ④ 改进齿坯或夹具设计，正确夹紧
11	撕裂	① 齿坯材质不均匀； ② 齿坯热处理方法不当； ③ 滚刀用钝，不锋利； ④ 切削用量选择不当，冷却不良	① 控制齿坯材料质量； ② 建议采用正火处理，45 钢、40Cr：179～217HB； 20CrMo、20CrMnTi：175～207HB。调质处理，45 钢、40Cr：24～28HRC； ③ 滚刀移位或更换新刀； ④ 正确选用切削用量，选用切削性能良好的切削液，充分冷却
12	啃齿	① 刀架立柱导轨太松或太紧； ② 液压不稳定； ③ 刀架斜齿轮啮合间隙大	① 调整立柱导轨塞铁松紧； ② 保持油路畅通、油压稳定； ③ 刀架斜齿轮若磨损，应立即更换
13	振纹	① 机床内部某传动环节的间隙过大； ② 工件与刀具的装夹刚性不够； ③ 切削用量选用过大刀架斜齿轮啮合间隙大； ④ 后托架安装后，间隙大	① 修理或调整机床； ② 提高滚刀装夹刚性，缩小支承间距离，加大轴径；提高工件刚性，尽量加大支承面； ③ 正确选用切削用量； ④ 正确安装后刀架
14	鱼鳞	① 工件材料硬度过高； ② 滚刀磨钝； ③ 冷却润滑不良	找出原因，分别消除

任务 2.2 双联圆柱齿轮零件机械加工工艺规程编制与实施

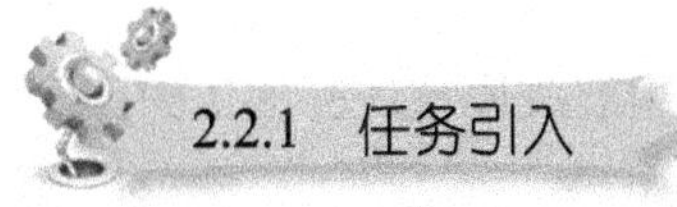

2.2.1 任务引入

编制图 2.51 所示的双联圆柱齿轮零件的机械加工工艺规程并实施。零件材料为 40Cr，精度等级为 7-7-7 级，生产类型为成批生产。

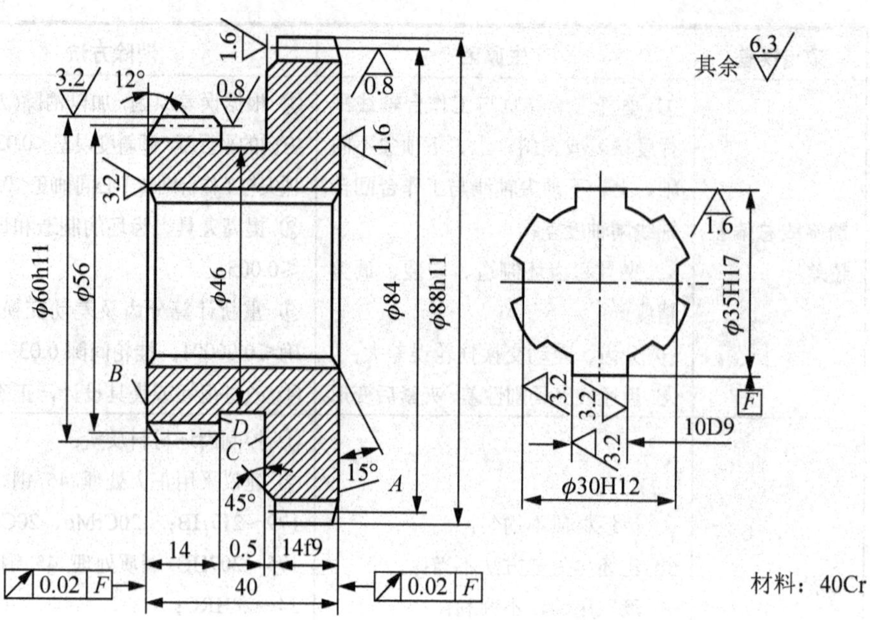

齿　号		I	II	齿　号		I	II
模数	m	2	2	基节极限偏差	$\pm f_{pb}$	±0.016	±0.016
齿数	Z	28	42	齿形公差	f_f	0.017	0.018
齿形角	α	20°	20°	齿向公差	F_β	0.017	0.017
精度等级		7GK/GB/T 10095—2008	7JL/GB/T 10095—2008	公法线平均长度及极限偏差	$W_{E_{wi}}^{E_{ws}}$	$21.36_{-0.05}^{0}$	$27.6_{-0.05}^{0}$
公法线长度变动公差	F_w	0.039	0.024	跨齿数	k	4	5
齿圈径向跳动公差	F_r	0.050	0.042				

图 2.51　双联齿轮

2.2.2　相关知识

1. 齿形的精加工方法

齿形的精加工方法有剃齿、珩齿和磨齿三种，它们都是应用展成原理进行加工的。

1) 剃齿(gear shaving)

剃齿是利用剃齿刀在剃齿机上对齿轮齿面进行精整加工的一种方法，专门用来加工未经淬火(35HRC 以下)的圆柱齿轮，常作为滚齿或插齿的后续工序，剃齿后可使齿轮精度大

致提高一级。

(1) 剃齿原理。剃齿加工是根据一对螺旋角不等的螺旋齿轮啮合的原理，剃齿刀与被切齿轮的轴线在空间交叉一个角度，如图 2.52(a)所示，剃齿刀为主动轮 1，被切齿轮为从动轮 2，它们的啮合为无侧隙双面啮合的自由展成运动。在啮合传动中，由于轴线交叉角ϕ的存在，齿面间沿齿向产生相对滑移，此滑移速度 $v_t = v_{t2} - v_{t1}$ 即为剃齿加工的切削速度。剃齿刀的齿面开槽而形成刀刃，通过滑移将齿轮齿面上的加工余量切除。由于是双面啮合，剃齿刀的两侧面都能进行切削加工，但由于两侧面的切削角度不同(一侧为锐角，切削能力强；另一侧为钝角，切削能力弱，以挤压抛光为主)，故对剃齿质量有较大影响[图 2.52(b)]。为使齿轮两侧获得同样的剃削条件，在剃削过程中，剃齿刀做交替正反转运动。

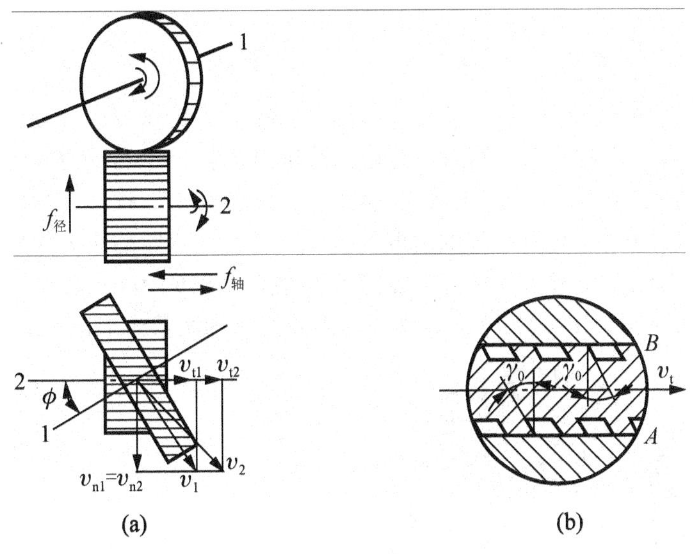

图 2.52　剃齿原理

1—剃齿刀；2—被切齿轮

(2) 剃齿机(gear shaving machine)。剃齿机是按螺旋齿轮啮合原理，用剃齿刀带动工件(或工件带动刀具)旋转剃削圆柱齿轮齿面的齿轮精整加工机床。图 2.53 所示为 YW4232 型剃齿机外形图。

剃齿加工需要有以下几种运动。

① 主运动——剃齿刀带动工件的高速正、反转运动。

② 工件沿轴向往复运动——使齿轮全齿宽均能剃削。

③ 工件每往复一次做径向进给运动——以切除全部余量。

综上所述，剃齿加工的过程是剃齿刀与被切齿轮在轮齿双面紧密啮合的自由展成运动中，实现微细切削的过程。而实现剃齿的基本条件是轴线存在一个交叉角ϕ，当交叉角为零时，切削速度为零，剃齿刀对工件没有切削作用。

图 2.53　YW4232 型剃齿机外形图

(3) 剃齿刀(gear shaver)的结构与选用。如图 2.54 所示，剃齿刀的结构是一个圆柱斜齿轮，在它的齿侧面上做出许多小的凹形容屑槽而形成刀刃。

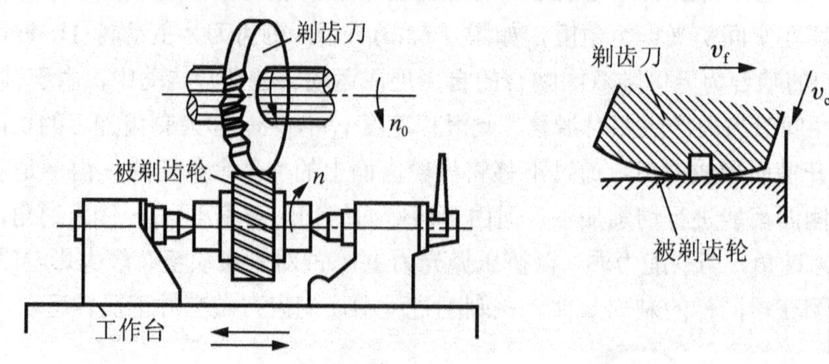

图 2.54　剃齿刀工作原理

剃齿刀安装在剃齿机床的主轴上作旋转运动。被剃齿轮安装在心轴上，心轴的两端面有中心孔与工作台上的顶尖精确配合。剃齿刀给被剃齿轮一定的压力并带动被剃齿轮作无间隙的啮合运动。由于这对斜齿轮啮合接触点的速度方向不一致，使剃齿刀与被剃齿轮侧面产生相对滑移，图中的 v_f 就是剃削速度。因此，在径向进给的压力作用下，剃齿刀的侧面凹槽切削刃在啮合点处切下很薄的一层切屑(厚度为 0.005～0.01mm)。

① 剃齿刀的结构。图 2.55 所示为盘形剃齿刀的结构及其齿形。

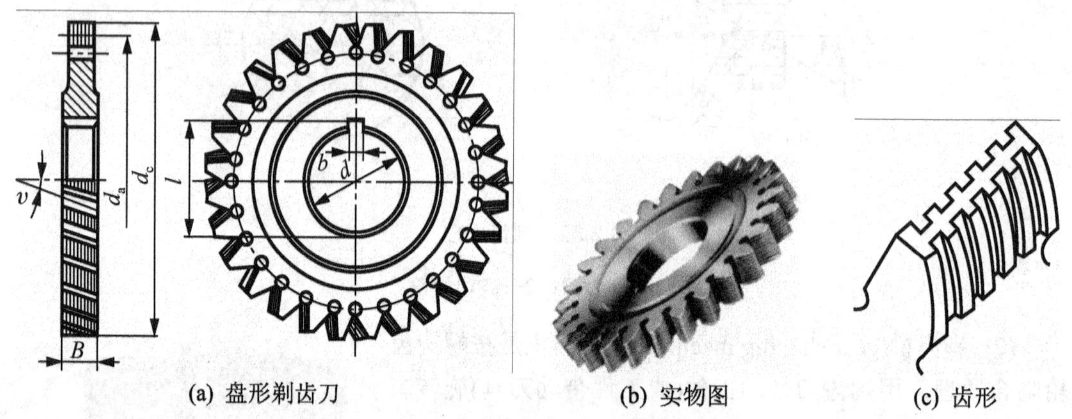

(a) 盘形剃齿刀　(b) 实物图　(c) 齿形

图 2.55　盘形剃齿刀的结构及其齿形

由图 2.55 可知，盘形剃齿刀为圆柱斜齿轮，齿形的两侧面用插刀插出凹槽而形成切削刃。槽底与齿面一样，是渐开线。为使插齿刀能够退刀，在每个齿根钻有倾斜的小孔。当剃齿刀用钝后，需要重磨齿形表面和齿顶圆柱面。

② 剃齿刀的选用。要选用模数和压力角与被剃齿轮相同的剃齿刀，具体要求可参见 GB/T 14333—2008《盘形轴向剃齿刀》。

通用剃齿刀的精度分 A、B、C 三级，分别加工 6、7、8 级精度的齿轮。剃齿刀分度圆直径随模数大小不同而不同，有 3 种类型：85mm、180mm、240mm，其中 240mm 应用最普遍。分度圆螺旋角有 5°、10°、15°3 种，其中 5°和 15°两种应用最广。15°多用于加工直齿圆柱齿轮；5°多用于加工斜齿轮和多联齿轮中的小齿轮。在剃削斜齿轮时，轴交叉角 ϕ 为 10°～20°，不然剃削效果不好。

(4) 剃齿的特点如下。

① 剃齿是对未淬硬齿轮的齿形进行精加工的一种常用方法。滚齿或插齿以后经过剃齿加工，齿轮精度可达 7～6 级，齿面粗糙度 *Ra* 可达 0.8～0.4μm。

② 剃齿加工的生产率高，剃削中等尺寸的齿轮一般只需 2～4min，与磨齿相比，可提高生产率 10 倍以上。

③ 由于剃齿加工是自由啮合，机床无展成运动传动链，故机床结构简单，机床调整容易，辅助时间短。

④ 刀具耐用度高，但价格昂贵，修磨不便，故剃齿广泛用于成批、大量生产中未淬硬的齿轮精加工。近年来，由于含钴、钼成分较高的高性能高速钢刀具的应用，使剃齿也能进行硬齿面(45～55HRC)的齿轮精加工，加工精度可达 7 级，齿面的表面粗糙度 *Ra* 为 1.6～0.8μm。但淬硬前的精度应提高一级，留硬剃余量为 0.01～0.03mm。

特别提示

保证剃齿质量应注意的问题

1. 对剃前齿轮的加工要求

1) 剃前齿轮材料

要求材料密度均匀，无局部缺陷，韧性不得过大，以免出现滑刀和啃切现象，影响表面粗糙度。剃前齿轮硬度在 22～32HRC 范围内较合适。

2) 剃齿轮精度

由于剃齿是“自由啮合”，无强制的分齿运动，故分齿均匀性无法控制。由于剃齿前齿圈有径向误差，在开始剃齿时，剃齿刀只能与工件上距旋转中心较远的齿廓作无侧隙啮合的剃削，而与其他齿则变成有齿侧间隙，但此时无剃削作用。连续径向进给，其他齿逐渐与刀齿作无侧隙啮合。结果齿圈原有的径向跳动减少了，但齿廓的位置沿切向发生了新的变化，公法线长度变动量增加。故剃齿加工不能修正公法线长度变动量。剃齿虽对齿圈径向跳动有较强的修正能力，但为了避免由于径向跳动过大而在剃削过程中导致公法线长度的进一步变动，从而要求剃前齿轮的径向误差不能过大。除此以外，剃齿对齿轮其他各项误差均有较强的修正能力。

分析得知，剃齿对第一公差组的误差修正能力较弱，因此要求齿轮的运动精度在剃前不能低于剃后要求，特别是公法线长度变动量应在剃前保证；其他各项精度可比剃后低一级。

2. 剃齿余量

剃齿余量的大小对加工质量及生产率均有一定影响。余量不足，剃前误差和齿面缺陷不能全部除去；余量过大，刀具磨损快，剃齿质量反而变坏。表 2-16 可供选择剃齿余量时参考。

表 2-16 剃齿余量 (单位：mm)

模数	1～1.75	2～3	3.25～4	4～5	5.5～6
剃齿余量	0.07	0.08	0.09	0.10	0.11

(5) 剃齿的工艺特点。剃齿是齿轮精加工方法之一，剃齿对各种误差的修正情况如下。

① 齿圈径向跳动ΔF_r。剃前具有径向跳动的齿轮，在开始剃齿时，刀具不会同齿轮上各轮齿均作无侧隙啮合，而是先同距中心较远的轮齿作无侧隙啮合并进行剃齿。随着径向进给的增加，与刀具作无侧隙啮合的轮齿逐渐增加，齿圈径向跳动也就逐渐减少。当全部轮齿进入无侧隙啮合时，齿圈径向跳动误差全被消除，即剃齿对ΔF_r有较强的修正能力。

② 公法线长度变动ΔF_w。若剃前齿轮无齿圈径向跳动，剃齿时，由于刀具与工件双面啮合和工件的径向进给，刀具作用在轮齿两侧的压力相等，两侧被剃削的余量也相等。因此，原来沿圆周方向齿距分布不均的轮齿，剃齿后齿距分布依然不均。故其公法线长度变动没有得到修正。实际上，剃前齿轮总存在一些齿圈径向跳动，在剃削齿轮径向跳动的过程中，各轮齿被剃削的余量不等，从而导致公法线长度变动加大，故剃齿对ΔF_w的修正能力很小。

③ 齿距极限偏差Δf_{pb}和齿形误差Δf_f。通常，剃齿时剃齿刀与工件有两对齿啮合，如图 2.56 所示。若剃齿刀 1 和工件 2 的基节相等，两对齿在 A、B、C 三点接触，在 A、C 两点切下的金属相等；若工件的基节大于剃齿刀基节，即 $P_{b2}>P_{b1}$，则 A 点不接触，C 点切去较多的金属，齿轮基节减小，直至等于剃齿刀基节为止。因此，剃齿对Δf_{pb}的校正能力较强。

齿轮有齿形误差时，则同一齿面与剃齿刀齿面各点啮合时，各处的齿距不等，那么，剃齿刀就如同修正基节偏差一样，修正各处的齿形误差。因此，剃齿对Δf_f也有较强的修正能力。但剃齿后的齿轮齿形有时出现节圆附近中凹现象，如图 2.57 所示，一般在 0.03mm 左右。被剃齿轮齿数越少，中凹现象越严重。其原因是在节圆附近只有一个齿在被剃削，齿面啮合处的压力就大，剃齿力大，故多剃削去了一些金属。齿面中凹现象可通过修磨剃齿刀齿廓使其齿形中凹来解决，修形方案需要通过大量实验才能最后确定。也可用减少剃齿余量和径向进给量来弥补，如采用专门的剃前滚刀滚齿后再进行剃齿等。

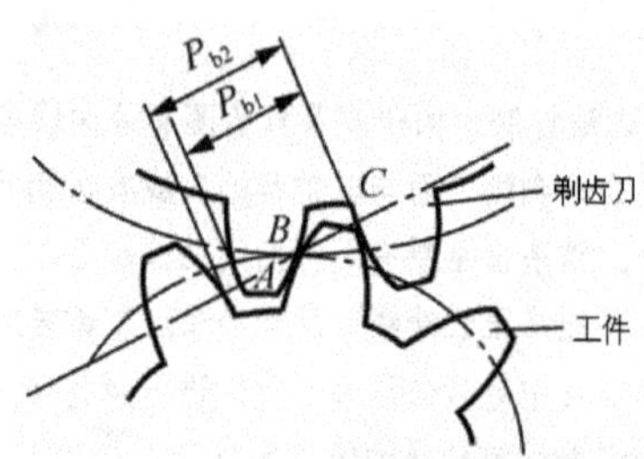

图 2.56 剃齿对基节误差的修正

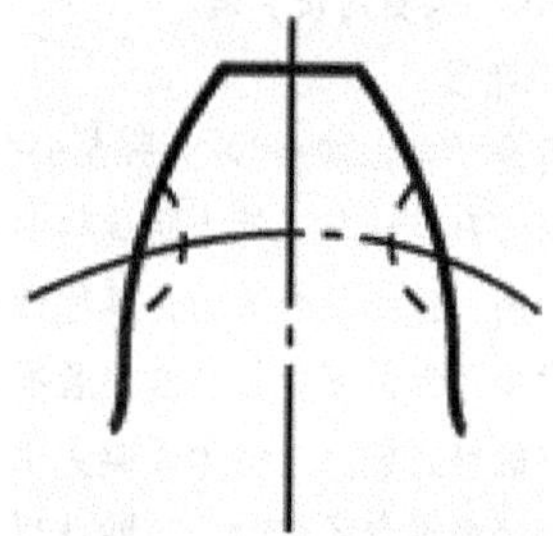

图 2.57 剃齿的齿形误差

④ 齿向误差ΔF_β。剃齿前仔细调整机床前后顶尖同轴及剃齿刀与齿轮两者轴线交叉角ϕ，就能使齿轮的齿向误差得到较大的修正。

综上所述，由于剃齿刀与工件自由对滚而无强制性的啮合运动，剃齿加工主要用于提高齿形精度和齿向精度，降低齿面粗糙度值。剃齿不能修正分齿误差。剃齿主要用于成批和大量生产中精加工齿面未淬硬的直齿圆柱齿轮和斜齿圆柱齿轮。

2) 珩齿(gear honing)

珩齿是在珩磨机上用珩磨轮对齿轮进行精整加工的一种方法。淬火后的齿轮轮齿表面有氧化皮，影响齿面粗糙度，热处理的变形也影响齿轮的精度。由于工件已淬硬，除可用磨削加工外，也可以采用珩齿进行精加工。当工件硬度超过 35HRC 时，使用珩齿代替剃齿。

(1) 珩齿原理及特点。珩齿是齿轮热处理后的一种精加工方法。珩齿原理与剃齿相似，珩磨轮与工件类似于一对螺旋齿轮呈无侧隙啮合，利用啮合处的相对滑动，并在齿面间施加一定的压力来进行珩齿，如图 2.58 所示。珩齿时的运动与剃齿相同。珩磨轮回转时的圆周速度 v，可分解为法向分速度 v_n 和齿向分速度 v_t，其中 v_n 以带动工件高速正、反转；v_t

使珩磨轮与工件产生相对滑移，珩磨轮上的磨料借助珩磨轮齿面和工件齿面间的相对滑移速度 v_t 磨去工件齿面上的微薄金属。与剃齿不同的是其径向进给是在开车后一次进给到预定位置。因此珩齿开始时齿面压力较大，随后逐渐减小，直至压力消失时珩齿便结束。

珩磨轮是用磨料(通常为 $80^{\#}$～$180^{\#}$粒度的铬刚玉)、环氧树脂等原料混合后在铁芯上浇铸或热压而成的具有较高齿形精度的斜齿轮，它的硬度极高，其外形结构与剃齿刀相似，只是齿面上无容屑槽，是靠磨粒进行切削的，如图 2.59 所示。

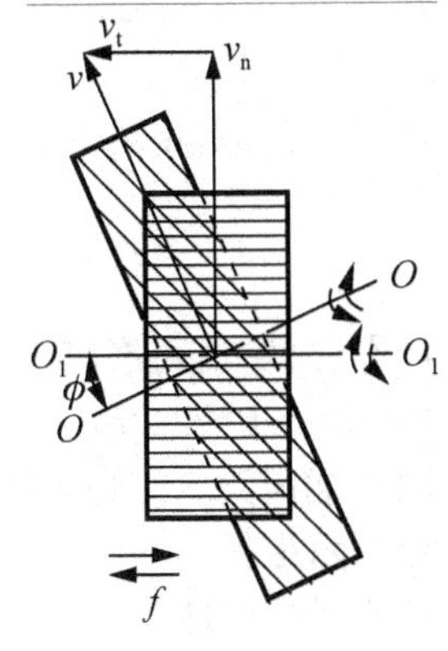

图 2.58　珩齿原理

图 2.59　珩磨轮

(2) 珩齿的工艺特点。与剃齿相比较，珩齿具有以下工艺特点。

① 珩磨轮结构和砂轮相似，但珩齿速度甚低(通常为 1～3m/s)，加之磨粒粒度较细，珩磨轮弹性较大，故珩齿过程实际上是一种低速磨削、研磨和抛光的综合过程。

② 珩齿时，轴交角常取 15°，齿面间除沿齿向产生相对滑移进行切削外，沿渐开线方向的滑动使磨粒也能切削，因此齿面形成交叉复杂的网纹刀痕，且齿面不会烧伤，表面质量较好，齿面的表面粗糙度 Ra 可从 1.6μm 降到 0.8～0.4μm。

③ 珩磨轮弹性较大，加工余量小，所以珩齿对珩前齿轮的各项误差修正作用不强。因此，珩磨轮本身精度对加工精度的影响很小。

④ 珩齿余量一般为单边 0.01～0.02mm，纵向进给量为 0.05～0.065mm/r。

⑤ 珩磨时，珩磨轮转速高(为 1000～2000r/min)，可同时沿齿向和渐开线方向产生滑动进行连续切削，生产率高。一般工作台 3～5 个往复行程即可完成珩齿(约 1min 珩一个齿轮)。

⑥ 珩齿设备结构简单，操作方便，在剃齿机上即可珩齿。珩磨轮浇注简单，成本低。

(3) 珩齿的应用。由于珩齿修正误差的能力较差，因而珩齿主要用于剃齿后需淬火齿轮的精加工，能去除氧化皮、毛刺，改善热处理后的轮齿表面粗糙度。为了保证齿轮的精度要求，必须提高珩前齿轮的加工精度和减少热处理变形。因此，珩齿前多采用剃齿。

珩齿多用于成批生产中淬火后齿形的精加工，加工精度可达 7～6 级。珩齿也可用于非淬硬齿轮加工。

珩齿方法有外啮合珩齿、内啮合珩齿和蜗杆式珩齿 3 种，如图 2.60 所示。

目前，蜗杆式珩齿[图 2.60(c)]应用越来越广泛，这种方法珩齿切削速度高，蜗杆珩磨轮的齿面比剃齿刀简单，且易于修磨，珩磨轮精度可高于剃齿刀的精度，对齿轮的齿面误差、基节偏差及齿圈径向跳动能很好地修正。因此，可以省去热处理前的剃齿工序，使传统的“滚齿→剃齿→热处理→珩齿”工艺改变为“滚齿→热处理→珩齿”新工艺。

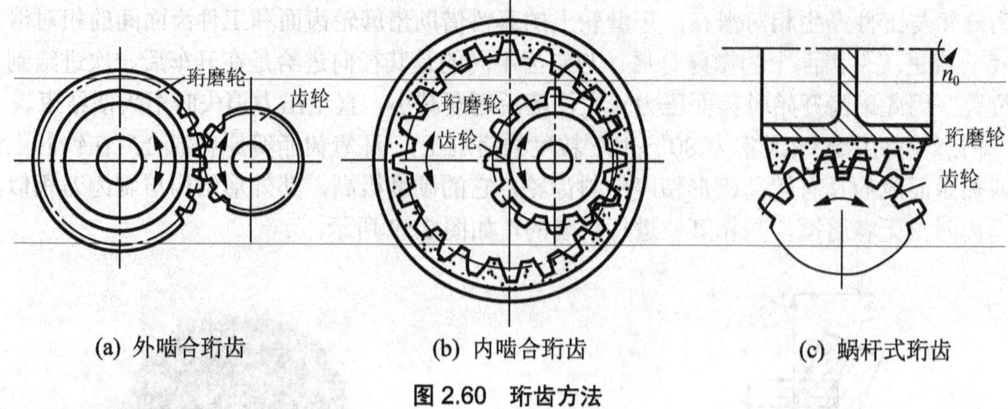

(a) 外啮合珩齿　　(b) 内啮合珩齿　　(c) 蜗杆式珩齿

图 2.60　珩齿方法

3) 磨齿(gear grinding)

磨齿是用砂轮在专用磨齿机上对齿轮进行精加工的一种方法。它既可磨削未淬硬齿轮，也可磨削淬硬的齿轮。磨齿精度可达 6～4 级，齿面粗糙度 Ra 为 0.8～0.2μm。对齿轮误差及热处理变形有较强的修正能力。多用于硬齿面高精度齿轮及插齿刀、剃齿刀等齿轮刀具的精加工。其缺点是生产率低，加工成本高，机床复杂，调整困难。

(1) 磨齿原理及方法。磨齿方法很多，根据齿面渐开线的形成原理，可以分成形法和展成法两种。

① 成形法磨齿。成形法是一种用成形砂轮磨齿的方法，目前生产中应用较少，但它已经成为磨削内齿轮和特殊齿轮时必须采用的方法。

成形法磨齿和成形法铣齿的原理相同，砂轮截面形状修整成与被磨齿轮齿槽一致，磨齿时的工作状况与盘形铣刀铣齿工作状况相似，如图 2.61 所示。

磨齿时的分度运动是不连续的，在磨完一个齿之后必须进行分度，再磨下一个齿，轮齿是逐个加工出来的。成形法磨齿由于砂轮一次就能磨削出整个渐开线齿面，故生产率高，但受砂轮修整精度和机床分度精度的影响，其加工精度较低(6～5 级)，在生产中应用较少。

② 展成法磨齿。展成法磨齿是将砂轮的磨削部分修整成锥面(图 2.62)，以构成假想齿条的齿面。磨削时，砂轮作高速旋转运动(主运动)，同时沿工件轴向作往复直线运动，以磨出全齿宽。工件则严格按照一齿轮沿固定齿条作纯滚动的方式，边转动、边移动，从齿根向齿顶方向先后磨出一个齿槽两侧面。之后砂轮退离工件，机床分度机构进行分度，使工件转过一个齿，磨削下一个齿槽的齿面，如此重复上述循环，直至磨完全部齿槽齿面。

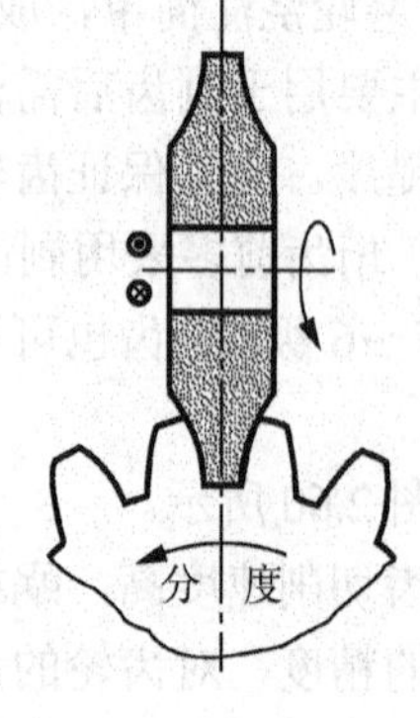

图 2.61　成形法磨齿

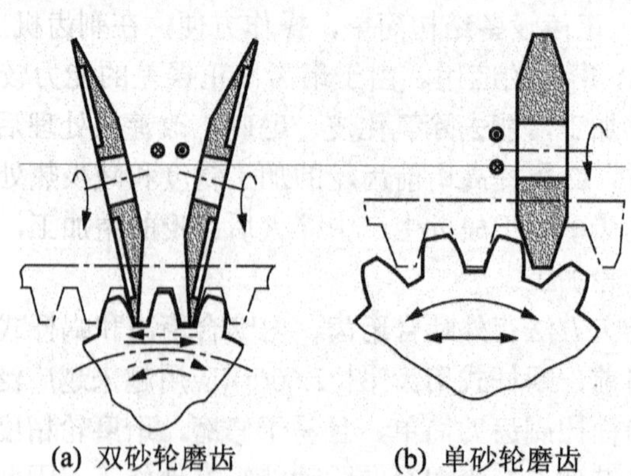

(a) 双砂轮磨齿　　(b) 单砂轮磨齿

图 2.62　展成法磨齿

下面介绍几种常用的展成法磨齿方法。

a．锥面砂轮磨齿。由图 2.62(b)及图 2.63 可以看出，这种磨齿方法所用砂轮截面呈锥形，相当于假想齿条的一个齿廓。磨齿时，砂轮一方面以 n_0 高速旋转，另一方面沿齿宽方向作往复移动(v_f)；工件放在与假想齿条相啮合的位置，一边旋转(ω)，一边移动(v)，实现展成运动。磨完一个齿后，工件还需作分度运动，以便磨削另一个齿槽，直至磨完全部轮齿。

这种磨齿法砂轮刚性好，磨削效率较高。但机床转动链较长，结构复杂，故传动误差较大，磨齿精度较低，一般只能达到 5～6 级，齿面粗糙度 Ra 为 0.4～0.2μm，主要用于单件、小批及成批生产中磨削 6 级精度的淬硬或非淬硬齿轮。

由于齿轮有一定的宽度，为了磨全部齿面，砂轮还必须沿齿轮轴向作往复运动。轴向往复运动和展成运动结合起来形成磨粒在齿面上的磨削轨迹，如图 2.64 所示。

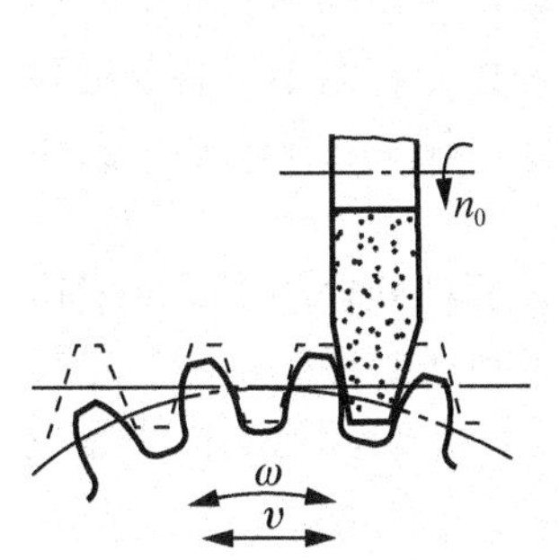

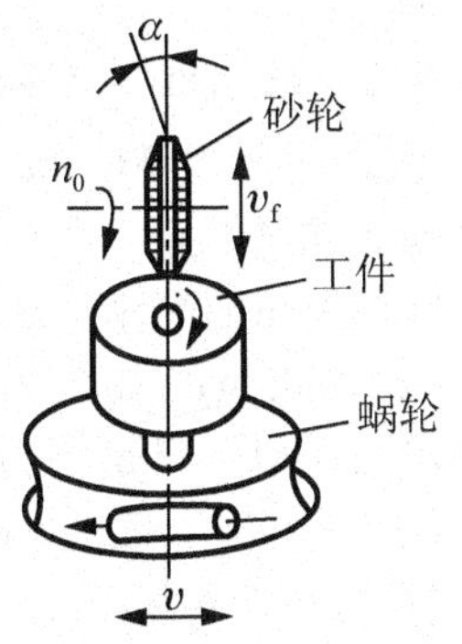

图 2.63　锥面砂轮磨齿原理

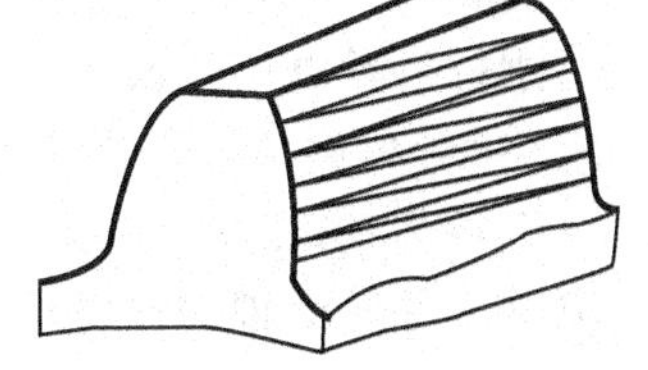

图 2.64　齿面磨削轨迹

锥面砂轮磨齿机外形图如图 2.65 所示。

图 2.65　锥面砂轮磨齿机

b．双片碟形砂轮磨齿。如图 2.62(a)及图 2.66 所示，将两个碟形砂轮倾斜成一定角度，以构成假想齿条两个齿的两个外侧面，同时对齿轮轮齿的两个齿面进行磨削，其原理与前述锥面砂轮磨齿相同。磨齿时，砂轮只在原位以 n_0 高速旋转；展成运动——工件的往复移动 v 和相应的正反转动 ω 通过滑座 7 和框架 2、滚圆盘 3、钢带 4 实现。工件通过工作台 1 实现轴向的慢速进给运动 f 以磨出全齿宽。当一个齿槽的两侧齿面磨完后，工件快速退离砂轮，经分度机构分齿后，再进入下一个齿槽反向进给磨齿。

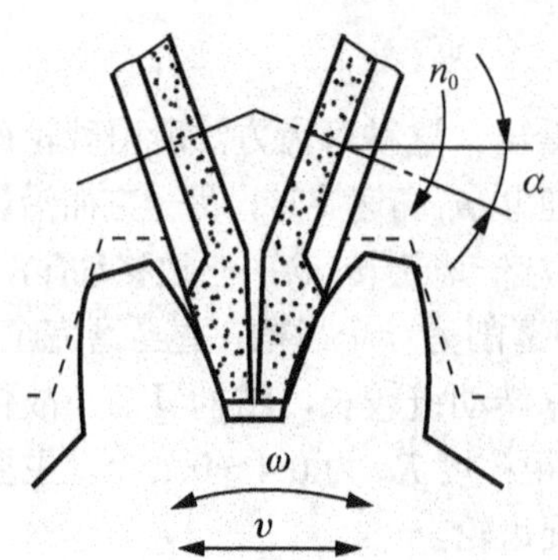

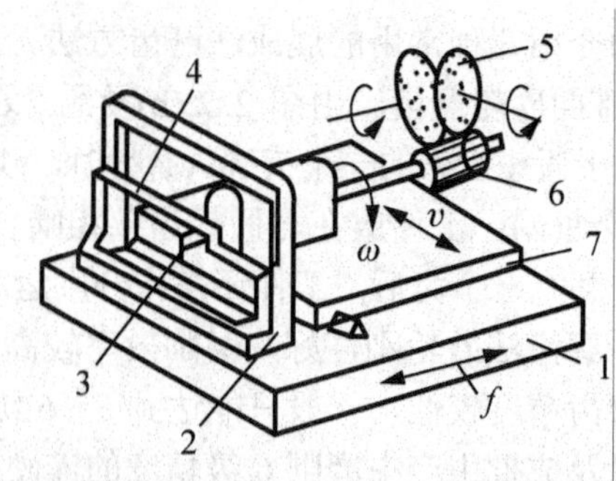

图 2.66　碟形砂轮磨齿原理

1—工作台；2—框架；3—滚圆盘；4—钢带；5—砂轮；6—工件；7—滑座

这种磨齿方法的展成运动传动环节少，传动链误差小(砂轮磨损后有自动补偿装置予以补偿)，分齿精度高，加工精度可达 4 级，齿面粗糙度 *Ra* 为 0.4～0.2μm。但由于碟形砂轮刚性较差，每次进给量很少，且所用设备结构复杂，故生产率较低，加工成本较高，适用于单件小批生产中外啮合直齿和斜齿圆柱齿轮的高精度加工。

c．蜗杆砂轮磨齿(worm grind wheel grinding)。如图 2.67 所示，蜗杆砂轮磨齿是新发展起来的连续分度磨齿法，加工原理与滚齿相似，只是相当于将滚刀换成蜗杆砂轮，砂轮转一周，工件(齿轮)转过一个齿。砂轮高速旋转(n)，工件通过机床的两台同步电动机作展成运动(ω)，工件还沿轴向作进给运动(f)以磨出全齿宽。

为保证必要的磨削速度，砂轮直径较大(ϕ200～ϕ400mm)，且转速较高(2000r/min)，又是连续磨削，所以生产效率很高，一般磨削一个齿轮仅需几分钟。磨削精度一般为 5 级，最高可达 3 级，适用于大量、成批生产的齿轮精加工。

(2) 磨齿机(gear grinding machine)。磨齿机用于热处理后各种高精度齿轮精加工。NZA、RZA 等蜗杆砂轮磨齿机在国内应用广泛。图 2.68 所示为蜗杆砂轮磨齿机外形图。

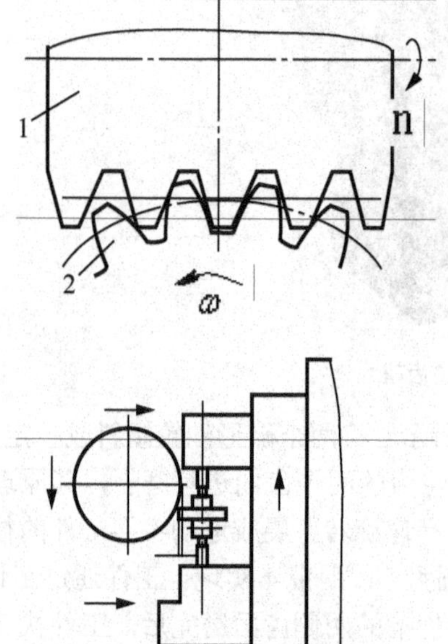

图 2.67　蜗杆砂轮磨齿

图 2.68　蜗杆砂轮磨齿机

(3) 提高磨齿精度和磨齿效率的措施。

① 提高磨齿精度的措施。

a．合理选择砂轮。砂轮材料选用白刚玉(WA)，硬度以软、中软为宜。粒度则根据所用砂轮外形和表面粗糙度要求而定，一般在 46#～80#的范围内选取。对蜗杆型砂轮，粒度应选得细一些，因为其展成速度较快，为保证齿面较小的粗糙度值，粒度不宜较粗。此外，为保证磨齿精度，砂轮必须经过精确平衡。

b．提高机床精度。它主要是提高工件主轴的回转精度，如采用高精度轴承，提高分度盘的齿距精度，并减少其安装误差等。

c．采用合理的工艺措施。这些工艺措施主要有按工艺规程进行操作；齿轮进行反复定性处理和回火处理，以消除因残余应力和机械加工而产生的内应力；提高工艺基准的精度，减少孔和轴的配合间隙对工件的偏心影响；隔离振动源，防止外来干扰；磨齿时室温保持稳定，每磨一批齿轮，其温差不大于 1℃；精细修整砂轮，所用的金刚石必须锋利，等等。

② 提高磨齿效率的措施。磨齿效率的提高主要是减少走刀次数，缩短行程长度及提高磨削用量等。常用措施如下。

a．磨齿余量要均匀，以便有效地减少走刀次数。

b．缩短展成长度，以便缩短磨齿时间。粗加工时可用无展成磨削。

c．采用大气孔砂轮，以增大磨削用量。

2. 齿形加工方案选择

对于不同精度等级的齿轮，常用的齿形加工方案如下。

(1) 9 级精度以下齿轮。一般采用铣齿→齿端加工→热处理→修正内孔的加工方案。若无热处理可去掉修正内孔的工序。此方案适用于单件小批生产或维修。

(2) 8～7 级精度齿轮。采用滚(插)齿→齿端加工→淬火→修正基准→珩齿(研齿)的加工方案。若无淬火工序，可去掉修正基准和珩齿工序。此方案适于各种批量生产。

(3) 7～6 级精度齿轮。采用滚(插)齿→齿端加工→剃齿→淬火→修正基准→珩齿(或磨齿)的加工方案。单件小批生产时采用磨齿方案，一般用于 6 级精度以上的齿轮；大批大量生产时采用剃珩方案，广泛用于 7 级精度齿轮的成批生产中。如不需淬火，则可去掉磨齿或珩齿工序。

(4) 6～4 级精度齿轮。采用滚(插)齿→齿端加工→淬火→修正基准→磨齿加工方案。此方案适用各种批量生产。如果齿轮精度虽低于 6 级，但淬火后变形较大的齿轮，也需采用磨齿方案。

选择圆柱齿轮齿形加工方案可参考表 2-17。

表 2-17　圆柱齿轮齿形加工方法和加工精度

齿形加工方案	齿轮精度等级	齿面粗糙度 Ra/μm	适用范围
铣齿	9 级以下	6.3～3.2	单件修配生产中，加工低精度的外圆柱齿轮、齿条、锥齿轮、蜗轮

续表

齿形加工方案	齿轮精度等级	齿面粗糙度 $Ra/\mu m$	适用范围
拉齿	7 级	1.6～0.4	大批量生产 7 级内齿轮、外齿轮，拉刀制造复杂，故少用
滚齿	8～7 级	3.2～1.6	各种批量生产中，加工中等质量外圆柱齿轮及蜗轮
插齿		3.2～1.6	各种批量生产中，加工中等质量的内、外圆柱齿轮、多联齿轮及小型齿条
滚(插)齿→淬火→珩齿		0.8～0.4	用于齿面淬火的齿轮
滚(插)齿→剃齿	7～6 级	0.8～0.4	主要用于大批量生产
滚(插)齿→剃齿→淬火→珩齿		0.4～0.2	
滚(插)齿→淬火→磨齿	6～3 级	0.4～0.2	用于高精度齿轮的齿面加工，生产率低，成本高
滚(插)齿→磨齿			

2.2.3 任务实施

一、双联齿轮零件机械加工工艺规程编制

1. 分析双联齿轮零件的结构和技术要求

图 2.51 所示的双联齿轮Ⅰ、Ⅱ轮缘间的轴向距离较小，Ⅰ齿齿形的加工方法的选择就受到限制，通常只能选用插齿。

该齿轮的传递运动精度为 7 级，Ⅰ齿、Ⅱ齿公法线变动公差 F_w 分别为 0.039mm、0.024mm，Ⅰ齿、Ⅱ齿的齿圈径向跳动公差 F_r 为分别 0.05mm、0.042mm；传动的平稳性精度为 7 级，Ⅰ齿、Ⅱ齿的基节极限偏差$\pm f_{pb}$均为$\pm$0.016mm，Ⅰ齿、Ⅱ齿的齿形公差 f_f 分别为 0.017mm、0.018mm；载荷的均匀性精度为 7 级，Ⅰ齿、Ⅱ齿的齿向公差 F_β均为 0.017mm。端面 *A*、*B* 与轴线有垂直度要求，表面粗糙度 *Ra* 分别为 3.2μm、1.6μm。

2. 明确双联齿轮零件毛坯状况

该齿轮为软齿面齿轮，在正火后进行精加工，齿面硬度较小，承载能力不高，但其制造工艺较简单，适用于一般机械传动。

该双联圆柱齿轮材料为 40Cr，毛坯形式为锻件。

3. 拟定双联齿轮零件的工艺路线

齿轮加工的工艺路线根据齿轮材质和热处理要求、齿轮结构及尺寸大小、精度要求、生产批量和车间设备条件而定。一般可归纳工艺路线如下。毛坯制造及热处理→齿坯加工→齿形粗加工→齿端加工→齿圈热处理→齿轮定位表面精加工→齿形精加工。

1) 确定加工方案

(1) 齿坯加工方案的选择。成批生产齿坯时，常采用“粗车→拉→精车”的工艺方案。

① 以齿坯外圆或轮毂定位，粗车外圆、端面和内孔(留拉削余量)。

② 以端面支承拉孔(或花键孔)。

③ 以孔在芯轴上定位精车外圆及端面等。

这种方案可由卧式车床或转塔车床及拉床实现。它的特点是加工质量稳定，生产效率较高。

(2) 齿形加工。齿形加工一般为滚、插齿加工，对于 8 级以下齿轮可以直接加工；对于 6～7 级齿轮，齿形精加工采用剃→珩加工；对于 5 级以上齿轮采用磨齿方法。

该齿轮齿形精加工采用剃→珩加工。

(3) 花键孔加工：主要有插削、拉削和磨削等方法。

① 插削法：用成形插刀在插床上逐齿插削，生产率和精度均低，用于单件小批生产。

② 拉削法：用花键拉刀在拉床上拉削，生产率和精度均高，应用最广泛。本任务的直齿圆柱齿轮花键孔的加工即为拉削加工。

③ 磨削法：用小直径的成形砂轮在花键孔磨床上磨削，用于加工直径较大、淬硬的或精度要求高的花键孔。

2) 划分加工阶段

齿轮加工工艺过程大致要经过如下几个阶段：毛坯热处理、齿坯加工、齿形加工、齿端加工、齿面热处理、精基准修正及齿形精加工等。

(1) 齿端加工。用指形铣刀进行Ⅰ、Ⅱ齿 12° 牙角齿端倒圆。齿端加工安排在齿轮淬火之前，在滚(插)齿之后进行。

(2) 精基准修正。齿轮淬火后基准孔产生变形，为保证齿形精加工质量，对基准孔必须给予修正。

对外径定心的花键孔齿轮，通常用花键推刀修正。推孔时要防止推刀歪斜。

(3) 齿形精加工。珩齿的目的在于修正齿轮经过淬火后所引起的齿形变形，进一步提高齿形精度和降低表面粗糙度值，使之达到最终的精度要求。以修整过的基准面定位进行齿形精加工，可以使定位准确可靠，余量分布也比较均匀，以便达到精加工的目的。

3) 选择定位基准

以工件花键孔和端面联合定位，确定齿轮中心和轴向位置，并采用面向定位端面的夹紧方式。这种方式可使定位基准、设计基准、装配基准和测量基准重合，又能使齿形加工等工序基准统一，定位精度高。在专用心轴上定位时不需要找正，但对夹具的制造精度要求较高。

4) 加工工序安排

应遵循加工顺序安排的一般原则，如先粗后精、先主后次等。

该齿轮的加工工艺路线为：毛坯锻造→正火→齿坯粗车→拉花键孔→齿坯精车→滚、插齿→齿端加工→剃齿→齿圈淬火→齿轮定位表面内孔推孔加工→珩齿。

4. 设计工序内容

1) 确定工序尺寸

(1) 粗车齿坯时，各端面、外圆按图样加工尺寸均留余量1.5～2mm；花键底孔加工至ϕ30H12。

(2) Ⅱ齿滚齿后留0.10mm剃齿、珩齿余量；Ⅰ齿插齿后留0.09mm剃齿、珩齿余量。

(3) 精加工：内孔拉花键、推孔和Ⅰ、Ⅱ齿珩齿均到图样规定尺寸、技术要求。

2) 选择设备工装

齿轮加工分两部分：轮体部分和齿圈部分。轮体采用普通车床加工，一般根据尺寸选择车床；齿圈部分，尺寸大或模数大的齿轮采用滚齿机，对于尺寸小或结构紧凑的齿轮用插齿机。齿圈部分的精加工采用剃齿机和珩齿机。

滚齿、插齿、剃(珩)齿加工夹具一般选用与相应机床配套的心轴。

(1) 设备选用。加工本任务中双联齿轮选用的设备如下。

① 齿坯加工：车床CA6132、拉床。

② 齿形加工：Y3150E、YW4232、Y5132、压力机、珩磨机(可用YW4232代替)。

③ 齿端加工：倒角机。

(2) 工装选用。

① 夹具：三爪卡盘、精车花键心轴、滚齿心轴、插齿心轴、倒角心轴、剃齿心轴、珩齿心轴。

② 刀具：各类车刀、钻头、花键拉刀、m2剃前滚刀、m2插齿刀、m2剃齿刀(15°、5°)、砂轮、m2珩磨轮、花键推刀、倒角刀、锉刀等。

③ 量具：游标卡尺、公法线千分尺、百分表、花键塞规、检验用花键心轴、齿圈径向跳动检查仪、齿形齿向测量仪等。

3) 确定插齿切削用量

(1) 插齿切削速度：插齿刀线速度一般为24～30m/min。可根据$V_c=2Ln/1000$(式中：L——插齿刀行程长度，mm；n——插齿刀每分钟的冲程数，str/min)计算n。

圆周进给量控制在0.1～0.3mm/str。

(2) 珩齿切削用量：珩齿余量很小，一般珩前为剃齿时，常取0.01～0.02mm；珩前为磨齿时，常取0.003～0.005mm。

径向进给量一般按在3～5个纵向行程内去除全部余量选取，纵向进给量为0.05～0.065mm/r，珩齿速度一般为1～2.5m/s。

5. 双联齿轮零件机械加工工艺过程

双联齿轮零件的机械加工工艺过程见表2-18。

表2-18　双联齿轮零件机械加工工艺过程

序号	工序内容	定位基准
1	毛坯锻造	
2	正火	
3	粗车外圆及端面，留余量1.5～2mm，钻镗花键底孔至尺寸ϕ30H12	外圆及端面

续表

序号	工序内容	定位基准
4	拉花键孔	ϕ30H12 孔及 *A* 面
5	钳工去毛刺	
6	上心轴，精车外圆、端面及槽至要求	花键孔及端面
7	检验	
8	滚齿(z=42)，留剃齿、珩齿余量 0.10 mm	花键孔及 *A* 面
9	插齿(z=28)，留剃齿、珩齿余量 0.09 mm	花键孔及 *A* 面
10	倒角(Ⅰ、Ⅱ齿圆 12°牙角)	花键孔及 *A* 面
11	钳工去毛刺	
12	剃齿(z=42)，公法线长度至上限尺寸	花键孔及 *A* 面
13	剃齿(z=28)，采用螺旋角度为 5°的剃齿刀，剃齿后公法线长度至上限尺寸	花键孔及 *A* 面
14	齿部高频淬火：52～54HRC	
15	推孔	花键孔及 *A* 面
16	珩齿(Ⅰ、Ⅱ)达图样要求	花键孔及 *A* 面
17	检验入库	

二、双联齿轮零件机械加工工艺规程实施

1. 任务实施准备

(1) 根据现有生产条件或在条件许可情况下，委托合作企业操作人员根据学生编制的双联齿轮零件机械加工工艺过程卡片及工序卡片进行加工，由学生对加工后的零件进行检验，判断零件合格与否。(可在校内实训基地，由兼职教师与学生代表根据机床操作规程、工艺文件，共同完成齿坯粗加工)

(2) 工艺准备(可与合作企业共同准备)。

① 毛坯准备：该双联齿轮材料为 40Cr，采用锻造毛坯(可由合作企业提供)。

② 设备、工装准备。详见双联齿轮工艺规程编制中相关内容。

③ 资料准备：机床使用说明书、刀具说明书、机床操作规程、产品的装配图以及零件图、工艺文件、《机械加工工艺人员手册》、5S 现场管理制度等。

3) 准备相似零件，参观生产现场或观看相关加工视频。

2. 任务实施与检查

(1) 分组分析零件图样。根据图 2.51 双联齿轮零件图，分析图样的完整性及主要的加工表面。根据分析可知，本零件的结构工艺性较好。

(2) 分组讨论毛坯选择问题。应根据齿轮的材料、结构形状、尺寸大小、使用条件以

及生产批量等因素确定毛坯的种类。该双联齿轮采用锻造毛坯。

(3) 分组讨论零件加工工艺路线。确定加工表面的加工方案，划分加工阶段，选择定位基准，确定加工顺序，设计工序内容等。

(4) 双联齿轮零件的加工步骤按其机械加工工艺过程执行(表 2-18)。

(5) 齿轮精度检验。参照表 2-2，按照双联齿轮零件的精度检验组、测量条件及要求进行检验。

(6) 任务实施的检查与评价。具体的任务实施检查与评价内容参见表 1-12。

讨论问题：

① 花键内孔是如何加工的？

② 双联齿轮的小端齿常采用哪种齿形加工方法？为什么？

3. 插齿、剃齿、珩齿误差分析

(1) 插齿误差产生原因及其消除方法见表 2-19。

表 2-19 插齿误差产生原因及其消除方法

序号	剃齿误差	产生原因	消除方法
1	公法线长度的变动量超差	① 刀架系统存在误差，如蜗轮偏心、主轴偏心等误差； ② 刀具本身制造误差和安装偏心或倾斜； ③ 径向进给机构不稳定； ④ 工作台的摆动及让刀不稳定	① 修理恢复刀架系统精度，检查修理径向进给机构； ② 调整工作台让刀及检查刀具安装情况
2	相邻齿距误差超差	① 工作台或刀架体分度蜗杆的轴向窜动过大； ② 精切时余量过大	① 调整工作台或刀架体分度蜗杆的轴向窜动； ② 适当增加粗切次数，使精切时留量较少
3	齿距累积误差超差	① 工作台或刀架体分度蜗轮蜗杆有磨损、啮合间隙过大； ② 工作台有较大的径向跳动； ③ 插齿刀主轴端面(安装插齿刀部分)跳动超差； ④ 进给凸轮轮廓不精确； ⑤ 插齿刀安装后有径向与端面跳动； ⑥ 工件安装不符合要求； ⑦ 定位心轴本身精度不合要求	① 调整工作台或刀架分度蜗轮蜗杆的啮合间隙，必要时修复蜗轮副； ② 仔细刮研工作台主轴与工作台上的圆锥接触面； ③ 重新安装插齿刀的位置，使误差相互抵消，必要时修磨插齿刀主轴端面； ④ 修磨凸轮轮廓； ⑤ 修磨插齿刀的垫圈； ⑥ 定位心轴须与工作台回转轴线重合。工件孔与定位心轴的配合间隙要合适。安装时工件端面须与安装孔垂直，工件、垫圈的两端面须平行，并不得有铁屑及污物粘着； ⑦ 检查工件定位心轴的精度，并修正或更换新件

续表

序号	剃齿误差	产生原因	消除方法
4	齿形误差超差	① 分度蜗杆轴向窜动过大或其他传动链零件精度太差； ② 工作台有较大的径向跳动； ③ 插齿刀主轴端面(安装插齿刀部分)跳动超差； ④ 插齿刀刃磨不良； ⑤ 插齿刀安装后有径向与端面跳动； ⑥ 工件安装不合要求	① 检查与调整分度蜗杆的轴向窜动，检查与更换传动链中精度太差的零件； ② 仔细刮研工作台主轴与工作台上的圆锥接触面； ③ 重新安装插齿刀的位置，使误差相互抵消，必要时修磨插齿刀主轴端面； ④ 修磨凸轮轮廓，重磨刃口； ⑤ 修磨插齿刀的垫圈； ⑥ 定位心轴须与工作台回转轴线重合。工件孔与定位心轴的配合间隙要合适。安装时工件端面须与安装孔垂直
5	齿向误差超差	① 插齿刀主轴中心线与工作台轴线间的位置不正确； ② 插齿刀安装后有径向与端面跳动； ③ 工件安装不合要求	① 重新安装刀架后进行校正； ② 修磨插齿刀的垫圈； ③ 修磨凸轮轮廓； ④ 重新安装插齿刀的位置，使误差相互抵消，必要时修磨插齿刀主轴端面
6	齿面粗糙度超差	① 机床传动链的精度不高，某些环节在运转中出现振动或冲击，以致影响机床传动平稳性； ② 工作台主轴与工作台圆锥导轨面接触情况不合要求，圆锥导轨面接触过硬，工作台转动沉重，运转时产生振动； ③ 分度蜗杆的轴向窜动或分度蜗杆蜗轮副的啮合间隙过大，运转中产生振动； ④ 让刀机构工作不正常，回刀刮伤工件表面； ⑤ 插齿刀刃磨质量不良； ⑥ 进给量过大； ⑦ 工件装夹不牢靠，切削中产生振动； ⑧ 切削液脏或者冲入切削齿槽	① 找出不良环节，加以校正或更换； ② 修刮圆锥导轨面，使其接触面比平面导轨略硬，并要求接触均匀； ③ 修磨调整垫片，纠正分度蜗杆的轴向窜动；调整分度蜗杆支座，以校正分度蜗杆蜗轮副的间隙大小； ④ 调整让刀机构； ⑤ 修磨刃口； ⑥ 选择适当的进给量； ⑦ 合理装夹工件； ⑧ 更换切削液，将切削液对准切削区

(2) 剃齿误差产生原因及其消除方法见表 2-20。

表 2-20　剃齿误差产生原因及消除方法

序号	剃齿误差	产生原因	消除方法
1	齿形误差和基节偏差超差	① 剃齿刀齿形误差和基节误差； ② 工件和剃齿刀安装偏心； ③ 轴交角调整不正确； ④ 齿轮齿根及齿顶余量过大； ⑤ 剃前齿轮齿形和基节误差过大； ⑥ 剃齿刀磨损	① 提高剃齿刀刃磨精度； ② 仔细安装工件和剃齿刀； ③ 正确调整轴交角； ④ 保证齿轮剃前加工精度，减小齿根及齿顶余量； ⑤ 及时刃磨剃齿刀

续表

序号	剃齿误差	产生原因	消除方法
2	齿距偏差超差	① 剃齿刀的齿距偏差误差较大； ② 剃齿刀的径向跳动较大； ③ 剃前齿轮齿距偏差和径向跳动较大	① 提高剃齿刀安装精度； ② 保证齿轮剃前加工的精度
3	齿距累积误差、公法线长度变动及齿圈径向跳动超差	① 剃前齿轮的齿距累积误差、公法线长度变动及齿圈径向跳动误差较大； ② 在剃齿机上齿轮齿圈径向跳动大(装夹偏心)； ③ 在剃齿机上剃齿刀径向跳动大(装夹偏心)	① 提高剃前齿轮的加精度； ② 对剃齿刀的安装要求其径向跳动量不能过大； ③ 提高齿轮的安装精度
4	在齿高中部形成“中凹”现象	① 齿轮齿数太少(12～18)； ② 重合度不大	保证剃齿时的重合度不小于 1.5
5	齿向误差超差(两齿面同向)	① 剃前齿轮齿向误差较大； ② 轴交角调整误差大	① 提高剃前齿轮加工精度； ② 提高轴交角的调整精度
6	齿向误差超差(两齿面异向，呈锥形)	① 心轴或夹具的支承端面相对于齿轮旋转轴线歪斜； ② 机床部件和心轴刚性不足； ③ 在剃削过程中，由于机床部件的位置误差和移动误差，使剃齿刀和齿轮之间的中心距不等	① 提高工件和刀具的安装精度 ； ② 加强轴交角的调整精度
7	剃不完全	① 齿成形不完全，余量不合理； ② 剃前齿轮精度太低	① 合理选用剃齿余量； ② 提高剃前加工精度
8	齿面粗糙度超差	① 剃齿刀切削刃有缺陷； ② 轴交角调整不准确； ③ 剃齿刀磨损严重； ④ 剃齿刀轴线与刀架旋转轴线不同轴； ⑤ 纵向进给量过大； ⑥ 切削液选用不对或供给不足； ⑦ 机床和夹具的刚性和抗振性不足 ； ⑧ 齿轮夹紧不牢固； ⑨ 剃齿刀和齿轮的振动； ⑩ 当加工少齿数齿轮时剃齿刀正变位置偏大和轴交角过大	① 及时刃磨剃齿刀保持切削刃锋利； ② 准确调整机床和提高刀具安装精度； ③ 合理选择切削用量； ④ 合理选用切削液； ⑤ 正确安装、夹紧工件

(3) 珩齿齿形畸变及消除方法。齿形畸变是珩齿中非常突出的现象，多趋于齿顶肥、齿根瘦，即齿顶珩去的金属少，齿根珩去的金属多，虽然整个齿形误差不超差，但微量顶突对传动平稳性不利。

产生上述误差的原因，可以用渐开线齿廓各接触点的滑移速度来解释。在工件齿根处很短一段齿廓被珩磨轮齿顶处很长一段齿廓所磨削时，因滑移速度大，参加磨削的磨料多，所以去除的余量大；而在工件齿顶处，很长一段齿廓被珩磨轮齿根处很短一段齿廓所磨削时，滑移速度虽很大，但参加切削的磨粒数量减少很多，因而去除的余量少。再加之剃齿时容易产生中凹现象，因而在珩齿时更容易造成“顶肥根瘦”现象。显然，珩齿余量越大，珩磨时间就越长，这种现象也越严重。在实际生产中往往用控制珩齿余量、珩齿时间及剃齿刀修形等方法加以克服。

任务 2.3　高精度圆柱齿轮零件机械加工工艺规程编制与实施

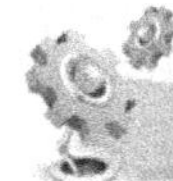

2.3.1　任务引入

编制图 2.69 所示的高精度齿轮零件的机械加工工艺规程并实施。零件材料为 40Cr，精度等级为 6-5-5 级，生产类型为小批生产。

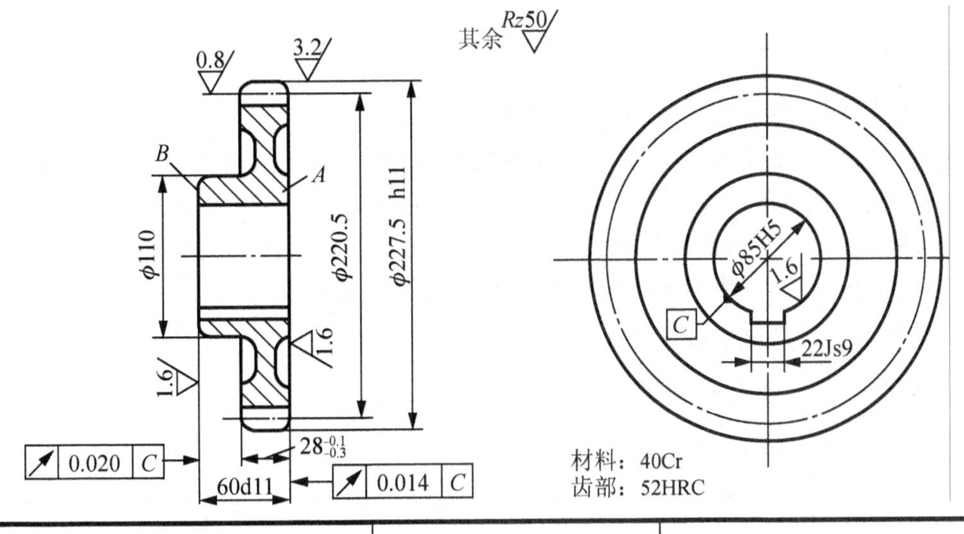

模数	m	3.5
齿数	z	63
齿形角	α	20°
精度等级	6-5-5KM/GB/T 10095—2008	
齿距累积公差	F_p	0.035
齿距极限偏差	$\pm f_{pt}$	±0.0065
齿形公差	f_f	0.007
齿向公差	F_β	0.007
跨齿数	k	7
公法线平均长度及极限偏差	$W_{E_{wi}}^{E_{ws}}$	$70.13_{-0.05}^{0}$

图 2.69　高精度齿轮

2.3.2 相关知识

高精度齿轮零件机械加工工艺有如下特点。

1. 定位基准的精度要求较高

由图 2.69 可知，作为定位基准的内孔，其尺寸精度标注为ϕ85H5，基准端面的粗糙度值较小，*Ra* 为 1.6μm，它对基准孔的跳动为 0.014mm，这几项均比一般精度的齿轮要求高。因此，在齿坯加工中，除了要注意控制端面与内孔的垂直度外，尚需留一定的加工余量进行精基准修正。修正基准孔和端面采用磨削，先以齿轮分度圆和端面作为定位基准磨孔，再以孔为定位基准磨端面，控制端面跳动要求，以确保齿形精加工用的精基准的精度。

2. 齿形精度要求高

本任务中的高精度齿轮图上标注为 6-5-5 级。为满足齿形精度要求，其加工方案应选择磨齿方案，即滚(插)齿→齿端加工→高频淬火→修正精基准→磨齿。磨齿精度可达 4 级，但生产率低。齿面热处理采用高频淬火，变形较小，故留磨余量可缩小到 0.1mm 左右，以提高磨齿效率。

2.3.3 任务实施

一、高精度齿轮零件机械加工工艺规程编制

1. 分析高精度齿轮零件的结构和技术要求

图 2.69 所示的高精度齿轮，传递运动精度为 6 级，齿距累积公差 F_p 为 0.035mm；传动的平稳性精度为 5 级，齿距极限偏差$\pm f_{pt}$为$\pm$0.006 5mm，齿形公差 f_f 为 0.007mm；载荷的均匀性精度为 5 级，齿向公差 F_β为 0.007mm。端面与轴线有较高的垂直度要求，表面粗糙度 *Ra* 为 1.6μm。齿轮表面需高频淬火，齿部硬度达 52HRC。

2. 明确高精度齿轮零件毛坯状况

该高精度圆柱齿轮材料为 40Cr，毛坯形式为锻件。

3. 拟定高精度齿轮零件的机械加工工艺路线

齿轮加工的工艺路线根据齿轮材质和热处理要求、齿轮结构及尺寸大小、精度要求、生产批量和车间设备条件而定。一般可归纳工艺路线如下：毛坯制造及热处理→齿坯加工→齿形粗加工→齿端加工→齿圈热处理→齿轮定位表面精加工→齿形精加工。

1) 确定加工方案

(1) 齿坯加工方案的选择。单件小批生产齿轮时，一般齿坯的孔、端面及外圆的粗、精加工都在通用机床上经两次装夹完成，但必须注意将孔和基准端面的精加工在一次装夹内完成，以保证位置精度。

由图 2.69 可知，该齿轮作为定位基准的内孔其尺寸精度标注为ϕ85H5，基准端面的粗糙度较细，*Ra* 为 1.6μm，它对基准孔的跳动为 0.014mm，这几项均比一般精度的齿轮要求高，因此，在齿坯加工中，除了要注意控制端面与内孔的垂直度外，尚需留一定的余量进行精加工。精加工孔和端面采用磨削，先以齿轮分度圆和端面作为定位基准磨孔，再以孔为定位基准磨端面，控制端面跳动要求，以确保齿形精加工用的精基准的精确度。

(2) 齿形加工。齿形加工一般为滚、插齿加工，对于 8 级以下齿轮可以直接加工；对

于 6～7 级齿轮，齿形精加工采用剃→珩加工；对于 5 级以上齿轮采用磨齿方法。

该齿轮齿形精度等级为 6-5-5 级。为满足齿形精度要求，其加工方案应选择磨齿方案，即滚齿→齿端加工→高频淬火→修正基准→磨齿。

本例齿面热处理采用高频淬火，变形较小，故留磨余量可缩小到 0.1mm 左右，以提高磨齿效率。

2) 划分加工阶段

齿轮加工工艺过程大致要经过如下几个阶段：毛坯热处理、齿坯加工、齿形加工、齿端加工、齿面热处理、精基准修正及齿形精加工等。

3) 选择定位基准

以工件内孔和端面联合定位，确定齿轮中心和轴向位置，并采用面向定位端面的夹紧方式。这种方式既可使定位基准、设计基准、装配基准和测量基准重合，又能使齿形加工等工序基准统一，定位精度高，在专用心轴上定位时不需要找正，但对夹具的制造精度要求较高。

4) 加工工序安排

机械加工工序安排应遵循加工顺序安排的一般原则，如先粗后精、先主后次等。

该齿轮的加工工艺路线为毛坯锻造→正火→齿坯粗车→齿坯精车→滚齿→齿端加工(倒棱)→齿圈淬火→齿轮定位表面内孔、端面精加工→磨齿。

4. 设计工序内容

1) 确定工序尺寸

(1) 粗车齿坯时，各端面、外圆按图样加工尺寸均留余量 1.5～2mm。

(2) 齿圈滚齿后齿厚留磨削余量 0.10～0.15 mm。

(3) 精加工：精车内孔、总长，均留磨削余量 0.2mm。

2) 选择设备工装

(1) 设备选用。

① 齿坯加工：车床 CA6132、插床、万能外圆磨床、平面磨床。

② 齿形加工：Y3150E、YE7232 蜗杆砂轮磨齿机。

③ 齿端加工：倒角机。

(2) 工装选用。

① 夹具：三爪卡盘、滚齿心轴、插键槽夹具、节圆专用夹具、磨齿心轴。

② 刀具：各类车刀、键槽插刀、m3.5 磨前滚刀、砂轮、m3.5 蜗杆砂轮、倒角刀、锉刀等。

③ 量具：游标卡尺、公法线千分尺、百分表、花键塞规、检验用心轴、齿圈径向跳动检查仪、齿形齿向测量仪等。

3) 磨齿切削用量

轴向进给量的选择：进给量大小是由材料硬度、工件表面粗糙度、加工精度及砂轮性能等因素决定的。精度、硬度较高，粗糙度较低的工件选用小进给量，通常取 0.10～0.15mm/r(砂轮沿工件径向进刀取 0.05mm/行程)，最后精进给取 0.03～0.04mm/r。对于精度较低(低于 5 级)、硬度不高的工件，可适当加大进给量，以提高效率。

5. 高精度齿轮加工工艺过程

高精度齿轮的加工工艺过程见表 2-21。

表 2-21　高精度齿轮加工工艺过程

序号	工序内容	定位基准
1	毛坯锻造	
2	正火	
3	粗车各部分，留余量 1.5～2mm	外圆及端面
4	精车各部分，内孔至ϕ84.8H7，总长留加工余量 0.2mm，其余至尺寸	外圆及端面
5	检验	
6	滚齿(齿厚留磨加工余量 0.10～0.15mm)	内孔及 A 面
7	倒棱	内孔(找正用)及 A 面
8	钳工去毛刺	
9	齿部高频淬火：52HRC	
10	插键槽	内孔及 A 面
11	磨内孔至ϕ85H5	分度圆和 A 面(找正用)
12	靠磨大端 A 面	内孔
13	平面磨 B 面至总长度尺寸	A 面
14	磨齿	内孔及 A 面
15	检验入库	

二、高精度齿轮零件机械加工工艺规程实施

1. 任务实施准备

(1) 根据现有生产条件或在条件许可情况下，委托合作企业操作人员根据学生编制的高精度齿轮零件机械加工工艺过程卡片及工序卡片进行加工，由学生对加工后的零件进行检验，判断零件合格与否。(可在校内实训基地，由兼职教师与学生代表根据机床操作规程、工艺文件，共同完成齿坯加工)

(2) 工艺准备(可与合作企业共同准备)。

① 毛坯准备：该高精度齿轮材料为 40Cr，采用锻造毛坯(可由合作企业提供)。

② 设备、工装准备。详见高精度齿轮工艺规程编制中相关内容。

③ 资料准备：机床使用说明书、刀具说明书、机床操作规程、产品的装配图以及零件图、工艺文件、《机械加工工艺人员手册》、5S 现场管理制度等。

(3) 准备相似零件，参观生产现场或观看相关加工视频。

2. 任务实施与检查

(1) 分组分析零件图样：根据图 2.69 所示的高精度齿轮零件图，分析图样的完整性及主要的加工表面。根据分析可知，本零件的结构工艺性较好。

(2) 分组讨论毛坯选择问题：应根据齿轮的材料、结构形状、尺寸大小、使用条件以及生产批量等因素确定毛坯的种类。该高精度齿轮采用锻造毛坯。

(3) 分组讨论零件加工工艺路线：确定加工表面的加工方案，划分加工阶段，选择定位基准，确定加工顺序，设计工序内容等。

(4) 高精度齿轮零件的加工步骤按其机械加工工艺过程执行(表 2-21)。

(5) 齿轮精度检验详见表 2-14。参照表 2-2，按照高精度齿轮零件的精度检验组、测量条件及要求进行检验。

(6) 任务实施的检查与评价。具体的任务实施检查与评价内容参见表 1-12。

讨论问题：

① 如何确定ϕ85H5 内孔加工的各工序尺寸及其公差？

② 采用哪些措施可保证高精度齿轮的加工精度？

3. 磨齿误差分析

蜗杆砂轮磨齿机磨齿误差分析见表 2-22。

表 2-22　蜗杆砂轮磨齿机(YE7232)磨齿误差产生原因及其消除方法

序号	磨齿误差	产生原因	消除方法
1	齿形误差超差	压力角偏小(−)或压力角偏大(+)	重新调整金刚石滚轮修整器装置的角度整规块值
		齿顶塌入： 金刚石滚轮顶端磨损或修整进给量及修整次数不当	重新更换滚轮或改变修整参数
		齿顶凸出： 砂轮齿形有效深度不足；对预开齿槽的砂轮，开槽太宽或中心偏移	采取相应措施
		大波齿形： 砂轮动平衡超差；砂轮上轴的一次误差超差；砂轮法兰与主轴的接触不当；砂轮上存有冷却水	检查砂轮动平衡；检查砂轮上轴的一次误差；检查砂轮法兰与主轴的接触；甩干砂轮上的冷却水
		不规则齿形： 金刚石滚轮不均匀磨损；砂轮粒度不当	更换金刚石滚轮，采用较细粒度的砂轮
		中凹齿形： 少齿数齿轮、正变位系数较大或采用凸头滚刀预切齿时，均系产生较大的中凹齿形	采用改刀预切齿，在磨齿时改变磨削用量参数，最终精磨行程采用夹紧磨削
		中波齿形(改变齿数模数时，节距不变)： 丝杆轴向窜动；传动齿轮成交换挂轮安装误差	检查并修复相应部位

续表

序号	磨齿误差	产生原因	消除方法
1	齿形误差超差	齿形一致性差： 定位基准与测量基准不一致；心轴中心孔接触差；工件夹头脏或有缺陷；阻尼压力调整不当；交换挂轮轴向窜动	采取相应纠正措施，仔细安排最终精磨行程
2	齿向误差超差	上端行程长度不足	重新调整
		下端行程出头量过长	重新调整
		工件架回转角不当	重新调整
		差动交换挂轮比不当	进行小调整
		阻尼泵压力太小或过大	检查和调整阻尼压力
		头尾架对中精度差	调整尾架
		精磨时进给量太大，走刀速度太快	减小磨削用量

知识拓展

花键轴加工

花键轴(spline shaft)零件(图 2.70)主要采用滚切、铣削和磨削等切削加工方法，也可采用冷打、冷轧等塑性变形的加工方法。

1. 滚切法

用花键滚刀在花键轴铣床或滚齿机上按展成法(见齿轮加工)加工。滚切花键轴示意图如图 2.71 所示，这种方法生产率和精度均高，适用于批量生产。

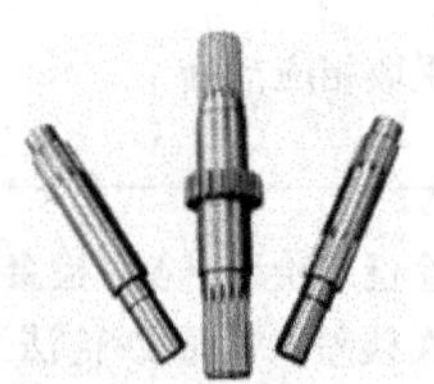
图 2.70 花键轴零件

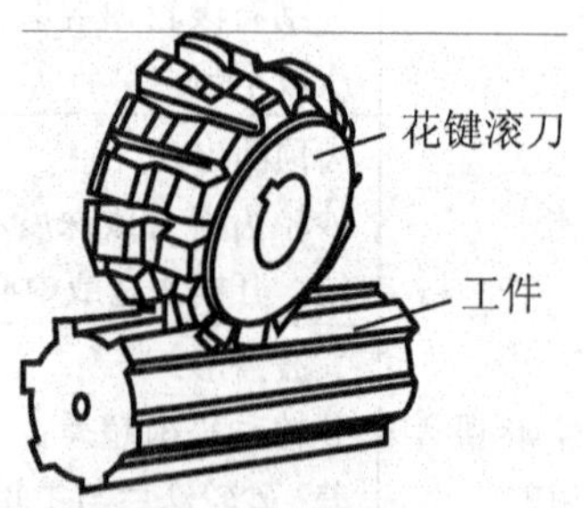

图 2.71 滚切花键轴

2. 铣削法

在万能铣床上用专门的成形铣刀直接铣出齿间轮廓，用分度头分齿逐齿铣削；若不用成形铣刀，也可用两把盘铣刀同时铣削一个齿的两侧，逐齿铣好后再用一把盘铣刀对底径稍作修整。铣削法的生产率和精度都较低，主要用在单件小批生产中加工以外径定心的花键轴和淬硬前的粗加工，铣削花键轴如图 2.72 所示。

其加工工艺路线为锻件→粗加工→铣切花键→渗碳→去碳层→热处理→研中心孔→磨花键→检验。

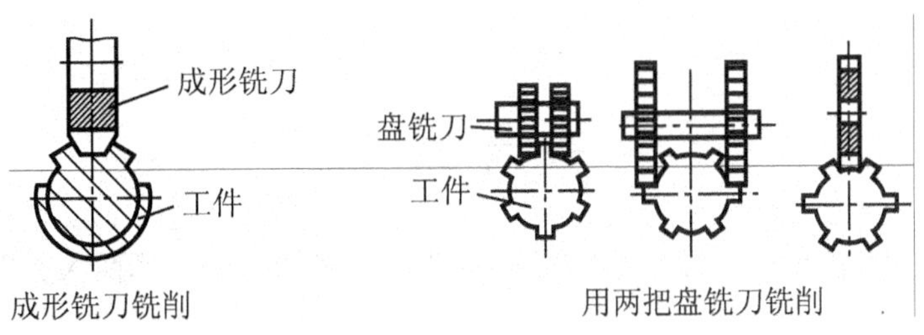

图 2.72　铣削花键轴

3. 磨削法

用成形砂轮在花键轴磨床上磨削花键齿侧和底径，适用于加工淬硬的花键轴或精度要求更高的、特别是以内径定心的花键轴。

4. 冷打法

冷打花键轴的工作原理如图 2.73 所示，在专门的机床上进行。对称布置在工件圆周外侧的两个打头随着工件的分度回转运动和轴向进给作恒定传动比的高速旋转，工件每转过一个齿，打头上的成形打轮对工件齿槽部锤击一次，在打轮高速、高能运动连续锤击下，工件表面产生塑性变形而成花键。冷打的精度介于铣削和磨削之间，效率比铣削高 5 倍左右，冷打还可提高材料利用率。

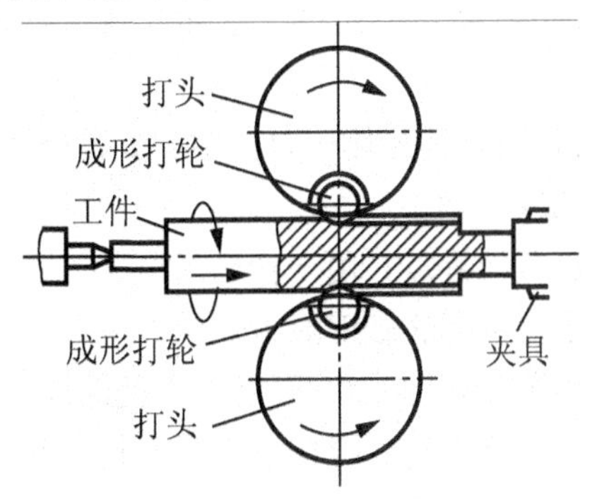

图 2.73　冷打花键轴

项 目 小 结

本项目通过由简单到复杂的 3 个工作任务，详细介绍了常用的齿形加工方法——成形法和展成法，如滚齿、插齿、剃齿、珩齿、磨齿等的工艺系统(机床、圆柱齿轮零件、刀具、夹具)及机床操作、齿形精度检测等知识。在此基础上，从完成任务角度出发，认真研究和分析在不同的生产批量和生产条件下，工艺系统各个环节间的相互影响，然后根据不同的生产要求及加工工艺规程的制定原则与步骤，结合齿轮加工方案，合理制定直齿圆柱齿轮、双联圆柱齿轮及高精度圆柱齿轮等零件的机械加工工艺规程，正确填写工艺文件并实施。在此过程中，使学生懂得机床安全操作规程，体验岗位需求，培养职业素养与习惯，积累工作经验。

此外，通过学习齿轮加工刀具结构、花键轴零件加工方法等知识，可以进一步扩大知识面，提高解决实际生产问题的能力。

思 考 练 习

1．切削加工齿轮齿形，按齿形的成形原理，齿形加工分为哪两大类？它们各自有何特点？

2．加工模数 m＝3mm 的直齿圆柱齿轮，齿数 z_1＝26，z_2＝34，试选择盘形齿轮铣刀的刀号。在相同切削条件下，哪个齿轮加工精度高？为什么？

3．加工一个模数 m＝5mm，齿数 z＝40，分度圆柱螺旋角 β＝150°的斜齿圆柱齿轮，应选何种刀号的盘形齿轮铣刀？

4．在大量生产中，若用成形法加工齿形，应该怎样才能提高加工精度和生产率？

5．滚齿和插齿加工各有何特点？分别用于什么场合？

6．加工一内直齿齿轮 z＝30，m＝4mm，8 级精度，应该采用哪种齿形加工方法？若 z＝150，m＝20mm，还可采用哪种齿形加工方法？

7．滚切直、斜齿圆柱齿轮各需几个成形运动和几条运动传动链？各条传动链的性质如何？

8．在滚齿机上加工齿轮时，刀具为什么要对中？如没有对中后果如何？

9．如何正确确定滚刀的安装角？

10．剃齿、磨齿、珩齿各有何特点？用于什么场合？

11．为什么剃齿对齿轮运动精度的修正能力较差？

12．珩齿加工的齿形表面质量高于剃齿，而修正误差的能力低于剃齿，这是什么原因？

13．分别写出齿面淬硬和不淬硬的 6 级精度直齿圆柱齿轮的齿形加工方案。

14．分别写出模数 m＝8mm，齿数 z＝35，精度等级为 8 级的齿形加工的不同加工方案。并写出加工时刀具规格。

15．圆柱齿轮规定了哪些技术要求和精度指标？它们对传动质量和加工工艺有什么影响？试说明齿轮精度等级 7FL GB/T 10095—2008 的含义。

16．齿形加工的精基准选择有几种方案？各有什么特点？齿轮淬火前精基准的加工和淬火后精基准的修整通常采用什么方法？

17．试分析影响齿轮加工精度的因素。

18．齿端倒圆的目的是什么？其概念与一般的回转体倒圆有何不同？

19．编制图 2.74 所示中间轴齿轮零件的机械加工工艺规程，年产 5000 件。

20．编制图 2.75 所示直齿圆柱齿轮的机械加工工艺规程。零件材料为 45 钢，生产类型为小批生产。

21．图 2.76 所示为一蜗杆轴，材料选用 40Cr，试制定蜗杆轴的加工工艺过程，生产批量属于单件小批生产。

22．编制图 2.77 所示双联齿轮的机械加工工艺过程。其生产类型为单件小批生产，材料 45 钢，齿部高频淬火 48HRC。

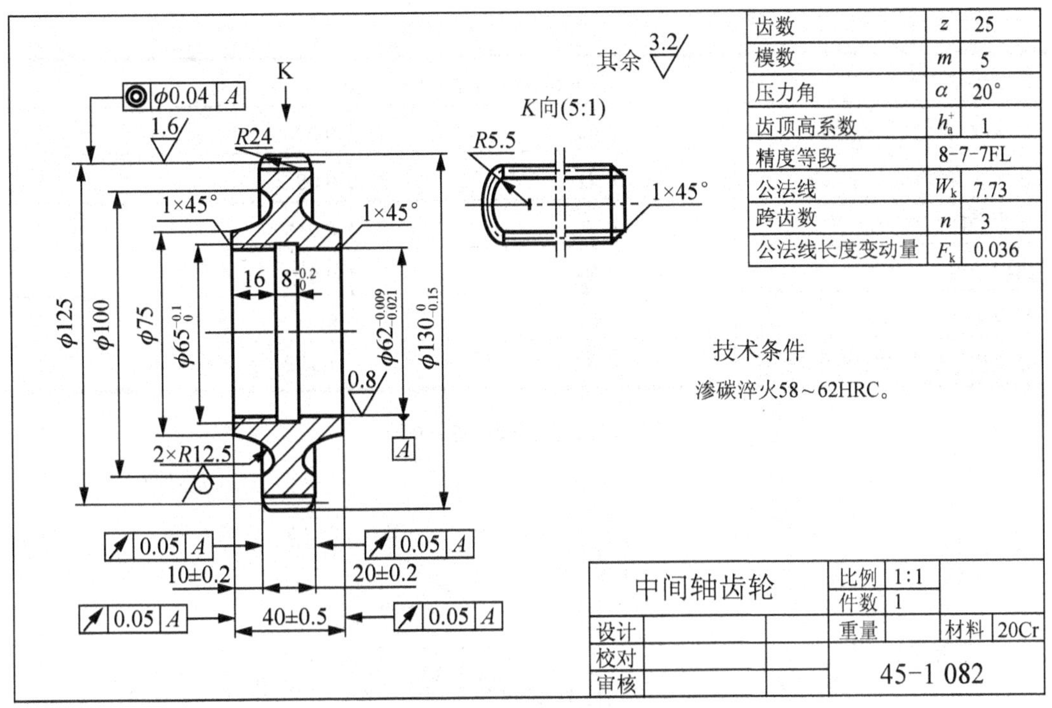

图 2.74　中间轴齿轮零件图

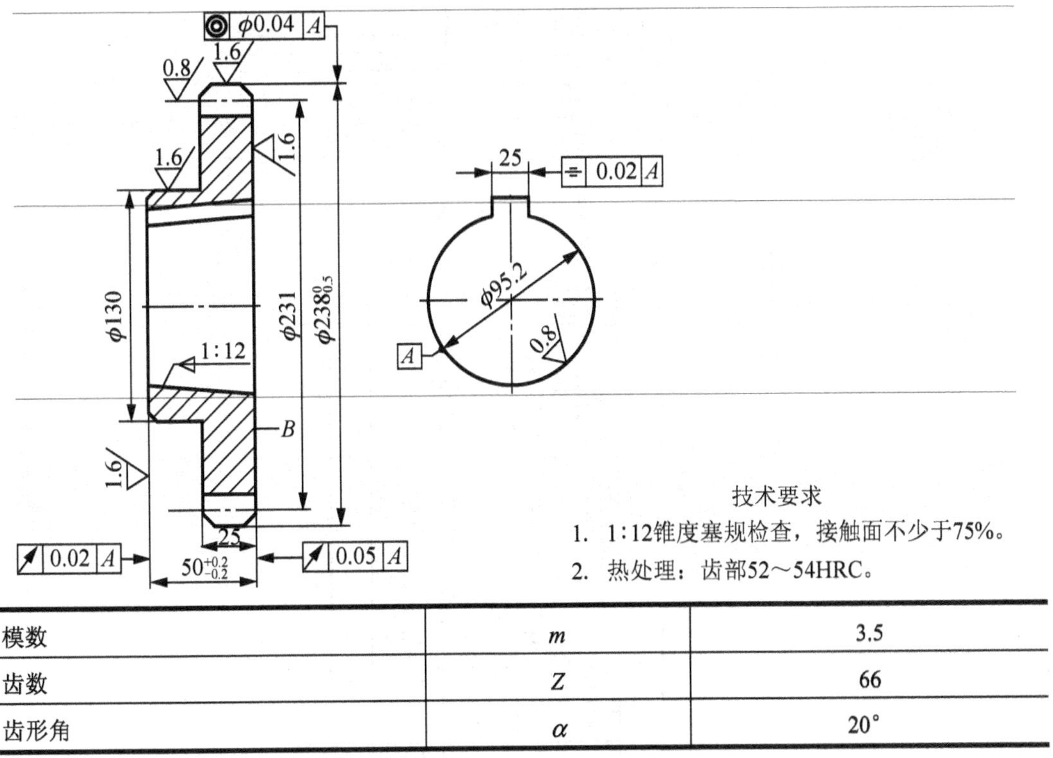

模数	m	3.5
齿数	Z	66
齿形角	α	20°

图 2.75　直齿圆柱齿轮

精度等级	7-6-6KM/GB/T 10095—2008	
公法线长度变动公差	F_w	0.036
径向综合公差	F_i''	0.08
一齿径向综合公差	f_i''	0.016
齿向公差	F_β	0.009
跨齿数	k	8
公法线平均长度及极限偏差	$W_{E_{wi}}^{E_{ws}}$	$80.72_{-0.19}^{-0.14}$

图 2.75　直齿圆柱齿轮(续)

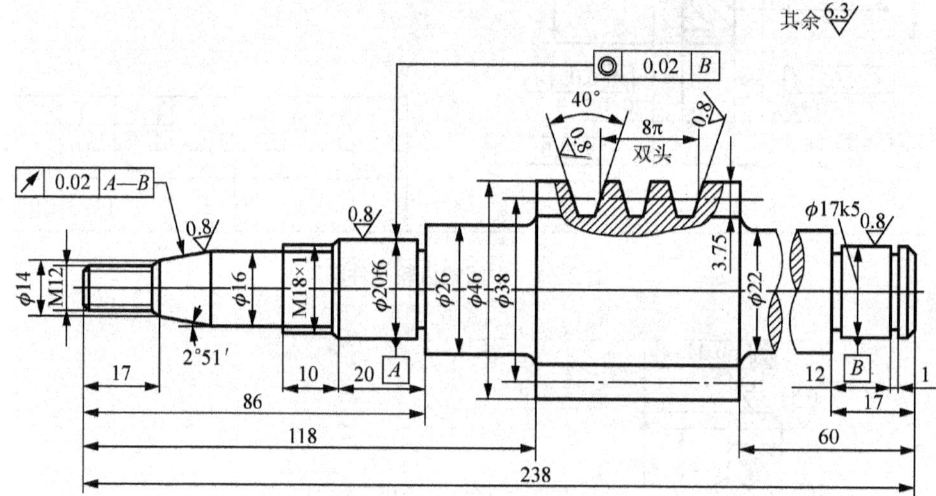

图 2.76　蜗杆轴

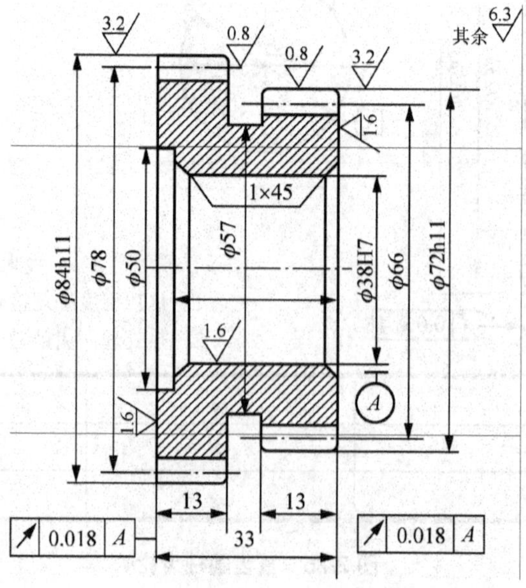

图 2.77　双联齿轮

齿　号		I	II	齿　号		I	II
模数	m	3	3	基节极限偏差 基圆齿距极限偏差	$\pm f_{pb}$	±0.009	±0.009
齿数	Z	26	22	齿形公差	f_f	0.008	0.008
精度等级		7-6-6HL	7-6-6HL	齿向公差	F_β	0.009	0.009
齿圈径向跳动		0.036	0.036	公法线平均长度及极限偏差	$W_{E_{wi}}^{E_{ws}}$	$21.36_{-0.05}^{0}$ 23.15	$27.6_{-0.05}^{0}$ 22.98
公法线长度变动		0.028	0.028	跨齿数	k	3	3

图 2.77　双联齿轮(续)

22．编制图 2.78 所示花键轴零件的机械加工工艺过程，并选择主要工序的机床、夹具、刀具。生产类型为大批生产，材料为 40Cr。

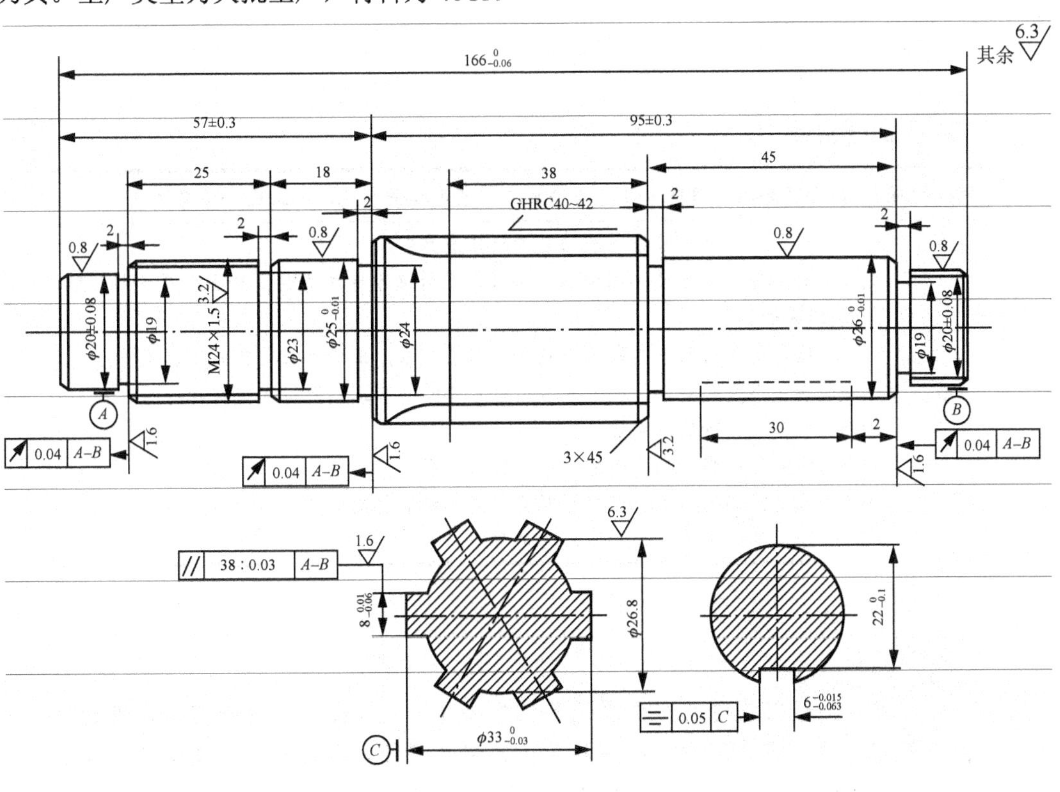

图 2.78　花键轴

项目 3

叉架类零件机械加工工艺规程编制与实施

教学目标

最终目标	能合理编制叉架类零件的机械加工工艺规程并实施，加工出合格零件
促成目标	1. 能正确分析叉架类零件的结构和技术要求。 2. 能根据需要合理选用设备、工装，设计简单专用夹具；合理选择金属切削加工参数。 3. 能合理编制叉架类零件机械加工工艺规程，正确填写其相关工艺文件。 4. 能考虑叉架类零件加工成本，对零件的加工工艺进行优化设计。 5. 能合理进行零件检验。 6. 能查阅并贯彻相关国家标准和行业标准。 7. 能进行设备的常规维护与保养，执行安全文明生产。 8. 能注重培养学生的职业素养与习惯。

引言

叉架类零件通常是安装在机器设备的基础件上，装配和支持着其他零件的构件；一般都是传力构件，承受冲击载荷。叉架类零件主要存在于变速机构、操纵机构或支承机构中，用于拨动、连接或支承传动零件，它包括拨叉、连杆、支架、摇臂、杠杆等零件，如图 3.1 所示。

叉架类零件的加工工艺根据其功用、结构形状、材料和热处理以及尺寸大小的不同而异。

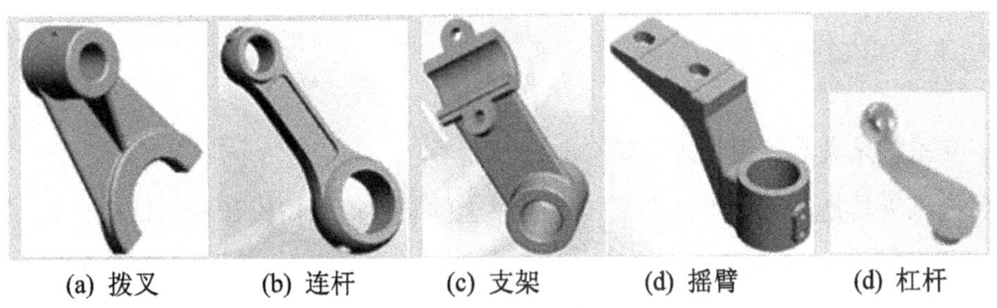

(a) 拨叉　(b) 连杆　(c) 支架　(d) 摇臂　(d) 杠杆

图 3.1　叉架零件

任务 3.1　拨叉零件机械加工工艺规程编制与实施

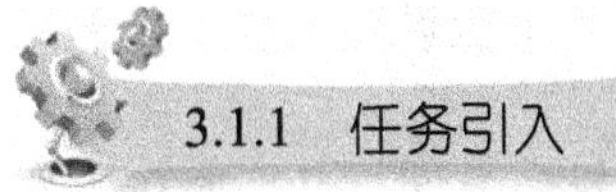

3.1.1　任务引入

编制如图 3.2 所示的拨叉(forked part)零件的机械加工工艺规程并实施，设计钻 ϕ8mm 锁销孔工序的专用夹具。零件材料为 45 钢，质量为 4.5kg，生产类型为成批生产。

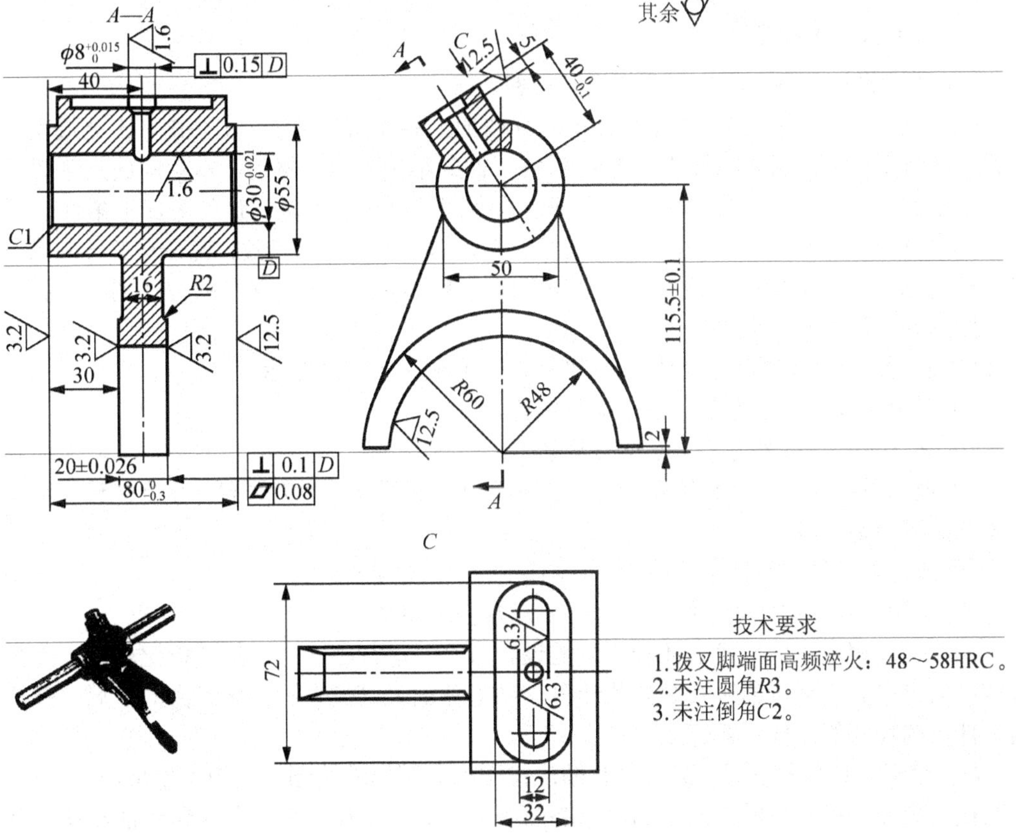

技术要求

1. 拨叉脚端面高频淬火：48～58HRC。
2. 未注圆角 $R3$。
3. 未注倒角 $C2$。

图 3.2　拨叉简图

3.1.2 相关知识

一、专用机床夹具及设计方法简介

专用机床夹具是为某一零件在某一道工序上的装夹而专门设计和制造的夹具。

1. 对专用夹具的基本要求

(1) 保证工件的加工精度。专用夹具应有合理的定位方案，合适的尺寸、公差和技术要求，并进行必要的精度分析，确保夹具能稳定地保证加工质量。

(2) 提高劳动生产率。专用夹具的复杂程度要与工件的生产纲领相适应，应根据工件生产批量的大小选用不同复杂程度的快速高效夹紧装置，以缩短辅助时间，提高劳动生产率。

(3) 工艺性好。专用夹具的结构应简单、合理，便于加工、装配、检验和维修。专用夹具的制造属于单件生产。当最终精度由调整或修配保证时，夹具上应设置调整或修配结构，例如适当的调整间隙、可修磨的垫圈等。

(4) 使用性好。专用夹具的操作应简便、省力、安全可靠，排屑方便，必要时可设置排屑结构。

(5) 经济性好。除考虑专用夹具本身结构简单、标准化程度高、成本低廉外，还应根据生产纲领对夹具方案进行必要的经济分析，以提高夹具在生产中的经济效益。

2. 专用夹具设计步骤

(1) 明确设计任务，收集和研究设计资料。

① 在已知生产纲领的前提下，分析研究被加工零件的零件图、工序图、工艺规程和夹具设计任务书，对工件进行工艺分析：了解工件的结构特点、材料，本工序的加工表面、加工要求、加工余量、定位基准、夹紧部位及所用的机床、刀具、量具等加工条件。

② 根据夹具设计任务书收集有关技术资料，如机床的技术参数，夹具零部件的国家标准、行业标准、企业标准，各类夹具设计手册、夹具图册或同类夹具的设计图样，并了解企业的工装制造水平，以供参考。

(2) 构思夹具结构方案，绘制结构草图。这是极为重要的步骤。

① 确定工件的定位方案，设计定位装置。

② 确定工件的夹紧方案，设计夹紧装置。

③ 根据需要确定其他装置及元件的结构形式，如导向、对刀装置，分度装置及夹具在机床上的连接装置。

④ 确定夹具体的结构形式及夹具在机床上的安装方式。

⑤ 绘制夹具结构草图并标注尺寸、公差及技术要求。

在这个过程中一般应考虑几种不同的设计方案，进行技术—经济分析比较后，选择效益较高的方案。设计中需进行必要的计算，如工件加工误差分析、夹紧力的估算、部分夹具零件结构尺寸的校核计算等。

(3) 绘制夹具装配总图。夹具总装图应按国家制图标准绘制，比例尽量采用 1∶1。主视图按夹具面对操作者的方向绘制。总装图应把夹具的工作原理、各种装置的结构及其相互关系表达清楚。夹具总装图的绘制次序如下。

① 用双点划线绘出工件的外形轮廓，被加工表面要显示出加工余量(用交叉网纹表

示)；工件可视为透明体，不遮挡后面的线条；工件上的定位基面、夹紧表面及加工表面绘制在各个视图的合适位置上。

② 依次绘出定位装置、夹紧装置、其他装置及夹具体。

③ 标注必要的尺寸、公差和技术要求。

④ 编制夹具零件明细栏及标题栏。

(4) 绘制夹具的非标准件的零件图。在确定这些零件的尺寸、公差或技术要求时，应注意使其满足夹具总装图的要求。零件图视图的选择应尽可能与零件在装配图上的工作位置相一致。

对所选用的标准件，只需在总装图的零件明细表中注明该零件的主要规格及标准的编号，不必绘制零件图。

特别提示

夹具的制造特点是制造精度高，且属单件小批生产，所以夹具装配时一般采用调整法、修配法、就地加工等特殊方法获得高精度的装配精度。因此在零件图中有时在某尺寸上注明“装配时与××件配作”、“装配时精加工”或“见总装图”等字样。

3. 夹具总装图技术要求的制定

制定夹具总装图的技术要求以及标注必要的装配、检验尺寸和形位公差要求，是夹具设计中的一项重要工作。因为它直接影响工件的加工精度，也关系到夹具制造的难易程度和经济效果。通过制定合理的技术要求，来控制有关的各项误差，使夹具满足加工精度的要求。

(1) 夹具总装图上应标注的尺寸和公差包括以下几种。

① 夹具外形的最大轮廓尺寸(A 类尺寸)，以表示夹具在机床上所占的空间位置和活动范围，便于校核该夹具是否会与机床、刀具等发生干涉。

② 影响工件定位精度的有关尺寸和公差(B 类尺寸)。例如定位元件与工件的配合尺寸和配合代号，各定位元件之间的位置尺寸和公差等。

③ 影响刀具导向精度或对刀精度的有关尺寸和公差(C 类尺寸)。例如导向元件与刀具之间的配合尺寸和配合代号；各导向元件之间、导向元件与定位元件之间的位置尺寸和公差，或者对刀用塞尺的尺寸，对刀块工作表面到定位表面之间的位置尺寸和公差等。

④ 影响夹具安装精度的有关尺寸和公差(D 类尺寸)。例如，夹具与机床工作台或主轴的连接尺寸及配合处的配合尺寸和配合代号，夹具安装基面与定位表面之间的位置尺寸和公差等。

⑤ 其他影响工件加工精度的尺寸和公差(E 类尺寸)，主要指夹具内部各组成零件之间的配合尺寸和配合代号。例如，定位元件与夹具体之间、导向元件与衬套之间、衬套与夹具体之间的配合等。

钻床夹具尺寸标注示例如图 3.7 所示。

(2) 夹具总装图上应标注的技术要求包括以下方面。

① 各定位元件的定位表面之间的相互位置精度要求。

② 定位元件的定位表面与夹具安装基面之间的相互位置精度要求。

③ 定位元件的定位表面与导向元件工作表面之间的相互位置精度要求。

④ 各导向元件的工作表面之间的相互位置精度要求。

⑤ 定位元件的定位表面或导向元件工作表面与夹具找正基面之间的相互位置精度要求。

⑥ 与保证夹具装配精度有关的或与检验方法有关的特殊的技术要求。

(3) 与工件加工尺寸公差有关的夹具公差与配合的确定。

夹具精度要求比工件的相应精度要求高。

① 对于直接影响工件加工精度的夹具公差，例如，夹具总装图上应标注尺寸中的第 B、C、D 3 类尺寸，其公差取 $T_J=(1/5\sim1/2)T_G$，其中 T_G 为与 T_J 相对应的工件尺寸公差或位置公差。当生产批量较大，夹具结构较复杂而工件加工精度要求不太高时，T_J 取小值，以便延长夹具的使用寿命；而对于小批量生产或加工精度要求较高的情况，则可取大值，以便于制造。可供设计时选取的夹具公差值，见表 3-1、表 3-2。

表 3-1　夹具尺寸公差选取

工件的尺寸公差/mm	夹具相应尺寸公差占工件公差
＜0.02	3/5
0.02～0.05	1/2
0.05～0.20	2/5
0.20～0.30	1/3
自由尺寸	1/5

表 3-2　夹具角度公差选取

工件的角度公差/mm	夹具相应角度公差占工件公差
0°1′～0°10′	1/2
0°10′～1°	2/5
1°～4°	1/3

② 当工件的加工尺寸为自由尺寸时，夹具上相应的尺寸公差值按 IT9～IT11 或±3′～±10′选取。

③ 当工件上加工表面没有提出相互位置要求时，夹具上相应的位置公差值按不超过(0.02～0.05)/100 选取。

对于直接影响工件加工精度的配合类别的确定，应根据配合公差(间隙或过盈)的大小，通过计算或类比法确定，应尽量选用优先配合。

对于与工件加工精度无直接影响的夹具公差与配合，其中位置尺寸一般按 IT9～IT11 选取，夹具的外形轮廓尺寸可不标注公差，按 IT13 确定。其他的形位公差数值、配合类别可参考有关夹具设计手册或机械设计手册确定。

特别提示

在选取夹具某尺寸公差时，不论工件上相应尺寸偏差是单向还是双向的，都应转化为对称分布的偏差，然后取其 1/3～1/2 按对称分布的双向偏差标注在总图上。

3.1.3　任务实施

一、拨叉零件机械加工工艺规程编制

1. 分析拨叉零件的结构和技术要求

从图 3.1 及图 3.2 中可以看出，叉架类零件的外形特点是：外形复杂，不易定位；弯曲刚性差，易变形；尺寸、形状、位置和表面加工质量要求较高；在结构上一般有 1～2 个主要孔。

拨叉零件形状特殊、结构简单，属典型的叉架类零件。拨叉在改换挡位时要承受弯曲应力和冲击载荷的作用，因此该零件应具有足够的强度、刚度、韧性。

该拨叉应用在某拖拉机变速箱的换挡机构中。拨叉头以 ϕ30mm 孔套在叉轴上，并用销钉经 ϕ8mm 锁销孔与变速叉轴连接，拨叉脚则夹在双联变换齿轮的槽中。当需要变速时，操纵变速杆，变速操纵机构就通过拨叉头部操纵槽带动拨叉与变速叉轴一起在变速箱中滑移，拨叉脚移动双联变换齿轮在花键轴上滑动换挡位，从而改变拖拉机行驶速度。

该零件的主要工作表面为拨叉脚两端面、叉轴孔 $\phi30_{0}^{+0.021}$ mm(H7) 和锁销孔 $\phi8_{0}^{+0.015}$ mm(H7)，在编制工艺规程时应重点予以保证。

分析零件图可知，拨叉两端面和叉脚两端面均要求切削加工，并在轴向上均高于相邻表面，这样既减少了加工面积，又提高了换挡时叉脚端面的接触刚度；$\phi30_{0}^{+0.021}$ mm 孔和 $\phi8_{0}^{+0.015}$ mm 孔的端面均为平面，可以防止加工过程中钻头钻偏，以保证孔的加工精度；另外，该零件除主要工作表面(拨叉脚两端面、变速叉轴孔 $\phi30_{0}^{+0.021}$ mm 和锁销孔 $\phi8_{0}^{+0.015}$ mm)外，其余表面加工精度均较低，不需要高精度机床加工，通过铣削、钻床的粗加工就可以达到加工要求；而主要工作表面虽然加工精度相对较高，但也可以在正常的生产条件下，采用较经济的方法保质保量地加工出来。由此可见，该零件的工艺性较好。

为实现换挡、变速的功能，其叉轴孔与变速叉轴有配合要求，因此加工精度要求较高，为 $\phi30_{0}^{+0.021}$ mm。叉脚两端面在工作中受冲击载荷，为增强其耐磨性，该表面要求高频淬火处理，硬度为 48～58HRC；为保证拨叉换挡时叉脚受力均匀，要求叉脚两端面对叉轴孔 $\phi30_{0}^{+0.021}$ mm 的垂直度为 0.1mm，其自身平面度为 0.08mm。为保证拨叉在叉轴上有准确的位置，改换挡位准确，拨叉采用锁销定位。锁销孔的尺寸为 $\phi8_{0}^{+0.015}$，且锁销孔的中心线与叉轴孔中心线的垂直度要求为 0.15mm。

综上所述，该拨叉件的各项技术要求制定得较合理，符合该零件在变速箱中的功用。

该拨叉的技术要求见表 3-3。

表 3-3　拨叉零件技术要求

加工表面	尺寸及偏差/mm	公差及精度等级	表面粗糙度 Ra/μm	形位公差/mm
拨叉头左端面	$80_{-0.3}^{0}$	IT12	3.2	
拨叉头右端面	$80_{-0.3}^{0}$	IT12	12.5	
拨叉脚内表面	$R48$	IT13	12.5	
拨叉脚两端面	20±0.026	IT9	3.2	垂直度公差为 0.1 平面度公差为 0.08
$\phi30$ mm 孔	$\phi30_{0}^{+0.021}$	IT7	1.6	
$\phi8$ mm 孔	$\phi8_{0}^{+0.015}$	IT7	1.6	垂直度公差为 0.15
操纵槽内端面	12	IT12	6.3	
操纵槽底面	5	IT13	12.5	

2. 明确拨叉零件毛坯状况

1) 选择拨叉毛坯种类和制造方法

由于该拨叉在工作过程中要承受冲击载荷，为增强拨叉的强度和冲击韧度，毛坯选用锻件；且生产类型属大批大量生产，采用模锻方法制造毛坯，公差等级为普通级，毛坯的拔模斜度为 5°。

2) 绘制拨叉锻造毛坯简图

绘制拨叉锻造毛坯简图，如图 3.3 所示。

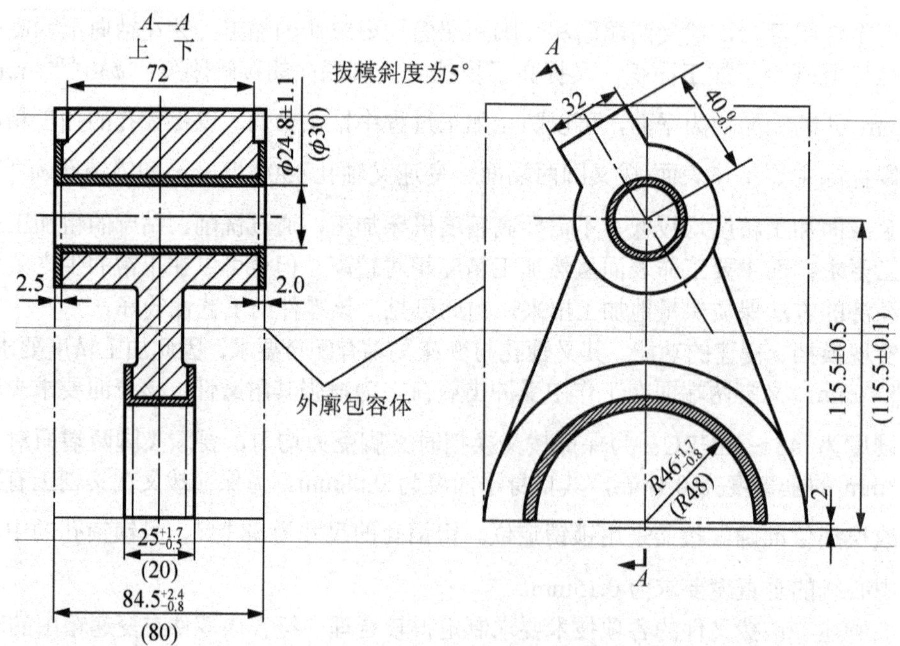

图 3.3　拨叉锻造毛坯简图

3. 拟定拨叉零件机械加工工艺路线

1) 确定加工方案

根据拨叉零件图上各加工表面的尺寸精度和表面质量要求，确定零件各表面的加工方案，见表 3-4。

表 3-4　拨叉零件各表面加工方案

加工表面	尺寸精度等级	表面粗糙度 Ra/μm	加工方案	备注
拨叉头左端面	IT12	3.2	粗铣→半精铣	表 1-10
拨叉头右端面	IT12	12.5	粗铣	表 1-10
拨叉脚内表面	IT13	12.5	粗铣	表 1-10
拨叉脚两端面(淬硬)	IT9	3.2	粗铣→精铣→磨削	
ϕ30mm 孔	IT7	1.6	粗扩→精扩→铰	
ϕ8mm 孔	IT7	1.6	钻→粗铰→精铰	
操纵槽内端面	IT12	6.3	粗铣	表 1-10
操纵槽底面	IT13	12.5	粗铣	表 1-10

2) 划分加工阶段

将拨叉加工阶段划分成粗加工、半粗加工和精加工 3 个阶段。

在粗加工阶段，首先要将精基准(拨叉头左端面和叉轴孔)准备好，使后续工序都可采用精基准定位加工；然后粗铣拨叉头右端面、拨叉脚内表面、拨叉脚两端面、操纵槽内侧面和底面。在半粗加工阶段，完成拨叉脚两端面的粗铣加工和销轴孔ϕ8mm 的钻、铰加工。在精加工阶段，进行拨叉脚两端面的磨削加工。

3) 选择定位基准

(1) 粗基准的选择。作为粗基准的表面应平整，没有飞边、毛刺或其他表面缺陷。本例选择变速叉轴孔ϕ30mm 的外圆面和拨叉头右端面作为粗基准。采用ϕ30mm 外圆面定位加工内孔，可保证孔的壁厚均匀；采用拨叉头右端面作为粗基准加工左端面，可以为后续工序准备好精基准。

(2) 精基准的选择。根据该拨叉零件的技术要求和装配要求，选择拨叉头左端面和叉轴孔$\phi30_{0}^{+0.021}$ mm 作为精基准，零件上的很多表面都可以采用它们作为基准进行加工，即遵循了“基准统一”原则。叉轴孔$\phi30_{0}^{+0.021}$ mm 的轴线是设计基准，选用其作为精基准定位加工拨叉脚两端面和锁销孔$\phi8_{0}^{+0.015}$ mm，实现了设计基准和工艺基准的重合，保证了被加工表面的垂直度要求。选用拨叉头左端面作为精基准同样是遵循了“基准重合”原则，因为该拨叉在轴向方向上的尺寸多以该端面作为设计基准；另外，由于拨叉零件刚性较差，受力易产生弯曲变形，为了避免在机械加工中产生夹紧变形，根据夹紧力应垂直于主要定位基面，并应作用在刚度较大部位的原则，夹紧力作用点不能作用在叉杆上。选用拨叉头左端面作为精基准，夹紧力可作用在拨叉头右端面上，夹紧稳定可靠。

4) 加工顺序安排

选用工序集中原则安排拨叉的加工工序。运用工序集中原则使工件的装夹次数减少，不但可缩短辅助时间，而且由于在一次装夹中加工了许多表面，有利于保证各个表面之间的相对位置精度要求。

(1) 机械加工工序的安排。

① 遵循“先基准后其他”原则，首先加工精基准——拨叉头左端面和叉轴孔 $\phi30^{+0.021}_{0}$ mm。

② 遵循“先粗后精”原则，先安排粗加工工序，后安排精加工工序。

③ 遵循“先主后次”原则，先加工主要表面——拨叉头左端面和叉轴孔 $\phi30^{+0.021}_{0}$ mm及拨叉脚两端面，后加工次要表面——操纵槽底面和内侧面。

④ 遵循“先面后孔”原则，先加工拨叉头端面，再加工 ϕ30mm 叉轴孔；先铣操纵槽，再钻销 ϕ8mm 轴孔。

(2) 热处理工序的安排。

模锻成形后切边，进行调质，调质硬度为 241～285HBW，并进行酸洗、喷丸处理。喷丸可以提高表面硬度，增加耐磨性，消除毛坯表面因脱碳而对机械加工带来的不利影响；叉脚两端面在精加工之前进行局部高频淬火，提高其耐磨性和在工作中承受冲击载荷的能力。

(3) 辅助工序的安排。

粗加工拨叉脚两面端面和热处理后，安排校直工序；在半精加工后，安排去毛刺和中间检验工序；精加工后，安排去毛刺、清洗和终检工序。

综上所述，该拨叉工序的加工顺序为：毛坯→基准加工→主要表面粗加工及一些余量大的表面粗加工→主要表面半精加工和次要表面加工→热处理→主要表面精加工。

4. 设计工序内容

1) 拨叉零件加工余量、工序尺寸和公差的确定

下面仅以工序 2、工序 3 和工序 10 为例说明加工余量、工序尺寸和公差的确定方法。

(1) 工序 2 和工序 3：加工拨叉头两端面至设计尺寸的加工余量、工序尺寸和公差的确定。工序 2 和工序 3 的加工过程如下。

① 以右端面 B 定位，粗铣左端面 A，保证工序尺寸 P_1。

② 以左端面定位，粗铣右端面，保证工序尺寸 P_2。

③ 以右端面定位，半精铣左端面，保证工序尺寸 P_3，达到零件图 D 的设计要求，$D=80_{-0.3}^{\ 0}$ mm。

根据工序 2 和工序 3 的加工过程，画出加工过程示意图，从最后一道工序向前推算，可以找出全部工艺尺寸链，如图 3.4 所示。求解各工序尺寸与公差的顺序如下。

① 从图 3.4 (b)可知，$P_3=D=80_{-0.3}^{\ 0}$ mm。

② 从图 3.4 (b)可知，$P_2= P_3 +Z_3$，其中 Z_3 为半精加工余量，查表，确定 Z_3＝1mm，则 P_2＝(80＋1)mm＝81mm。由于尺寸 P_2 是在粗铣加工中保证的，查表 1-10 知，粗铣工序的经济加工精度等级可以达到 B 面的最终加工要求——IT12，因此确定该工序尺寸公差为IT12，其公差值为 0.35mm，故 P_2＝(81±0.175)mm。

③ 从图 3.4(b)可知，$P_1=P_2+Z_2$，其中 Z_2 为粗铣余量，由于 B 面的加工余量是经粗铣一次加工切除的，故 Z_2 应该等于 B 面的毛坯余量，即 $Z_2=2\text{mm}$，$P_1=(81+2)\text{mm}=83\text{mm}$。由表 1-10 确定该粗铣工序经济加工精度等级为 IT13，其公差值为 0.54mm，故 $P_1=(83\pm 0.27)\text{mm}$。

为验证确定的工序尺寸与公差是否合理，还要对加工余量进行校核，保证最小余量不能为零或负值。

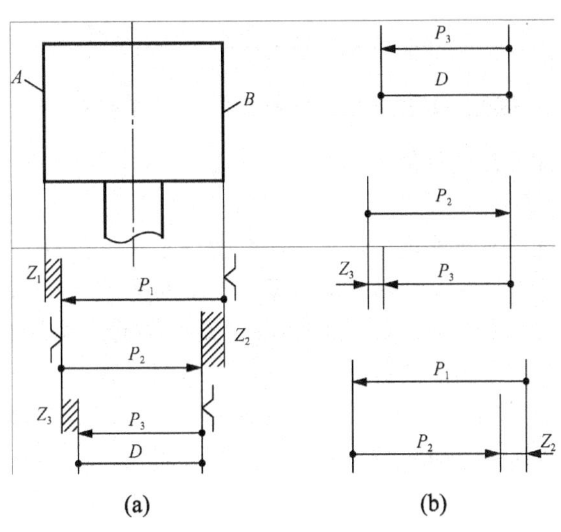

图 3.4　工序 2 和工序 3 加工方案示意图及工序尺寸链

① 余量 Z_3 的校核：在图 3.4(b)所示尺寸链中，Z_3 是封闭环，故

$$Z_{3\max}=P_{2\max}-P_{3\min}=[81+0.175-(80-0.30)]\text{mm}=1.475\text{mm}$$

$$Z_{3\min}=P_{2\min}-P_{3\max}=[81-0.175-(80+0)]\text{mm}=0.825\text{mm}$$

② 余量 Z_2 的校核：在图 3.4(b)所示的尺寸链中，Z_2 是封闭环，故

$$Z_{2\max}=P_{1\max}-P_{2\min}=[83+0.27-(81-0.175)]\text{mm}=2.445\text{mm}$$

$$Z_{2\min}=P_{1\min}-P_{2\max}=[83-0.27-(81+0.175)]\text{mm}=1.555\text{mm}$$

余量校核结果表明，所确定的工序尺寸公差是合理的。

将工序尺寸按“入体原则”表示：$P_3=80_{-0.3}^{\ 0}\text{mm}$，$P_2=81.175_{-0.35}^{\ 0}\text{mm}$，$P_1=83.27_{-0.54}^{\ 0}\text{mm}$。

(2) 工序 10：钻→粗铰→精铰 $\phi 8\text{mm}$ 孔的加工余量、工序尺寸和公差的确定。根据本教材上册表 3-10 可查得，精铰余量 $Z_{精铰}=0.04\text{mm}$，粗铰余量 $Z_{粗铰}=0.08\text{mm}$，钻孔余量 $Z_{钻}=7.88\text{mm}$。查本教材上册表 3-7，可依次确定各工序尺寸的加工精度等级为：精铰为 IT7，粗铰为 IT10，钻为 IT12。

根据上述结果，再查标准公差数值表可分别确定各工步的公差值：精铰为 0.015mm，粗铰为 0.058mm，钻为 0.15mm。

综合上述，分别得出该工序各工步的尺寸公差：精铰为 $\phi 8_{\ 0}^{+0.015}\text{mm}$，粗铰为 $\phi 7.96_{\ 0}^{+0.058}\text{mm}$，钻为 $\phi 7.88_{\ 0}^{+0.15}\text{mm}$。它们的相互关系如图 3.5 所示。

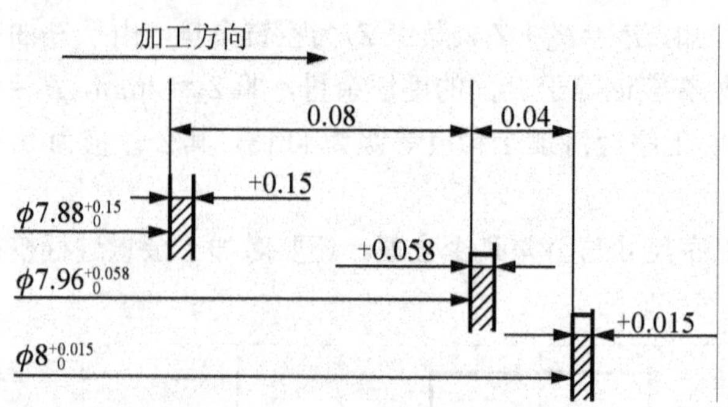

图 3.5　钻→粗铰→精铰 ϕ8mm 孔的加工余量、工序尺寸和公差的关系

2) 切削用量、时间定额的计算

(1) 切削用量的计算。

① 工序 2——粗铣拨叉头两端面。该工序分两个工步，工步 1 是以 B 面定位，粗铣 A 面；工步 2 是以 A 面定位，粗铣 B 面。由于每一工步都是在一台机床上经过一次走刀加工完成的，因此它们所选用的铣削速度 v 和进给量 f 是一样的，只有背吃刀量 a_p 不同。

a．背吃刀量的确定：工步 1 的背吃刀量 a_{p1} 取 Z_1(图 3.4)，Z_1 等于 A 面的毛坯总量减去工序 2 的余量 Z_3，即 $a_{p1}=Z_1=2.5\text{mm}-1\text{mm}=1.5\text{mm}$；而工步 2 的背吃刀量 a_{p2} 取为 Z_2，则如前所知 $Z_2=2\text{mm}$，故 $a_{p2}=2\text{mm}$。

b．进给量的确定：根据表 1-6，按机床功率为 5～10kW，工艺系统刚度为中等条件选取，该工序的每齿进给量 f_z 取为 0.08mm/z。

c．铣削速度的计算：根据表 1-7，按镶齿铣刀 $d/z=80/10$ 的条件($d=80\text{mm}$，$z=10$)选取，铣削速度 v_c 可取 44.9m/min。由公式 $n=\dfrac{1000v_c}{\pi d}$，可求得该工序铣刀转速为

$$n=\frac{1000v_c}{\pi d}=\frac{1000\times 44.9\text{m/min}}{\pi\times 80\text{mm}}=178.65\text{r/min}$$

参照附录 2 表 F2-2 中 X51 立式铣床的主轴转速，取转速 $n=160\text{r/min}$。再将此值代入上述公式重新计算，可求出该工序的实际切削速度 v_c 为

$$v_c=\frac{n\pi d}{1000}=\frac{160\text{r/min}\times\pi\times 80\text{mm}}{1000}=40.2\text{m/min}$$

该工序铣削用量为：主轴转速 $n=160\text{r/min}$；铣削速度 $v_c=40.2\text{m/min}$；背吃刀量 $a_{p1}=1.5\text{mm}$，$a_{p2}=2\text{mm}$；每齿进给量 $f_z=0.08\text{mm/z}$(每转进给量 $f=0.8\text{mm/r}$)。

② 工序 3——半精铣拨叉头左端面 A。

a．背吃刀量 a_p 的确定：取 $a_p=Z_3=1\text{mm}$。

b．进给量的确定：根据表 1-6，按表面粗糙度为 Ra 为 2.5μm 的条件选取，该工序的每转进给量 f 取 0.4mm/r。

c．铣削速度的计算：根据表 1-7，按镶齿铣刀、$d/z=80/10$，$f_z=f/z=0.5\text{mm/z}$ 的条件选取，铣削速度 $v_c=48.4\text{m/min}$。由公式 $n=1000v_c/\pi d$，可求得铣刀的转速 n 为

$$n=\frac{1000v_c}{\pi d}=\frac{1000\times 48.4\text{m/min}}{\pi\times 80\text{mm}}=192.58\text{r/min}$$

参照附录 2 表 F2-2 中 X51 型立式铣床的主轴转速，取 $n=210$ r/min。将此转速代入公

式，可求该工序的实际切削速度 v_c 为

$$v_c=\frac{n\pi d}{1000}=\frac{210\text{r/min}\times\pi\times80\text{mm}}{1000}=52.78\text{m/min}$$

该工序切削用量为：主轴转速刀 n=210r/min，铣削速度 v=52.78m/min，背吃刀量 a_p=1mm，每转进给量 f =0.4mm/r。

③ 工序 10——钻、粗铰、精铰ϕ8mm 孔。

a．钻孔工步。

背吃刀量 a_p 的确定：取 a_p=3.94mm。

进给量的确定：根据本教材上册表 3-8，选取该工步的每转进给量 f=0.2mm/r。

钻削速度的计算：根据本教材上册表 3-8，按工件材料为 45 钢的条件选取，钻削速度 v_c =20m/min。由公式 $n=1000v_c/\pi d$，可求得该工序的钻头转速 n=807.9r/min，根据附录 2 表 F2-2 中 Z525 立式钻床的主轴转速 n=960r/min。将此转速重新代入公式计算，求出该工序的实际钻削速度 v_c=23.8m/min。

b．粗铰工步。

背吃刀量的确定：取 a_p=0.08mm。

进给量的确定：根据工件材料为 45 钢的条件选取，选取该工步的每转进给量 f=0.4mm/r。

切削速度的计算：根据工件材料为 45 钢的条件选取，切削速度 v_c=2m/min。由公式 $n=1\,000v_c/\pi d$，可求得该工序铰刀转速 n=80r/min，根据附录 2 表 F2-2 中 Z525 立式钻床的主轴转速 n=97r/min，将此转速代入公式重新计算，可求得该工序的实际切削速度 v_c=2.4m/min。

c．精铰工步。

背吃刀量的确定：取 a_p=0.04mm。

进给量的确定：根据工件材料为 45 钢的条件选取，选取该工步的每转进给量 f=0.3mm/r。

切削速度的计算：根据工件材料为 45 钢的条件选取，切削速度 v_c=4m/min。由公式 $v_c=\pi dn/1000$，求得该工序铰刀转速 n=159.2r/min，根据附录 2 表 F2-2 中 Z525 立式钻床的主轴转速 n=195r/min，将此转速代入公式重新计算，可求得该工序的实际切削速度 v_c=4.86m/min。

(2) 时间定额的计算。

① 基本时间 t_b 的计算。

a．工序 2：粗铣拨叉头两端面。

根据附录 2 表 F2-3 中铣刀铣平面(对称铣削，主偏角 κ_r =90°)的基本时间 t_b 计算公式可求出该工序的基本时间 t_b 为

$$t_b=(l+l_1+l_2)\times i/v_f \tag{3-1}$$

该工序包括两个工步，即两个工步同时加工，故式中，l =2×55mm=110mm；

$$(l_1+l_2)=d_0/(3\sim4)，取(l_1+l_2)=80/4\text{mm}=20\text{mm}；$$

$$v_f=f\times n=f_z\times z\times n=0.08\text{mm/z}\times10\text{z/r}\times160\text{r/min}=128\text{mm/min}。$$

将上述参数代入式(3-1)，则该工序的基本时间 t_b 为

$$t_b=(110+20)\times1/128\,\text{min}\approx1.01\,\text{min}=60.6\text{s}$$

b．工序 3：半精铣拨叉头左端面 *A*。

同理，根据基本时间计算式(3-1)可求出该工序的基本时间。

式中，$l=55\text{mm}$，$(l_1+l_2)=80/4\text{mm}=20\text{mm}$；

$$v_f=f\times n=0.4\text{mm/r}\times210\text{r/min}=84\text{mm/min}\text{。}$$

将上述参数代入式(3-1)，则该工序的基本时间 t_b 为

$$t_b=(55+20)\times1/84\,\text{min}\approx0.89\,\text{min}=53.4\text{s}$$

c．工序 10：钻、粗铰、精铰 $\phi8$mm 孔。

根据附录 2 表 F2-4 钻孔的基本时间 t_b 计算公式，可求出钻孔工步的基本时间 t_b 为

$$t_b=(l+l_1+l_2)/(f\times n) \tag{3-2}$$

式中，切入行程 $l_1=1+D/[2\times\tan(\phi/2)]$；切出行程 $l_2=(1\sim4)\text{mm}$。取 $l_2=1\text{mm}$，$l=20\text{mm}$，$l_1=1+8/[2\times\tan(118°/2)]\approx(1+2.4)\text{mm}=3.4\text{mm}$，$f=0.1\text{mm/r}$，$n=960\text{r/min}$。

则该工序的基本时间 t_b 为

$$t_b=(l+l_1+l_2)/(f\times n)=(20+3.4+1)/(0.1\times960)\text{min}\approx0.25\text{min}=15\text{s}$$

根据附录 2 表 F2-4 铰孔的基本时间 t_j 计算公式，可求出粗铰孔工步的基本时间 t_b 为

$$t_b=(l+l_1+l_2)/(f\times n) \tag{3-3}$$

式中，l_1、l_2 由附录 2 表 F2-5 按 κ_r，a_p 选取。

粗铰工步按 $\kappa_r=15°$，$a_p=(D-d)/2=(7.96-7.88)/2\text{mm}=0.04\text{mm}$ 的条件查取。

$l_1=(0.19+0.5)\text{mm}=0.69\text{mm}$，$l_2=13\text{mm}$，而 $l=20\text{mm}$，$f=0.4\text{mm/r}$，$n=97\text{r/min}$。

则该工序的基本时间 t_b 为

$$t_b=(l+l_1+l_2)/(f\times n)=(20+0.69+13)/(0.4\times97)\text{min}\approx0.87\text{min}=52.2\text{s}$$

精铰工步按 $\kappa_r=15°$，$a_p=(D-d)/2=(8-7.96)/2\text{mm}=0.02\text{mm}$ 的条件查取：$l_1=(0.09+0.5)\text{mm}=0.59\text{mm}$，$l_2=13\text{mm}$，而 $l=20\text{mm}$，$f=0.3\text{mm/r}$，$n=195\text{r/min}$。则该工序的基本时间 t_b 为

$$t_b=(l+l_1+l_2)/(f\times n)=(20+0.59+13)/(0.3\times195)\text{min}\approx0.57\text{min}=34.2\text{s}$$

② 辅助时间 t_a 的计算。辅助时间 t_a 与基本时间 t_b 的关系为 $t_a=(0.15\sim0.2)t_b$，则各工序的辅助时间分别如下。

工序 2 的辅助时间：$t_{a1}=0.15\times60.6\text{s}=9.09\text{s}$。

工序 3 的辅助时间：$t_{a2}=0.15\times53.4\text{s}=8.01\text{s}$。

工序 10 钻孔工步的辅助时间：$t_{az}=0.15\times15\text{s}=2.25\text{s}$。

工序 10 粗铰工步的辅助时间：$t_{aj1}=0.15\times52.2\text{s}=7.83\text{s}$。

工序 10 精铰工步的辅助时间：$t_{aj2}=0.15\times34.2\text{s}=5.13\text{s}$。

③ 其他时间的计算。除了作业时间(基本时间与辅助时间之和)以外，每道工序的单件时间还包括布置工作地时间、休息与生理需要时间和准备与终结时间。由于本例中拨叉的生产类型为大批生产，分摊到每个工件上的准备与终结时间甚微，可不计；布置工作地时间 t_s 是作业时间的 2%～7%，休息与生理时间 t_r 是作业时间的 2%～4%，本例均取 3%，则

各工序的其他时间(t_s+t_r)可按关系式(3%+3%)×(t_a+t_b)计算，分别如下。

工序 2 的其他时间：$(t_s+t_r)_1$=6%×(9.09+60.6)s=4.18s。

工序 3 的其他时间：$(t_s+t_r)_2$=6%×(8.01+53.4)s=3.68s。

工序 10 钻孔工步的其他时间：$(t_s+t_r)_z$=6%×(2.25+15)s=1.04s。

工序 10 粗铰工步的其他时间：$(t_s+t_r)_{j1}$=6%×(7.83+52.2)s=3.60s。

工序 10 精铰工步的其他时间：$(t_s+t_r)_{j2}$=6%×(5.13+34.2)s=2.40s。

④ 单件时间的计算。本例中各工序的单件时间分别如下。

工序 2 的单件时间：t_1=(9.09+60.6+4.18)s=73.87s。

工序 3 的单件时间：t_2=(8.01+53.4+3.68)s=65.09s。

工序 10 的单件时间：t_9为 3 个工步单件时间的总和，其中：

钻孔工步：t_z=(2.25+15+1.04)s=18.29s。

粗铰工步：t_{j1}=(7.83+52.2+3.60)s=63.63s。

精铰工步：t_{j2}=(5.13+34.2+2.40)s=41.73s。

因此，工序 10 的单件时间：t_9=(18.29+63.63+41.73)s=123.65s。

3) 选择设备、工装

针对大批生产的工艺特征，选用设备及工艺装备按照通用、专用相结合的原则。下面以拨叉零件钻孔夹具为例介绍专用机床夹具设计的基本方法和步骤。

(1) 拨叉零件专用钻床夹具设计

① 夹具设计任务。图 3.6(a)所示为拨叉零件加工工序 10 钻拨叉锁销孔的工序简图。已知：工件材料为 45 钢，毛坯为模锻件，所用机床为 Z525 型立式钻床，成批生产规模。试设计该工序的专用钻床夹具。

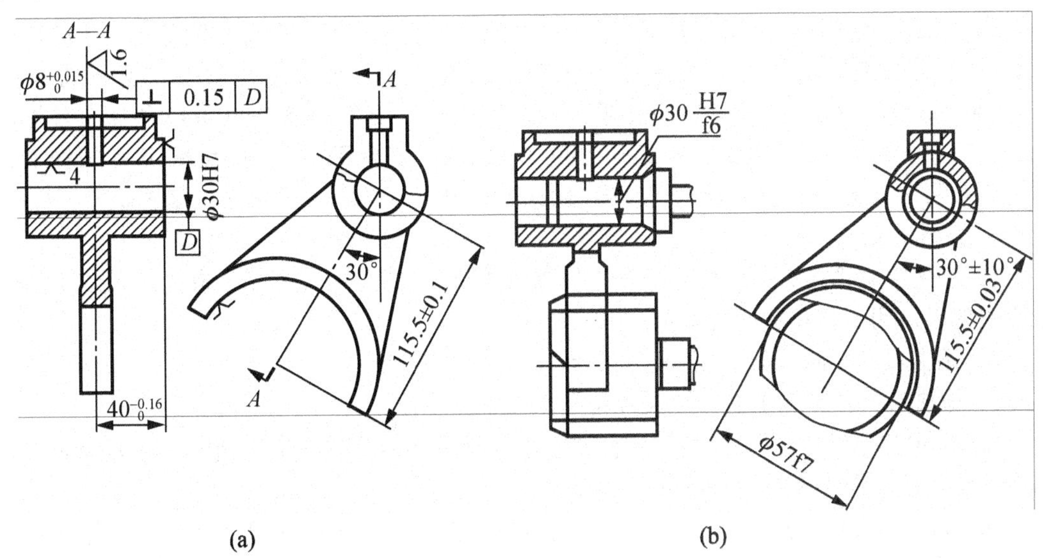

图 3.6　拨叉锁销孔专用钻床夹具方案设计

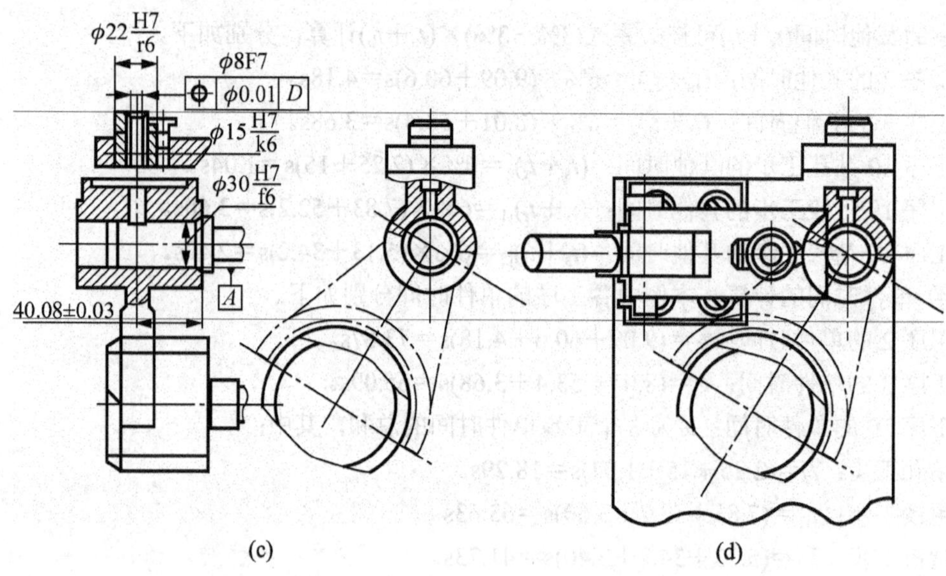

图 3.6　拨叉锁销孔专用钻床夹具方案设计(续)

② 确定夹具的结构方案。

a．确定定位元件。根据工序简图规定的定位基准，选用一面双销定位方案，如图 3.6(b)所示，长定位销与工件定位孔配合取 $\phi 30\dfrac{H7}{f6}$，限制 4 个自由度；定位销轴肩小环面与工件定位端面接触，限制一个自由度，且保证工序尺寸 $40^{+0.13}_{0}$ mm，定位基准与设计基准重合，定位误差为零；削边销与工件叉口接触，限制一个自由度，保证尺寸 115.5±0.1mm；ϕ8mm 孔径尺寸由刀具直接保证，位置精度由钻套位置保证。

b．确定导向装置。本工序要求对ϕ8mm 孔进行钻、扩、铰 3 个工步的加工，生产批量大，故选用快换钻套作为刀具的导向元件。快换钻套、钻套用衬套及钻套螺钉查阅 JB/T 8045.3—1999《机床夹具零件及部件　快换钻套》、JB/T 8045.4—1999《机床夹具零件及部件　钻套用衬套》、JB/T 8045.5—1999《机床夹具零件及部件　钻套螺钉》。根据本教材上册项目 3 中相关内容，确定钻套导向长度 $H=3d=3\times 8\text{mm}=24\text{mm}$，排屑间隙 $h=d=8\text{mm}$，如图 3.6(c)所示。

c．确定夹紧机构。选用偏心螺旋压板夹紧机构，如图 3.6(d)所示。其上零件均采用标准夹具零件，可查阅相关标准确定。

d．画夹具总装图，如图 3.7 所示。

e．确定夹具总装图上的标注尺寸及技术要术。

(a) 确定定位元件之间的尺寸。定位销与削边销中心距公差取工件相应尺寸公差的 1/3，偏差对称标注，即 115.5±0.03mm。

(b) 确定钻套位置尺寸。钻套中心线与定位销定位环面之间的尺寸及公差取保证零件相应工序尺寸 $40^{+0.16}_{0}$ mm 的平均尺寸，即 40.08mm；公差取零件相应工序尺寸公差的 1/3，偏差对称标注，即±0.03mm，标注为 40.08±0.03。

(c) 确定钻套位置公差。钻套中心线与定位销定位环面之间的位置度公差取工件相应位置度公差的 1/3，即 0.03mm。

(d) 定位销中心线与夹具底面的平行度公差取 0.02mm。

(e) 标注关键件的配合尺寸，如图 3.7 所示，分别为 $\phi 8F7$、$\phi 30f6$、$\phi 57f7$、$\phi 15\frac{H7}{k6}$、$\phi 22\frac{H7}{r6}$、$\phi 8\frac{H7}{n6}$、$\phi 16\frac{H7}{k6}$。

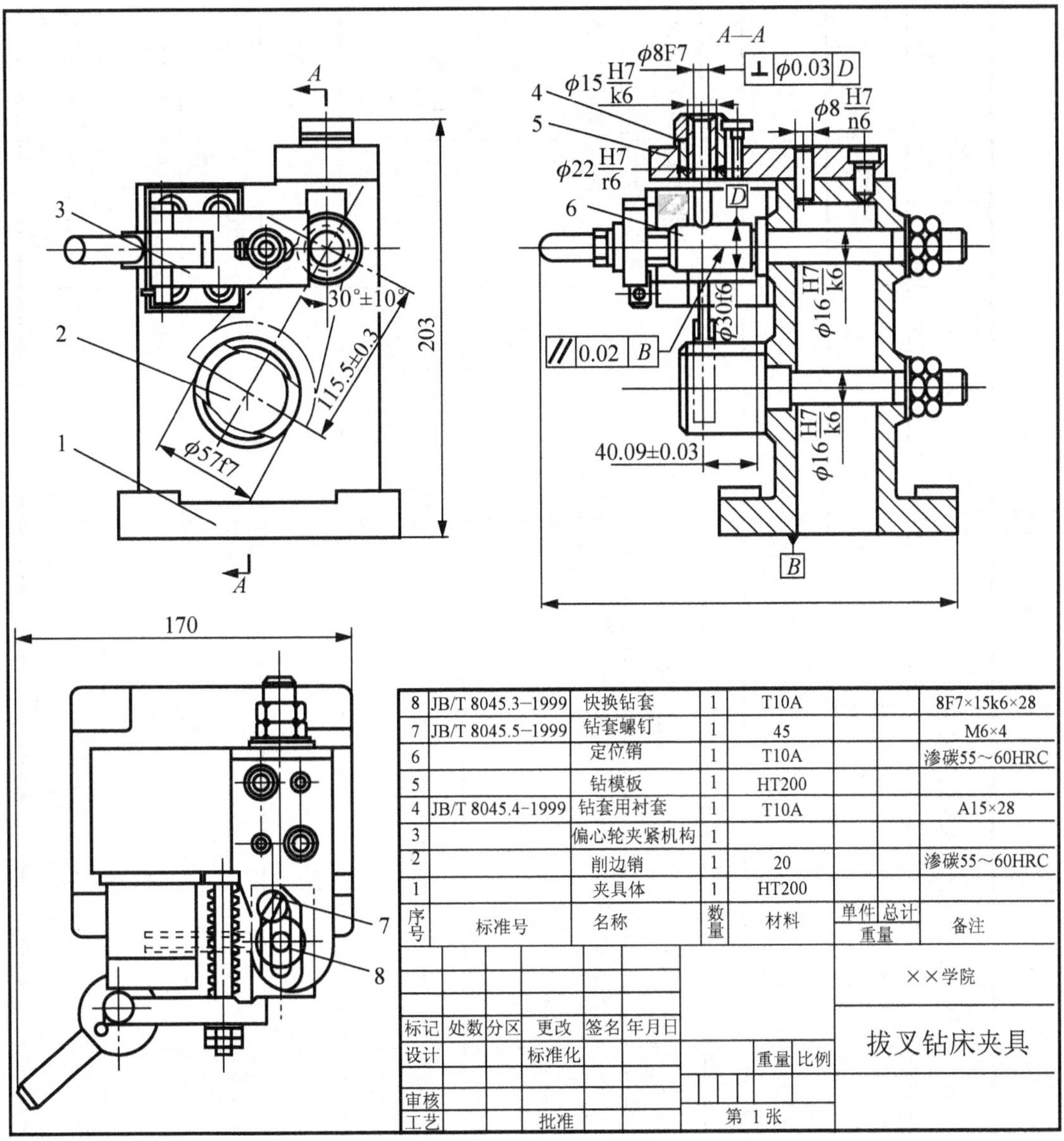

序号	标准号	名称	数量	材料	单件重量	总计重量	备注
8	JB/T 8045.3—1999	快换钻套	1	T10A			8F7×15k6×28
7	JB/T 8045.5—1999	钻套螺钉	1	45			M6×4
6		定位销	1	T10A			渗碳55～60HRC
5		钻模板	1	HT200			
4	JB/T 8045.4—1999	钻套用衬套	1	T10A			A15×28
3		偏心轮夹紧机构	1				
2		削边销	1	20			渗碳55～60HRC
1		夹具体	1	HT200			

标记	处数	分区	更改	签名	年月日			××学院
设计			标准化			重量	比例	拨叉钻床夹具
审核								
工艺			批准			第 1 张		

图 3.7 拨叉锁销孔专用钻床夹具装配图

(2) 各工序选用的机床设备、工装详见表 3-5。

5. 填写拨叉零件机械加工工艺文件

将上述拨叉零件的工艺规程设计的结果填入工艺规程文件，见表 3-5～表 3-7。

表 3-5　拨叉零件机械加工工艺过程卡片

工厂名称		机械加工工艺过程卡片	产品型号		零(部)件图号			共 2 页
			产品名称		变速箱	零(部)件名称	拨叉	第 1 页
材料牌号	45 钢	毛坯种类：锻件；毛坯外形尺寸：	每毛坯件数		1	每台件数 1	备注	
工序号	工序名称	工序内容	车间	工段	设备	工艺装备	工时/min 准终	工时/min 单件
1	锻造	模锻(拔模斜度 5°)						
2	粗铣拨叉头左、右两端面	粗铣两端面至 $81.175_{-0.35}^{0}$ mm，Ra 为 12.5μm			立式铣床 X5032	高速钢套式面铣刀、游标卡尺、专用夹具		73.87
3	半精铣拨叉头左端面	半精铣拨叉头左端面至 $80_{-0.3}^{0}$ mm，Ra 为 3.2μm			立式铣床 X5032	高速钢套式面铣刀、游标卡尺、专用夹具		65.09
4	粗扩、精扩、铰孔 ϕ30mm，倒角				四面组合钻床	麻花钻、扩孔钻、铰刀、卡尺、塞规		
5	校正拨叉脚				钳工台	锤子、校正心轴		
6	粗铣拨叉脚两端面				卧式双面铣床	三面刃铣刀、游标卡尺、专用夹具		
7	铣叉爪口内侧面				立式铣床 X5032	铣刀、游标卡尺、专用夹具		
8	粗铣操纵槽底面和内侧面				立式铣床 X5032	槽铣刀、卡规、深度游标卡尺、专用夹具		
9	精铣拨叉脚两端面				卧式双面铣床	三面刃铣刀、游标卡尺、专用夹具		
10	钻、粗铰、精铰孔 ϕ8mm，倒角	钻、粗铰、精铰 ϕ8mm 孔至 $\phi 8_{0}^{+0.015}$ mm，Ra 为 1.6μm			Z525	复合钻头、铰刀、塞规、游标卡尺		123.65

续表

工厂名称		机械加工工艺过程卡片			产品型号		零(部)件图号		共 2 页
					产品名称	变速箱	零(部)件名称	拨叉	第 2 页
材料牌号	45 钢	毛坯种类	锻件	毛坯外型尺寸		每毛坯件数	1	每台件数	1
备注									

工序号	工序名称	工序内容	车间	工段	设备	工艺装备	工时/min 准终	工时/min 单件
11	去毛刺				钳工台	平锉		
12	中检					塞规、百分表、卡尺等		
13	热处理	拨叉脚两端面局部淬火 48－58HRC			淬火设备			
14	校正拨叉脚				钳工台	锤子、校正心轴		
15	磨削拨叉脚两端面				磨床 M7120A	砂轮、游标卡尺		
16	清洗				清洗机			
17	终检					塞规、百分表、卡尺等		

										设计(日期)	审核(日期)	标准化(日期)	会签(日期)	
标记	处数	更改文件号	签字	日期	标记	处数	更改文件号	签字	日期					

表 3-6　拨叉零件机械加工工序卡片

工厂名称	机械加工工序卡片	产品型号		零(部)件图号		共 17 页
		产品名称	变速箱	零(部)件名称	拨叉	第 2 页

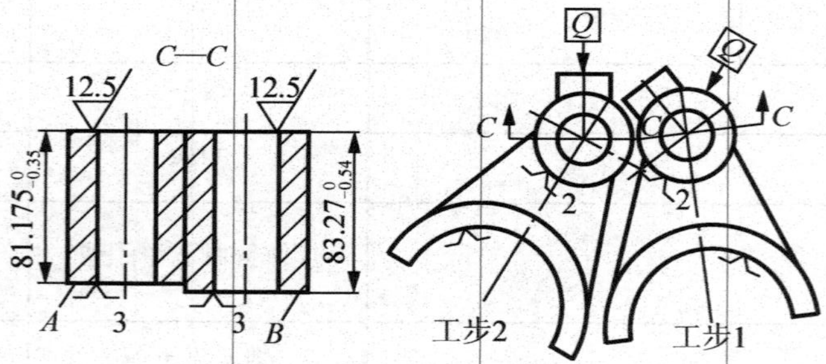

车间	工序号	工序名称	材料牌号	
	2	粗铣拨叉头两端面	45	
毛坯种类	毛坯外形尺寸	每坯件数	每台件数	
锻件		1	1	
设备名称	设备型号	设备编号	同时加工件数	
立式铣床	X5032		2	
工位器具编号		工位器具名称	冷却液	
夹具编号		夹具名称	工序工时	
			准终	单件
		专用夹具	0	70.2

工步号	工步内容	工艺装备	主轴转速/(r · min^{-1})	切削速度/(m · min^{-1})	进给量/(mm · r^{-1})	背吃刀量/mm	走刀次数	定额	
								机动	辅助
1	粗铣 A 面至 $83.27_{-0.54}^{0}$ mm，Ra 为 12.5μm	高速钢套式面铣刀、游标卡尺	160	40.2	0.8	1.5	1	30.3	4.55
2	粗铣 B 面至 $81.175_{-0.35}^{0}$ mm，Ra 为 12.5μm	高速钢套式面铣刀、游标卡尺	160	40.2	0.8	2	1	30.3	4.55

										设计(日期)	审核(日期)	标准化(日期)	会签(日期)	
标记	处数	更改文件号	签字	日期	标记	处数	更改文件号	签字	日期					

表 3-7　拨叉零件机械加工工序卡片

工厂名称	机械加工工序卡片	产品型号		零(部)件图号		共 17 页
		产品名称	变速箱	零(部)件名称	拨叉	第 10 页

工序简图	车间	工序号	工序名称	材料牌号	
A—A；$\phi8^{+0.015}_{0}$；1.6；⊥ 0.15 D；4；$\phi30H7$；D；$40^{+0.13}_{0}$；A；30°；115.5±0.1；A		10	钻、粗铰、精铰 $\phi8$mm 孔	45	
	毛坯种类	毛坯外形尺寸	每坯件数	每台件数	
	锻件		1	1	
	设备名称	设备型号	设备编号	同时加工件数	
	立式钻床	Z525		3	
	工位器具编号		工位器具名称	冷却液	
	夹具编号		夹具名称	工序工时	
				准终	单件
			专用夹具	0	157.25

工步号	工步内容	工艺装备	主轴转速/($r\cdot min^{-1}$)	切削速度/($m\cdot min^{-1}$)	进给量/(mm/r)	背吃刀量/mm	走刀次数	定额 机动	定额 辅助
1	钻孔至 $\phi7.8^{+0.15}_{0}$ mm，倒角 C1，Ra 为 12.5μm，至 A 面距离为 40mm	复合钻头、游标卡尺	960	23.5	0.1	7.8	1	15	2.25
2	粗铰至 $\phi7.96^{+0.058}_{0}$ mm，Ra 为 3.2μm，至 A 面距离为 40mm	锥柄机用铰刀、内径千分尺	97	2.4	0.4	0.16	1	52.2	7.83
3	精铰至 $\phi8^{+0.015}_{0}$ mm，Ra 为 1.6μm	锥柄机用铰刀、内径千分尺	195	4.86	0.3	0.04	1	34.2	5.13

										设计(日期)	审核(日期)	标准化(日期)	会签(日期)
标记	处数	更改文件号	签字	日期	标记	处数	更改文件号	签字	日期				

二、拨叉零件机械加工工艺规程实施

1. 任务实施准备

(1) 根据现有生产条件或在条件许可情况下，委托合作企业操作人员根据学生编制的拨叉零件机械加工工艺过程卡片及工序卡片进行加工，由学生对加工后的零件进行检验，判断零件合格与否。(可在校内实训基地，由兼职教师与学生代表根据机床操作规程、工艺文件，共同完成零件部分粗加工工序的加工)

(2) 工艺准备(可与合作企业共同准备)。

① 毛坯准备：拨叉零件材料为45钢，大批生产，采用锻件毛坯(可由合作企业提供)。

② 设备、工装准备。内容详见表3-5。

③ 资料准备：机床使用说明书、刀具说明书、机床操作规程、产品的装配图以及零件图、工艺文件、《机械加工工艺人员手册》、5S现场管理制度等。

(3) 准备相似零件，参观生产现场或观看相关加工视频。

2. 任务实施与检查

(1) 分组分析零件图样：根据图3.2拨叉零件图，分析图样的完整性及主要的加工表面。根据分析可知，本零件的结构工艺性较好。

(2) 分组讨论毛坯选择问题：该零件在工作过程中要承受冲击载荷，且生产类型属大批生产，故毛坯选用锻件并采用模锻方法制造，公差等级为普通级。

(3) 分组讨论零件加工工艺路线：确定加工表面的加工方案，划分加工阶段，选择定位基准，确定加工顺序，设计工序内容(如设计专用夹具)等。

(4) 拨叉零件的加工步骤按机械加工工艺规程执行(表3-6)。

(5) 拨叉零件精度检验。拨叉零件精度检验项目及检验方法如下。

孔的尺寸精度：塞规。

各表面的表面粗糙度：标准样块比较法。

平面的形状精度：水平仪。

孔与平面的位置精度、两孔的位置精度(垂直度)：检验棒、千分尺、百分表。

按零件要求进行检验。

(6) 任务实施的检查与评价。具体的任务实施检查与评价内容见表1-12。

问题讨论：

① 外形不规则的零件如何实现正确装夹？

② 怎样合理选择切削用量？

3. 拨叉零件加工误差分析

拨叉的作用是在拖拉机的变速箱中，操纵变速杆时，通过拨叉移动双联齿轮，从而达到齿轮副的啮合转换，以达到变速的目的。若拨叉存在较大的误差，在变速叉轴移动一个位置时，很可能拨叉拨动双联齿轮不能正确到位，不能到达正确的啮合位置，出现脱挡、乱挡现象。

因此，拨叉零件的加工工艺过程不能只是利用普通设备及传统的加工方法，过分依赖工装夹具对工件定位加工的作用，多次重复、反复定位装夹，流水作业，这样只提高了零

件的生产效率，而忽略了零件的加工质量和装配性能。可通过制定新的工艺方案，如第 5、14 校正工序，采用分组校正心轴与ϕ30mm 孔配合，用百分表测量控制拨叉脚两端面的垂直度＜0.05mm，以提高下一道工序加工的精度；用ϕ30mm 孔作为精基准的工序 6、7、8、9、10、15，可通过分组选配孔轴以减小销孔的配合间隙。另外，针对影响零件加工质量的不同因素，可采取一系列改进措施，如修改或重新制造、调试新工装等，消除加工误差，提高产品质量。

任务 3.2　支座零件机械加工工艺规程编制与实施

3.2.1　任务引入

编制如图 3.8 所示汽车气门摇臂轴支座(valve rocker arm shaft bearing)零件的机械加工工艺规程并实施。零件材料为 HT200，生产类型为大批生产。

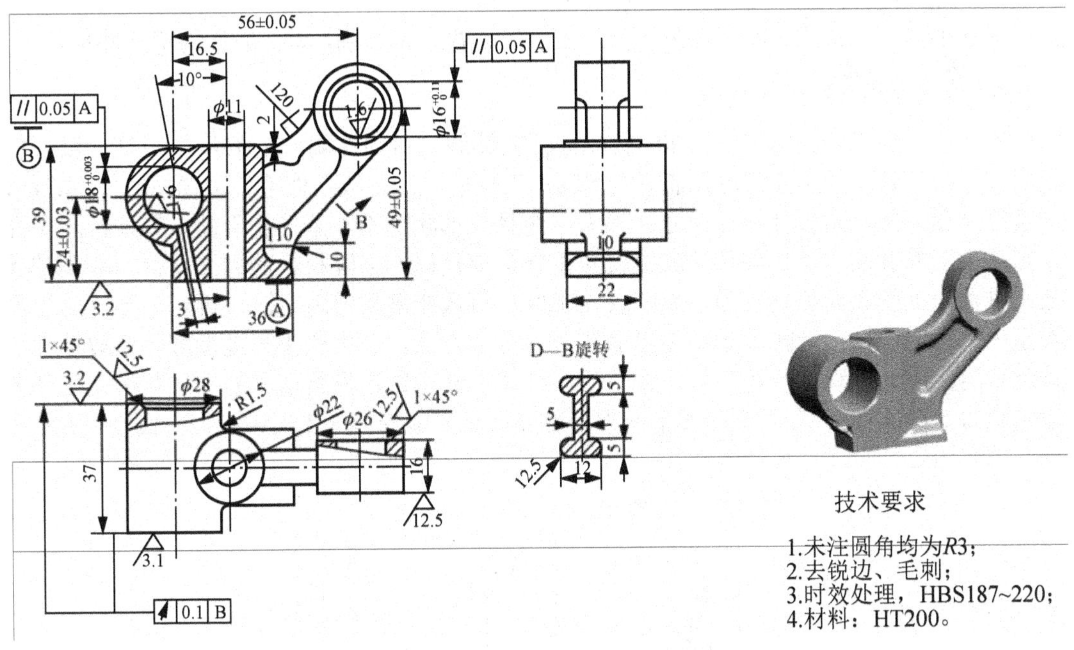

图 3.8　汽车气门摇臂轴支座零件图

3.2.2　任务实施

一、支座零件机械加工工艺规程编制

1. 分析支座零件的结构和技术要求

气门摇臂轴支座是柴油机气门控制系统的一个重要零件。图 3.8 所示的零件是 1105 中气门摇臂座结合部的气门摇臂轴支座，ϕ18mm 孔用来装配摇臂轴，轴的两端各安装一进、排气气门摇臂。ϕ16mm 孔内装一减压轴，用于降低气缸内压力，便于起动柴油机。两孔间

距 56mm，可以保证减压轴在摇臂上打开气门，实现减压。该零件通过ϕ11mm 孔用 M10 螺杆与气缸盖相连，ϕ3mm 的孔用来排油。

该零件材料为 HT200，具有较高的强度、耐磨性、耐热性及减振性，适用于承受较大应力、要求耐磨的零件。但是零件材料塑性较差、脆性较高、不适合磨削，而且加工面主要集中在平面加工和孔的加工。

1) 零件的组成表面

该零件的组成表面有ϕ11mm 圆孔及其上下端面，ϕ16mm 内孔及其两端面，ϕ18mm 内孔及其两端面，ϕ3mm 斜孔，倒角，各外圆表面，各外轮廓表面等。其中ϕ18mm、ϕ16mm 两圆柱孔为工作面，孔表面粗糙度 Ra 为 1.6μm。两孔要求的表面粗糙度和位置精度较高，工作时会和轴相配合工作，起到支承零件的作用。ϕ11mm 孔的底面为安装(支承)面，亦是该零件的主要基准。

2) 主要技术要求

该零件的主要加工面为ϕ18mm、ϕ16mm 两圆柱孔，其加工精度的好坏直接影响摇臂轴的接触精度及密封性能。ϕ18mm、ϕ16mm 内孔轴心与底面 A 的平行度要求均为 0.05mm；ϕ18mm 内孔两端面与顶面 B 的圆跳动要求为 0.10mm。

根据平面和孔加工的经济精度可知，上述技术要求可达到，零件的结构工艺性也可行。

2. 明确支座零件毛坯状况

本任务中的零件材料为 HT200，首先分析灰铸铁材料的性能，灰铸铁是一种脆性较高，硬度较低的材料，因此其铸造性能好，切削加工性能优越，故零件毛坯可选择铸件；其次，观察零件图可知，本设计零件尺寸并不大，而且其形状也不复杂，属于简单零件，除了几个需要加工的表面以外，零件的其他表面粗糙度都是以不去除材料的方法获得，若要使其他不进行加工的表面达到较为理想的表面精度，可选择砂型铸造方法；再者，零件的生产类型为大批生产，可选择砂型铸造机器造型的铸造方法，较大的生产批量可以分散单件的铸造费用。因此，综上所述，本零件的毛坯种类以砂型铸造机器造型的方法获得，铸件公差等级为 CT12。此外，为消除残余应力，毛坯铸造后应安排人工时效处理。图 3.9 所示为支座毛坯图。

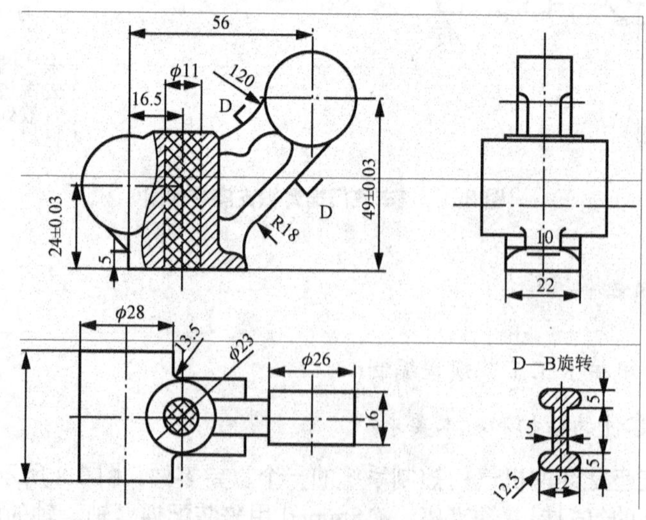

图 3.9　支座毛坯图

3. 拟定支座零件的机械加工工艺路线

1) 确定加工方案

根据本零件图上标注的各加工表面的几何形状、尺寸及位置精度等技术要求，以及各种表面加工方法所能达到的经济精度，最后确定本零件各加工表面的加工方案见表 3-8。

表 3-8　气门摇臂轴支座各表面加工方案

加工表面	尺寸公差等级	表面粗糙度/μm	加工方案	备注
支座上端面	IT12	12.5	粗铣	
支座下端面	IT12	6.3	粗铣	
ϕ11mm 孔	IT11	12.5	钻	
ϕ18mm 内孔	IT7	1.6	钻→扩→铰	
ϕ18mm 孔两端面	IT7	3.2	粗铣→半精铣	
ϕ16mm 内孔	IT7	1.6	钻→扩→铰	
ϕ16mm 孔两端面	IT11	12.5	粗铣	
ϕ3mm 斜孔	IT11	12.5	钻	

2) 加工阶段的划分

该零件加工质量要求较高，可将加工阶段分为粗加工、半精加工几个阶段。

在粗加工阶段，首先将精基准备好，也就是先将底面 A 和ϕ11mm 通孔加工出来，使后续的工序都可以采用精基准定位加工，保证其他加工表面的精度要求；然后粗铣粗基准ϕ22 上端面、ϕ28 外圆前后端面、ϕ26 外圆前后端面；在半精加工阶段，完成对ϕ28 外圆前后端面的半精铣，钻→扩→铰出ϕ18 和ϕ16 通孔，并钻出ϕ3 斜孔。

该零件的生产类型为大批生产，可以采用各种机床配以专用工具、专用夹具，并尽量采用工序集中原则安排零件的加工工序，以提高生产率；而且运用工序集中原则使工件的装夹次数少，不但可缩短辅助时间，而且由于在一次装夹中加工了许多表面，有利于保证各加工表面之间的相对位置精度要求。

3) 选择定位基准

根据图 3.8 所示，该零件是带有孔的形状比较简单的零件，孔ϕ18、ϕ16 以及孔ϕ11 均为零件设计基准，都可选为定位基准，而且孔ϕ18 和ϕ16 设计精度较高(亦是装配基准和测量基准)，工序将这两个孔安排在最后进行。

底面 A 是零件的主要设计基准，也比较适合作零件上众多表面加工的定位基准。为遵循“基准重合”原则，因此选择先进行加工的ϕ11 孔和加工后的底面 *A* 作为精基准；在该零件需要加工的表面中，由于外圆面上有分型面，表面不平整、有飞边等缺陷，定位不可靠，应选ϕ28 外圆端面及未加工的底面 *A* 为粗基准。

零件的安装方案为：加工底面 *A*、顶面 *B* 时，均可采用台虎钳安装(互为基准)；ϕ11、ϕ16、ϕ18 内孔表面加工，均采用专用夹具安装，且主要定位基准均为底面 *A*；加工斜孔仍采用专用夹具安装，主要定位基准为ϕ18 孔两端面。

4) 加工顺序安排

(1) 机械加工顺序。

① 遵循“先基准后其他”原则，首先加工精基准，即在前面加工阶段先加工底面 *A* 以及ϕ11 通孔。

② 遵循“先粗后精”原则，先安排粗加工工序，后安排精加工工序。

③ 遵循“先主后次”原则，先加工主要表面ϕ28 和ϕ26 外圆前后端面，ϕ16、ϕ18 通孔，后加工次要表面ϕ3 斜孔。

④ 遵循“先面后孔”原则，先加工底面 *A*，ϕ22 上端面，后加工ϕ11 通孔；先加工ϕ28 和ϕ26 外圆前后端面，后加工ϕ16、ϕ18 通孔。

(2) 热处理工序。机械加工前对铸件毛坯进行时效处理，时效处理硬度 HBS187—220，时效处理的主要目的是消除铸件的内应力，稳定组织和尺寸，改善机械性能，这样可以提高毛坯进行加工的切削性能。

(3) 辅助工序。毛坯铸造成型后，应当对铸件毛坯安排清砂工序，并对清砂后的铸件进行一次尺寸检验，然后再进行机械加工，在对本零件的所有加工工序完成之后，安排去毛刺、清洗、终检工序。

在综合考虑上述工序的顺序安排原则基础上，确定支座零件的机械加工工艺路线见表 3-9。

表 3-9　气门摇臂轴支座零件机械加工工艺路线

工序号	工序名称	工序内容
1	铸造	砂型铸造
2	清砂，检验	
3	时效处理	HBS187—220
4	粗铣ϕ22 上端面	以底面 *A* 以及ϕ28 外圆一端端面定位，粗铣ϕ22 上端面
5	粗铣、半精铣底面 *A*	以粗铣后的ϕ22 上端面以及ϕ28 外圆另一端端面定位，粗铣、半精铣底面 *A*
6	钻ϕ11 通孔	以底面 A、36mm 底座左端面以及ϕ28 端面定位，钻ϕ11 通孔
7	粗铣ϕ28、ϕ26 前端面；半精铣ϕ28 前端面	以ϕ11 内孔表面、底面 *A* 以及ϕ28 后端面定位，粗铣ϕ28 前端面，粗铣ϕ26 前端面；半精铣ϕ28 前端面
8	粗铣ϕ26、ϕ28 后端面；半精铣ϕ28 后端面	以ϕ11 内孔表面、底面 *A* 以及ϕ28 前端面定位，粗铣ϕ26 后端面，粗铣ϕ28 后端面；半精铣ϕ28 后端面
9	钻→扩→铰ϕ18 通孔、倒角	以ϕ11 内孔表面、底面 *A* 以及ϕ28 端面定位，钻→扩→铰ϕ18 通孔、倒角
10	钻→扩→铰 v16 通孔、倒角	以ϕ11 内孔表面、底面 *A* 以及ϕ28 端面定位，钻→扩→铰ϕ16 通孔、倒角
11	钻ϕ3 斜孔	以ϕ22 上端面以及ϕ28 端面定位，钻ϕ3 斜孔，保证角度 10°
12	钳工去毛刺，清洗	
13	终检	按零件图各项要求检验

4. 设计工序内容

1) 确定加工余量、工序尺寸及公差。

用查表法确定机械加工余量(根据《机械加工工艺手册》)，并综合对毛坯尺寸以及已确定的机械加工工艺路线的分析，确定各工序间加工余量如表 3-10 所示。

表 3-10　机械加工工序间加工余量表

工序号	工步号	内　容	加工余量
4	1	粗铣ϕ22 上端面	4
5	1	粗铣底面 A	3
	2	半精铣底面 A	1
6	1	钻ϕ11 通孔	11
7	1	粗铣ϕ28 前端面	3
	2	粗铣ϕ26 前端面	4
	3	半精铣ϕ28 前端面	1
8	1	粗铣ϕ26 后端面	4
	2	粗铣ϕ28 后端面	3
	3	半精铣ϕ28 后端面	1
9	1	钻ϕ17 通孔	17
	2	扩孔至ϕ17.85	0.85
	3	铰孔至ϕ18H7	0.15
10	1	钻ϕ15 通孔	15
	2	扩孔至ϕ15.85	0.85
	3	铰孔至ϕ16H7	0.15
11		钻ϕ3 的 10° 斜孔	3

2) 切削用量、时间定额的计算(以工序 5：加工底面 A 为例)

(1) 工步一：粗铣底面 A。

① 切削深度。a_p=3mm。

②进给量的确定。此工序选择 YG6 硬质合金端铣刀，查表选择硬质合金端铣刀的具体参数如下。

D=80mm，D_1=70mm，d=27mm，L=36mm，L_1=30mm，齿数 z=10，根据所选择的 X51 型立式铣床功率为 5.5kW，查表得 f_z=0.20～0.09mm/r。

取 f_z=0.20mm/r，f=0.20 ×10 =2(mm/r)。

③ 切削速度的确定。工件材料为 HT200，硬度 HBS187-220，根据《机械加工工艺师手册》，选择切削速度 v_c=65m/min。

主轴转速为

$n=\dfrac{65\times1000}{\pi\times80}=258.6\,(\text{r/min})$，查机床主轴转速表，确定 $n=255\text{r/min}$。

实际切削速度为

$$v_c=\frac{\pi\times80\times255}{1000}=64.1(\text{m/min})$$

④ 基本时间的确定。根据铣床的主轴转速 $n=255\text{r/min}$ 可知：

工作台的进给速度 $v_f=f_z\times z\times n=0.2\times10\times255=510(\text{mm/min})$。

根据机床说明书，取 $v_f=480\text{mm/min}$；切削加工面 $l=36\text{mm}$，根据《机械加工工艺师手册》查表得 $l_1+l_2=7$。

由式(3-1)可得此工序的基本时间 t_b 为

$$t_b=(36+7)\times1/480=0.09(\text{min})$$

(2) 工步二：半精铣底面 A。

① 切削深度。a_p=1mm。

② 进给量的确定。此工序选择 YG8 硬质合金端铣刀，查表选择硬质合金端铣刀的具体参数如下：$D=80\text{mm}$，$D_1=70\text{mm}$，$d=27\text{mm}$，$L=36\text{mm}$，$L_1=30\text{mm}$，齿数 $z=10$，根据所选择的 X51 型立式铣床功率为 5.5kW，取 $f_z=0.10\text{mm/r}$，$f=0.10\times10=1\ \text{mm/r}$。

③ 切削速度的确定。工件材料为 HT200，硬度 HBS187-220，根据《机械加工工艺师手册》，选择切削速度 $v_c=124\text{m/min}$。

主轴转速为

$n=\dfrac{124\times1000}{\pi\times80}=493.6\,(\text{r/min})$。查机床主轴转速表，确定 $n=490\text{r/min}$。

实际切削速度为

$$v_c=\frac{\pi\times80\times490}{1000}=123.1\text{m/min}$$

④ 基本时间的确定。根据铣床的主轴转速 $n=490\text{r/min}$ 可知：

工作台的进给速度 $v_f=f_z\times z\times n=0.1\times10\times490=490\text{mm/min}$。

根据机床说明书，取 $v_f=480\text{mm/min}$；切削加工面 $l=36\text{mm}$，根据《机械加工工艺师手册》查表得 11＋12＝7。

由式(3-1)可得此工序的基本时间 t_b 为：$t_b=(36+7)\times1/480=0.09(\text{min})$ (其他略)。

3) 选择设备、工装

机床及工艺装备的选择是制定工艺规程的一项重要工作，它不但直接影响工件的加工质量，而且还影响工件的加工效率和制造成本。气门摇臂轴支座零件的生产类型为大批生产，可以采用各种机床配以专用工具、专用夹具。

(1) 机床的选择。机床的加工尺寸范围应与零件的外廓尺寸相适应；机床的精度应与工序要求的精度相适应；机床的功率应与工序要求的功率相适应；机床的生产率应与工件的生产类型相适应；还应与现有的设备条件相适应。

(2) 夹具的选择。本零件的生产类型为大批量生产，为提高生产效率，所用的夹具应为专用夹具。

(3) 刀具的选择。刀具的选择主要取决于工序所采用的加工方法、加工表面的尺寸、

工件材料、所要求的精度以及表面粗糙度、生产率及经济性等。在选择时应尽可能采用标准刀具，必要时可采用符合刀具和其他专用刀具。

(4) 量具的选择。量具主要根据生产类型和所检验的精度来选择。在单件小批量生产中应采用通用量具，在大批量生产中则采用各种量规和一些高生产率的专用量具。

查《机械加工工艺手册》，加工支座零件所选择的工艺装备如表 3-11 所示。

表 3-11　气门摇臂轴支座机械加工工艺装备选用

工序号		机床设备	刀　具	量　具
1	铸			游标卡尺
2	检			游标卡尺
3	时效处理			
4	铣	立式铣床 X51	硬质合金端铣刀	游标卡尺
5	铣	立式铣床 X51	硬质合金端铣刀	游标卡尺
6	钻	立式钻床 Z525	直柄麻花钻 $\phi 11$	游标卡尺
7	铣	立式铣床 X51	硬质合金端铣刀	游标卡尺
8	铣	立式铣床 X51	硬质合金端铣刀	游标卡尺
9	钻	立式钻床 Z525	麻花钻、扩孔钻、机用铰刀	内径千分尺、塞规
10	钻	立式钻床 Z525	麻花钻、扩孔钻、机用铰刀	内径千分尺、塞规
11	钻	立式钻床 Z525	直柄麻花钻 $\phi 3$	游标卡尺
12	钳		锉刀	
13	检			游标卡尺、内径千分尺、塞规

5. 填写支座零件机械加工工艺文件

综上所述，气门摇臂轴支座零件的工艺规程文件见表 3-12(此表见本项目对应插页)。

二、支座零件机械加工工艺规程实施

1. 任务实施准备

1) 根据现有生产条件或在条件许可情况下，委托合作企业操作人员根据学生编制的支座零件机械加工工艺过程卡片及工序卡片进行加工，由学生对加工后的零件进行检验，判断零件合格与否。(可在校内实训基地，由兼职教师与学生代表根据机床操作规程、工艺文件，共同完成零件部分粗加工工序的加工。)

2) 工艺准备(可与合作企业共同准备)。

(1) 毛坯准备：支座零件材料为 HT200，大批生产，采用砂型铸件毛坯(可由合作企业提供)。

(2) 设备、工装准备。内容详见表 3-11。

表 3-12　机械加工工艺过程卡片

企业名称		机械加工工艺过程卡片	产品型号			零(部)件图号		共　页
			产品名称	1105 柴油机		零(部)件名称	支座	第　页
材料牌号	HT200	毛坯种类：铸件；毛坯外形尺寸：	每毛坯件数	1	每台件数	1	备注	
工序号	工序名称	工序内容	车间	工段	设备	工艺装备	工时/min 准终	工时/min 单件
1	铸造	砂型铸造	外协					
2	清砂，检验		外协					
3	时效处理	HBS187-220	热处理					
4	粗铣$\phi 22$上端面	以底面A以及$\phi 28$外圆一端端面定位，粗铣$\phi 22$上端面	金工		X51	硬质合金端铣刀、游标卡尺		
5	粗铣、半精铣底面A	以粗铣后的$\phi 22$上端面以及$\phi 28$外圆另一端端面定位，粗铣、半精铣底面A	金工		X51	硬质合金端铣刀、游标卡尺		
6	钻$\phi 11$通孔	以底面A、36mm 底座左端面以及$\phi 28$端面定位，钻$\phi 11$通孔	金工		Z525	$\phi 11$麻花钻、游标卡尺、专用夹具		
7	粗铣$\phi 28$、$\phi 26$前端面；半精铣$\phi 28$前端面	以$\phi 11$内孔表面、底面A以及$\phi 28$后端面定位，粗铣$\phi 28$前端面，粗铣$\phi 26$前端面；半精铣$\phi 28$前端面	金工		X51	硬质合金端铣刀、游标卡尺、专用夹具		
8	粗铣$\phi 26$、$\phi 28$后端面；半精铣$\phi 28$后端面	以$\phi 11$内孔表面、底面A以及$\phi 28$前端面定位，粗铣$\phi 26$后端面，粗铣$\phi 28$后端面；半精铣$\phi 28$后端面	金工		X51	硬质合金端铣刀、游标卡尺、专用夹具		
9	钻→扩→铰$\phi 18$通孔、倒角	以$\phi 11$内孔表面、底面A以及$\phi 28$端面定位，钻→扩→铰$\phi 18$通孔、倒角	金工		TX617	麻花钻、扩孔钻、机用铰刀、内径千分尺、塞规、专用夹具		
10	钻→扩→铰$\phi 16$通孔、倒角	以$\phi 11$内孔表面、底面A以及$\phi 28$端面定位，钻→扩→铰$\phi 16$通孔、倒角	金工		TX617	麻花钻、扩孔钻、机用铰刀、内径千分尺、塞规、专用夹具		
11	钻$\phi 3$斜孔	以$\phi 22$上端面以及$\phi 28$端面定位，钻$\phi 3$斜孔，保证角度 10°	金工		Z525	$\phi 11$麻花钻、游标卡尺、专用夹具		
12	钳工去毛刺，清洗		金工		钳工台	锉刀、毛刷等		
13	终检	按零件图各项要求检验	金工	质检		游标卡尺、内径千分尺、塞规		

(3) 资料准备：机床使用说明书、刀具说明书、机床操作规程、产品的装配图以及零件图、工艺文件、《机械加工工艺人员手册》、5S 现场管理制度等。

3) 准备相似零件，参观生产现场或观看相关加工视频。

2. 任务实施与检查

1) 分组分析零件图样。根据图 3.8 支座零件图，分析图样的完整性及主要的加工表面。根据分析可知，本零件的结构工艺性较好。

2) 分组讨论毛坯选择问题。该零件在工作过程中要承受冲击载荷，且生产类型属大批生产，故毛坯选用铸件并采用砂型铸造机器造型的方法获得。

3) 分组讨论零件加工工艺路线。确定加工表面的加工方案，划分加工阶段，选择定位基准，确定加工顺序，设计工序内容(如设计专用夹具)等。

4) 支座零件的加工步骤按机械加工工艺规程执行(见表 3-12)。

5) 支座零件精度检验。

支座零件精度检验项目及检验方法如下。

孔的尺寸精度：塞规。

各表面的表面粗糙度：标准样块比较法。

孔与平面的位置精度(平行度)：检验棒、百分表。

6) 任务实施的检查与评价。

具体的任务实施检查与评价内容参见表 3-9。

问题讨论：

① 如何正确检验叉架类零件的精度？

② 应采取哪些措施保证支座零件加工精度？

知识拓展

编制如图 3.10 所示连杆零件机械加工工艺规程。零件材料为 45 钢，生产类型为大批生产。

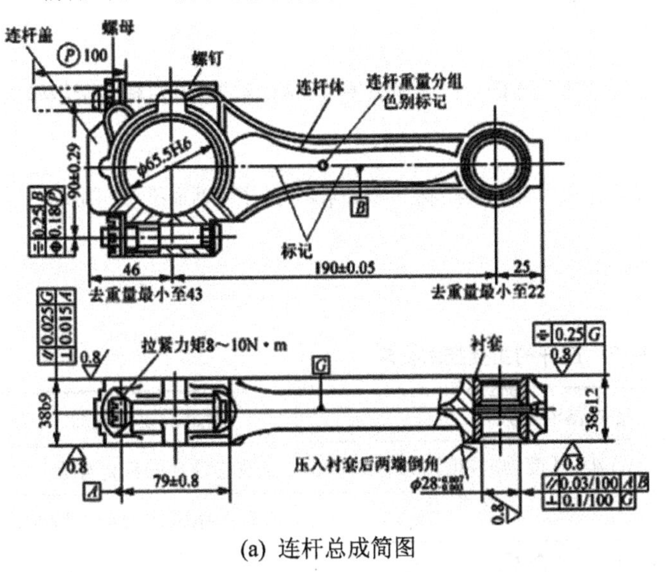

(a) 连杆总成简图

(b) 连杆实物

图 3.10　某柴油机连杆

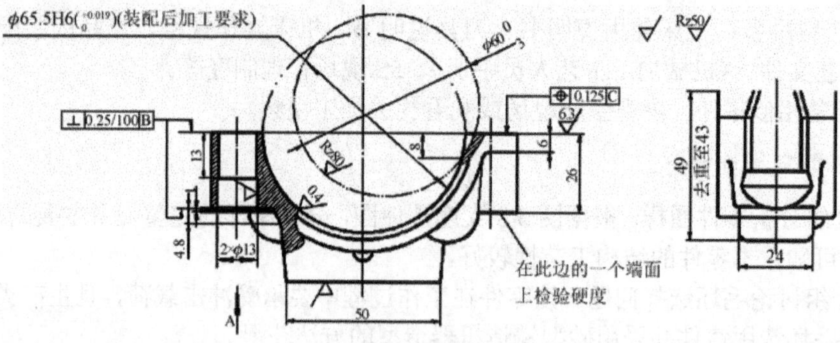

(c) 连杆盖零件简图

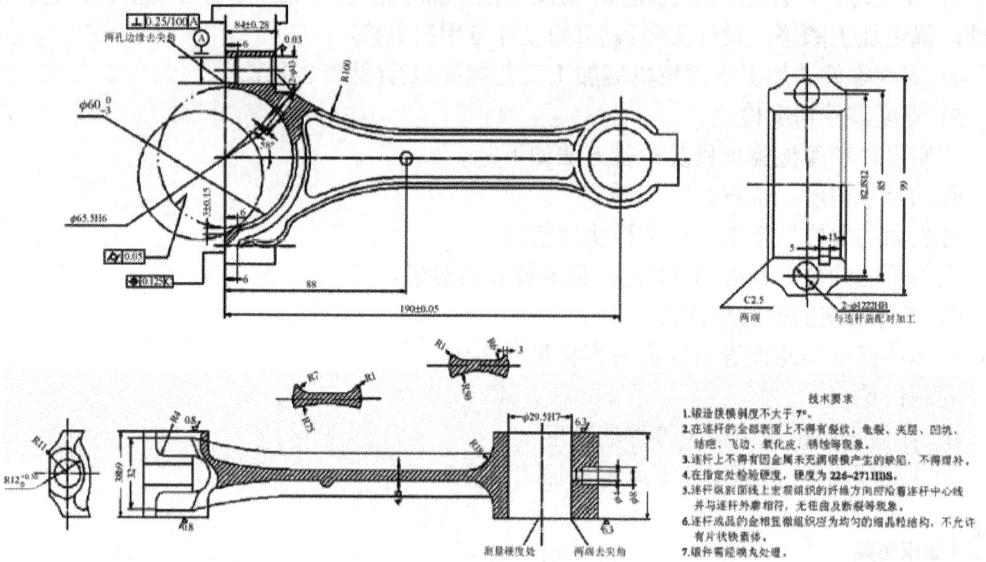

(d) 连杆体零件简图

图 3.10　某柴油机连杆(请按三视图要求对齐) (续)

加工要点分析

连杆是活塞式发动机的五大件之一，是发动机重要的安全件，是将活塞的往复运动转变成曲轴旋转运动的中间部件。

1. 连杆的结构特点

连杆的形状复杂而不规则，而孔本身及孔与平面之间的位置精度一般要求较高；杆身断面不大，刚度较差，易变形，如图 3.10 所示。

2. 连杆的主要技术要求

连杆的主要技术要求见表 3-13。

表 3-13　连杆的主要技术要求

技术要求项目	具体要求或数值	满足的主要性能
大、小头孔精度	尺寸公差 IT7～IT6 级，圆度、圆柱度 0.004～0.006	保证与轴瓦的良好配合
两孔中心距	±0.03～0.05	汽缸的压缩比及动力特性
表面粗糙度 *Ra*/μm	大、小孔：0.8～0.4；结合面：0.8；大、小孔端面：6.3～1.6	保证配合精度、耐磨性

续表

技术要求项目	具体要求或数值	满足的主要性能
两孔轴线在两个相互垂直方向的平行度	在连杆大、小头孔轴线所在平面内的平行度：(0.02～0.04)∶100mm 在垂直连杆大、小头孔轴线所在平面内的平行度：(0.04～0.06)∶100mm	使汽缸壁磨损均匀和减少曲轴颈边缘磨损
大头两端面对轴线的垂直度	0.1∶100mm	减少曲轴轴颈边缘磨损
两螺栓孔(定位孔)的位置精度	在两个垂直方向上的平行度：(0.02～0.04)∶100mm； 对结合面的垂直度：(0.1～0.2)∶100mm	保证正常承载能力和曲轴轴颈与大头轴瓦的良好配合
同一连杆组内各连杆的质量差	±2%	保证运转平稳
连杆螺栓预紧力	连杆螺母的预紧力为 100～120Nm	防止交变载荷导致螺栓断裂
连杆重量	连杆大、小头重量和整台发动机上的一组连杆的重量按图纸的规定严格要求	保证运转平稳

3. 连杆的机械加工工艺过程分析

连杆加工属大批大量生产，其工艺路线多为工序分散，采用流水线加工，机床按连杆的机械加工工艺过程连续排列。连杆的加工工序多，采用多种加工方法，主要有磨削、钻削、拉削、镗削等。大部分工序采用高效的组合机床和专用机床，并广泛地使用气动、液压等专用夹具(图 3.11)，以提高生产率，满足大批大量生产的需要。

(a) 连杆气动夹具

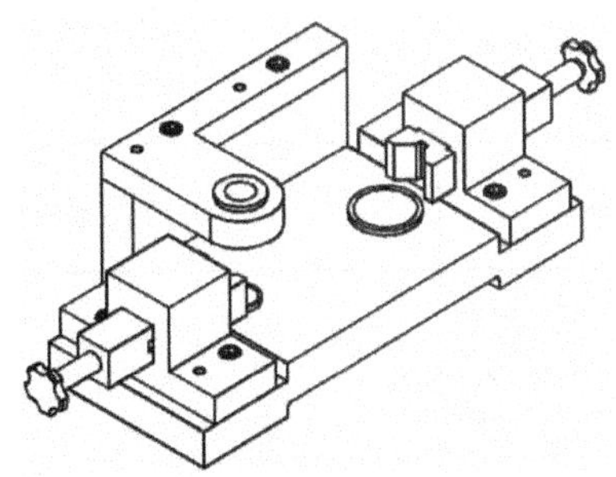

(b) 扩小头孔专用夹具

图 3.11　连杆加工用夹具

4. 连杆零件机械加工工艺过程

1) 材料与毛坯

连杆材料一般采用45钢或40Cr、45Mn2等优质钢或合金钢，近年来也有采用球墨铸铁的。

钢制连杆都用模锻制造毛坯。连杆毛坯的锻造工艺有两种方案：其一是将连杆体和盖分开锻造，其二是将连杆体和盖整体锻造。

整体锻造或分开锻造的选择取决于毛坯尺寸及锻造设备的能力，显然整体锻造需要有大型的锻造设备。从锻造后的材料组织来看，分开锻造的连杆盖金属纤维是连续的[图 3.12(a)]，因此具有较高的强度；而整体锻造的连杆，加工后连杆盖的金属纤维是断裂的[图 3.12(b)]，因而削弱了其强度。整体锻造的连杆要增加切开连杆的工序，但整体锻造可以提高材料的利用率，减少结合面的加工余量，加工时装夹也较方便。整体锻造只需要一套锻模，一次便可锻成，也有利于组织和生产管理，尤其是整体精锻连杆的应用。采用整体模锻的加工方式，具有劳动生产率高、锻件质量好、材料利用率高、成本低等优点，故一般只要不受连杆盖形状和锻造设备的限制，均尽可能采用连杆的整体锻造形式。另外，为避免毛坯出现缺陷(疲劳源)，要求对其进行100%的硬度测量和探伤。

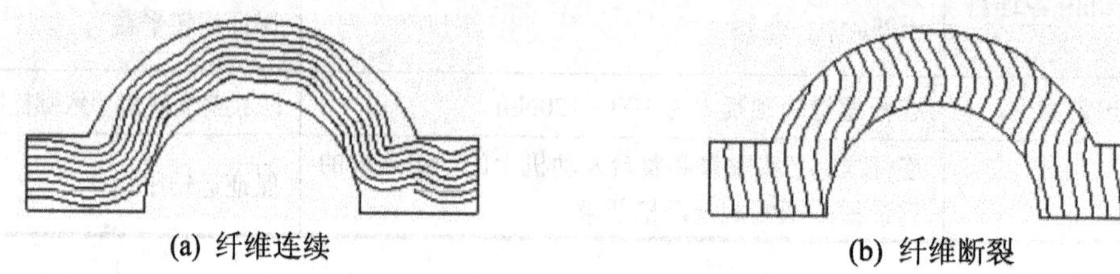
(a) 纤维连续　　(b) 纤维断裂

图 3.12　连杆盖的金属纤维组织

2) 连杆的机械加工工艺过程

连杆的机械加工工艺过程分别见表3-14、表3-15。

表 3-14　连杆体与连杆盖机械加工工艺过程

连杆体			连杆盖			加工设备
工序号	工序内容	定位基准	工序号	工序内容	定位基准	
1	模锻		1	模锻		
2	调质		2	调质		
3	磁性探伤		3	磁性探伤		
4	粗、精铣两端面	大头孔壁，小头外廓端面	4	粗、精铣两端面	端面结合面	立式双头回转铣床
5	磨两平面	端面	5	磨两平面	端面	立轴圆台平面磨床
6	钻、扩、铰小头孔、孔口倒角	大、小头端面，小头外廓工艺凸台				立式五工位机床
7	粗、精铣工艺凸台及结合面	大、小头端面，小头孔，大头孔壁	6	粗、精铣结合面	端面肩胛面	立式双头回转铣床

续表

连杆体			连杆盖			加工设备
工序号	工序内容	定位基准	工序号	工序内容	定位基准	
8	两件连杆体粗镗大头孔，倒角	大、小头端面，小头孔，工艺凸台	7	两件连杆盖粗镗大头孔，倒角	肩胛面、螺钉孔外侧	卧式三工位机床
9	磨结合面	大、小头端面，小头孔，工艺凸台	8	磨结合面	肩胛面	立轴矩台平面磨床
10	钻、攻螺纹孔，钻、铰定位孔	小头孔及端面，工艺凸台	9	钻、扩沉头孔，钻、铰定位孔	端面、大头孔壁	卧式三工位机床
11	精镗定位孔	定位孔结合面	10	精镗定位孔	定位孔结合面	
12	清洗		11	清洗		
13	打印件号		12	打印件号		
14	检验		13	检验		

表 3-15　连杆合件机械加工工艺过程

工序号	工序内容	定位基准	加工设备
1	杆与盖对号，清洗、装配		
2	磨两平面	大、小头端面	立轴圆台平面磨床
3	半精镗大头孔，倒角	大、小头端面，小头孔及工艺凸台	立轴镗铣床
4	精镗大、小头孔	大头端面，小头孔及工艺凸台	金刚镗床
5	钻小头孔、孔口倒角	端面	立轴镗铣床
6	珩磨大头孔		珩磨机
7	小头孔内压入活塞销轴承		专用夹具
8	铣小头孔两端面	大、小头端面	立式双头回转铣床
9	精镗小头轴承孔	大、小头孔	金刚镗床
10	拆开连杆盖	小头孔及端面，工艺凸台	卧式三工位机床
11	铣杆与盖大头轴瓦定位槽	定位孔结合面	铣定位槽专用铣床
12	对号、装配		
13	退磁		
14	检验		

特别提示

防止连杆加工变形的工艺措施

连杆的工艺特点是：外形复杂，不易定位，大、小头由细长的杆身连接，刚度差，容易变形；为防止连杆加工变形，主要采取了以下措施。

(1) 选择正确的定位基准。一般选择大、小头端面，大头孔或小头孔，以及工件图中的工艺凸台为定位基准。

(2) 加工分阶段进行。以粗加工、半精加工、精加工和光整加工分阶段进行。

(3) 选择正确的夹紧方案。由于连杆的刚度较差，在确定夹紧力的作用点时，应使连杆在夹紧力与切削力作用下产生的变形最小。有时，为了减小变形和消除内应力对加工精度的影响，增加一些辅助工序，如金刚镗削大头孔之前，将连接连杆盖与连杆体的螺栓松开，使大头孔在粗加工后产生的变形在精镗工序中消除；在连续式拉床组成的连杆拉削自动线上，也采取松开连杆的方法，使其变形在后一工序中得到修正。确定合理的夹紧方法。连杆是一个刚性较差的工件，应十分注意夹紧力的大小、方向及着力点的位置选择，以免因受夹紧力的作用而产生变形（图 3.13），以影响加工精度。

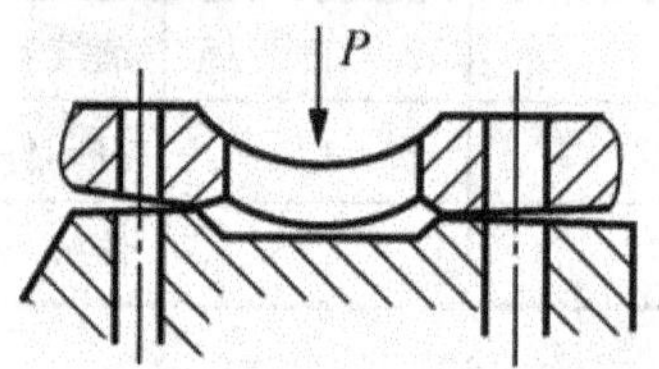

图 3.13　因夹紧力选择不当造成的变形示意图

知识拓展

成 组 技 术

1. 成组技术的基本概念

人们要对纷乱的客观事物进行分类的这一想法是非常自然的。大量信息的存储和排序，通常都使用分类学。在机械制造业中，每年生产的产品有成千上万种。每个零件都具有不同的形状、尺寸和功能。但是，当人们仔细观察时，就会发现相当多的零件之间有相似性。销钉和小轴在外形上可能十分相似，但却具有不同的功能。不同尺寸的圆柱直齿轮需要的制造过程差不多是相同的。由此看来，可以将被制造的零件划分成组，类似于图书馆的图书分类。将零件进行分类归并成组，可以形成更易于管理的数据库。

(1) 成组技术(Group Technology，GT)。复杂而多样的事物或信息中，有许多问题具有相似性，利用把相似问题分组的办法，就能够使复杂问题得到简化，从而找出可以解决这一批问题的同一方法或答案，并节约时间和精力。

成组技术的核心是成组工艺。成组工艺是把尺寸、形状和工艺相近的零件组成一个零件组(族)，制定统一的加工方案，并在同一机床组中制造。其重要作用在于扩大工艺批量，使大批量生产中行之有效的工艺方法和高效自动化生产设备可以应用到中小批生产中去。这对于我国目前单件、中小批生产占绝对优势(约占 80%)的生产状况来说，无疑具有重大的经济价值。

(2) 成组工艺实施步骤。

零件分类编码及分组→拟定零件组工艺过程→选择机床→设计成组夹具→确定生产组织形式及核算经济效果等。

其中零件分类编码及分组是关键，没有正确的编码和分组，成组工艺也就不可能有效地实现。

2. 成组生产的组织形式

成组加工系统的基本形式主要包括：成组单机，成组生产单元和成组生产流水线。

3 种形式是介于机群式和流水线式之间的设备布置形式。机群式适用于传统的单件小批生产，流水线式则适用于传统的大批大量生产。成组生产采用哪一种形式，主要取决于零件成族后，同族零件的批量大小。

(1) 成组单机。成组单机是在机群式布置的基础上发展起来的，把一些工序相同或相似的零件族集中在一台机床上加工，是成组技术的最初形式。它的特点主要是针对从毛坯到成品多数工序可以在同一类型的设备上完成的工件，也可以用于仅完成其中某几道工序的加工。

(2) 成组生产单元。成组生产单元指一组或几组工艺上相似零件的全部工艺过程，由相应的一组机床完成，该组机床即构成车间的一个封闭的生产单元。主要特点是由几种类型的机床组成一个封闭的生产系统，完成一组或几组相似零件的全部工艺过程。它有一定的独立性，并有明确的职责，提高了设备利用率，缩短了生产周期，简化了生产管理，所以为各企业广泛采用。

(3) 成组生产流水线。成组生产流水线是成组技术的较高级组织形式。

3. 成组技术中的零件编码

(1) 零件分类编码的基本原理。分类是一种根据特征属性的有无把事物划分成不同组的过程。编码能用于分类，它是对不同组的事物给予不同的代码。成组技术的编码是对机械零件的各种特征给予不同的代码。这些特征包括：零件的结构形状、各组成表面的类别及配置关系、几何尺寸、零件材料及热处理要求，各种尺寸精度、形状精度、位置精度和表面粗糙度等要求。对这些特征进行抽象化、格式化，就需要用一定的代码(符号)来表述。所用的代码可以是阿拉伯数字、拉丁字母，甚至汉字，以及它们的组合。最方便、最常见的是用数字码。

(2) 零件分类编码系统。

① 编码的要求：不含糊，完整。

② 分类编码系统。将零件的各种有关特征用代码来表示，对代码所代表的意义作出明确的规定和说明，这种规定和说明就称为编码法则，又称编码系统，实际上也就是对零件进行了分类。所以零件编码系统又称分类编码系统。

对零件的分类编码系统的要求：充分、全面、准确地描述零件信息；系统逻辑层次分明，结构合理；容易被计算机理解和处理；尽可能一开始就考虑到与 CAD/CAM 系统的链接和企业其他部门的应用要求；易于为工程技术人员理解，易于编程。

层次式结构(又称单元码)：在单元码中，每一代码的含义都由前一级代码限定。层次式结构的优点是它可以用很少的码位代表大量信息；缺点是编码系统潜在的复杂性，各层次的所有分支都必须定义。因此，层次式代码难以开发。

链式结构(又称多元码)：码位上每一个数字都代表不同的一些信息，而与前面的码位无关。主要缺点是在代码位数相同的条件下，链式代码容量较小，不像层次式那样详细。

混合式结构：它是层次式及链式的混合。大多数现有编码系统都采用混合式结构。

(3) 奥匹兹(Opitz)分类编码系统：采用混合式代码结构，用 9 位十进制阿拉伯数字表示，前 5 位为几何码，表示零件的种类、基本形状、回转面加工、平面加工、辅助孔、轮齿及型面加工。后 4 位为辅助码，分别表示主要尺寸、材料类型、原材料形状、加工精度。

(4) JLBM-1 分类编码系统：采用混合式代码结构，用 15 位十进制阿拉伯数字表示，是我国机械工业部组织制订并批准执行的成组技术编码系统。1～2 两位表示零件种类，称为类别码。3～9 共 7 位表示零件的形状和加工，称为主码。10～15 共 6 位表示材料、毛坯形状、热处理、主要尺寸和加工精度，称为辅助码。

(5) 编码方法。

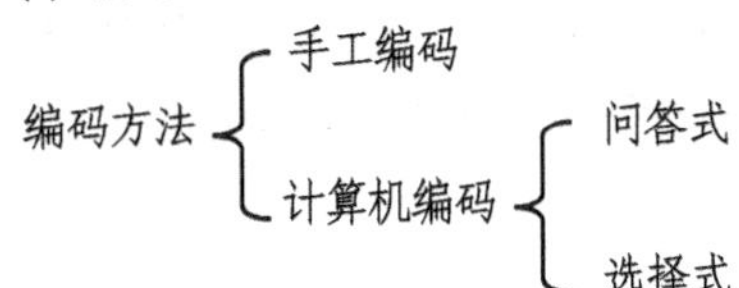

4. 零件组(族)的划分

加工零件根据结构特征和工艺特征的相似性进行分类成组(族)。

分类成组方法：
- 视检法
- 生产流程分析法
- 编码分类法

(1) 视检法：由有经验的工艺师根据零件图样或实际零件及其制造过程，直观地凭经验判断零件的相似性，对零件进行分类成组。

(2) 生产流程分析法：根据零件工艺特征的相似性进行分类成组。

(3) 编码分类法：可分为特征码法和码域法。

5. 成组工艺的编制

编制成组工艺的方法：复合零件法，复合路线法。

(1) 复合零件法：按照零件组中的复合零件来设计工艺规程的方法称为复合零件法，或样件法。复合零件法一般仅适于回转体零件。复合零件又称主样件，它包含一组零件的全部形状要素，有一定的尺寸范围，它可以是加工组中的一个实际零件，也可以是假想零件。以它作为样板零件，设计适用于全组的通用工艺规程。

(2) 复合路线法是从分析加工组中各零件的工艺路线入手，从中选出一个工序最多、加工过程安排合理并有代表性的工艺路线，然后以它为基础，逐个地与同组其他零件的工艺路线比较，并把其他零件特有的工序按照合理的顺序叠加到有代表性的工艺路线上，使之成为一个工序齐全、安排合理，适用于同组内所有零件的复合工艺路线。

对于非回转体类零件，由于其形状不规则，为某一零件组找出它的复合零件常常十分困难，故常采用复合路线法。

项 目 小 结

本项目通过两个典型工作任务，详细介绍了不规则形状的拨叉、支座等叉架类零件机械加工、专用机床及其加工方式等知识。在此基础上，从完成任务角度出发，认真研究和分析在不同的生产批量和生产条件下，工艺系统各个环节间的相互影响，然后根据不同的生产要求及机械加工工艺规程的制定原则与步骤，结合相关表面加工方案，合理制定拨叉、支座等零件的机械加工工艺规程，正确填写工艺文件并实施。在此过程中，使学生懂得安全生产规范，体验岗位需求，培养职业素养与习惯，积累工作经验。

此外，通过学习专用夹具设计、连杆零件机械加工工艺要点、成组技术等知识，可以进一步扩大知识面，提高解决实际生产问题的能力。

思 考 练 习

1．叉架类零件的毛坯常选用哪些材料？其毛坯的选择具有哪些特点？

2．如何合理设计专用夹具？

3．加工叉架类零件时有哪些技术难点？解决这些难点，工艺上一般采取哪些措施？

4．试编制图 3.14 所示的支架零件的机械加工工艺规程，生产类型为大批生产。

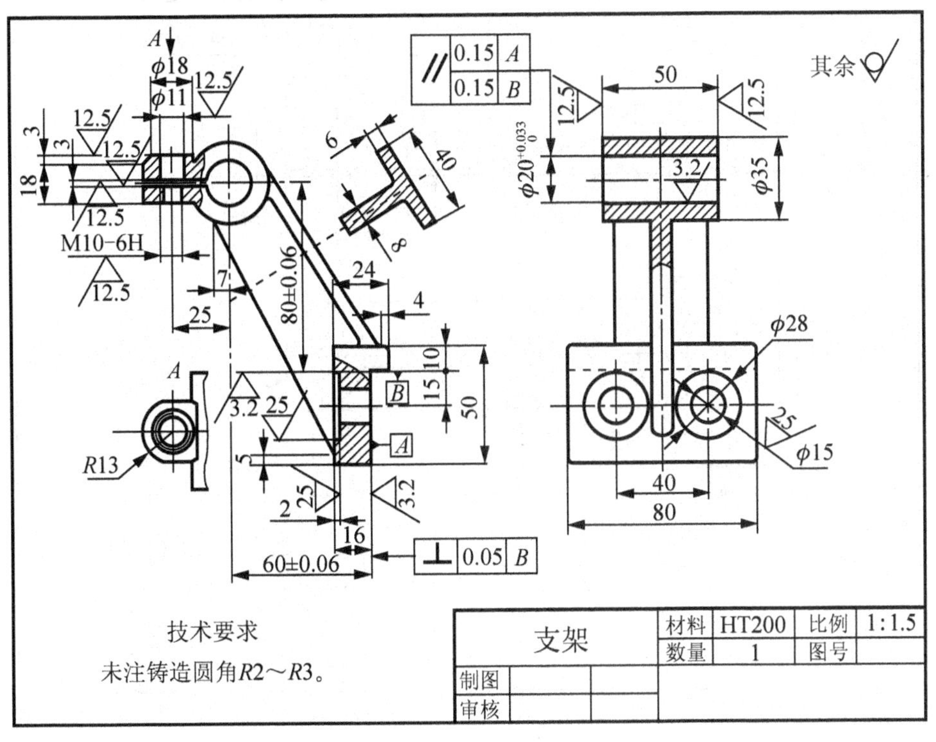

图 3.14　支架零件图

5．试编制图 3.15 所示小连杆零件的机械加工工艺规程。零件材料为 HT200，生产类型为大批生产。

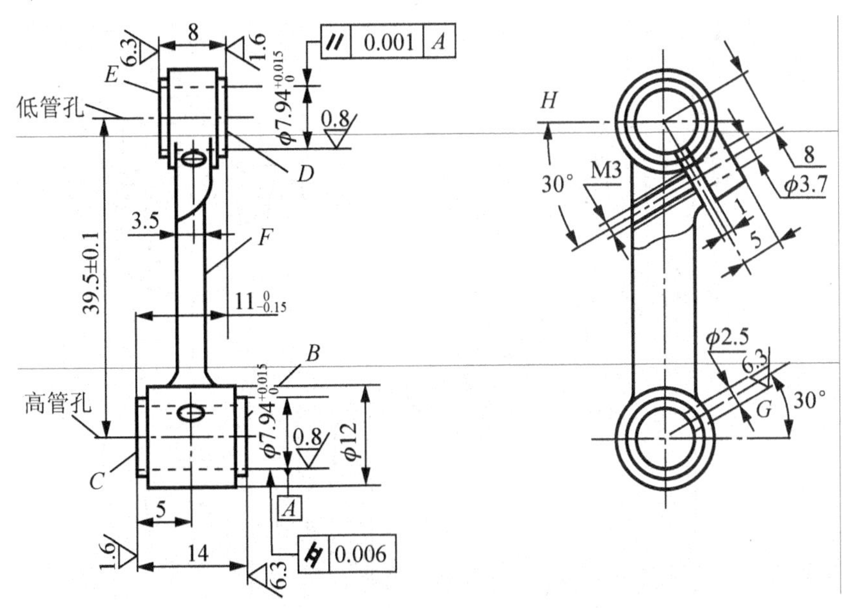

图 3.15　小连杆

6．试编制图 3.16 所示拨叉零件的机械加工工艺规程。零件材料为 HT200，生产类型为大批生产。

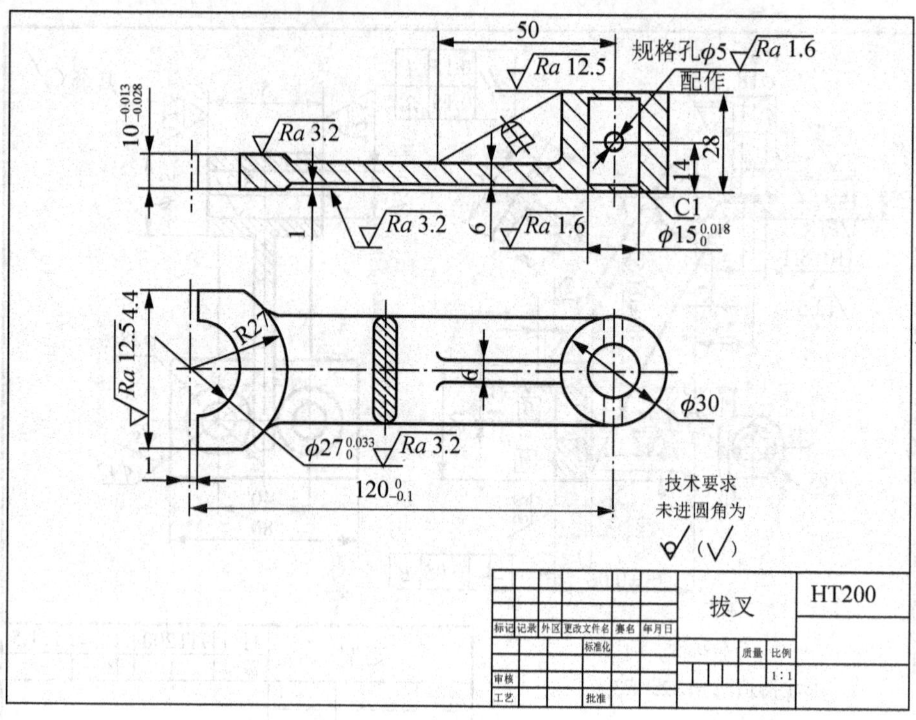

图 3.16　拨叉零件图

7．如图 3.17 所示为某产品上的一个连杆零件。该产品的年产量为 2000 台，设其备用率为 10%，机械加工废品率为 1%，试编制该连杆零件的机械加工工艺规程并设计精镗其大头孔用的镗模(材料：HT200)。

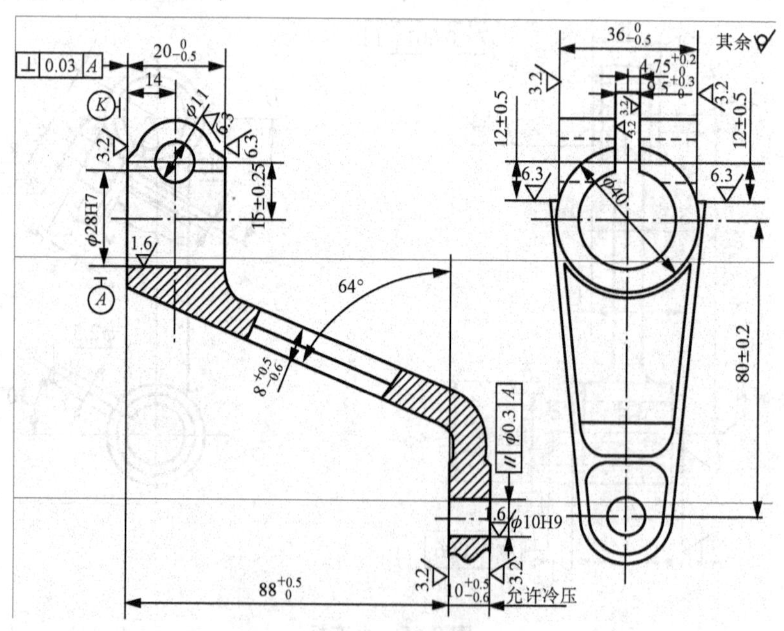

图 3.17　连杆零件图

8．成组工艺设计方法有几种？各适合什么场合？

项目4

减速器机械装配工艺规程编制与实施

教学目标

最终目标	能合理编制机械部件、机器的机械装配工艺规程并实施，装配出合格的部件或产品
促成目标	1. 能正确分析部件、机器的技术和使用要求。 2. 能正确选择装配方法，合理编制部件、机器机械装配工艺规程，正确填写其机械装配工艺文件。 3. 能正确选用装配工具实施装配，对部件或产品进行调试。 4. 能对部件、机器的装配工艺及装配误差进行合理性分析，并提出改进建议。 5. 能考虑部件、机器装配成本，并对装配工艺进行优化设计。 6. 能查阅并贯彻相关国家标准和行业标准。 7. 能注重培养学生的职业素养与习惯。

引言

装配(assembly)是机械制造过程中最后的工艺环节。装配工作对机器质量影响很大。若装配不当，即使所有零件都合格，也不一定能生产出合格的、高质量的机器。反之，若零件制造精度并不高，而在装配中采用适当的工艺方法进行选配、刮研、调整等，也能使机器达到规定的要求。因此，制定合理的装配工艺规程，采用新的装配工艺，提高装配质量和装配劳动生产率，是机械制造工艺的一项重要任务。

任务 4.1　机械装配方法选择

4.1.1　任务引入

任何机器都是由零件、组件和部件等装配而成的。机器的体积大小不同，结构复杂各异，即使同一台机器，生产纲领、工作环境不同，也可能采纳不同的装配方法。而且同一项装配精度，因采用的装配方法不同，其装配尺寸链的解算方法也不相同。所以，在机器的装配过程中，各有哪些装配方法？哪种装配方法才是合理的？其装配精度和装配效率又如何？怎样求解装配尺寸链？这就需要熟知各种保证装配精度的装配方法。

4.1.2　相关知识

一、装配工艺基础

机器的质量是以机器的工作性能、使用效果、可靠性和寿命等综合指标评定的，这些指标除了与产品的设计及零件的制造质量有关外，还取决于机器的装配质量。装配是机器制造生产过程中极重要的最终环节。装配工作对机器的质量影响很大。若装配不当，质量全部合格的零件也不一定能装配出合格的产品；而零件存在某些质量缺陷时，只要在装配中采用合适的工艺方案，也能使产品达到规定的要求。因此，装配质量对保证产品质量具有十分重要的作用。

1. 装配的概念

1) 机器的组成

装配是一个多层次的工作。为了便于组织装配工作，必须将产品分解为若干个可以独立进行装配的装配单元，以便按照单元次序进行装配并有利于缩短装配周期。装配单元通常可划分为 5 个等级。

(1) 零件(part)。零件是组成机器和参加装配不可再分的基本单元。大部分零件都是预先装成合件、组件和部件再进入总装。

(2) 合件(jointing pieces)。合件是比零件大一级的装配单元。下列情况皆属合件。

① 两个以上零件，由不可拆卸的连接方法(如铆、焊、热压装配等)连接在一起。

② 少数零件组合后还需要合并加工，如齿轮减速箱体与箱盖、柴油机连杆与连杆盖，都是组合后镗孔的，零件之间对号入座，不能互换。

③ 以一个基准零件和少数零件组合在一起，例如，图 4.1(a)所示的装配单元属于合件，其中蜗轮为基准零件。

(3) 组件(component)。组件是一个或若干个合件与若干个零件的组合。图 4.1(b)所示的装配单元属于组件，其中蜗轮与齿轮为一个先装好的合件，而后以阶梯轴为基准件，与合件和其他零件组合为组件。

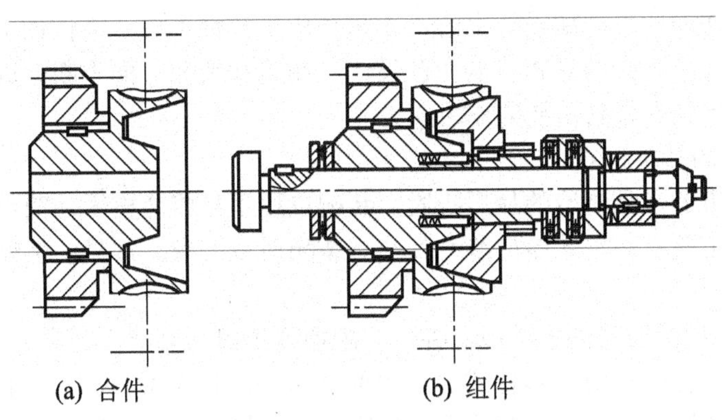

图 4.1　合件与组件举例

(4) 部件(parts)。部件是一个基准件和若干个零件、合件和组件的组合。部件是机器中具有完整功能的一个组成部分。例如，卧式车床的主轴箱、进给箱和溜板箱；汽车中的发动机、底盘和后桥等。

(5) 机器产品(machine)。它是由上述全部装配单元组成的整体。

装配单元系统图表明了各有关装配单元间的从属关系，如图 4.2 所示。

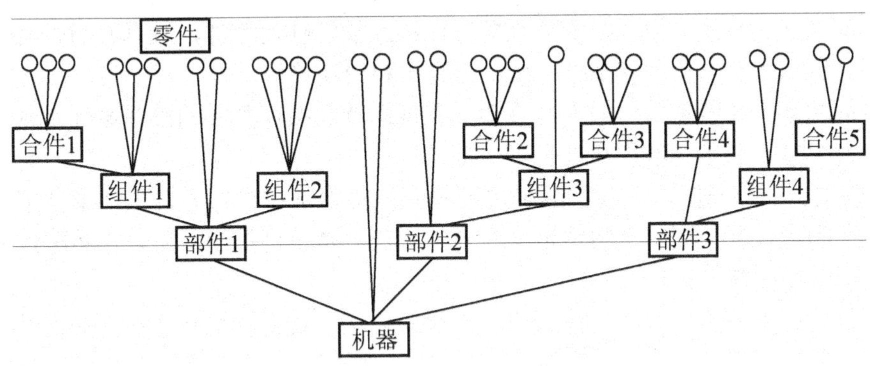

图 4.2　装配单元系统图

2) 装配的定义

任何机器都是由零件、组件和部件组合而成的。根据规定的技术要求，将零件、组件或部件进行配合和连接，使之成为半成品或成品的过程，称为装配。装配有组件装配、部件装配和总装配之分。

(1) 组件装配：将若干零件、合件安装在一个基础零件上而构成组件，简称组装。如减速器中一根传动轴，就是由轴、齿轮、键等零件装配而成的组件。

(2) 部件装配：根据规定的要求，将若干个零件、合件、组件安装在另一个基础零件上而构成部件(独立机构)，简称部装。如车床的主轴箱、进给箱、尾架等。

(3) 总装配：将若干个零件和部件组合成整台机器的过程称为总装配，简称总装。例如，车床就是由几个箱体等部件和若干零件装配而成的。

装配过程使零件、合件、组件和部件间获得一定的相互位置关系，整个装配过程要按次序进行，所以装配过程是一种工艺过程。

装配不仅是最终保证产品质量的重要环节，而且在装配过程中可以发现机器在设计和

制造过程中所存在的问题，如设计上的错误和结构工艺性不好，零件加工过程中存在的质量问题以及装配工艺本身的问题，从而在设计、制造和装配方面不断改进。因此，装配质量对保证产品质量具有极其重要的作用。

3) 装配工作的基本内容

机械装配是机器产品制造的最后阶段，装配过程不是将合格零件简单地连接起来，而是要采取一系列工艺措施，才能最终达到产品装配质量要求。常见的装配工作包含以下一系列的内容。

(1) 清洗。经检验合格的零件或部件，装配前要经过认真清洗。

清洗的目的：去除粘附在零件或部件中的油污和机械杂质(灰尘、切屑等)，并使零、部件具有一定的防锈能力。清洗对轴承、配偶件、密封件、传动件等特别重要。机械装配过程中，零、部件的清洗对保证产品的装配质量和延长产品的使用寿命均有重要的意义。

清洗的方法：擦洗、浸洗、喷洗和超声波清洗等。

清洗的工艺要点：清洗液(煤油、汽油、碱液及各种化学清洗液)及其工艺参数(温度、时间、压力等)。

(2) 连接。连接就是将两个或两个以上的零件结合在一起，这是装配的主要工作。连接的方式一般有两种：可拆卸连接和不可拆卸连接。

可拆卸连接在装配后可以很容易地拆卸而不致损坏任何零件，且拆卸后仍可重新装配在一起。常见的可拆卸连接有螺纹连接、键连接和销连接等。

不可拆卸连接在装配后一般不再拆卸，若拆卸就会损坏其中的某些零件。常见的不可拆卸连接有焊接、粘接、铆接和过盈配合等。

(3) 校正、调整与配作。在机器装配过程中，特别是在单件小批生产条件下，完全靠零件互换装配以保证装配精度往往是不经济的，甚至是不可能的，所以在装配过程中常需做校正、调整与配作工作。

校正是指产品中相关零、部件间相互位置的找正、找直、找平及相应的调整工作，保证达到装配精度要求等，如床身导轨扭曲的校正，卧式车床主轴中心与尾座套筒中心等高的校正等。常用的校正方法有：平尺校正、角尺校正、水平仪校正、拉钢丝校正、光学校正和激光校正等。

调整是指相关零、部件间相互位置的调节工作，如轴承间隙、导轨副间隙的调整等。

配作是指几个零件装配后确定其相互位置的加工，如配钻、配铰、配刮和配磨等，这是装配中间附加的一些钳工和机械加工工作。配作是和校正、调整工作结合进行的，只有经过认真的校正、调整之后，才能进行配作。

(4) 平衡。对转速较高、运动平稳性要求较高的机器，如精密磨床、电动机和高速内燃机等，为了防止运转中发生振动，应对其旋转零、部件(有时包括整机)进行平衡。平衡的方法有静平衡和动平衡两种。对于直径较大、长度较小的零件如飞轮、带轮等，一般采用静平衡法，以消除质量分布不均所造成的静力不平衡；对于长度较大的零件如机床主轴、电动机转子等，需采用动平衡法，以消除质量分布不均所造成的力偶不平衡。

旋转体的不平衡可用以下方法校正。

① 用补焊、铆接、粘接或螺纹连接等方法在超重处对面加配质量。

② 用钻、锉和磨削等方法在超重处去除质量。

③ 在预置的平衡槽内改变平衡块的位置和数量(砂轮静平衡常用此法)。

(5) 试验和验收。机器产品装配完成后，应根据有关技术标准和规定，对产品进行较全面的试验与验收，合格后才准出厂。如发动机需进行特性试验、寿命试验，机床需进行温升试验、振动和噪声试验等。又如机床出厂前需进行相互位置精度和相对运动精度的验收等。

除上述装配工作外，油漆、包装等也属于装配工作。

2. 机器产品的装配精度(assembly accuracy)

机器产品是由若干零件按确定的相互位置关系装配而成的。

机器产品的质量除了受结构设计和正确性、零件结构质量的影响外，主要是由设计时确定的产品零部件之间的位置精度和装配精度等来保证的。装配精度不仅影响机器或部件的工作性能，而且影响它们的使用寿命。

(1) 装配精度及其内容。装配精度是指产品装配后实际达到的精度，是装配工艺的质量指标。装配精度应根据产品的工作性能和要求来确定。正确规定产品的装配精度是产品设计的重要环节之一。它不仅关系到产品的质量，也影响到产品的经济性。同时，它是装配工艺过程设计的主要依据，也是合理确定零件的尺寸公差和技术条件的主要依据。为了使机器具有正常的工作性能，必须保证其装配精度。机器的装配精度通常包括以下内容。

① 尺寸精度：指零、部件的距离精度和配合精度。例如卧式车床前、后两顶尖对床身导轨的等高度。

② 相互位置精度：指相关运动零、部件的平行度、垂直度和同轴度等方面的要求。例如，台式钻床主轴对工作台台面的垂直度。

③ 相对运动精度：指产品中有相对运动的零、部件间在运动方向、运动轨迹和相对运动速度上的精度。运动方向精度表现为运动零部件之间相对运动的平行度和垂直度；运动轨迹精度表现为回转精度和移动精度等；运动速度精度即传动精度，如滚齿机滚刀与工作台的传动精度。

④ 接触精度：包括配合表面之间的配合质量和接触质量。配合质量是指零部件配合表面之间性质和精度与规定的配合性质和精度的符合程度；接触质量是指两配合表面、接触表面和连接表面间达到规定的接触面积大小和接触点分布情况，如齿轮啮合、锥体配合以及导轨之间的接触精度。

为保证产品的可靠性和精度稳定性，装配精度应稍高于标准。通用产品有国家标准、部颁标准或行业标准；无标准时根据用户使用要求，采用类比法确定。

(2) 装配精度与零件精度的关系。机器及其部件都是由许多零件组成的，装配精度与相关零、部件制造误差的累积有关，特别是关键零件的加工精度。如卧式车床尾座移动对床鞍移动的平行度，就主要取决于床身导轨 A 与 B 的平行度，如图 4.3 所示。又如车床主轴锥孔轴心线和尾座套筒锥孔轴心线的等高度(A_0)，即主要取决于主轴箱、尾座及座板的 A_1、A_2 及 A_3 的尺寸精度，如图 4.4 所示。

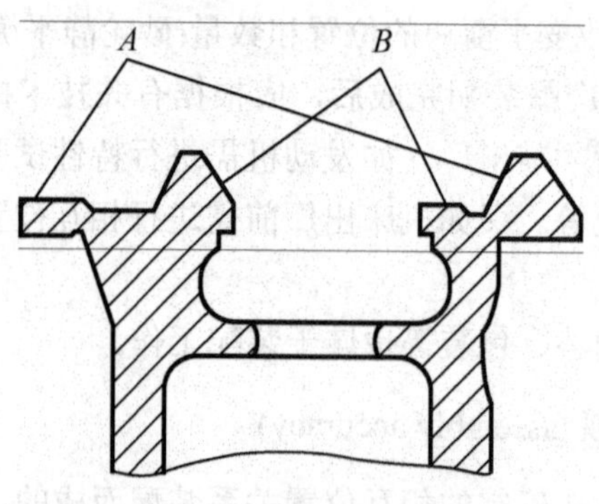

图 4.3　床身导轨

A—床鞍移动导轨；B—尾座移动导轨

另外，装配精度又取决于装配方法，在单件小批生产及装配精度要求较高时，装配方法尤为重要。如图 4.4 中所示的等高度要求是很高的，如果靠提高尺寸 A_1、A_2 及 A_3 的尺寸精度来保证是不经济的，甚至在技术上也是很困难的。比较合理的办法是在装配中通过检测，对某个零部件进行适当的修配来保证装配精度。

总之，机器的装配精度不但取决于零件的精度，而且取决于装配方法。

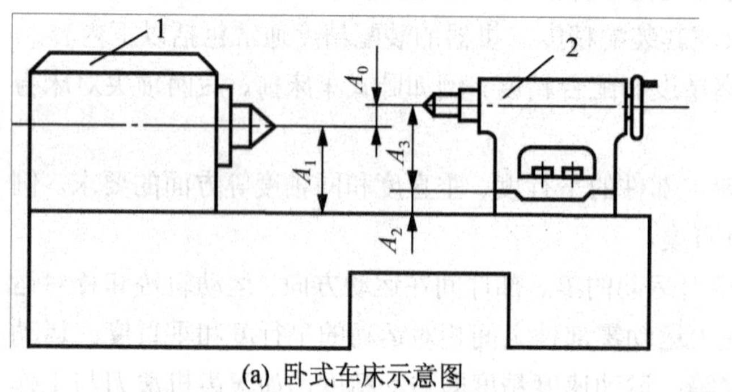

(a) 卧式车床示意图

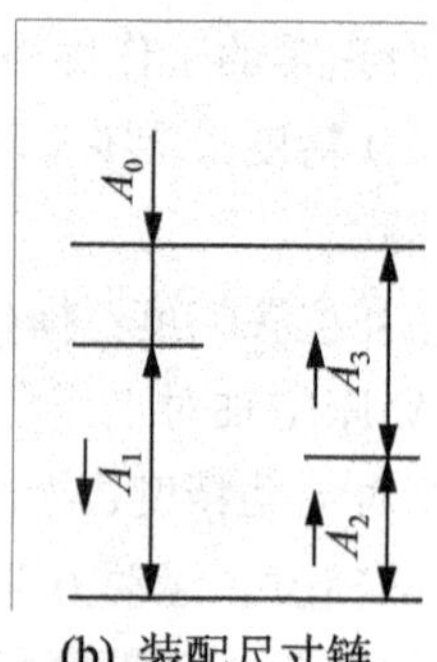

(b) 装配尺寸链

图 4.4　主轴箱主轴中心与尾座套筒中心等高示意图

1—主轴箱；2—尾座

3. 装配尺寸链(assembly dimension-chain)

1) 装配尺寸链的概念及其特征

产品或部件在装配过程中，由相关零件的有关尺寸(表面或轴线间距离)或相互位置关系(平行度、垂直度或同轴度等)所组成的一个封闭的尺寸系统，称为装配尺寸链。

其基本特征是具有封闭性，即由一个封闭环和若干个组成环所构成的尺寸链呈封闭图形，如图 4.4(b)所示。其封闭环不是零件或部件上的尺寸，而是不同零件或部件的表面或轴线间的相对位置尺寸，它不能独立地变化，而是在装配过程的最后形成，即为装配精度，如图 4.4 中的 A_0。其各组成环不是在同一个零件上的尺寸，而是与装配精度有关的各零件上的有关尺寸，如图 4.4 中的 A_1、A_2 及 A_3。装配尺寸链各环的定义及特征同工艺尺寸链中所述。根据组成环对封闭环的影响不同，组成环也可分为增环和减环。显然，图 4.4 中 A_2 和 A_3 是增环，A_1 是减环。

2) 装配尺寸链的分类

按照各环的几何特征和所处的空间位置，装配尺寸链大致可分为以下 4 类。

(1) 直线尺寸链(线性尺寸链)：由长度尺寸组成，各环尺寸相互平行并且处于同一平面内的装配尺寸链。直线尺寸链所涉及的一般为距离尺寸的精度问题，如图 4.4(b)所示。

(2) 角度尺寸链：由角度、平行度、垂直度等组成的装配尺寸链，所涉及的一般为相互位置的角度问题。角度尺寸链常用于分析和计算机械结构中有关零件要素的位置精度，如平面度、垂直度和同轴度等。

(3) 平面尺寸链：由成角度关系布置的长度尺寸及相应的角度尺寸(或角度关系)构成，且各环处于同一平面或彼此平行平面内的装配尺寸链，一般在装配中可以见到。

(4) 空间尺寸链：是指全部组成环位于几个不平行的平面内的尺寸链，一般在装配中较为少见。

装配尺寸链中常见的是直线尺寸链。平面尺寸链和空间尺寸链可以用坐标投影法转换为直线尺寸链。本项目重点讨论直线尺寸链。

3) 装配尺寸链的建立

装配尺寸链是机器装配过程中影响装配精度因素的本质表述。正确地建立装配尺寸链是解决装配精度问题的基础。应用装配尺寸链(直线尺寸链)分析和解决装配精度问题，首先是查明和建立尺寸链，即确定封闭环，并以封闭环为依据查明各组成环，然后确定保证装配精度的工艺方法和进行必要的计算。查明和建立装配尺寸链的步骤如下。

(1) 确定封闭环。在装配过程中，要求保证的装配精度就是封闭环。

(2) 查明组成环，画装配尺寸链图。组成环是对装配精度有直接影响的有关零部件的有关尺寸。因此，查找组成环时，一般从封闭环任意一端开始，沿着装配精度要求的位置方向，将与装配精度有关的各零件尺寸依次首尾相连，直到与封闭环另一端相接为止，形成一个封闭形的尺寸图，图上的各个尺寸即是组成环。

(3) 判别组成环的性质。画出装配尺寸链图后，按工艺尺寸链中所述的定义判别组成环的性质，即增环、减环。在建立装配尺寸链时，除满足封闭性、相关性原则外，还应符合下列要求。

① 组成环数最少原则。在装配精度要求一定的条件下，组成环数目越少，分配到各组成环的公差就越大，零件的加工就越容易、越经济。从工艺角度出发，在结构已经确定的情况下，标注零件尺寸时，应使一个零件仅有一个尺寸进入尺寸链，即组成环数目等于有关零件数目——一件一环。如图 4.5(a)所示，轴只有 A_1 一个尺寸进入尺寸链，是正确的。图 4.5(b)所示的标注法中，轴有 a、b 两个尺寸进入尺寸链，是不正确的。

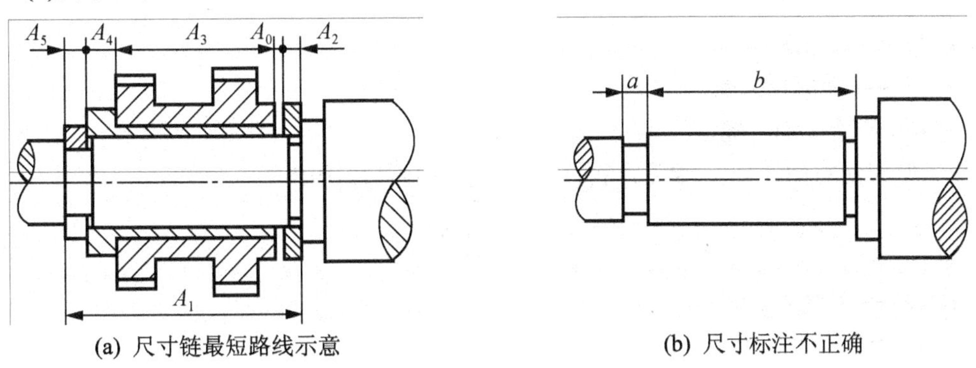

(a) 尺寸链最短路线示意　　(b) 尺寸标注不正确

图 4.5　组成环尺寸的标注

② 按封闭环的不同位置和方向，分别建立装配尺寸链。例如常见的蜗杆副结构，为保证正常啮合，蜗杆副两轴线的距离(啮合间隙)及蜗杆轴线与蜗轮中间平面的对称度均有一定要求，这是两个不同位置方向的装配精度，因此需要在两个不同方向分别建立装配尺寸链。

4) 装配尺寸链的计算

(1) 计算类型。

① 正计算法。已知组成环的公称尺寸及偏差，代入公式，求出封闭环的公称尺寸及偏差，该方法计算比较简单，不再赘述。

② 反计算法。已知封闭环的公称尺寸及偏差，求各组成环的公称尺寸及偏差。下面介绍利用“协调环”解算装配尺寸链的基本步骤。

在组成环中，选择一个比较容易加工或在加工中受到限制较少的组成环作为“协调环”，其计算过程是先按经济精度确定其他环的公差及偏差，然后利用公式算出“协调环”的公差及偏差。具体步骤见应用实例4-1。

③ 中间计算法。已知封闭环及组成环的公称尺寸及偏差，求另一组成环的公称尺寸及偏差，计算也较简便，不再赘述。

无论哪一种情况，其解算方法都有两种：极限法和概率法。

(2) 计算方法。

① 极限法。用极限法解算装配尺寸链的公式与本教材上册项目2中计算工艺尺寸链的式(2-12)～式(2-18)相同，可参考。

② 概率法。极限法的优点是简单可靠，其缺点是从极端情况下出发推导计算公式，比较保守。当封闭环的公差较小，而组成环的数目又较多时，则各组成环分得的公差是很小的，这将使加工困难，制造成本增加。生产实践证明，加工一批零件时，其实际尺寸处于公差中间部分的是多数，而处于极限尺寸的零件是极少数的，而且一批零件在装配中，尤其是对于多环尺寸链的装配，同一部件的各组成环恰好都处于极限尺寸的情况更是少见。因此，在成批、大量生产中，当装配精度要求高，而且组成环的数目又较多时，应用概率法解算装配尺寸链比较合理。

概率法和极限法所用的计算公式的区别只在封闭环公差的计算上，其他完全相同。

a．极限法的封闭环公差：

$$T_0 = \sum_{i=1}^{m} T_i \tag{4-1}$$

式中：T_0——封闭环公差；

T_i——组成环公差；

m——组成环个数。

b．概率法封闭环公差[参见本教材上册项目2中式(2-19)]：

$$T_0 = \sqrt{\sum_{i=1}^{m} T_i^2} \tag{4-2}$$

式中：T_0——封闭环公差；

T_i——组成环公差；

m——组成环个数。

4.1.3　任务实施

对不同的生产条件，采取适当的装配方法，在不过高地提高相关零件制造精度的情况下来保证装配精度，是装配工艺的首要任务。

保证产品装配精度要求的中心问题是：①选择合理的装配方法；②建立并解算装配尺寸链，以确保各组成环的基本尺寸及偏差，或在各组成环尺寸和公差既定的情况下，验算装配精度是否合乎要求。装配尺寸链的建立和解算与所用的装配方法密切相关，装配方法不同，解算尺寸链的方法及结果也不同。零件的加工精度是保证产品装配精度的基础，但装配精度并不完全取决于零件的加工精度，还取决于所采用的装配方法。

在长期的装配实践中，人们根据不同的机械、不同的生产类型条件，创造了许多具体的装配工艺方法，归纳起来有互换装配法、选择装配法、修配装配法和调整装配法 4 大类。现分述如下。

1. 互换装配法(interchangeable assembly method)

互换装配法就是在装配时各配合零件不需作任何修理、选择或调整即可达到装配精度的方法。互换装配法的实质是通过控制零件的加工误差来保证产品的装配精度。

根据零件的互换程度不同，互换装配法可分为完全互换装配法和不完全互换装配法两种。

1) 完全互换装配法

在全部产品中，装配时各组成环不需挑选或不需改变其大小或位置，装配后即能达到装配精度要求的装配方法，称为完全互换法。

这种方法的实质是在满足各环经济精度的前提下，依靠控制零件的制造精度来保证装配精度。

在一般情况下，完全互换装配法的装配尺寸链按极限法计算，即各组成环的公差之和小于或等于封闭环的公差。

(1) 完全互换装配法的优点如下。

① 装配质量稳定可靠(装配质量是靠零件的加工精度来保证)。

② 装配过程简单，生产率高(零件不需挑选，不需修磨)。

③ 对工人技术水平要求不高。

④ 便于组织流水作业和实现自动化装配。

⑤ 容易实现零部件的专业协作、成本低。

⑥ 便于备件供应及机械维修工作。

由于具有上述优点，所以，只要组成环分得的公差满足经济精度要求，无论何种生产类型都应优先采用完全互换装配法进行装配。

(2) 应用：完全互换装配法适用于成批、大量生产中装配那些组成环数较少或组成环数虽多但装配精度要求不高的机器结构。

(3) 完全互换法装配时零件公差的确定。

① 确定封闭环。封闭环是产品装配后的精度，其要满足产品的装配精度或技术要求。封闭环的公差 T_0 由产品的装配精度确定。

② 查明全部组成环，画装配尺寸链图。根据装配尺寸链的建立方法，从封闭环的一端出发，按顺序逐步查找全部组成环，然后画出装配尺寸链图。

③ 校核各环的公称尺寸。各环的公称尺寸必须满足下式要求。

$$A_0=\sum \vec{A}_i-\sum \overleftarrow{A}_j \tag{4-3}$$

即封闭环的公称尺寸等于所有增环的公称尺寸之和减去所有减环的公称尺寸之和。

④ 决定各组成环的公差。各组成环的公差必须满足下式的要求。

$$T_0 \geqslant \sum_{i=1}^{m} T_i \tag{4-4}$$

即各组成环的公差之和不允许大于封闭环的公差。故采用这种装配方法时，保证装配质量的核心问题是组成环公差分配的合理性。

⑤ 各组成环的平均公差 T_P 可按下式确定。

$$T_P=\frac{T_0}{m} \tag{4-5}$$

式中：m——组成环数。

各组成环公差的分配应考虑以下因素。

a．难于加工或测量的组成环，其公差值可取大些；反之，其公差值可取小些。例如，孔、轴配合 H7/h6；尺寸大的零件比尺寸小的零件难加工，大尺寸零件的公差取大一些。

b．尺寸相近、加工方法相同的组成环，其公差值相等。

c．组成环是标准件尺寸(如轴承环、弹性挡圈等)，其公差值是确定值，可在相关标准中查询。

⑥ 决定各组成环的极限偏差。

a．先选定一组成环作为协调环，协调环一般选择易于加工和测量的零件尺寸。

b．包容尺寸(如孔)按基孔制确定其极限偏差，即下极限偏差为 0。

c．被包容尺寸(如轴)按基轴制确定其极限偏差，即上极限偏差为 0。

⑦ 协调环的极限偏差的确定。根据中间偏差的计算公式

$$\Delta_0=\sum \Delta_i-\sum \Delta_j \tag{4-6}$$

式中：　　Δ_0——为封闭环的中间偏差，$\Delta_0=(ES_0+EI_0)/2$；

$\sum \Delta_i$，$\sum \Delta_j$——分别为所有增环的中间偏差之和、所有减环的中间偏差之和。

求出协调环的中间偏差Δ，再由协调环的公差 T 求出上、下极限偏差。

协调环的上极限偏差为

$$ES=\Delta+\frac{T}{2} \tag{4-7}$$

协调环的下极限偏差为

$$EI=\Delta-\frac{T}{2} \tag{4-8}$$

应用实例 4-1

图 4.6 所示的齿轮箱部件，装配后要求轴向窜动量为 0.2～0.7mm，即 $A_0=0^{+0.7}_{+0.2}$mm。已知其他零件的有关公称尺寸 A_1=122mm，A_2=28mm，A_3=5mm，A_4=140mm，A_5=5mm，试确定各组成环的公差和极限偏差。

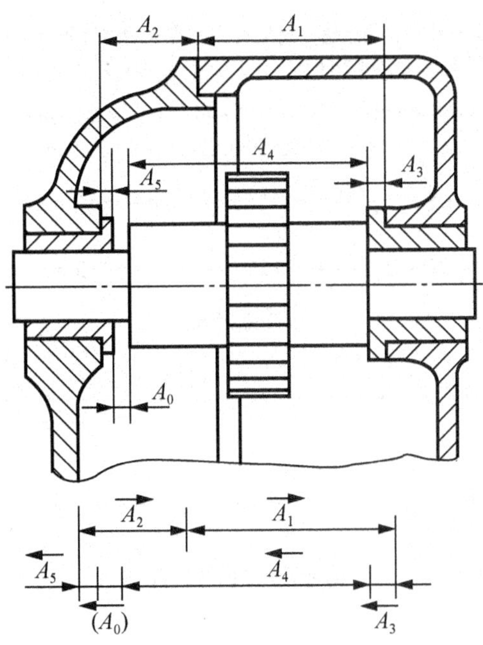

图 4.6　轴的装配尺寸链

解:

(1) 画出装配尺寸链，如图 4.6 所示，校验各环公称尺寸。封闭环为 A_0，封闭环公称尺寸：$A_0=\sum\vec{A_i}-\sum\overleftarrow{A_j}=(A_1+A_2)-(A_3+A_4+A_5)=(122+28)\text{mm}-(5+140+5)\text{mm}=0$

可见各组成环公称尺寸的给定数值正确。

(2) 确定各组成环的公差大小和分布位置。为了满足封闭环公差 T_0=0.5mm 的要求，各组成环公差 T_i 的累积公差值 $\sum_{i-1}^{m}T_i$ 不得超过 0.5mm，即

$$\sum_{i=1}^{m}T_i=T_1+T_2+T_3+T_4+T_5\leqslant T_0=0.5\text{mm}$$

在最终确定各 T_i 值之前，可先按等公差计算分配到各组成环的平均公差值

$$T_{\text{P}}=\frac{T_0}{m}=\frac{0.5}{5}\text{mm}=0.1\text{mm}$$

由此值可知，零件的制造精度不算太高，是可以加工的，故用完全互换法是可行的。但还应从加工难易和设计要求等方面考虑，调整各组成环公差。如 A_1、A_2 加工难些，公差应略大，A_3、A_5 加工方便，则公差规定可较严。故令

$$T_1=0.2\text{mm},\quad T_2=0.1\text{mm},\quad T_3=T_5=0.05\text{mm}$$

再按“入体原则”分配公差，如:

$$A_1=122_{0}^{+0.2}\text{mm},\quad A_2=28_{0}^{+0.1}\text{mm},\quad A_3=A_5=5_{-0.05}^{0}\text{mm}$$

得中间偏差:

$$\Delta_1=0.1\text{mm},\quad \Delta_2=0.05\text{mm},\quad \Delta_3=\Delta_5=-0.025\text{mm},\quad \Delta_0=0.45\text{mm}$$

(3) 确定协调环公差的分布位置。由于 A_4 是特意留下的一个组成环，它的公差大小应在上面分配封闭环公差时，经济合理地统一决定下来。即

$$T_4=T_0-T_1-T_2-T_3-T_5=(0.50-0.20-0.10-0.05-0.05)\text{mm}=0.10\text{mm}$$

但 T_4 的上、下极限偏差须满足装配技术条件，因而应通过计算获得，故称其为“协调环”。由于计算结果通

常难以满足标准零件及标准量规的尺寸和偏差值，所以有尺寸要求的零件不能选作协调环。

协调环 A_4 的上、下极限偏差可参阅图 4.7 计算。代入 $\Delta_0=\sum\Delta_i-\sum\Delta_j$，得

$$0.45\text{mm}=[0.1+0.05-(-0.025-0.025+\Delta_4)]\text{mm}$$

$$\Delta_4=(0.1+0.05+0.05-0.45)\text{mm}=-0.25\text{mm}$$

$$ES_4=\Delta_4+\frac{T_4}{2}=(-0.25+\frac{0.1}{2})\text{mm}=-0.2\text{mm}$$

$$EI_4=\Delta_4-\frac{T_4}{2}=(-0.25-\frac{0.1}{2})\text{mm}=-0.3\text{mm}$$

$$A_4=140_{-0.3}^{-0.2}\text{mm}$$

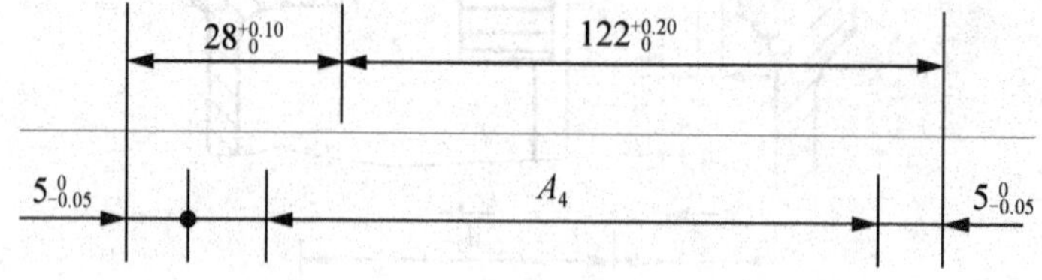

图 4.7　协调环计算

(4) 进行验算。

$$T_0=T_1+T_2+T_3+T_4+T_5=(0.20+0.10+0.05+0.10+0.05)\text{mm}=0.50\text{mm}$$

可见，上述计算符合装配精度要求。

2) 不完全互换装配法(统计互换装配法)

如果装配精度要求较高，尤其是组成环的数目较多时，若应用极限法确定组成环的公差，则组成环的公差将会很小，这样就很难满足零件的经济精度要求。因此，在大批大量生产的条件下，就可以考虑不完全互换装配法，即用概率法解算装配尺寸链。

不完全互换装配法与完全装配法相比，其优点是零件的制造公差可以适当放大，从而使零件加工容易、成本低；装配过程简单，生产效率高，也能达到互换性装配的目的。其缺点是将会有一部分产品的装配精度超差。这就需要采取返修措施或进行经济论证。

现仍以图 4.6 为例进行计算，比较一下各组成环的公差大小。

(1) 画出装配尺寸链，校核各环公称尺寸。A_1、A_2 为增环，A_3、A_4、A_5 为减环，封闭环为 A_0，封闭环的公称尺寸为

$$A_0=\sum\vec{A}_i-\sum\overleftarrow{A}_j=(A_1+A_2)-(A_3+A_4+A_5)=[(122+28)-(5+140+5)]\text{mm}=0$$

(2) 确定各组成环尺寸的公差大小和分布位置。由于用概率法解算，所以，$T_0=\sqrt{\sum_{i=1}^{m}T_i^2}$。在最终确定各 T_i 值之前，也按等公差计算各组成环的平均公差值[参见本教材上册项目 2 中式(2-21)]：

$$T_P=\frac{T_0}{\sqrt{m}}=\frac{0.5}{\sqrt{5}}\text{mm}\approx0.22\text{mm}$$

按加工难易的程度，参照上值调整各组成环公差值如下。

$$T_1=0.4\text{mm}，\ T_2=0.2\text{mm}，\ T_3=T_5=0.08\text{mm}$$

按“入体原则”分配公差，取 $A_1=122_{0}^{+0.4}$ mm，$A_2=28_{0}^{+0.2}$ mm，$A_3=A_5=5_{-0.08}^{0}$ mm

得中间偏差：

$$\Delta_1=0.2\text{mm}，\Delta_2=0.10\text{mm}，\Delta_3=\Delta_5=-0.04\text{mm}，\Delta_0=0.45\text{mm}$$

为满足 $T_0=\sqrt{\sum_{i=1}^{m}T_i^2}$ 要求，应从协调环公差进行计算：

$$0.5\text{mm}=\sqrt{0.4^2+0.2^2+0.08^2+0.08^2+T_4^{\ 2}}\text{mm}$$

$$T_4\approx 0.193\text{mm}$$

(3) 确定协调环公差的分布位置。

A_4 的上、下极限偏差须满足装配技术条件，因而应通过计算获得，故称其为“协调环”。一般应选用最易加工的尺寸作为协调环，其公差大小应按封闭环公差的大小经济合理地加以确定。

协调环 A_4 的上、下极限偏差的计算。代入 $\Delta_0=\sum\Delta_i-\sum\Delta_j$，即

$$0.45\text{mm}=[0.2+0.1-(-0.04-0.04+\Delta_4]\text{mm}$$

得：

$$\Delta_4=(0.2+0.1+0.08-0.45)\text{mm}=-0.07\text{mm}$$

$$ES_4=\Delta_4+\frac{T_4}{2}=(-0.07+\frac{0.193}{2})\text{mm}=+0.0265\text{mm}$$

$$EI_4=\Delta_4-\frac{T_4}{2}=(-0.07-\frac{0.193}{2})\text{mm}=-0.1665\text{mm}$$

$$A_4=140^{+0.0265}_{-0.1665}\text{ mm}$$

可见，用概率法计算，各组成环公差值相比极限法变大，因而加工较易实现。

不完全互换装配方法适用于在大批大量生产中，装配那些装配精度要求较高且组成环数又多的机器结构。

总之，互换装配法的优点是装配工作简单、生产率高，维修方便，有利于流水线生产。因此，在条件可能时，应优先采用互换法。

2. 选择装配法(selective assembly method)

在成批或大量生产的条件下，对于组成环不多而装配精度要求却很高的尺寸链，若采用完全互换法，则零件的公差将过严，甚至超过加工工艺的现实可能性，导致加工很困难或很不经济。在这种情况下可采用选择装配法。该方法是将组成环的公差放大到经济可行的程度，然后选择合适的零件进行装配，以保证规定的装配精度要求。

选择装配法有 3 种：直接选配法、分组装配法和复合选配法。

1) 直接选配法

由装配工人从许多待装配的零件中，凭经验挑选合适的零件通过试凑进行装配，以保证装配精度的方法，称为直接选配法。其特点如下。

(1) 简单，零件不必先分组，装配精度较高。

(2) 装配时凭经验和判断性测量进行，挑选零件的时间长，装配时间不易准确控制，不适用于节拍要求较严的大批大量生产。

(3) 装配质量在很大程度上取决于工人的技术水平。

2) 分组装配法

在成批或大量生产中，将产品各配合副的零件按实测尺寸分组，装配时按对应组进行

互换装配以达到装配精度的方法，称为分组选配法。

分组装配法在机床装配中用得很少，但在内燃机、轴承等大批大量生产中有一定应用。例如，图 4.8(a)所示活塞与活塞销的连接情况，根据装配技术要求，活塞销孔与活塞销外径在冷态装配时应有 0.0025～0.0075mm 的过盈量，与此相应的配合公差仅为 0.005mm。若活塞与活塞销采用完全互换法装配，且销孔与活塞销直径公差按“等公差”分配，则它们的公差只有 0.002 5mm。配合采用基轴制原则，则活塞销外径尺寸 $d=\phi28_{-0.0025}^{\ 0}$ mm，销孔 $D=\phi28_{-0.0075}^{-0.005}$ mm。显然，制造这样精确的活塞销和活塞销孔是很困难的，也是不经济的。生产中采用的办法是先将上述公差值都增大 4 倍($d=\phi28_{-0.01}^{\ 0}$ mm，$D=\phi28_{-0.015}^{-0.005}$ mm)，这样即可采用高效率的无心磨和金刚镗去分别加工活塞外圆和活塞销孔，然后用精度量仪进行测量，并按尺寸大小分成 4 组，涂上不同的颜色，以便进行分组装配。具体分组情况见表 4-1。从该表可以看出，各组的公差和配合性质与原来要求相同。

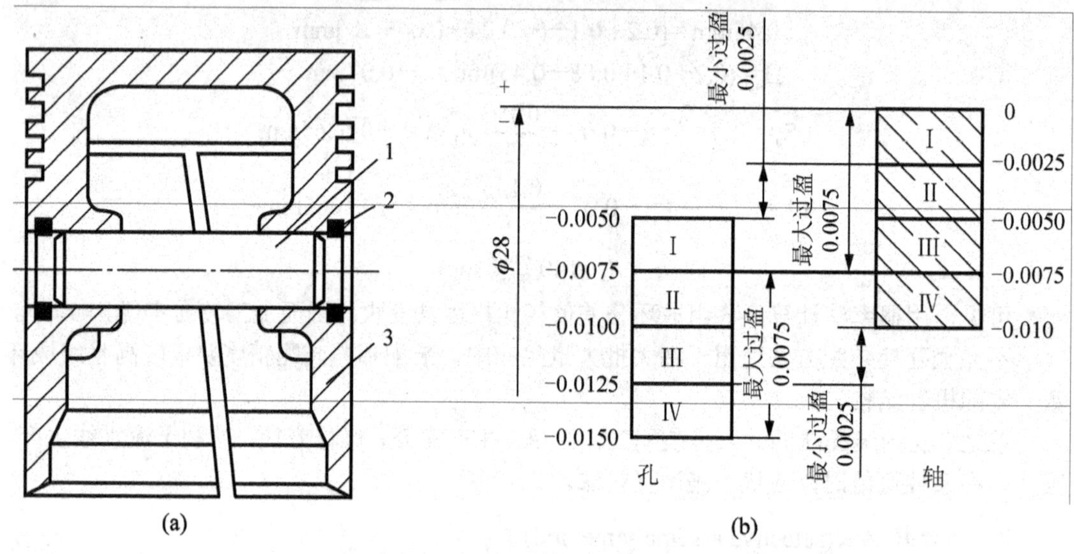

图 4.8 活塞与活塞销连接

1—活塞销；2—挡圈；3—活塞

表 4-1 活塞销与活塞销孔直径分组

(单位：mm)

组别	标志颜色	活塞销直径 d $d=\phi28_{-0.01}^{\ 0}$	活塞销孔直径 D $D=\phi28_{-0.015}^{-0.005}$	配合情况	
				最小过盈	最大过盈
I	红	$d=\phi28_{-0.0025}^{\ 0}$	$D=\phi28_{-0.0075}^{-0.005}$	0.0025	0.0075
II	白	$d=\phi28_{-0.005}^{-0.0025}$	$D=\phi28_{-0.010}^{-0.0075}$		
III	黄	$d=\phi28_{-0.0075}^{-0.005}$	$D=\phi28_{-0.0125}^{-0.010}$		
IV	绿	$d=\phi28_{-0.01}^{-0.0075}$	$D=\phi28_{-0.015}^{-0.0125}$		

采用分组互换装配时应注意以下几点。

(1) 为了保证分组后各对应组的配合精度和配合性质符合原设计要求，配合件的公差

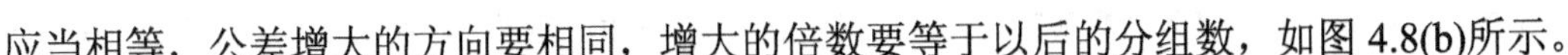

应当相等，公差增大的方向要相同，增大的倍数要等于以后的分组数，如图 4.8(b)所示。

(2) 分组数不宜多，多了会增加零件的测量和分组工作量，并使零件的储存、运输及装配等工作复杂化。

(3) 分组后各组内相配合零件的数量要相符，形成配套。否则会出现某些尺寸零件的积压浪费现象。

分组装配法适用于在大批大量生产中装配那些组成环数少而装配精度又要求特别高的机器结构中。例如滚动轴承的装配等。

3) 复合选配法

复合选配法是直接选配与分组装配的综合装配法。即预先测量分组，装配时再在各对应组内凭工人经验直接选配。这一方法的特点是配合件公差可以不等，装配质量高，且速度较快，能满足一定的节拍要求。发动机装配、气缸与活塞的装配中多采用这种方法。

3. 修配装配法(replacement assembly method)

在单件生产和成批生产中，对那些要求很高的多环尺寸链，各组成环先按经济精度加工，由此而产生的累积误差用修配某一组成环来解决，从而保证其装配精度。这种在装配时修去指定零件上预留修配量以达到装配精度的方法，称为修配装配法。

由于修配法的尺寸链中各组成环的尺寸均按经济精度加工，装配时封闭环的误差会超过规定的允许范围。为补偿超差部分的误差，必须修配加工尺寸链中某一组成环。被修配的零件尺寸称为修配环或补偿环。一般应选形状比较简单，修配面小，便于修配加工，便于装卸，并对其他尺寸链没有影响的零件尺寸作修配环。这种方法的关键问题是确定修配环在加工中的实际尺寸，使其留有足够的、而且是最小的修配量。采用修配装配法时，装配尺寸链一般用极限法计算。

生产中通过修配达到装配精度的方法很多，常见的有以下 3 种。

1) 单件修配法

这种方法是将零件按经济精度加工后，装配时将预定的修配环用修配加工来改变其尺寸，以保证装配精度。

应用实例 4-2

如图 4.4 所示，卧式车床前后顶尖对床身导轨的等高要求为 0.06mm(只许尾座高)。

(1) 画装配尺寸链，如图 4.4(b)所示。此尺寸链中的组成环有 3 个：主轴箱主轴中心到底面高度 A_1=205mm，尾座底板厚度 A_2=49mm，尾座顶尖中心到底面距离 A_3=156mm。其中，A_1 为减环，A_2、A_3 为增环。

若用完全互换法装配，则各组成环平均公差为

$$T_P=\frac{T_0}{3}=\frac{0.06}{3}\text{mm}=0.02\text{mm}$$

这样小的公差将使加工困难，所以一般采用修配法。

(2) 选择修配环。组成环 A_2 为尾座底板的厚度，底板装卸方便，其加工表面形状简单，修配面也不大，便于修配(如刮、磨)，故选定 A_2 为修配环。

(3) 确定各组成环的公差及偏差。各组成环仍按经济精度加工。A_1、A_3 可以采用镗模进行镗削加工，根据镗孔的经济加工精度，取 $T_1=T_3$=0.1 mm；A_2 底板因要修配，按半精刨加工，根据半精刨的经济加工精度，取 T_2=0.15mm。除修配环以外各环的尺寸如下。

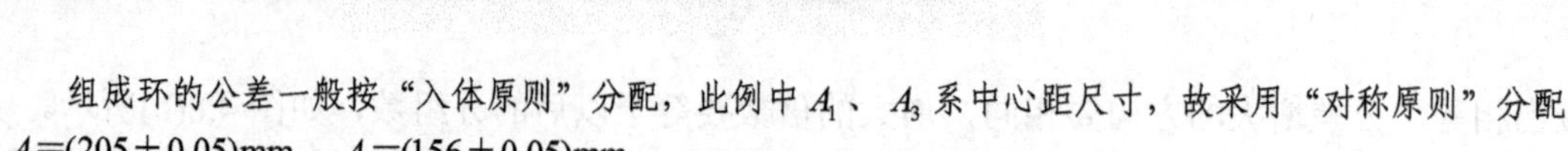

组成环的公差一般按“入体原则”分配，此例中 A_1、A_3 系中心距尺寸，故采用“对称原则”分配，$A_1=(205\pm0.05)$mm，$A_3=(156\pm0.05)$mm。

按照上面确定的各尺寸公差加工组成环零件，装配时形成的封闭环公差为

$$T_0'=T_1+T_2+T_3=(0.1+0.15+0.1)\text{mm}=0.35\text{mm}$$

显然，这时公差超出了规定的装配精度，需要在装配时对修配环零件进行修配。

(4) 确定修配环 A_2 的尺寸及偏差。至于 A_2 的公差带分布，要通过计算确定。

修配环在修配时对封闭环尺寸变化的影响有两种情况，一种使封闭环尺寸变大，另一种使封闭环尺寸变小。因此修配环公差带分布的计算也相应分为两种情况。

图 4.9 所示为封闭环公差带与各组成环(含修配环)公差放大后的累积误差之间的关系。图中 T_0'、$L'_{0\max}$ 和 $L'_{0\min}$ 分别为各环的累积误差和极限尺寸；$F_{\max}$ 为最大修配量。

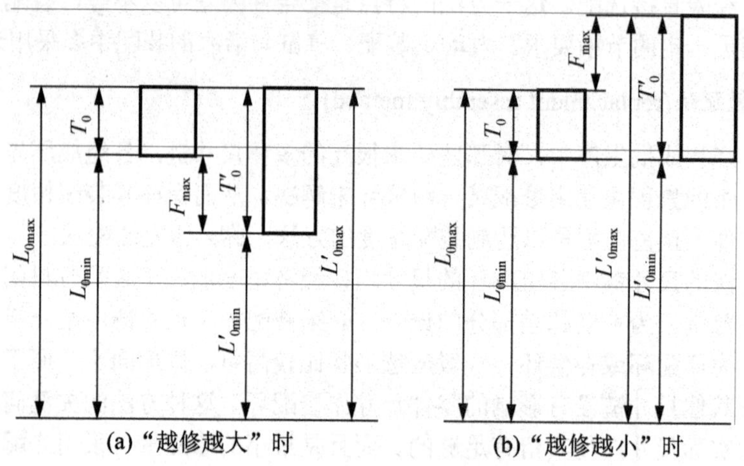

图 4.9　封闭环公差带与组成环累积误差的关系

若修配结果使封闭环尺寸变大，简称“越修越大”，从图 4.9(a)可知

$$L_{0\max}=L'_{0\max}=\sum L_{i\max}-\sum L_{i\min}$$

若修配结果使封闭环尺寸变小，简称“越修越小”，从图 4.9(b)可知

$$L_{0\min}=L'_{0\min}=\sum L_{i\min}-\sum L_{i\max}$$

上例中，修配底板 A_2 将使封闭环尺寸变小，因此应按求封闭环最小极限尺寸的公式：

$$A_{0\min}=A_{2\min}+A_{3\min}-A_{1\max}$$

$$0=(A_{2\min}+155.95-205.05)\text{mm}$$

$$A_{2\min}=49.10\text{mm}$$

因为 $T_2=0.15$mm，所以 $A_2=49^{+0.25}_{+0.10}$ mm。

(5) 核算修配量。

修配加工是为了补偿组成环累积误差与封闭环公差超差部分的误差，所以最多修配量为

$$F_{\max}=\sum T_i-T_0=[(0.1+0.15+0.1)-0.06]\text{mm}=0.29\text{mm}$$

而最小修配量为零。考虑到车床总装时，尾座底板与床身配合的导轨面还需配刮研，则应补充修正，取最小修刮量为 0.05mm，修正后的 A_2 尺寸为 $A_2=49^{+0.30}_{+0.15}$ mm，此时最多修配量为 0.34mm。

2) 合并修配法

这种方法是将两个或多个零件合并在一起进行加工修配。合并加工所得的尺寸可看作一个组成环，这样减少了组成环的环数，就相应减少了修配的劳动量。

如上例中，为了减少总装时对尾座底板的修配量，一般先把尾座和底板的配合加工后，配刮横向小导轨，然后再将两者装配为一体，以底板的底面为基准，镗尾座的套筒孔，直接控制尾座套筒孔至底板面的尺寸公差，这样组成环 A_2、A_3 合并成一环，仍取公差为 0.1mm，其最多修配量 $F_{max}=\sum T_i-T_0=[(0.1+0.1)-0.06]mm=0.14mm$。修配工作量相应减少了。

合并加工修配法由于零件要对号入座，给组织装配生产带来一定麻烦，因此多用于单件小批生产中。

3) 自身加工修配法

在机床制造中，有一些装配精度要求，是在总装时利用机床本身的加工能力，采用“自己加工自己”的方法来保证的，这即是自身加工修配法。

如图 4.10 所示，转塔车床上 6 个安装刀架的大孔中心线必须保证和机床主轴回转中心线重合，而 6 个平面又必须和主轴中心线垂直。若将转塔作为单独零件加工出这些表面，在装配中达到上述两项要求是非常困难的。当采用自身加工修配法时，这些表面在装配前不进行加工，而是在转塔装配到机床上后，在主轴上装镗杆，使镗刀旋转，转塔作纵向进给运动，依次精镗出转塔上的 6 个孔；再在主轴上装一个能径向进给的小刀架，刀具边旋转边径向进给，依次精加工出转塔的 6 个平面。这样可方便地保证上述两项精度要求。

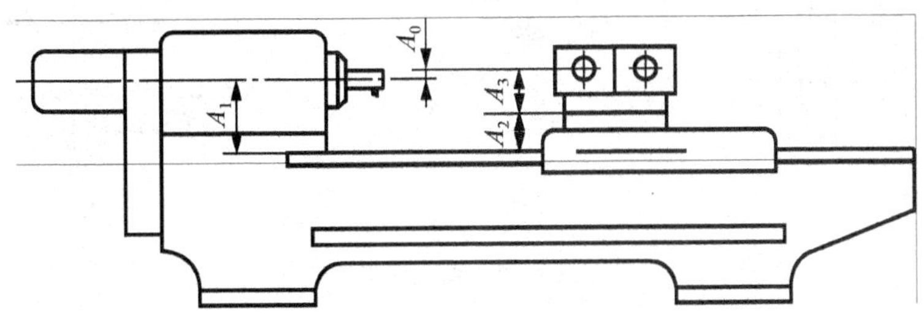

图 4.10　转塔车床转塔自身加工修配

修配法的特点是部件、各组成环的公差可以扩大，按经济精度加工，从而使制造容易，成本低。装配时可利用修配件的有限修配量达到较高的装配精度要求，但装配中零件不能互换，装配劳动量大(有时需拆装几次)，生产率低，难以组织流水生产，装配精度依赖于工人的技术水平。修配法适用于单件和成批生产中精度要求较高的装配。

4. 调整装配法(adjustment assembly method)

在成批大量生产中，对于装配精度要求较高而组成环数目较多的尺寸链，可以采用调整法进行装配。调整法与修配法在补偿原则上是相似的，即各零件公差仍可按经济精度的原则来确定，并且仍选择一个组成环为补偿环(又称调整环)，但两者在改变补偿环尺寸的方法上有所不同。修配法采用机械加工的方法去除补偿环零件上的金属层，改变其尺寸，以补偿因各组成环公差扩大而产生的累积误差。调整装配法通过在装配时改变调整件的相对位置或选用合适的调整件以达到装配精度。这种装配方法称为调整装配法。

特别提示

调整装配法与修配法的区别是，调整装配法不是靠去除金属，而是靠改变调整件的相对位置或更换补偿件(改变其尺寸)的方法来保证装配精度。

根据补偿件的调整特征，调整法可分为可动调整、固定调整和误差抵消调整 3 种装配方法。

1) 可动调整装配法

用改变调整件的位置来达到装配精度的方法，称为可动调整装配法。它的特点是调整过程中不需要拆卸零件，比较方便。

采用可动调整装配法可以调整由于磨损、热变形、弹性变形等所引起的误差。所以它适用于高精度和组成环在工作中易于变化的尺寸链。

机械制造中采用可动调整装配法的例子较多。例如，图 4.11(a)所示为依靠转动螺钉调整轴承外环的位置以得到合适的间隙；图 4.11(b)所示是用调整螺钉通过垫板来保证车床溜板和床身导轨之间的间隙；图 4.11(c)所示是通过转动调整螺钉，使斜楔块上、下移动来保证螺母和丝杠之间的合理间隙。

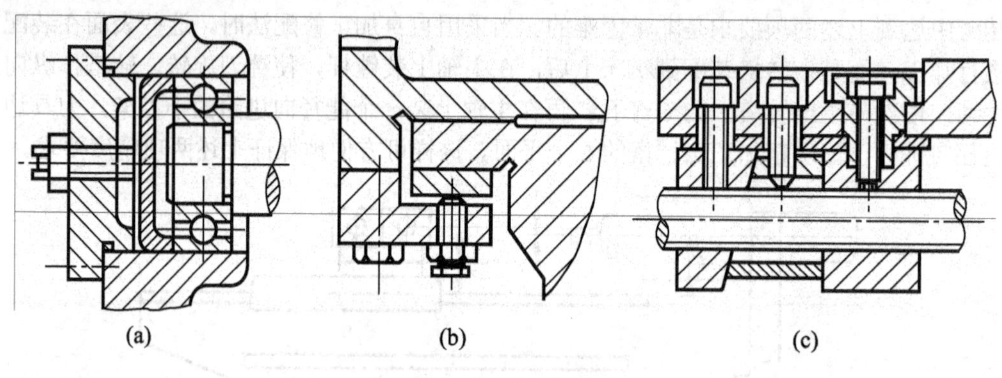

图 4.11 可动调整

2) 固定调整装配法

固定调整装配法是选择尺寸链中一个零件(或加入一个零件)作为调整环，根据装配精度来确定调整件的尺寸，以达到装配精度的方法。常用的调整件有轴套、垫片、垫圈和圆环等。

图 4.12 所示即为固定调整装配法的实例。当齿轮的轴向窜动量有严格要求时，在结构上专门加入一个固定调整件，即尺寸等于 A_3 的垫圈。装配时根据间隙的要求，选择不同厚度的垫圈。调整件预先按一定间隙尺寸做好，比如分成 3.1mm、3.2mm、3.3mm、…、4.0mm 等，以供选用。

在固定调整装配法中，调整件的分级及各级尺寸的计算是很重要的问题，可应用极限法进行计算。计算方法可参考有关文献。

3) 误差抵消调整装配法

误差抵消调整法是通过调整某些相关零件误差的方向，使其互相抵消。这样各相关零件的公差可以扩大，同时又保证了装配精度。

图 4.13 所示为用这种方法装配的镗模实例。图中要求装配后两镗套孔的中心距为 (100 ± 0.015)mm。如用完全互换装配法制造，则要求模板的孔距误差和两镗套内、外圆同轴度误差之总和不得大于 ± 0.015mm。设模板孔距按 (100 ± 0.009)mm 制造，镗套内、外圆的同轴度允差按 0.003mm 制造，则无论怎样装配均能满足装配精度要求。但其加工是相当困难的，因而需要采用误差抵消装配法进行装配。

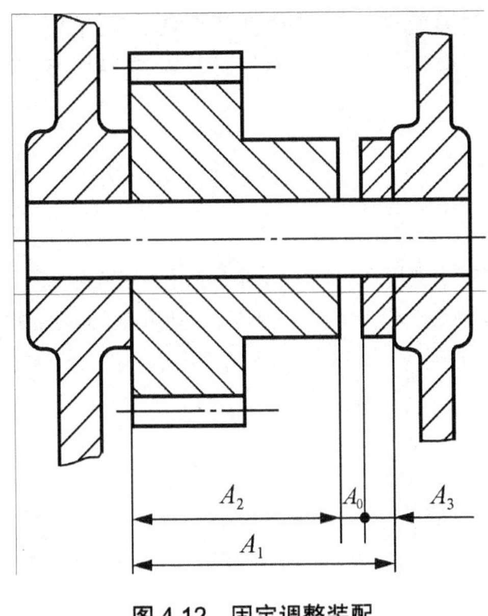

图 4.12　固定调整装配

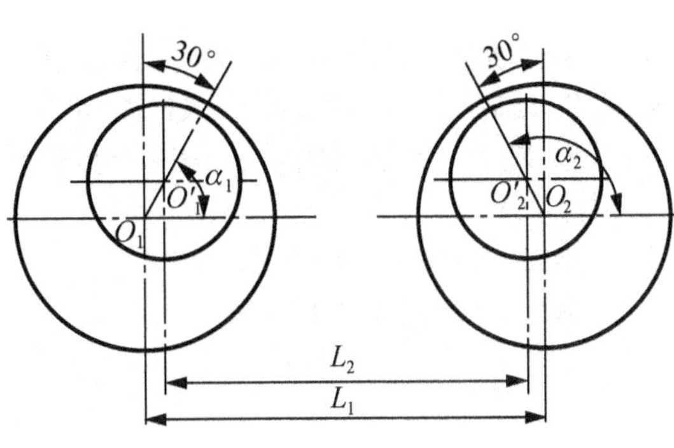

图 4.13　镗模板装配尺寸分析

图 4.13 中 O_1、O_2 为镗模板孔中心，O_1'、O_2' 为镗套内孔中心。装配前先测量零件的尺寸误差及位置误差，并记上误差的方向，在装配时有意识地将镗套按误差方向转过 α_1、α_2 角，则装配后二镗套孔的孔距为

$$O_1'O_2'=O_1O_2-O_1O_1'\cos\alpha_1+O_2O_2'\cos\alpha_2$$

设 O_1O_2=100.15mm，两镗套孔内、外圆同轴度为 0.015mm，装配时令 $\alpha_1=60°$、$\alpha_2=120°$，则

$$O_1'O_2'=100.15-0.015\cos 60°+0.015\cos 120°=100\text{mm}$$

本例实质上是利用镗套同轴度误差来抵消模板的孔距误差，其优点是零件制造精度可以放宽，经济性好，采用误差抵消装配法装配还能得到很高的装配精度。但每台产品装配时均需测出零件误差的大小和方向，并计算出数值，增加了辅助时间，影响生产效率，对工人技术水平要求高。因此，除单件小批生产的工艺装备和精密机床采用此种方法外，一般很少采用。

可动调整法和误差抵消调整法适于在单件小批生产中应用，固定调整法则主要适用于大批大量生产。

5. 装配方法的选择

上述各种装配方法各有其特点。在选择装配方法时，要认真研究产品的结构和精度要求，深入分析产品及其相关零件之间的尺寸联系，建立整个产品及各级部件的装配尺寸链。尺寸链建立后，即可根据各级装配尺寸链的特点，结合产品的生产纲领和生产条件来确定产品的装配方法。

选择装配方法的原则是：当组成环的加工经济可行时，优先选用完全互换装配法；成批生产，组成环又较多时，可考虑不完全互换法；当封闭环精度较高，组成环较少时，可

考虑采用选择装配法；组成环多的尺寸链采用调整装配法；单件小批生产时，则采用修配法。某些要求很高的装配精度在目前的生产技术条件下，仍需靠高级技工手工操作及经验得到。

特别提示

一种产品究竟采用何种装配方法来保证装配精度，通常在设计阶段确定。因为只有在装配方法确定之后，才能进行尺寸链的计算。同一产品的同一装配精度要求，在不同的生产类型和生产条件下，可能采用不同的装配方法。同时，同一产品的不同部件也可采用不同的装配方法。

讨论问题：

① 装配精度与装配尺寸链的关系如何？

② 如何合理选择装配方法？

任务 4.2　减速器机械装配工艺规程编制与实施

4.2.1　任务引入

编制如图 4.14 所示蜗轮与锥齿轮减速器(worm and bevel gear reducer)的机械装配工艺规程并实施。

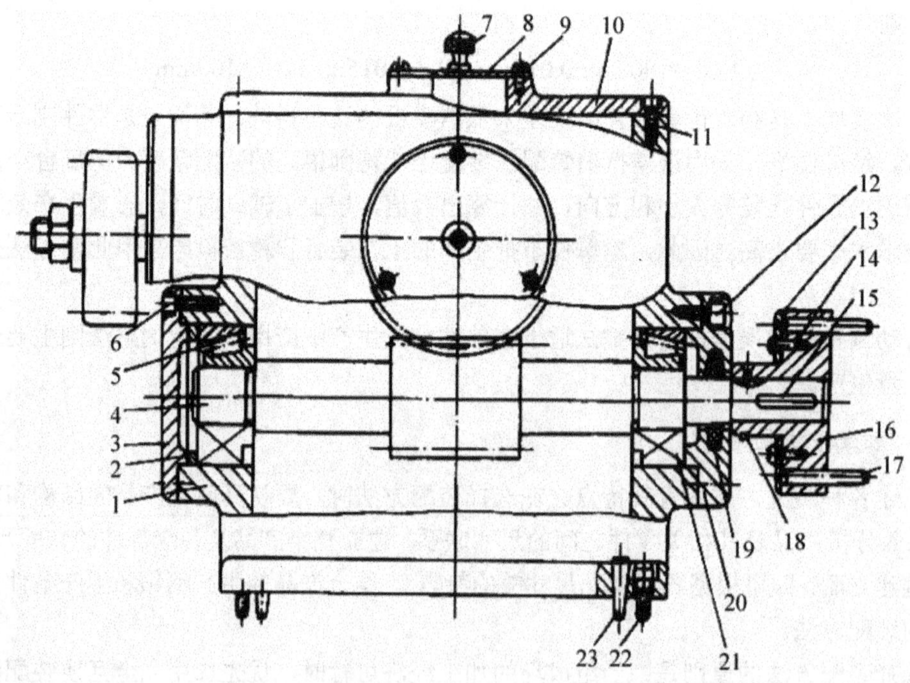

图 4.14　减速器装配简图

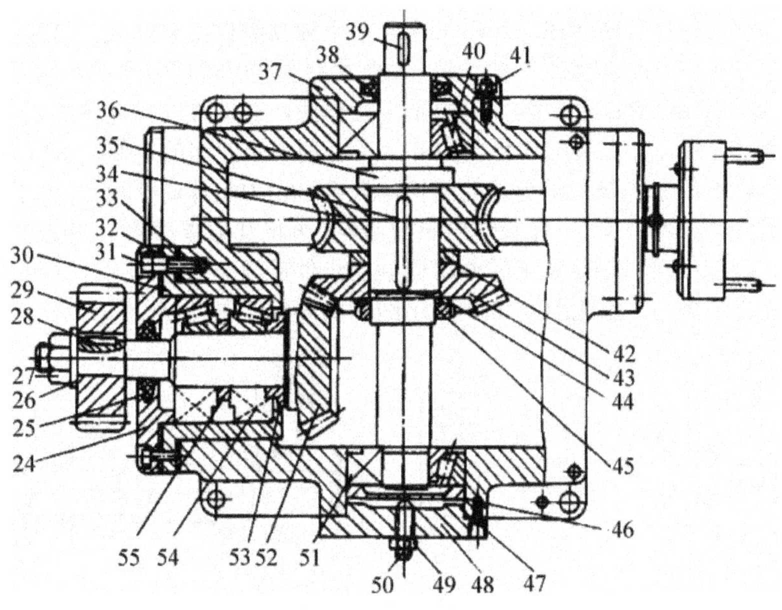

图 4.14　减速器装配简图(续)

1—箱体；2、32、33、42—调整垫圈；3、20、24、37、48—轴承盖；4—蜗杆轴；
5、21、40、51、54 一轴承；6、9、11、12、14、22、31、41、47、50—螺钉；7—手把；8—盖板；
10—箱盖；13—环；15、28、35、39—键；16—联轴器；17、23—销；18—防松钢丝圈；
19、25、38—毛毡；26—垫圈；27、45、49—螺母；29、43、52—齿轮；30—轴承套；
34—蜗轮；36—蜗轮轴；44—止动垫圈；46—压盖；53—垫片；55—隔圈

4.2.2　相关知识

1. 产品的结构工艺性

1) 产品结构工艺性的概念

产品结构工艺性是指所设计的产品在能满足使用要求的前提下，制造、维修的可行性和经济性。它包括产品生产工艺性和产品使用工艺性，前者是指其制造的难易程度与经济性，后者则指其在使用过程中维护保养和修理的难易程度与经济性。产品生产工艺性除零件的结构工艺性外，还包括产品结构的装配工艺性。产品结构工艺性审查工作不仅贯穿在产品设计的各个阶段中，而且在装配工艺规程设计时，还要重点分析产品结构的装配工艺性。

2) 产品结构的装配工艺性

装配对产品结构的要求，主要是要容易保证装配质量、装配的生产周期要短、装配劳动量要少。归纳起来，有以下 7 条具体要求。

(1) 结构的继承性好和“三化”程度高。能继承已有结构和“三化”(标准化、通用化和系列化)程度高的结构，装配工艺的准备工作少，装配时工人对产品比较熟悉，既容易保证质量，又能减少劳动消耗。

为了衡量继承性和“三化”程度，可用产品结构继承性系数 K_s、结构标准化系数 K_{st} 和结构要素统一化系数 K_e 等指标来评价工艺性。

(2) 能分解成独立的装配单元。产品结构应能方便地分解成独立的装配单元，即产品

可由若干个独立的部件总装而成，部件可由若干个独立组件组装而成。这样的产品，装配时可组织平行作业，扩大装配的工作面积，大批大量生产时可按流水的原则组织装配生产，因而能缩短生产周期，提高生产效率。由于平行作业，各部件能预先装好、调试好，以较完善的状态送去总装，保证装配质量。另外，还有利于企业间的协作，组织专业化生产。

例如，图 4.15 所示的传动轴组件的结构，图 4.15(a)中箱体的孔径 D_1 小于齿轮直径 d_2，装配时须先把齿轮放入箱体内，在箱体内装配齿轮，再将其他零件逐个装在轴上。图 4.15(b)中的 $D_1>d_2$，装配时可将轴及其上零件组成独立组件后再装入箱体内，并可通过带轮上的孔将法兰拧紧在箱体上。因此图 4.15(b)所示结构的装配工艺性好。

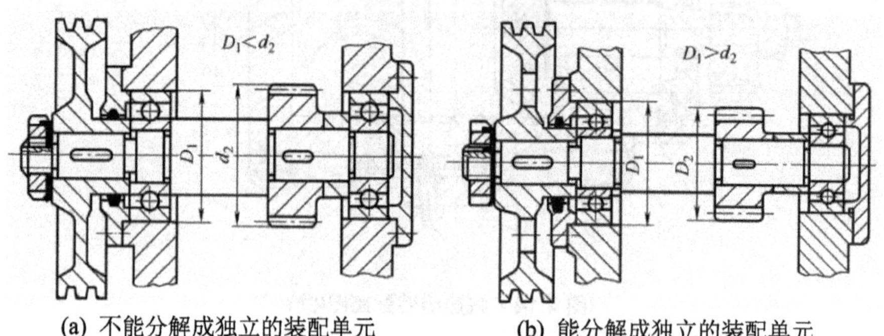

(a) 不能分解成独立的装配单元　　(b) 能分解成独立的装配单元

图 4.15　传动轴的装配工艺性

衡量产品能否分解成独立的装配单元，可用产品结构装配性系数 K_a 表示，其计算公式为

$$K_a=\frac{\text{产品各独立中零件数之和}}{\text{产品零件总数}} \tag{4-9}$$

(3) 各装配单元要有正确的装配基准。装配的过程是先将待装配的零件、组件和部件放到正确的位置，然后再紧固和连接。这个过程类似于加工时的定位和夹紧。所以在装配时，零件、组件和部件必须有正确的装配基准，以保证它们之间的正确位置，并减少装配时找正的时间。装配基准的选择也要符合夹具中的“六点定位原理”。

例如，图 4.16 所示是锥齿轮轴承座组件，轴承座组件装进壳体 1 时，装配基准是轴承座两个外圆柱面和法兰端面，符合装配要求。因此图 4.16(a)、4.16(b)所示的结构都有正确的装配基准。

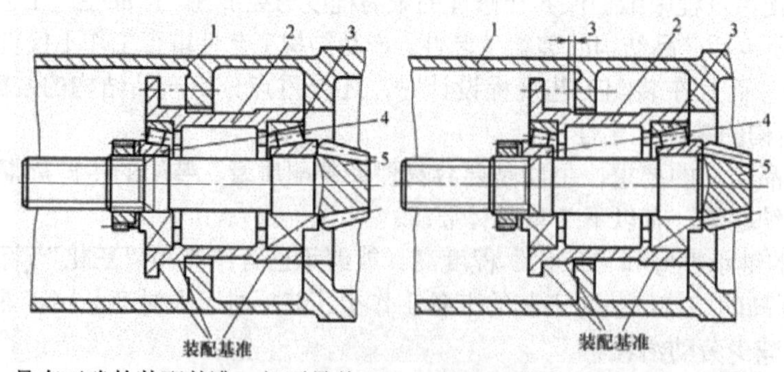

(a) 具有正确的装配基准，但不易装配　(b)具有正确的装配基准，且易装配

图 4.16　轴承座组件的装配基准及两种设计方案

1—壳体；2—轴承座；3—前轴承；4—后轴承；5—锥齿轮轴

(4) 要便于装拆和调整。机器的结构必须装配方便、调整容易。装配过程中，当发现问题或进行调整时，需要进行中间拆装。因此，若结构便于装拆和调整，就能节省装配时间，提高生产效率。具有正确的装配基准也是便于装配的条件之一。下面是几个便于装拆和调整的实例。

① 图 4.16(a)所示结构是轴承座 2 的两段外圆柱面(装配基准)同时进入壳体 1 的两配合孔内，由于不易同时对准两圆柱孔，所以装配较困难；图 4.16(b)所示结构是当轴承座右端外圆柱面进入壳体 1 的配合孔中 3mm，并具有良好的导向后，左端外圆柱面再进入配合，所以装配较方便，工艺性好。

② 图 4.17(a)所示为定位销和底板孔过盈连接的结构，因没有通气孔，故当销子压入时内存空气不易排出而影响装配工作。合理的结构是在销子上开孔或在底板上开槽，也可采用如图 4.17(b)所示结构，将底板孔钻通，孔钻通后还有利于销子的拆卸。当底板不能开通孔时，则可用带螺孔的定位销，以便需要时用取销器取出定位销。

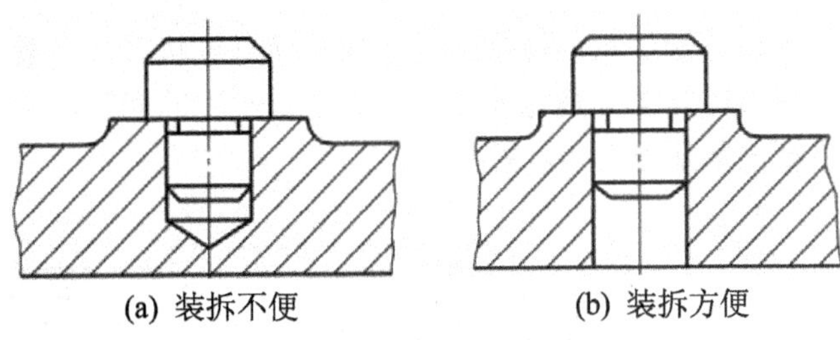

(a) 装拆不便　　(b) 装拆方便

图 4.17　定位销和底板孔过盈连接的两种结构

③ 图 4.18 所示为箱体上圆锥滚子轴承靠肩的 3 种形式。图 4.18(a)所示的靠肩内径小于轴承外环的最小直径，当轴承压入后，外环就无法卸下。图 4.18(b)所示的靠肩内径大于轴承外环的最小直径，图 4.18(c)所示将靠肩做出 2～4 个缺口的结构，这两种形式都能方便地拆卸外环，所以工艺性好。

④ 图 4.19 所示为端面有调整垫片(补偿环)的锥齿轮结构。为了便于拆卸，在锥齿轮上加工两个螺孔，旋入螺栓即可卸下锥齿轮。

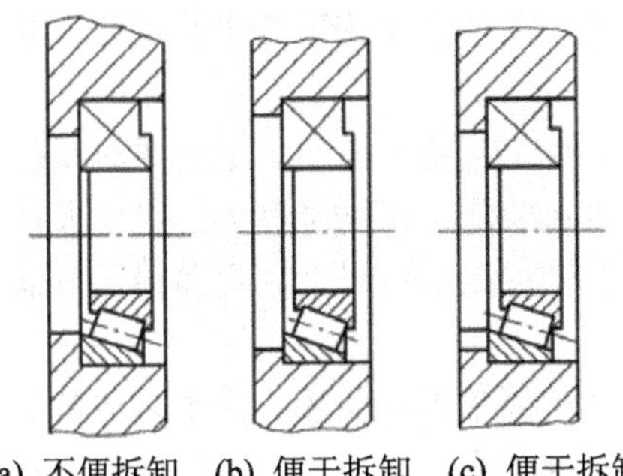

(a) 不便拆卸　(b) 便于拆卸　(c) 便于拆卸

图 4.18　箱体上轴承靠肩的 3 种形式

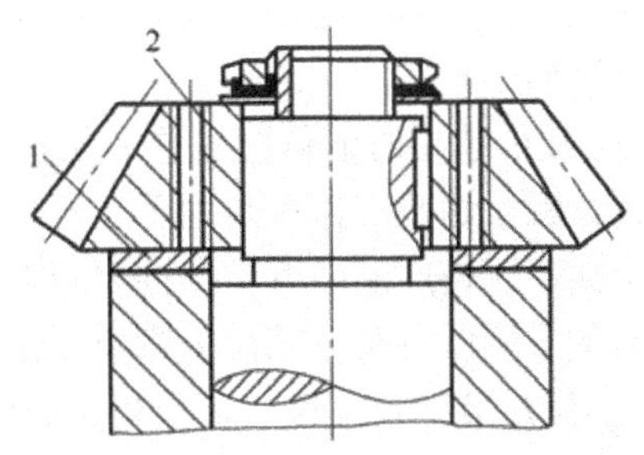

图 4.19　带有便于拆卸螺孔的锥齿轮结构

1—调整垫片；2—锥齿轮上的拆卸用螺孔

⑤ 图 4.20 所示为卧式车床床鞍后部的两种固定板结构。图 4.20(a)所示的结构靠修磨或刮研来保证床鞍与床身的间隙，装配时调整费时。图 4.20(b)所示的结构采用了调整垫块，

在装配和使用中都可方便地进行调整，工艺性好。

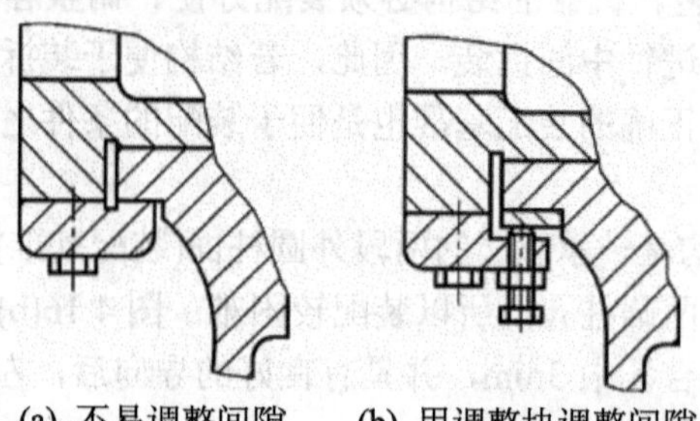
(a) 不易调整间隙　(b) 用调整块调整间隙

图 4.20　车床床鞍后部固定板的两种形式

⑥ 图 4.21 所示是车床丝杠的装配简图。丝杠 6 装在进给箱 1、溜板箱 8 和托架 7 的相应孔中，要求 3 孔同轴，且轴线要与床身导轨面平行。装配时，垂直位置以溜板箱为基准，先调整进给箱的位置，使丝杠成水平，然后再调整托架的位置保证三者等高；水平位置一般以进给箱为基准，先调整溜板箱的位置，使丝杠与床身导轨平行，最后再调整托架的位置，保证三者一致。调整的补偿环是螺栓光孔与固定螺栓中的间隙，全部调整好后，打上定位销。光杠和操纵杆的装配方法与丝杠相同。

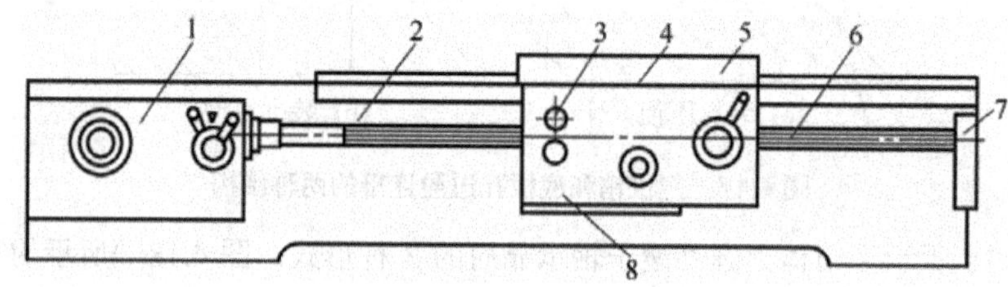

图 4.21　车床丝杠的装配简图

1—进给箱；2—床身；3—偏心轴；4—垫片；5—床鞍；6—丝杠；7—托架；8—溜板箱

当车床中修时，床身导轨因磨损而重新磨削后，床鞍和溜板箱的垂直位置也将下移，丝杠就装不上了。为此，将在床鞍和溜板箱之间增设的垫片 4 减薄，就能保证丝杠孔的中心位置。此外，溜板箱中一齿轮与床身上齿条相啮合，以便移动床鞍作进给运动，其啮合间隙则用偏心轴 3 调整。

(5) 减少装配时的修配工作和机械加工。多数机器在装配过程中，难免要对某些零部件进行修配，这些工作多数由手工操作，不易组织流水装配，劳动强度大，对工人技术水平要求高，还使产品没有互换性。若在装配时进行机械加工，有时会因切屑掉入机器中而影响质量，所以应避免或减少修配工作和机械加工。

(6) 满足装配尺寸链“环数最少原则”。结构设计中要求结构紧凑、简单，从装配尺寸链分析即减少组成环环数，对装配精度要求高的尺寸链更应如此。为此，必须尽量减少相关零件的相关尺寸，并合理标注零件上的设计尺寸。

(7) 各种连接的结构形式应便于装配工作的机械化和自动化。机器能用最少的工具快速装拆，质量大于 20kg 装配单元应具有吊装的结构要素，还要避免采用复杂的工艺装备。满足这些要求后，既能减轻工人劳动强度、提高劳动生产率，又能节省装配成本。

2. 装配的组织形式及生产类型

1) 装配的组织形式

装配的组织形式主要取决于机器的结构特点(如重量、尺寸和结构复杂性等)、生产类型和现有生产条件(如工作场地、设备及工人技术水平)。按照机器产品在装配过程中移动与否，装配组织形式可分为有固定式装配和移动式装配两种。

(1) 固定式装配(fixed assembly) 。固定式装配是指产品或部件的全部装配工作都安排在某一固定的装配工作地点进行的装配。在装配过程中产品的位置不变，需要装配的所有零部件都汇集在工作地点附近。

固定式装配适用于单件、中小批生产，特别是质量重、尺寸大、不便移动的重型产品或因刚性差，移动会影响装配精度的产品。

根据装配地点的集中程度与装配工人流动与否，又可将固定式装配分为以下3种。

① 集中固定式装配。产品的全部装配工作由一组工人在一个工作地点集中完成。

特点：占用的场地、工人数量少；对工人技术要求全面；产品效率低，多用于单件小批装配较简单的产品。

② 分散固定式装配。产品的全部装配过程分解为部装和总装，分别在不同的工作地点由不同组别的工人进行，故又称多组固定式装配。

特点：占用场地、工人数量较多；对工人技术要求低，易于实现现代化；装配周期较短，适用于装配成批、较复杂的产品，如机床的装配。

③ 固定式流水装配。将固定式装配分成若干个独立的装配工序，分别由几组工人负责，各组工人按工艺顺序依次到各装配地点对固定不动的产品进行本组所担负的装配工作。

特点：工人操作专业化程度高、效率高、质量好、周期短；占用场地、工人多，管理难度大；装配周期更短，适合产品结构复杂，尺寸庞大的产品批量生产，如飞机的装配。

(2) 移动式装配(portable assembly)。移动式装配是指零、部件按装配顺序从一个装配地点移动到下一个装配地点，各装配地点的工人分别完成各自承担的装配工序，直至最后一个装配地点，以完成全部装配工作的装配。其特点是装配工序分散，每个装配工作地重复完成固定的装配工序内容，广泛采用专用设备及夹具，生产率高，但要求装配工人的技术水平不高。因此，移动式装配常组成流水作业线或自动装配线，适用于大批大量生产，如汽车、柴油机、仪表和家用电器等产品的装配线。

移动式装配分为自由移动式装配和强制移动式装配。

① 自由移动式装配。零、部件由人工或机械运输装置传送，各装配点完成装配的时间无严格规定，产品从一个装配地点传送到另一个装配地点的节拍是自由的，此装配多用于多品种产品的装配。

② 强制移动式装配。在装配过程中，零、部件用传送带或传递链连续或间歇地从一个工作地移向下一个工作地，在各工作地进行不同的装配工序，最后完成全部装配工作， 传送节拍有严格要求。其移动方式有连续式和间歇式两种。前者，工人在产品移动过程中进行操作，装配时间与传送时间重合，生产率高，但操作条件差，装配时不便检验和调整；后者，工人在产品停留时间内操作，故易于保证装配质量。

2) 生产类型及其工艺特点

生产纲领决定了产品的生产类型。不同的生产类型致使机器装配的组织形式、装配方法、工艺过程的划分、设备及工艺装备专业化或通用化水平、手工操作工作量的比例、对工人技术水平的要求和工艺文件格式等均有不同。

各种生产类型的装配工艺特征见表 4-2。

表 4-2 各种生产类型的装配工艺特征

工艺特征 \ 生产类型		大批大量生产	中批生产	单件小批生产
基本特征		产品固定，生产活动长期重复，生产周期一般较短	产品在系列化范围内变动，分批交替投产或多品种同时投产，生产活动在一定时期内重复	产品经常变换，不定期重复生产，生产周期一般较长
装配工作特点	组织形式	多采用流水装配线：有连续移动、间歇移动及可变节奏等移动方式，还可采用自动装配机或自动装配线	笨重、批量不大的产品多采用固定流水装配，批量较大时采用流水装配，多品种平行投产时多品种可变节奏流水装配	多采用固定装配或固定式流水装配进行总装，同时对批量较大的部件亦可采用流水装配
	装配工艺方法	按互换法装配，允许有少量简单的调整，精密偶件成对供应或分组供应装配，无任何修配工作	主要采用互换法，但灵活运用其他保证装配精度的装配工艺方法，如调整法、修配法及合并法，以节约加工费用	以修配法及调整法为主，互换件比例较少
	工艺过程	工艺过程划分很细，力求达到高度的均衡性	工艺过程的划分须适合于批量的大小，尽量使生产均衡	一般不订详细工艺文件，工序可适当调度，工艺也可灵活掌握
	工艺装备	专业化程度高，宜采用专用高效工艺装备，易于实现机械化、自动化	通用设备较多，但也采用一定数量的专用工、夹、量具，以保证装配质量和提高工效	一般为通用设备及通用工、夹、量具
	手工操作要求	手工操作比重小，熟练程度容易提高，便于培养新工人	手工操作比重较大，对工人技术水平要求较高	手工操作比重大，要求工人有高的技术水平和多方面工艺知识
应用实例		汽车，拖拉机，内燃机，滚动轴承，手表，缝纫机，电气开关	机床，机车车辆，中小型锅炉，矿山采掘机械	重型机床，重型机器，汽轮机，大型内燃机，大型锅炉

3. 装配工艺规程的制订

装配工艺规程是规定产品及其部、组件的装配顺序、装配方法、装配技术要求及其检验方法、装配所需设备和工具以及装配时间定额的技术文件。它是指导现场装配操作和保证装配质量的技术文件，是制订装配生产计划和进行装配技术准备的主要技术依据，是设计和改造装配车间的基本文件。

装配工艺规程编制得合理与否，对装配质量、装配效率、生产成本及工人劳动强度等均有很大影响。

1) 制订装配工艺规程的基本要求

装配是机器制造和修理的最后阶段，是机器质量的最后保证环节。在制订装配工艺规程时应符合以下基本要求。

(1) 在保证装配质量的前提下，尽量提高装配效率和降低装配成本。

① 选择合理的装配方法和合格的装配零件。

② 合理安排装配工序，尽量减少钳工装配工作量，提高装配的机械化和自动化程度。

③ 合理选用装配设备，尽可能减少装配占地面积和装配工人的数量，降低对工人的技术要求。

(2) 在充分利用现有生产条件的基础上，尽量采用国内外先进工艺技术和经验。

(3) 对结构和装配工艺特征相近的产品和部件，应尽量采用或设计典型的工艺规程。

(4) 工艺规程的内容和文件形式应正确、统一和清晰，其繁简程度应与生产类型相适应。

(5) 必须注重生产安全和工业卫生。

2) 制订装配工艺规程的原始资料

在制定装配工艺规程时，通常应具备以下原始资料。

(1) 机器产品的装配图以及有关的零件图。装配图包括总装配图和部件装配图。这些图样应能清楚表示出零部件之间的连接情况，重要零部件之间的联系尺寸，配合件之间的配合性质和配合尺寸，装配技术要求及零件明细表等。

(2) 机器产品验收的技术条件。验收技术条件主要规定对产品主要技术要求进行性能检验或试验的内容和方法，是产品装配后进行验收的重要技术文件，也是制订装配工艺规程的主要依据。

(3) 产品的生产纲领及生产类型。生产纲领决定生产类型。产品的生产类型不同，其装配工艺特征及相应工艺文件的内容和格式也不相同。

(4) 现有生产条件和工艺技术资料。现有生产条件和工艺技术资料主要包括现有装配设备和工艺装备、装配车间面积、工人的技术水平等生产条件和时间定额，国内外同类产品的有关工艺资料等。

3) 制订装配工艺规程的步骤

(1) 进行产品分析。

① 分析产品的装配图及验收技术条件，掌握装配的技术要求和验收标准，确定保证达到装配精度的装配方法。

② 明确产品的性能、工作原理和具体结构。

③ 对产品和部件进行装配结构工艺性分析，明确各零部件间的装配关系，并进行必要的装配尺寸链的分析与计算，以便审查装配方法的合理性。

④ 研究产品分解成“装配单元”的方案，以便组织平等、流水作业。

在产品的分析过程中，如发现图样不完整、技术要求不当、结构工艺性不佳或装配方法不妥等问题，应及时提出改进意见，并会同有关工程技术人员加以研究和改进。

(2) 确定装配方法与装配组织形式。选择合理的装配方法是保证装配精度的关键。要结合具体生产条件，从机械加工和装配的全过程着眼，应用尺寸链理论，同设计人员一道最终确定装配方法。

产品的结构特点和生产纲领不同，所采用的装配组织形式也不同。装配的组织形式分固定式装配和移动式装配 2 种。单件小批生产或尺寸大、质量重的产品多采用固定装配的组织形式；批量生产的产品一般采用移动装配的组织形式。产品装配的组织形式直接影响装配工艺规程的制订，装配组织形式不同，相应装配单元的划分、装配方式、装配工序的集中与分散程度，装配时的运输方式以及工作场地的组织与管理等均有所不同。

(3) 划分装配单元。划分装配单元就是从工艺的角度出发，将产品划分为零件(合件)、组件和部件等若干个可以独立进行装配的部分，以便组织平行装配或流水作业装配。这是设计装配工艺规程中最重要的一项工作，对于大批大量生产及结构较为复杂的产品尤为重要。只有正确划分装配单元，才能妥善安排装配顺序和正确划分装配工序。

(4) 确定装配顺序。确定装配顺序的要求是，在保证装配精度的前提下，尽量使装配工作方便进行，前面工序不妨碍后面工序操作，后面工序不损害前面工序的质量。

在确定各级装配单元的装配顺序时，首先选定一个基准件进入装配，然后根据装配结构的具体情况安排其他零件、组件或部件进入装配。装配基准件通常选择产品的基体或主干部零件，一般应有较大的体积、重量和足够大的承压面。例如机床装配中，可选择床身零件、床身组件和床身部件分别作为床身组装、床身部装和机床总装的基准件。确定装配顺序时一般应符合下列规律。

① 基准件先进入装配。为使产品在装配过程中重心稳定，应先进行基准件的装配。

② 预处理工序先行，先重大后轻小，先内后外，先下后上，先精密后一般，先难后易。

③ 易燃、易爆、易碎或有毒物质、部件等需安全防护的装配尽可能放在最后进行。

④ 类似工序、同方位工序集中安排。对使用相同工装、设备和具有共同特殊环境的工序应集中安排，以减少装配工装、设备的重复使用及产品的来回搬运。对处于同一方位的装配工序也应尽量集中安排，以防止基准件多次转位和翻转。

⑤ 电线、油(气)管路同步安装。为防止零、部件反复拆装，在机械零件装配的同时应把需装入内部的各种油(气)管、电线等也装进去。

⑥ 及时安排检验工序，特别是在对产品质量影响较大的工序后，要经检验合格后才允许进行后面的装配工序。

特别提示

安排装配顺序的相关说明

(1) 预处理工序先行。如零件的去毛刺、清洗、防锈、涂装、干燥等应先安排。

(2) 先重大后轻小。为使产品在装配过程中重心稳定， 安排装配顺序时应遵循先重大、后轻小原则。

(3) 前后工序互不影响、互不妨碍。为避免前面工序妨碍后续工序的操作，应按“先内后外、先下后上”的顺序进行装配；应将易破坏装配质量的工序(如需要敲击、加压、加热等的装配)安排在前面，以免操作时破坏前工序的装配质量。

(4) 先精密后一般、先难后易、先复杂后简单。因为刚开始装配时基准件内的空间较大，比较好安装、调整和检测，因而也就比较容易保证装配精度。

装配单元的划分及装配顺序的安排可通过装配单元系统图直观地表示。如图 4.22 所示的车床床身部件，其装配单元系统图如图 4.23 所示。

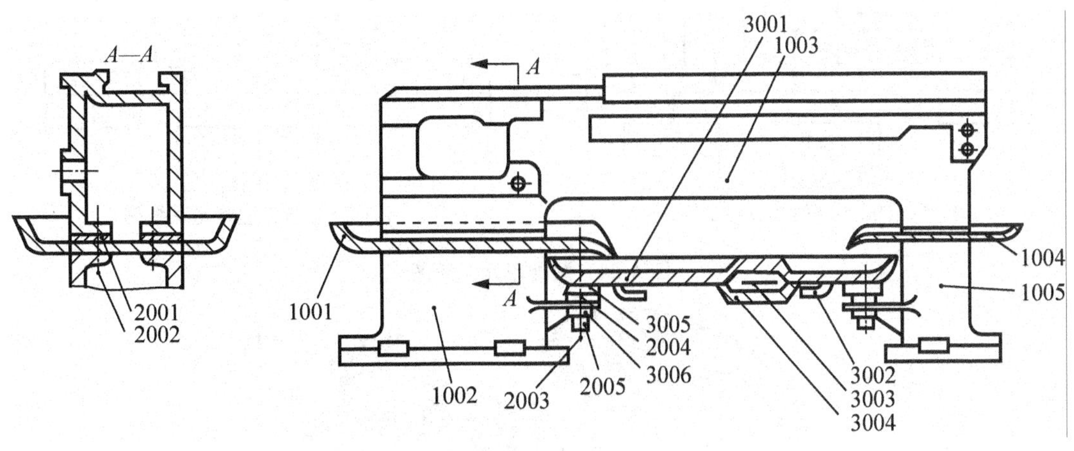

图 4.22　车床床身部件图

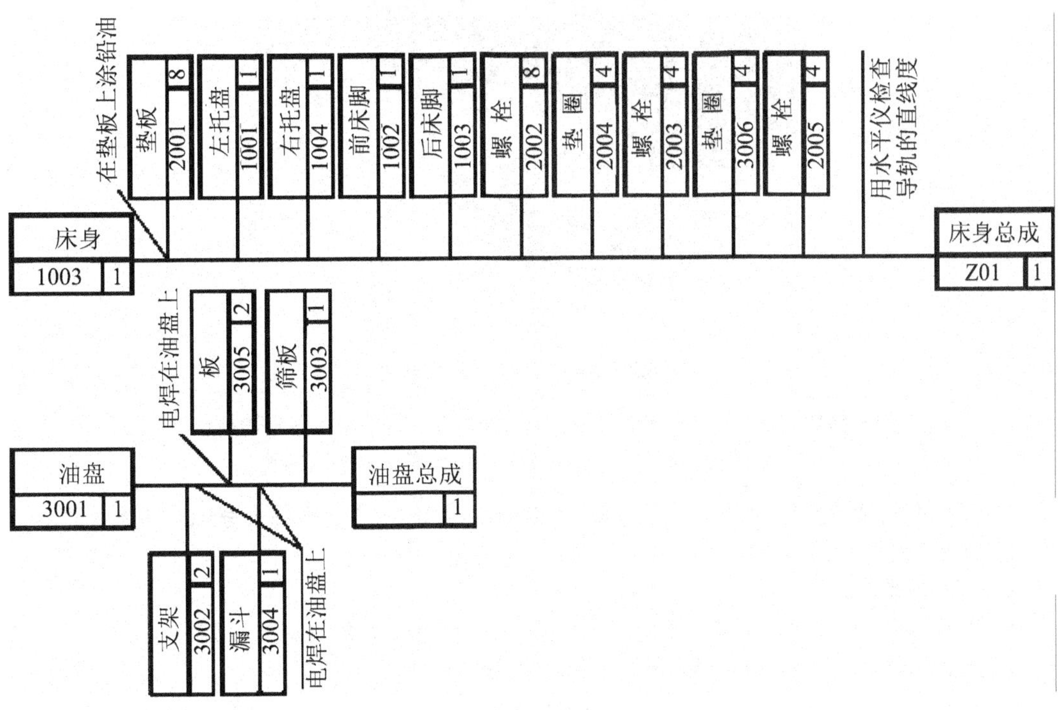

图 4.23　车床床身部件装配单元系统图

装配单元系统图是表示从分散的零件如何依次装配成组件、部件以至产品的途径及其间相互关系的程序。按照产品的复杂程度，为了表达清晰方便，可分别绘制产品装配系统图和部件装配系统图。图 4.24 所示为一般形式的装配单元系统图。图 4.24(a)为产品的装配单元系统图，该图只绘出直接进入产品总装的装配单元；图 4.24(b)所示为部件的装配单元系统图，同样，该图只绘出直接进入部件装配的装配单元。除此之外，还有组件和合件的装配单元系统图。

装配单元系统图中，各装配单元用长方格表示，在长方格中按规定位置注明装配单元的名称、编号及数量(图 4.23)，这些内容应与装配图及零件明细表一致。

现以图 4.25 所示的某减速器低速轴组件为例，说明它的装配过程及装配单元系统图的绘制方法。

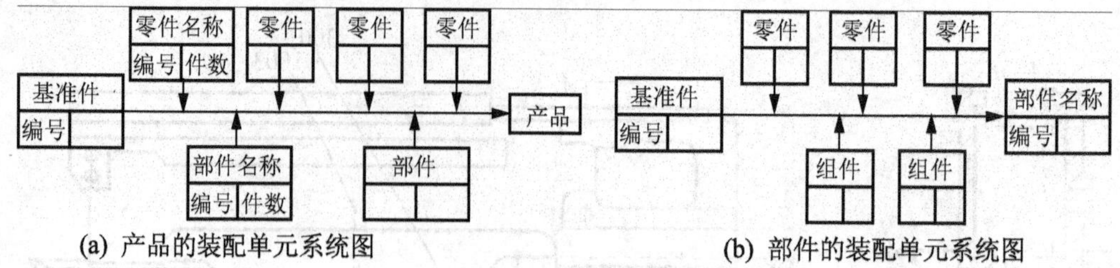

图 4.24　装配单元系统图

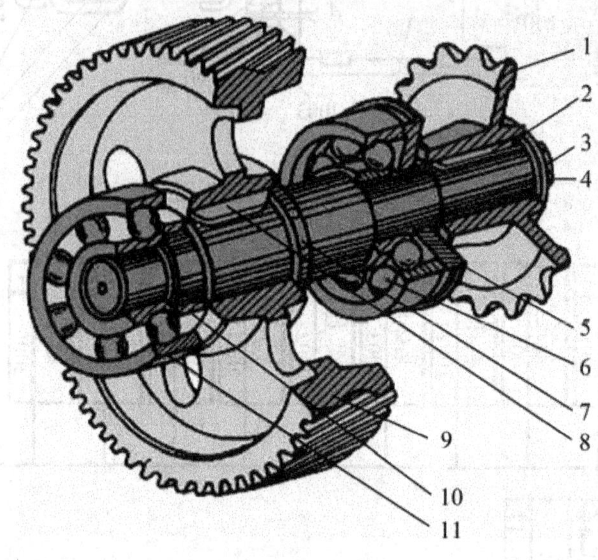

图 4.25　某减速器低速轴组件

1—链轮；2—键；3—轴端挡圈；4—螺栓；5—可通盖；6—球轴承；
7—低速轴；8—键；9—齿轮；10—套筒；11—球轴承

装配过程可用装配单元系统图表示，它是装配工艺规程中的主要文件之一，也是划分装配工序的依据。

装配单元系统图绘制方法如下。

a. 先画一条横线。

b. 横线左端画一个长方格，代表基准件。在长方格中注明装配单元的名称、编号和数量。

c. 横线的右端也画一个长方格，代表装配的产品(或其他装配件) 。

d. 按装配顺序，自左向右依次将进入装配的各装配单元一一引入横线。代表零件的长方格画在横线上方；代表合件、组件和部件的长方格画在横线下方。

为了更清楚地反映装配工艺过程及其装配方法，可以在装配单元系统图上加注必要的工艺说明，如焊接、攻螺纹、配钻、配刮、冷压和检验等。

由图 4.26 所示的减速器低速轴组件装配单元系统图，可以清楚地看出该组件的装配顺序以及装配所需零件的名称、编号和数量，因此可用于指导和组织装配工作。

(5) 划分装配工序，进行工序设计。根据装配的组织形式和生产类型，按照既定的装配顺序，将装配工艺过程划分为若干道装配工序，并具体设计装配工序的内容。工序设计的主要任务如下。

① 确定装配中各工序的顺序、工作内容及装配方法。

② 选择各工序所需的设备及工艺装备；如需专用夹具、工具和设备，须提出设计任务书。

③ 制定各工序的装配操作规范，如过盈配合的压入力，装配温度、螺栓连接的拧紧力矩等。

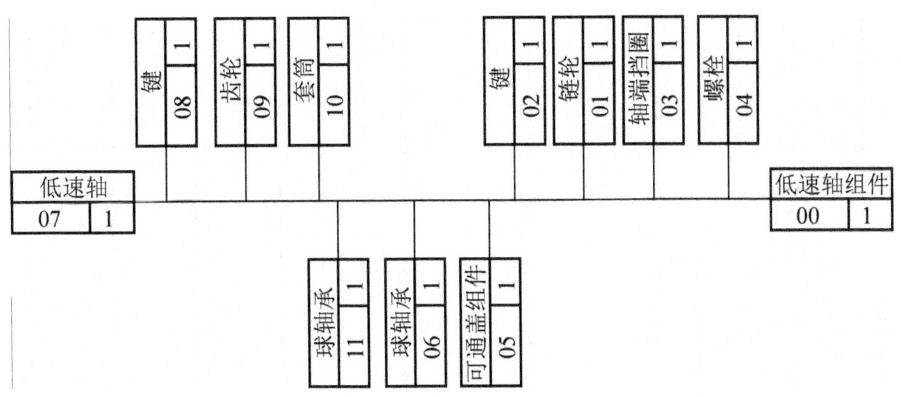

图 4.26　低速轴组件装配工艺系统图

④ 拟定各工序的装配质量要求、检验项目、检验方法和工具等。

⑤ 确定时间定额。若采用流水装配，则需平衡各工序的装配节拍。

⑥ 确定装配中的运输方法和运输工具。

编制的减速器装配工艺过程卡见表 4-3。

(6) 编写装配工艺文件。装配工艺规程的常用文件形式有装配工艺过程卡片(表 4-3)和装配工序卡片(表 4-4)，其编写方法与机械加工工艺过程卡片和工序卡片基本相同。前者以工序为单位简要说明产品或部、组件的装配工艺过程，其中包括每一工序的工作内容、装配部门、设备及工艺装备、辅助材料及时间定额等；后者是在工艺过程卡片的基础上，单独为某道工序编制的卡片，一道工序一张卡片，详细说明该工序中每一工步的装配内容、工艺装备、辅助材料及时间定额等，用以直接指导装配工人进行操作。通常在工序卡片上画有工序简图。

对结构简单的产品，通常不制定装配工艺文件，可直接按装配图和装配单元系统图进行装配。对单件小批生产的产品，一般需编制装配工艺过程卡片。中批生产时，应根据装配工艺系统图分别制定出总装和部装的装配工艺过程卡，关键工序还需要编制装配工序卡。大批大量生产时，则不论简单产品还是复杂产品，除编写工艺过程卡片外，还需要编写详细的装配工序卡片及工艺守则，用以具体指导装配工人进行操作。

(7) 制订产品的检验和试验规范。完成产品装配后，应按产品的技术性能要求及验收技术条件制订检验和试验规范。内容包括：①检验和试验的项目及检验质量指标；②检验和试验的方法、条件与环境要求；③检验和试验所需工艺装备的选择与设计；④质量问题的分析方法和处理措施等。

4. 装配工作法

1) 可拆连接的装配

可拆连接有螺纹连接、键连接、花键连接和圆锥面连接。其中螺纹连接应用最广。

(1) 螺纹连接的装配。装配中，十分广泛地应用螺栓、螺钉(或螺柱)与螺母来连接零部件(图 4.27)，具有装拆、更换方便，易于多次装拆等优点。螺纹连接的装配质量主要包括：螺栓和螺母正确地旋紧；螺栓和螺钉在连接中不应有歪斜和弯曲的情况；锁紧装置可靠；被连接件应均匀受压，互相紧密贴合，连接牢固。螺纹连接应做到用手能自由旋入，拧得过紧的螺纹连接将会降低螺母的使用寿命和在螺栓中产生过大的应力；过松则受力后螺纹会断裂。为了使螺纹连接在长期工作条件下能保证结合零件的稳固，必须给予一定的拧紧力矩。

表 4-3　装配工艺过程卡片

（企业名称）	装配工艺过程卡片		产品型号			零（部）件图号		共　页
			产品名称			零（部）件名称		第　页
工序号	工序名称	工序内容	车间	工段	设备	工艺装备	辅助材料	工时定额

										设计（日期）	审核（日期）	标准化（日期）	会签（日期）	
标记	处数	更改文件号	签字	日期	标记	处数	更改文件号	签字	日期					

表 4-4　装配工序卡片

(企业名称)	装配工序卡片	产品型号		零(部)件图号		共　页
		产品名称		零(部)件名称		第　页

工序号		工序名称		车间		工段		设备		工序工时	

工步号	工步内容	工艺装备	辅助材料	工时定额	
				机动	辅助

										设计(日期)	审核(日期)	标准化(日期)	会签(日期)	
标记	处数	更改文件号	签字	日期	标记	处数	更改文件号	签字	日期					

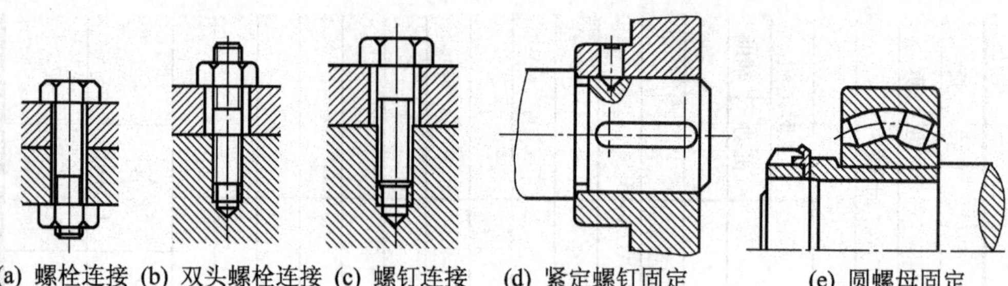

(a) 螺栓连接 (b) 双头螺栓连接 (c) 螺钉连接 (d) 紧定螺钉固定 (e) 圆螺母固定

图 4.27　常见螺纹连接类型

普通螺纹材料为35钢，经过正火，在扳手上的最大许用扭矩见表4-5。对于材料为Q235、Q255、Q275 和45钢(经过正火)的螺栓、螺钉(柱)或螺母，应将表中数值分别乘以系数0.75、0.8、0.9和1.1。

表 4-5　螺纹的拧紧扭矩

螺纹直径/mm	6	8	10	12	14	16	18	20	22	24	27	30	36
拧紧扭矩/(N·m)	4	9.5	18	32	51	80	112	160	220	280	410	550	970

按螺纹连接的重要性，分别采用以下几种方法来保证螺纹连接的拧紧程度。

① 测量螺栓伸长法：用百分表或其他测量工具来测定螺栓的伸长量，从而测算出夹紧力(图 4.28)，计算公式为

$$F_0=\frac{\lambda}{l}ES$$

式中：F_0——夹紧力，N；

λ——伸长量，mm；

l——螺栓在两支持面间的长度，mm；

S——螺栓的截面积，mm^2；

E——螺栓材料的弹性模量，MPa。

螺栓中的拉应力$\sigma=\frac{\lambda}{l}E$，不得超过螺栓的许用拉应力。

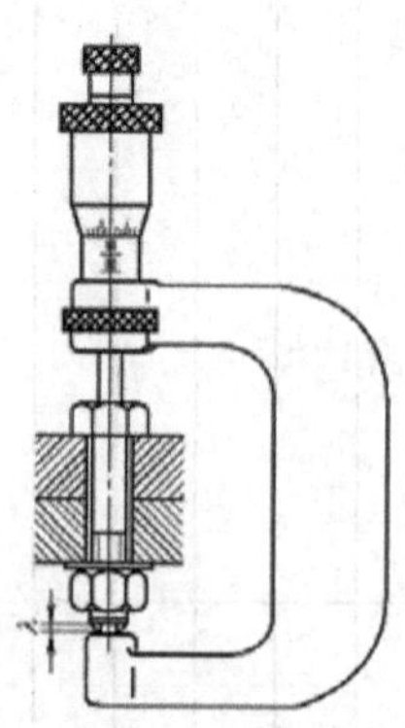

图 4.28　螺栓伸长量的测量简图

② 扭矩扳手法：为使每个螺钉或螺母的拧紧程度较为均匀一致，可使用扭矩扳手(图 4.29)和预置式扳手，可事先设定(预置)扭矩值，拧紧扭矩调节精度可达 5%。

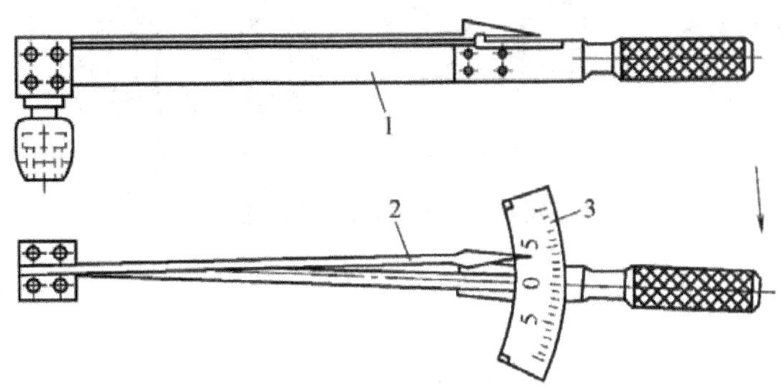

图 4.29　扭矩扳手

1—弹性心杆；2—指针；3—标尺

③ 使用具有一定长度的普通扳手，根据普通装配工能施加于手柄上的最大扭矩和正常扭矩(一般正常装配工的最大扭矩为 400～600N·m，正常扭矩是 200～300N·m)来选择扳手的适宜长度，从而保证一定的拧紧扭矩。

④ 安装螺母的基本要求如下。

a．螺母应能用手轻松地旋到待连接零件的表面上。

b．螺母的端面必须垂直于螺纹轴线。

c．螺纹的表面必须正确而光滑。

d．当装配成组螺钉、螺母时，为使紧固件的配合面上受力均匀，应按“先中间、后两边”的顺序逐次(一般为 2～3 次)拧紧螺母，而且每个螺钉或螺母不能一次就完全拧紧。如有定位销，最好先从定位销附近开始，图 4.30 所示为螺母拧紧顺序示例，图中编号为拧紧的顺序。

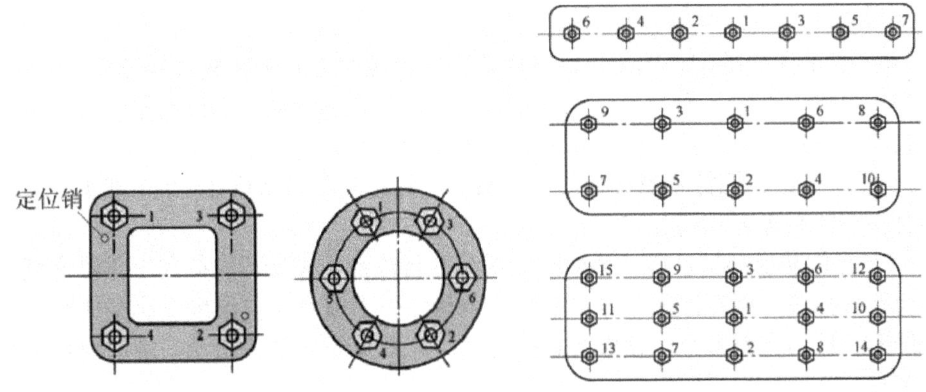

图 4.30　拧紧成组螺母顺序

e．零件与螺母的贴合面应平整光洁，否则螺纹容易松动。为提高贴合面质量，可加垫圈。在交变载荷和振动条件下工作的螺纹连接有逐渐自动松开的可能，为防止螺纹连接的松动，可用弹簧垫圈、止退垫圈、开口销和止动螺钉等防松装置(图 4.31)。

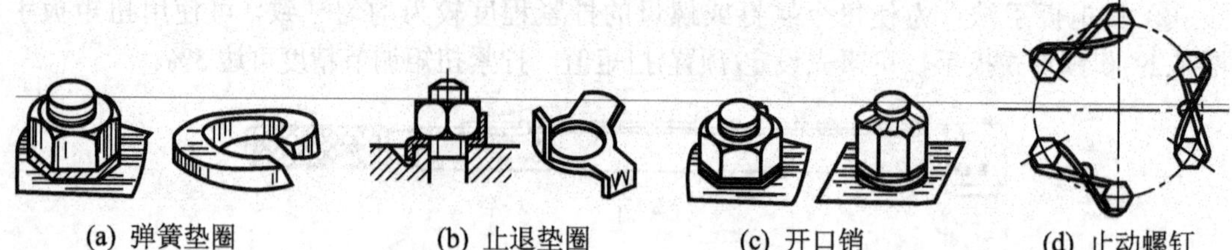

(a) 弹簧垫圈　(b) 止退垫圈　(c) 开口销　(d) 止动螺钉

图 4.31　各种螺母防松装置

特别提示

垫圈的使用方法

(1) 钢制平垫圈：用于增加支承面积，提高螺栓与工件之间的摩擦力矩。这种情况多用于被接合工件表面光洁度不高的场合，还可以用来遮盖较大的孔眼，以及防止损伤零件表面，如钢制螺栓与铝质材料接合，并且要使用弹簧垫圈时，为防止弹簧垫圈划伤工件表面，就需要在弹簧垫圈下增加平垫圈。

(2) 铜制平垫圈：用于高压防漏。

(3) 弹簧垫圈：用于防松，但防松性能不高。

(4) 止动垫圈：用于防松。

⑤ 螺纹连接的技术要求。螺纹连接可分为一般紧固螺纹连接和规定预紧力的螺纹连接。前者无预紧力要求，连接时可采用普通扳手、风动或电动扳手拧紧螺母；后者有预紧力要求，连接时可采用扭矩扳手等方法拧紧螺母。

a．螺钉、螺栓和螺母紧固时严禁打击或使用不合适的旋具与扳手。紧固后螺钉槽、螺母和螺钉、螺栓头部不得有损伤。

b．保证一定的拧紧力矩。为达到螺纹连接可靠和紧固的目的，螺纹连接装配时应有一定的拧紧力矩，使螺纹牙间产生足够的预紧力。有规定拧紧力矩要求的紧固件应采用力矩扳手紧固。

c．用双螺母时应先装薄螺母后装厚螺母。

d．保证螺纹连接的配合精度。螺纹配合精度由螺纹公差带和旋合长度两个因素确定，分为精密、中等和粗糙 3 种。旋合长度是指两个相配合的螺纹，沿螺纹轴线方向相互旋合部分的长度，分短、中、长 3 组，分别用代号 S、N 和 L 表示。

e．一般，螺钉、螺栓和螺母拧紧后，螺钉、螺栓应露出螺母 1～2 个螺距。沉头螺钉拧紧后钉头不得高出沉孔端面。

f. 有可靠的防松装置。螺纹连接一般都具有自锁性，在受静载荷和工作温度变化不大时，不会自行松脱，但在冲击、振动或交变载荷作用下以及工作温度变化很大时，会使螺纹牙之间的正压力突然减小，使螺纹连接松动。为避免螺纹连接松动，螺纹连接应有可靠的防松装置。

特别提示

1. 螺纹连接装配的常用工具

由于螺纹连接中螺栓、螺钉、螺母等紧固件的种类较多，形状各异，因而装拆工具也有各种不同的形式，装配时应根据具体情况合理选用。

1) 螺钉旋具

螺钉旋具用于拧紧或松开头部带沟槽的螺钉。它的工作部分用碳素工具钢制成，并经淬火处理。常用的螺钉旋具有一字槽螺钉旋具和其他螺钉旋具。

(1) 一字槽螺钉旋具。这种螺钉旋具由手柄 1、刀体 2 和刀口 3 这 3 部分组成。它的规格以刀体部分的长度来表示，常用的有 100mm、 150mm、200mm、300mm 及 400mm 等几种。使用时，应根据螺钉沟槽的宽度来选用，如图 4.32 所示。

图 4.32　一字槽螺钉旋具

1—手柄；2—刀体；3—刀口

(2) 其他螺钉旋具。弯头螺钉旋具如图 4.33(a)所示，其两头各有一个刃口，互成垂直位置，用于螺钉头顶部空间受到限制的场合；十字槽螺钉旋具如图 4.33(b)所示，用于拧紧头部带十字槽的螺钉，即使在较大的拧紧力下，旋具也不易从槽中滑出；快速螺钉旋具如图 4.33(c)所示，工作时推压手柄，使螺旋杆通过来复孔而转动，可以快速拧紧或松开小螺钉，从而加快装拆速度。

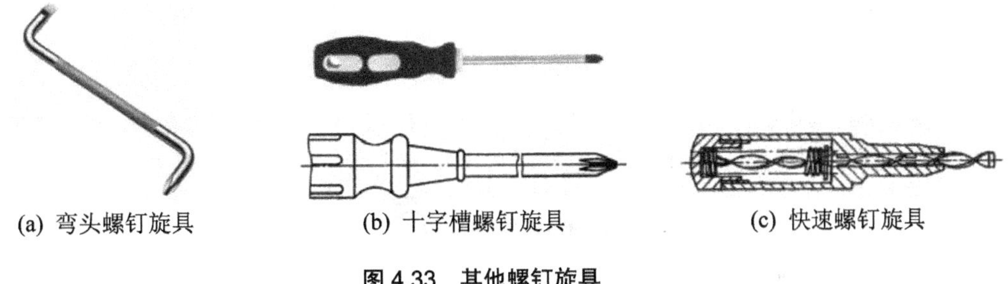

(a) 弯头螺钉旋具　(b) 十字槽螺钉旋具　(c) 快速螺钉旋具

图 4.33　其他螺钉旋具

2) 扳手

扳手是用来装拆六角形、正方形螺钉及各种螺母的。常用的扳手分为通用扳手、专用扳手和特种扳手。

(1) 通用扳手，也叫活动扳手，如图 4.34 所示。它由扳手体、固定钳口、活动钳口和螺杆组成。开口尺寸可在一定范围内调节。使用时应让其固定钳口承受主要作用力，否则容易损坏扳手。

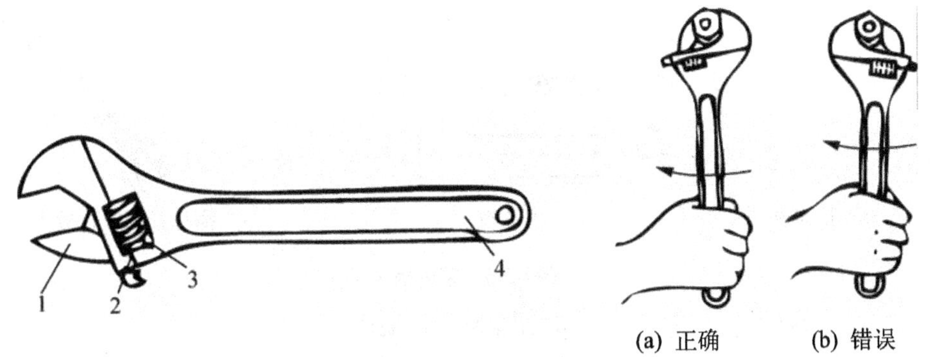

(a) 正确　(b) 错误

图 4.34　活动扳手

1—活动钳口；2—固定钳口；3—螺杆；4—扳手体

其规格用长度表示，见表4-6。

表4-6　活动扳手的规格

长度									
长度	公制/mm	100	150	200	250	300	375	450	600
	英制/in	4	6	8	10	12	15	18	24
开口最大宽度/mm		14	19	24	30	36	46	55	65

(2) 专用扳手。专用扳手可分为以下几种类型。

① 开口扳手。开口扳手用于装拆六角形或方头的螺母或螺钉，有单头和双头之分。其开口尺寸与螺母或螺钉对边间距的尺寸相适应，并根据标准尺寸做成一套，如图4.35所示。

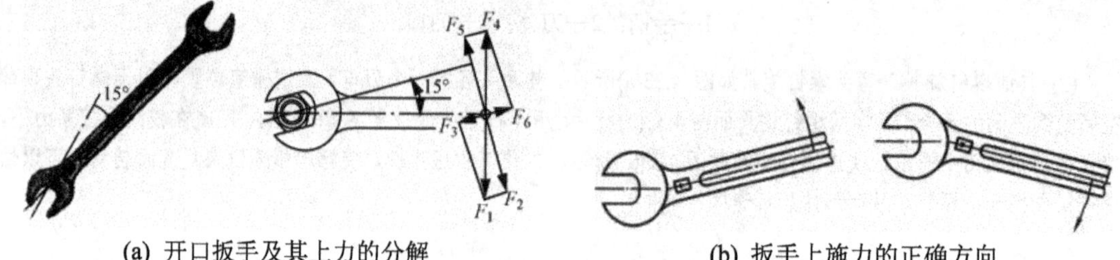

(a) 开口扳手及其上力的分解　　(b) 扳手上施力的正确方向

图4.35　开口扳手

② 整体扳手。整体扳手分为正方形、六角形、十二角形(梅花扳手)等。整体扳手只要转过30°，就可以改换方向再扳，适用于工作空间狭小，不能容纳普通扳手的场合，应用较广泛，如图4.36所示。

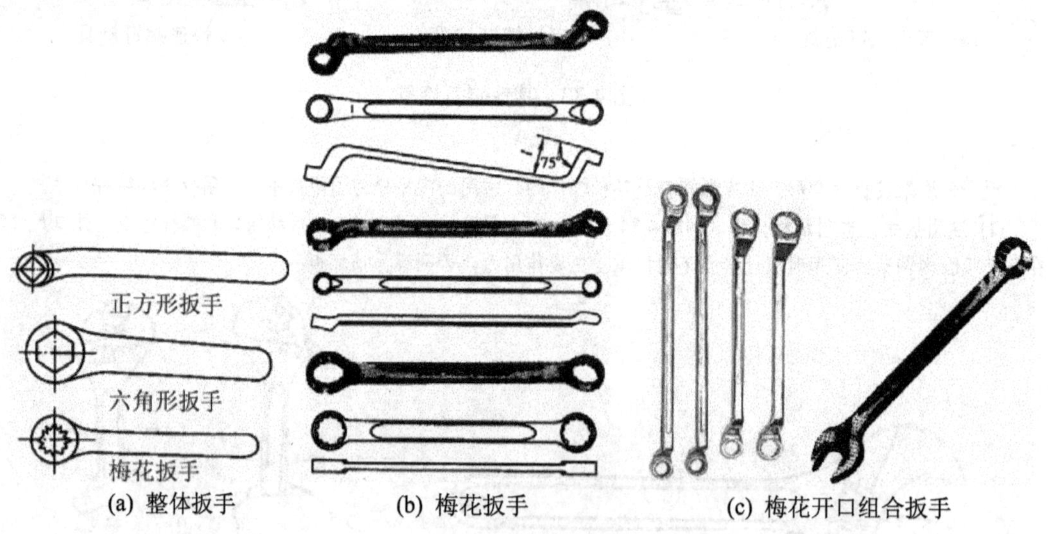

(a) 整体扳手　　(b) 梅花扳手　　(c) 梅花开口组合扳手

图4.36　整体扳手

③ 锁紧扳手。锁紧扳手专门用来锁紧各种结构的圆螺母，如图4.37所示。

④ 套筒扳手。套筒扳手由一套尺寸不等的梅花套筒组成。在受结构限制、其他扳手无法装拆或节省装拆时间时采用，因弓形手柄能连续转动，使用方便，工作效率较高，如图4.38所示。

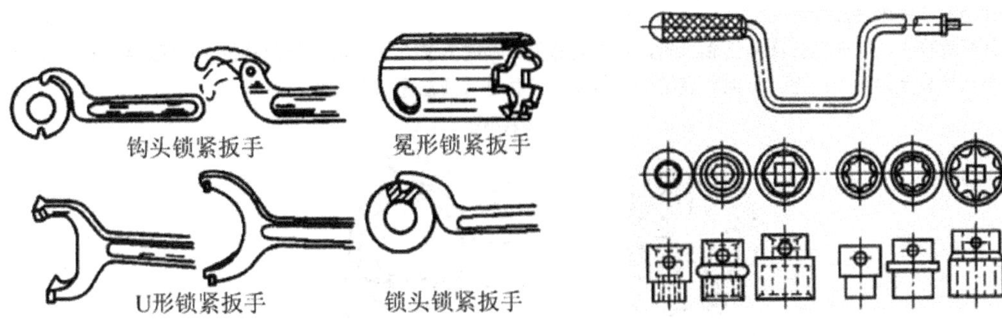

图 4.37　锁紧扳手　　　　图 4.38　成套套筒扳手

⑤ 内六角扳手。内六角扳手用于装拆内六角螺钉。成套的内六角扳手可供装拆 M4～M30 的内六角螺钉，如图 4.39 所示。

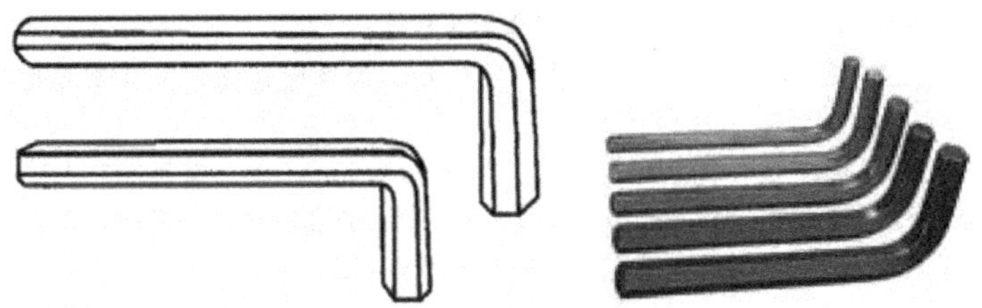

图 4.39　内六角扳手

(3) 特种扳手。如棘轮扳手，此种扳手通过反复摆动手柄即可逐渐拧紧螺母或螺钉，使用方便，效率较高，如图 4.40 所示。

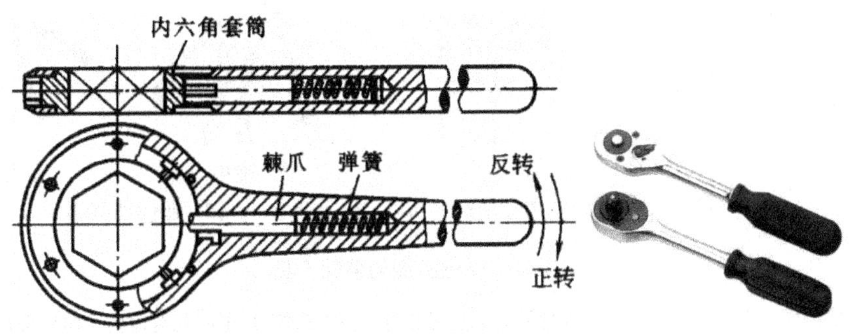

图 4.40　棘轮扳手

除了上面介绍的普通扳手外，在成批生产和装配流水线上广泛采用风动扳手、电动扳手。为了满足不同需要，还可采用各种专用工具，如液力拉伸器、拆卸双头螺柱工具等。

2. 弹性挡圈的装配技术

弹性挡圈用于防止轴或其上零件的轴向移动，分为轴用弹性挡圈(图 4.41)、孔用弹性挡圈(图 4.42)。

(a) 平弹性挡圈

(b) 锥面弹性挡圈

图 4.41　轴用弹性挡圈　　　　图 4.42　孔用弹性挡圈

弹性挡圈的装配要点如下。

在装配过程中，将弹性挡圈装至轴上时，挡圈将张开，而将其装入孔中时，挡圈将被挤压(图 4.43)，从而使弹性挡圈承受较大的弯曲应力。所以，在装配和拆卸弹性挡圈时须注意以下几点。

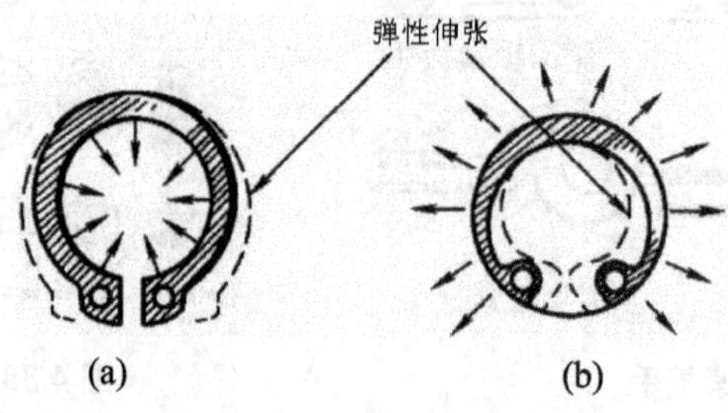

图 4.43　弹性挡圈的弹性

(1) 在装配和拆卸弹性挡圈时，应使其工作应力不超过其许用应力(即弹性挡圈的张开量或挤压量不得超出其许可变形量)，否则会导致挡圈的塑性变形，影响其工作的可靠性。

(2) 为了简化弹性挡圈的装拆，可以采用一些专用工具，如弹性挡圈钳或具有锥度的心轴和导套等，如图 4.44 所示。

弹性挡圈钳又称卡簧钳，规格按长度分 125mm、175mm 和 225mm 3 种。轴用和孔用弹性挡圈钳均有直头和弯头两种，如图 4.44(d)所示。选用时应注意选择与弹性挡圈相适合规格的弹性挡圈钳。安装时最好在弹性挡圈钳上装有可调的止动螺钉，这样可防止弹性挡圈在装配时产生过度变形。

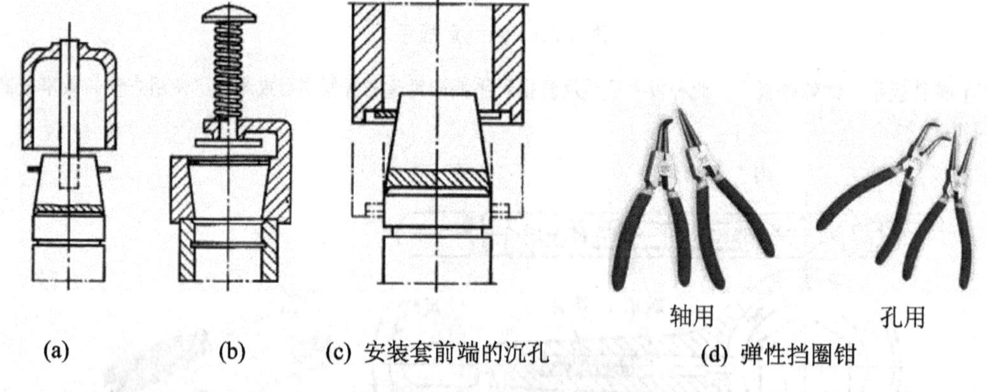

(a)　(b)　(c) 安装套前端的沉孔　(d) 弹性挡圈钳

图 4.44　弹性挡圈的装配工具

(3) 在装配沟槽处于轴端或孔端的弹性挡圈时，应将弹性挡圈的两端 1 先放入沟槽内，然后将弹性挡圈的其余部分 2 沿着轴或孔的表面推进沟槽，使挡圈的径向扭曲变形最小，如图 4.45 所示。

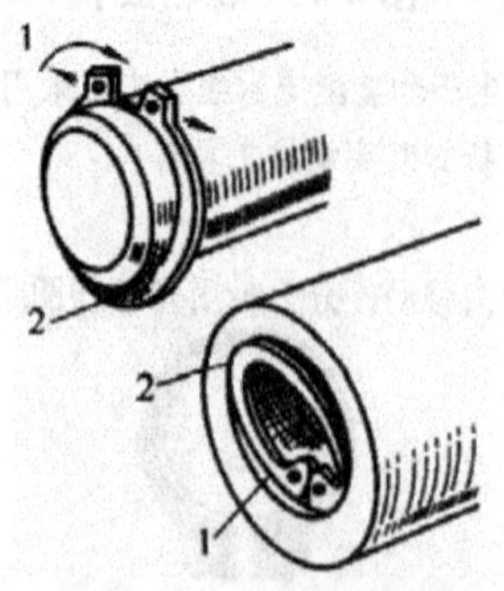

图 4.45　弹性挡圈的装配图

1—两端；2—其余部分

(4) 在安装前应检查沟槽的尺寸是否符合要求，同时应确认所用的弹性挡圈与沟槽具有相同规格尺寸。

(2) 键、花键和圆锥面的连接。

键连接是可拆连接的一种。它又分为平键、楔形键和半圆键连接 3 种。采用这些连接装配时，应注意以下几点。

① 键连接尺寸按基轴制制造，花键连接尺寸按基孔制制造，以便适合各种配合的零件。

② 大尺寸的键和轮毂上键槽通常采用修配装配法，修配精度可用塞尺检验。大批生产中键和键槽不宜修配装配。

③ 在楔形键配合中，把套与轴的配合间隙减小至最低限度，以消除装配后的偏心度，如图 4.46 所示。

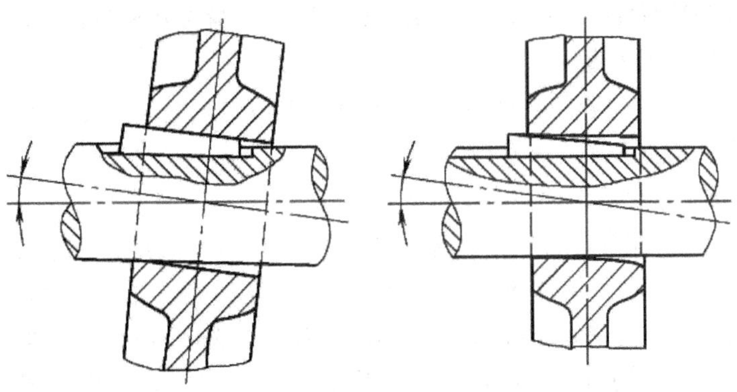

图 4.46　键连接的零件在安装楔形键后的位移

④ 花键连接能保证配合零件获得较高的同轴度。它的装配形式有滑动、紧滑动和固定 3 种。固定配合最好用加热压入法，不宜用锤击法，加热温度在 80～120℃。套件压合后应检验跳动误差。重要的花键连接还要用涂色法检验。

圆锥面连接的主要优点是装配时可轻易地把轴装到锥套内，并且定心度较好。装配时，应注意锥套和轴的接触面积和轴压入锥套内所用的压力大小。

2) 不可拆连接的装配

不可拆连接的特点是：连接零件不能相对运动；当拆开连接时，将损伤或破坏连接零件。

属于不可拆连接的有过盈连接、焊接连接、铆钉连接、粘合连接和滚口及卷边连接。下面主要介绍过盈连接的装配。

过盈连接通过包容件(孔)和被包容件(轴)配合后的过盈量达到紧固连接。过盈连接之所以能传递载荷，原因在于零件具有弹性和连接具有装配过盈。装配后包容件和被包容件的径向变形使配合面间产生很大的压力，工作时载荷就靠着相伴而生的摩擦力来传递。

为保证过盈连接的正确和可靠，相配零件在装配前应清洗干净，并具有较低的表面粗糙度值和较高的形状精度；位置要正确，不应歪斜；实际过盈量要符合要求，必要时测出实际过盈量，分组选配；合理选择装配方法。

过盈连接常用的装配方法有压入配合法、热胀配合法、冷缩配合法、液压套合法等。近年来由于液压套合法的应用，其可拆性日益增加。

(1) 压入配合法。可用手锤加垫块敲击压入或用压力机压入，适用于配合精度要求较低或配合长度较短的场合，多用于单件生产。其装配工艺要点如下。

① 压入过程应平稳并保持连续，速度不宜太快，一般压入速度为 2～4mm/min，并能按结构要求准确控制压入行程。

② 压装的轴或套引入端应有适当导锥(通常约为 10°)。压入时，特别是开始压入阶段必须保持轴与孔中心一致，不允许有倾斜现象。

③ 将实心轴压入盲孔时，应在适当部位有排气孔或槽。

④ 压装零件的配合表面除有特殊要求外，在压装时应涂以清洁的润滑油，以免装配时擦伤零件表面。

⑤ 对细长的薄壁件(如管件)，应特别注意检查其过盈量及形位误差，压配时应有可靠的导向装置，尽量采用垂直压入，以防变形。

⑥ 压入配合后，被包容的内孔有一定的收缩，应予以注意。对孔内尺寸有严格要求时，应预先留出收缩量或重新加工内孔。

⑦ 经加热或冷却的配合件在装配前要擦拭干净。

⑧ 常温下的压入配合，可根据计算出的压力增大 20%～30%选用压力机。

(2) 热胀配合法。利用物体热胀冷缩的原理，将孔加热使孔径增大，然后将轴自由装入孔中。其常用的加热方法是把孔放入热水(80～100℃)或热油(90～320℃)中。

热装零件时加热要均匀。加热温度一般不宜超过 320℃，淬火件不超过 250℃。

热胀法一般适用于大型零件，而且过盈量较大的场合。

(3) 冷缩配合法。利用物体热胀冷缩的原理，将轴进行冷却(用固体 CO_2 冷却的酒精槽如图 4.47 所示)，待轴缩小后再把轴自由装入孔中。常用的冷却方法是采用干冰、低温箱和液氮进行冷却。

冷缩法与热胀法相比，收缩变形量较小，因而多用于过渡配合，有时也用于过盈量较小的配合。

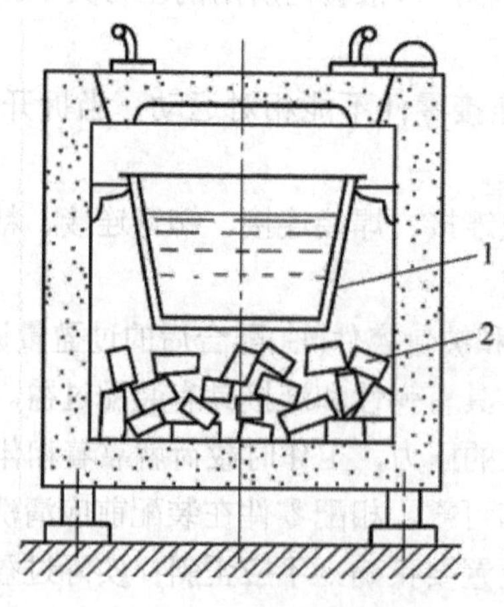

图 4.47　零件的冷却槽

1—冷却槽；2—固体 CO_2

(4) 液压套合法。油压过盈连接(液压套合法)也是一种好的装配方法。它与压入法、温差法相比有着明显的优点，适用于大型或经常拆卸的场合。由于配合面压入高压油，包容内孔扩大，配合面间有一薄层润滑油，所以配合面不易擦伤。

如图 4.48 所示，液压套合法是在被配合的零件间压入高压油，使包容件产生弹性变形，内孔扩大，再用液压装置或机械推动装置给以轴向推力，当配合件沿轴向移动达到位置后，卸去高压油(先卸径向油压，约 0.5～1h 后，再卸轴向油压)。包容件内孔收缩，在配合面间产生过盈。

该方法的缺点是：制造精度高，安装拆卸时需要专用工具。装配时，连接件的结构和尺寸必须正确，承压面不得有沟纹，端面间过度处须有圆角。除因锥度而产生的轴向分力外，拆卸时仍需另加轴向力，注意防止零件脱落时伤人。

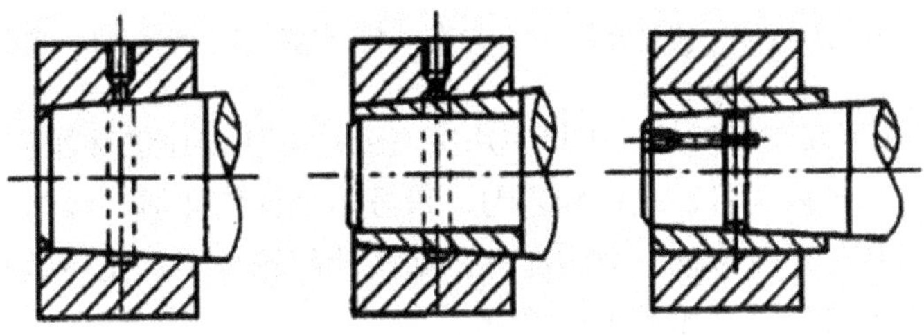

图 4.48　液压套合法示意图

(5) 过盈连接装配法的选择。

① 当配合面为圆柱面时，可采用压入法或温差法(加热包容件或冷却被包容件)装配。当其他条件相同时，用温差法能获得较高的摩擦力或力矩，因为它不像压入法那样会擦伤配合表面。具体采用哪一种装配法由工厂设备条件、过盈量大小、零件结构和尺寸等决定。

② 对于零件不经常拆卸，同轴度要求不高的装配可直接采用手锤打入。

③ 相配零件压合后，包容件的外径将会增大，而被包容件如果是套件(图 4.49)，则其内径将缩小。压合时除使用各种压力机外，尚须使用一些专用夹具，以保证压合零件得到正确的装夹位置及避免变形。图 4.50 所示为使用专用夹具的几个实例。

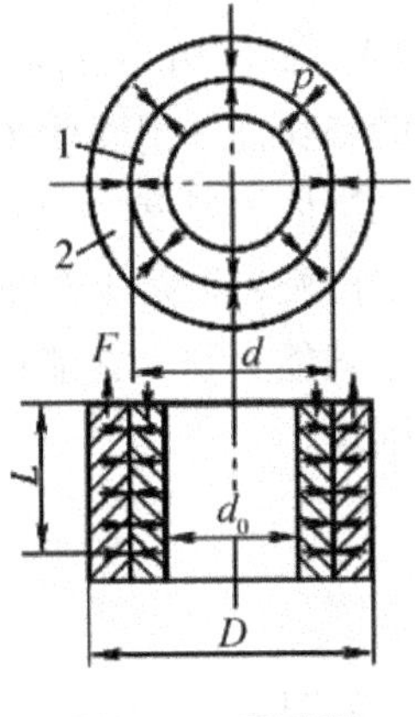

图 4.49　压配图

1—被包容件；2—包容件

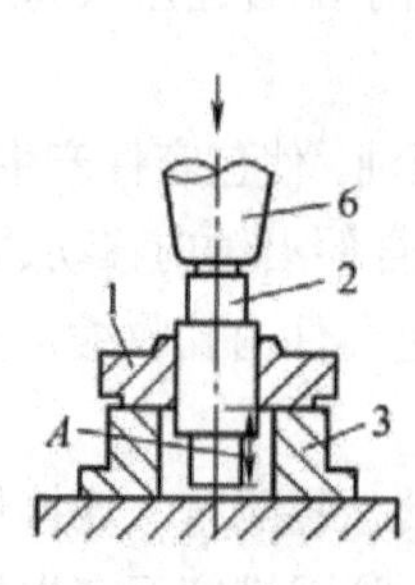

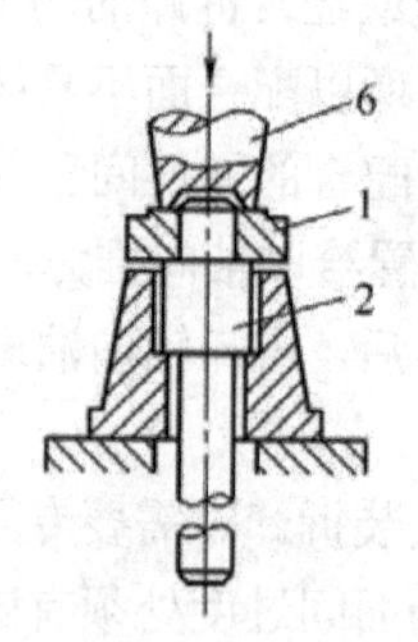

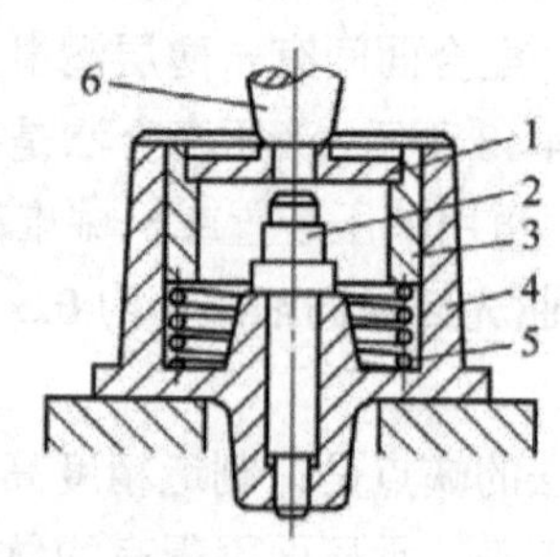

图 4.50　压合专用夹具

1—包容件；2—被包容件；3—导套；4—支座；5—弹簧；6—压头

④ 一般包容件可以在煤气炉或电炉中用空气或液体作介质进行加热。如零件加热温度要保持在一个狭窄范围内，且加热特别均匀，最好用液体作介质。液体可以是水或纯矿物油，在高温加热时可使用蓖麻油。大型零件，如齿轮的轮缘和其他环形零件可用移动式螺旋电加热器以感应电流加热，如图 4.51 所示。

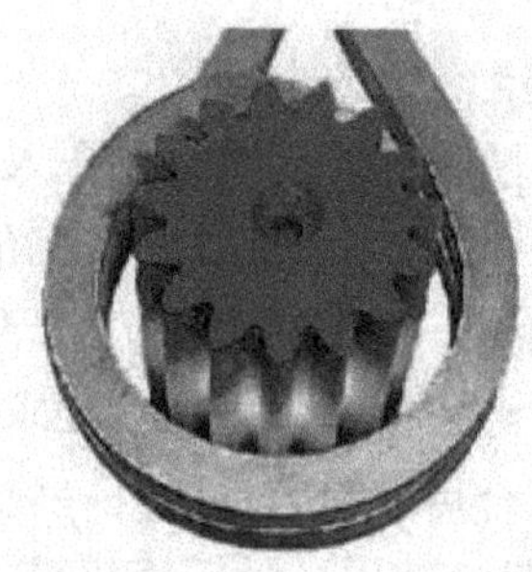

图 4.51　用感应电流加热零件

⑤ 加热大型包容件的劳动量很大，最好用相反的方法，即通过冷却较小的被包容件来获得两个零件的温度差。冷却零件的冷却剂，用固体 CO_2，可以把零件冷却到−78℃，液态空气和液态氮气可以把零件冷却到更低的温度(−180～−190℃)。

使用冷却方法必须采用劳动保护措施，以防止介质伤人。

总之，过盈连接有对中性好和承载能力强、并能承受一定冲击力等优点，但对配合面的精度要求高，加工和装拆都比较困难。

5. 典型部件的装配

1) 滑动轴承的装配

滑动轴承分为整体式和剖分式，如图 4.52(a)、(b)所示。

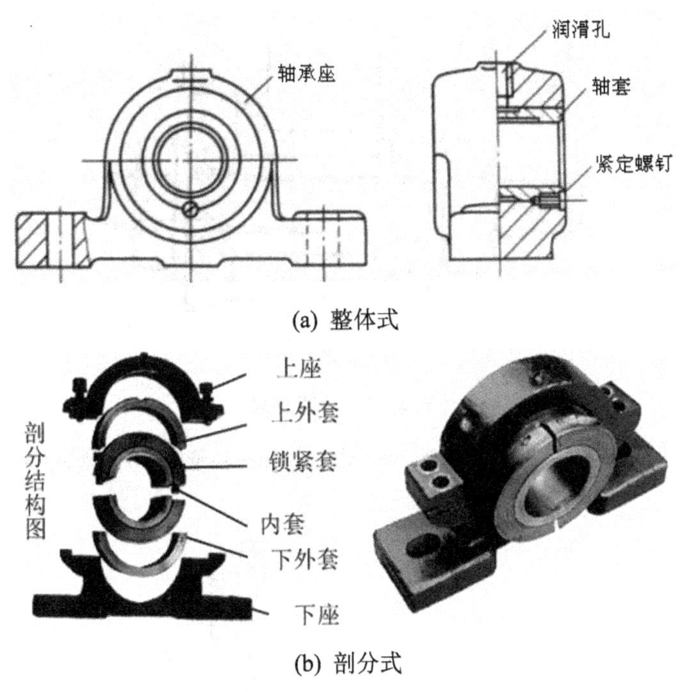

(a) 整体式

(b) 剖分式

图 4.52　滑动轴承

(1) 整体式滑动轴承。整体式滑动轴承又称轴套，其结构分为 3 种形式，如图 4.53 所示。

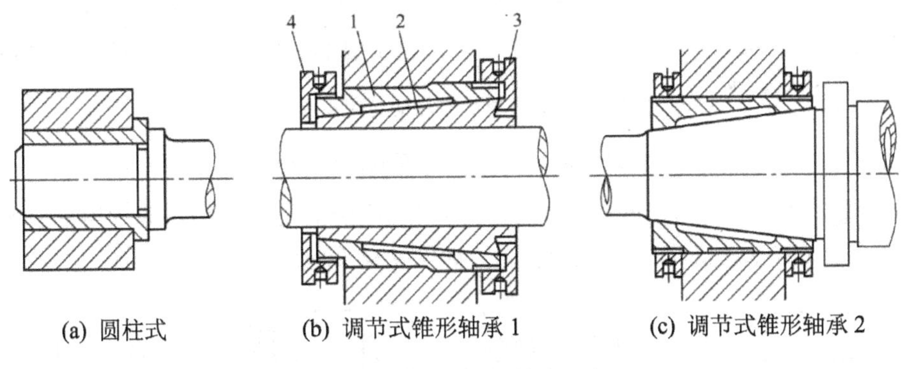

(a) 圆柱式　(b) 调节式锥形轴承 1　(c) 调节式锥形轴承 2

图 4.53　滑动轴承的结构形式

1—衬套；2—轴承；3、4—螺母

整体式滑动轴承的装配要点如下。

① 将符合要求的轴套和轴承座孔去除毛刺，擦洗干净，并在轴套外径和轴承座孔内涂润滑油。

② 压入轴套。压入时可根据轴套的尺寸和结合的过盈大小，选择合适的装配方法。当尺寸和过盈量较小时，可用手锤加垫板将轴套敲入；当尺寸和过盈量较大时，则应用压力机压入或用拉紧夹具把轴套压入机体中，如图 4.54 所示。压入时，如果套上有油孔，应与机体上的油孔对准，因此为了轴套定位和防止轴套歪斜，压入时，可用导向环或导向心轴导向。利用图 4.55 所示的几种压配夹具，可以获得良好的效果。

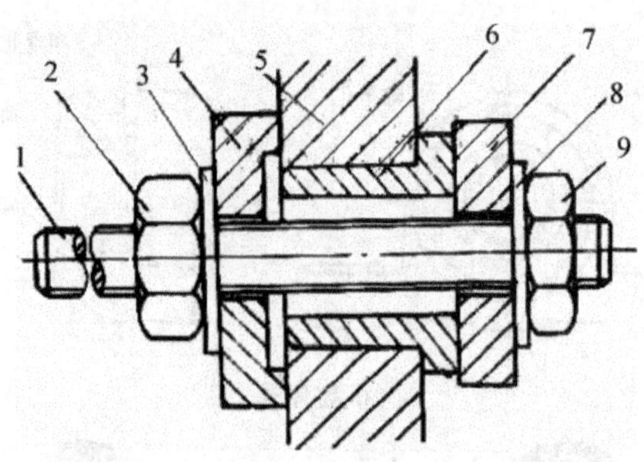

图 4.54 拉紧夹具

1—螺杆；2、9—螺母；3、8—垫圈；4—支承套；5—轴承座；6—轴套；7—开口垫圈

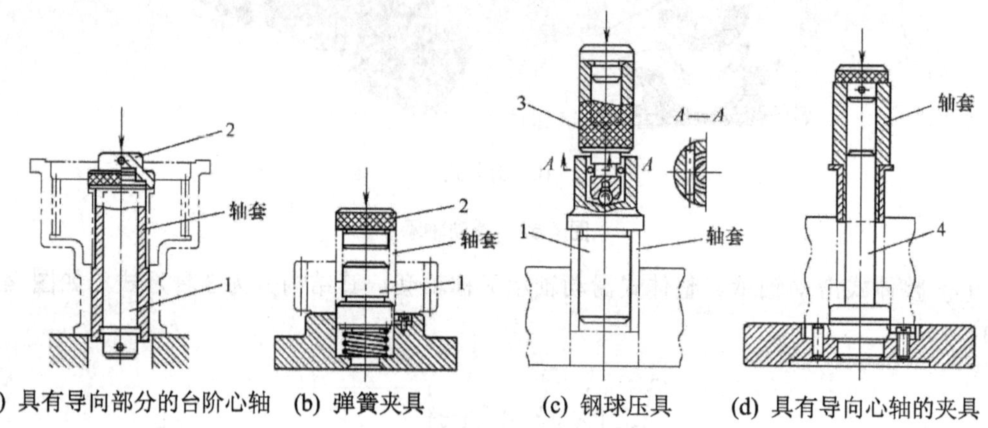

(a) 具有导向部分的台阶心轴 (b) 弹簧夹具 (c) 钢球压具 (d) 具有导向心轴的夹具

图 4.55 压配轴套的专用夹具

1—螺杆；2—螺母；3—垫圈；4—支承套

③ 轴套定位。压入轴套后，对负荷较大的滑动轴承的轴套，应按要求用紧定螺钉或定位销等固定轴套位置，以防轴套随轴转动，如图 4.56 所示。

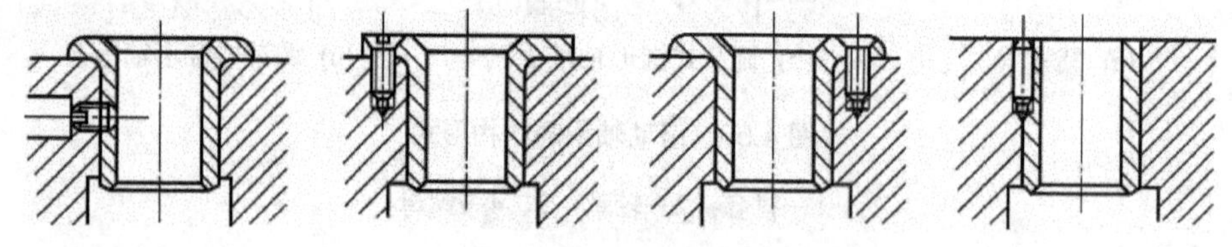

图 4.56 轴套的定位方式

④ 轴套的修整。轴套由于壁薄，在压装后，内孔易发生变形。如内孔缩小或成椭圆形，可用铰削、刮削、研磨或钢球挤压等方法，对轴套孔进行修整。

⑤ 轴套的检验。轴套修整后，沿孔长方向取两、三处，作相互垂直方向上的检验，可以测定轴套孔的圆度误差及尺寸。测量方法是用内径百分表在每一处测内径(最大－最小即为这一处的圆度误差)，如图 4.57 所示。同时要检验轴套孔中心线对轴套端面的垂直度，方法是用与轴套孔尺寸相对应的检验塞规插入轴套孔内，借助涂色法或用塞尺来检查其准确

性，如图 4.58 所示。

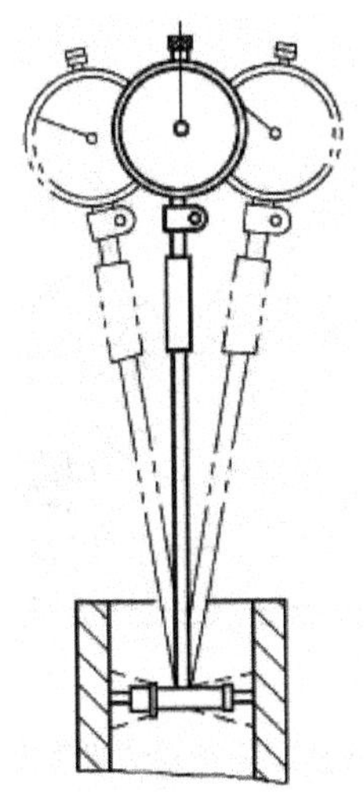

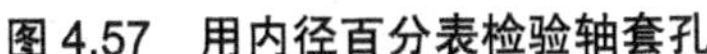

图 4.57　用内径百分表检验轴套孔

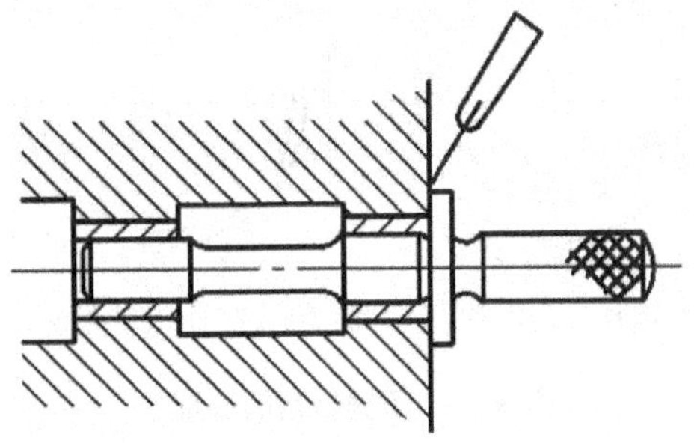

图 4.58　用塞规检验轴套装配的垂直度

(2) 剖分式滑动轴承。剖分式滑动轴承分为厚壁轴瓦和薄壁轴瓦两种。厚壁轴瓦由低碳钢、铸铁和青铜制成，并在滑动表面上浇铸巴氏合金和其他耐磨合金。这种轴瓦壁厚为 3～5mm，巴氏合金的厚度为 0.7～3.0mm。薄壁轴瓦由低碳钢制造，在其滑动表面上浇铸一层巴氏合金或铜铅合金。轴瓦壁厚为 1.5～3mm。薄壁轴瓦具有互换性。

剖分式滑动轴承的装配装配要点如下(图 4.59)。

剖分式滑动轴承的优点是可以利用垫片调整轴瓦与轴的间隙，拆装轴时比较方便。

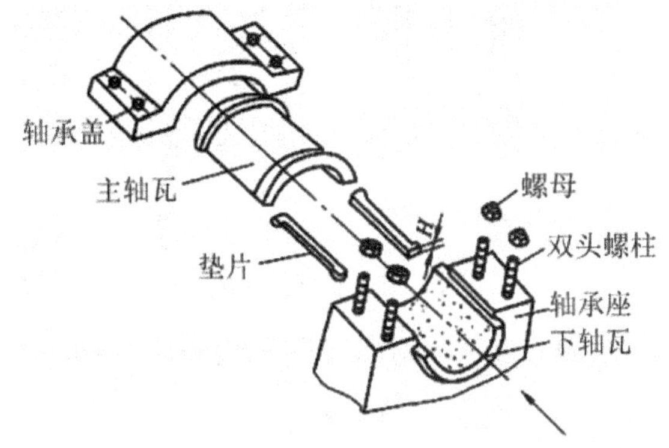

图 4.59　剖分式滑动轴承的装配顺序

① 轴瓦与轴承座、盖的装配。上、下轴瓦与轴承座、盖装配时，应使轴瓦背与座孔接触良好，用涂色法检查，着色要均匀，如不符合要求，对厚壁轴瓦以座孔为基准，刮削轴瓦背部。同时应注意轴瓦的台肩紧靠座孔的两端面，达到 H7/f7 配合，如太紧也需进行修刮。对于薄壁轴瓦则不便修刮，需进行选配。在没有把轴瓦安装到轴承座内时，轴瓦需有如图 4.60(a)所示的形状。压入轴承座后为达到配合的紧密，保证有合适的过盈量，薄壁轴瓦的剖分面应比轴承座的剖分面略高一些，其值为 $h=\frac{\pi\delta}{4}$ mm(式中 δ 为轴瓦与机体孔的配合过盈量)，如图 4.60(b)所示。一般取 h=0.05～0.10mm，它可用工具来检验，如图 4.61

所示。轴瓦装入时，剖分面上应垫上木板，用手锤轻轻敲入，避免将剖分面敲毛，同时应听声音判断，要确定贴实。

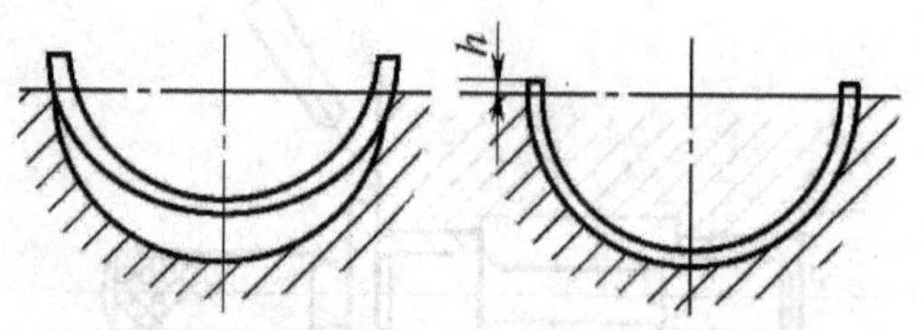

(a) 轴瓦在自由状态　(b) 轴瓦被压入轴承座后

图 4.60　薄壁轴瓦的选配

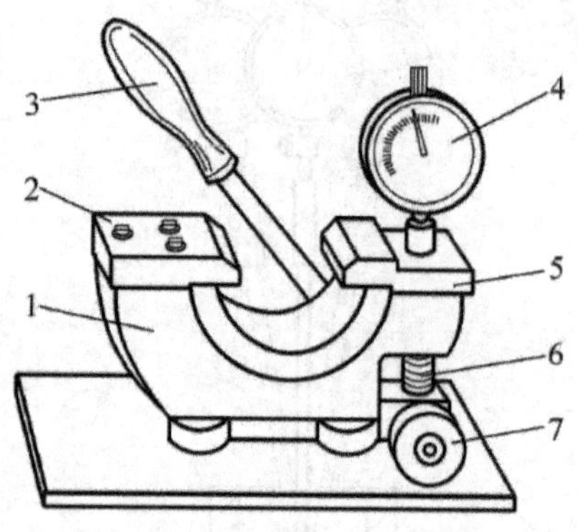

图 4.61 检验薄壁轴瓦边缘高度的装置

1—轴承座；2—固定夹板；3—移动活动夹板的杠杆
4—百分表；5—活动夹板；6—复位弹簧；7—偏心轴

② 轴瓦的定位。轴瓦安装在机体中，无论在圆周方向和轴向都不允许有位移，通常用定位销和轴瓦上的凸肩来止动，如图 4.62 所示。

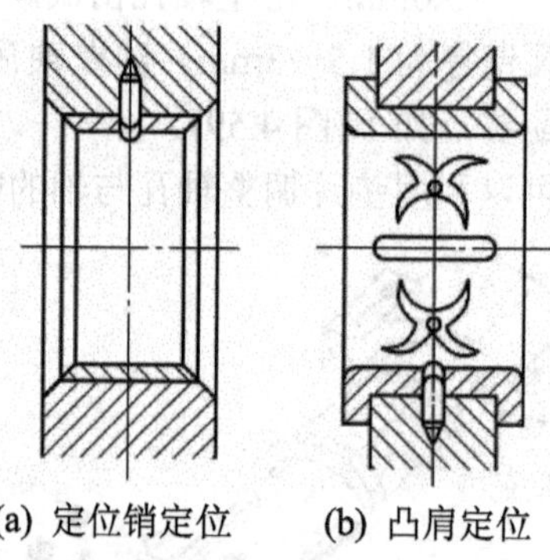

(a) 定位销定位　(b) 凸肩定位

图 4.62　轴瓦的定位

轴承盖在壳体上有 3 种固定方法：a.用销钉；b.用槽；c.用榫台，如图 4.63 所示。

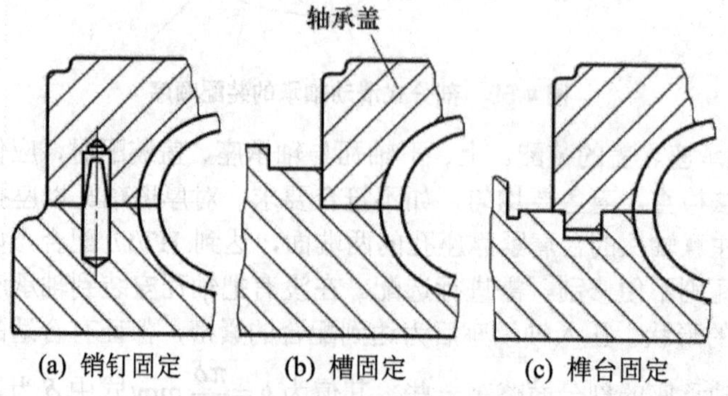

(a) 销钉固定　(b) 槽固定　(c) 榫台固定

图 4.63　固定轴承盖的方法

③ 轴瓦孔的配刮。装配非互换性轴瓦时，用与轴瓦配合的轴来刮研，一般先刮研下轴瓦再刮研上轴瓦。为提高修刮效率，在刮下轴瓦时可不装轴瓦盖，当下轴瓦的接触点基本符合要求时，再将上轴瓦盖压紧，并拧上螺母，在修刮上轴瓦的同时进一步修正下轴瓦的接触点。配刮轴的松紧，可随着刮削的次数，调整垫片的尺寸。当螺母均匀紧固后，配刮轴能够轻松地转动且无明显间隙，接触点也达到要求，即为刮削合格。清洗轴瓦后，即可重新装入。

装配具有互换性的轴瓦时，装配前轴瓦必须严格按公差加工。

(3) 多支承轴承的装配。对于多支承的轴承，为了保证转轴的正常工作，各轴承孔必须在同一轴线上，否则将使轴与各轴承的间隙不均匀，在局部产生摩擦，而降低轴承的承载能力。多支承轴承同轴度误差可用以下方法进行检验，如图 4.64 所示。

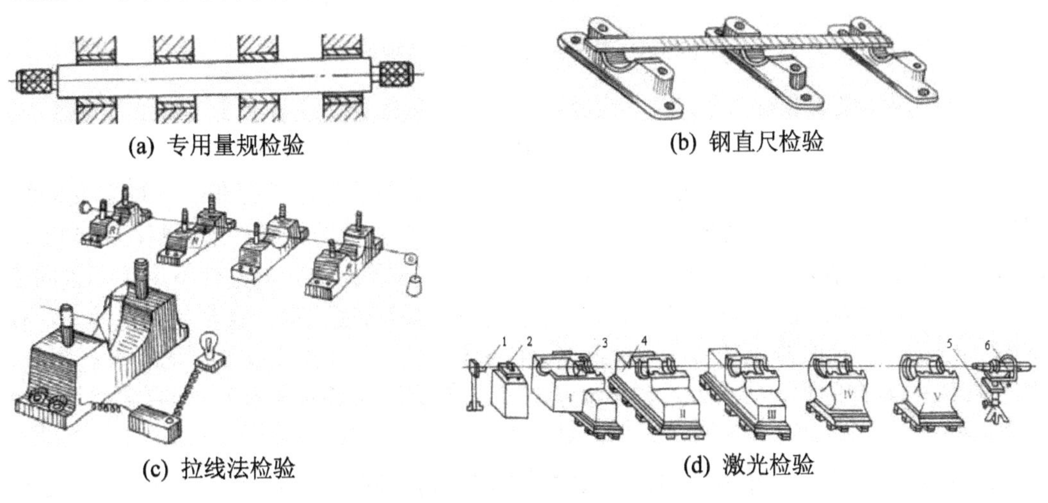

图 4.64　多支承轴承的同轴度误差检验方法

2) 滚动轴承的装配

滚动轴承在各种机械中使用非常广泛，在装配过程中应根据轴承的类型和配合确定装配方法和装配顺序。

(1) 装配前的准备工作。

① 按所装的轴承，准备好所需的工具和量具。

② 按图样的要求检查与轴承相配的零件，如轴、轴承座、端盖等表面是否有凹陷、毛刺、锈蚀和固体的微粒。

③ 用汽油或煤油清洗与轴承配合的零件，并用干净的布仔细擦净，然后涂上一层薄油。

④ 检查轴承型号、数量与图样要求是否一致。

⑤ 清洗。

(2) 向心球轴承属于不可分离型轴承，采用压力法装入机件，不允许通过滚动体传递压力。若轴承内圈与轴颈配合较紧，外圈与壳体孔配合较松，则先将轴承压入轴颈，如图 4.65(a)所示；然后，连同轴一起装入壳体中。若壳外圈与壳体配合较紧，则先将轴承压入壳体孔中，如图 4.65(b)所示。轴装入壳体中，两端要装两个向心球轴承时，一个轴承装好后，装第二个轴承时，由于轴已装入壳体内部，可以采用如图 4.65(c)所示的方法装入。此外还可以采用轴承内圈热胀法、外圈冷缩法或壳体加热法以及轴颈冷缩法装配，其加热温度一般在 60～100℃范围内，其冷却温度不得低于－80℃。

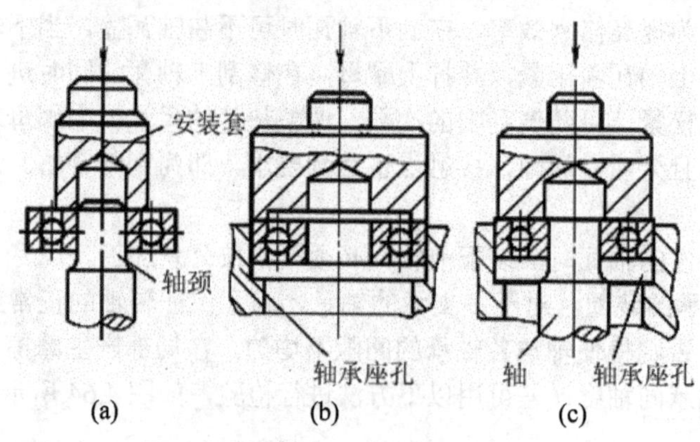

图 4.65　用压入法装配向心球轴承

(3) 圆锥滚子轴承和推力轴承，其内外圈是分开安装的。圆锥滚子轴承的径向间隙 e 与轴向间隙 c 有一定的关系，即 $e=c\tan\beta$，其中 β 为轴承外圈滚道母线对轴线的夹角，一般为 11°～16°。因此，调整轴向间隙也即调整了径向间隙。推力轴承不存在径向间隙的问题，只需要调整轴向间隙。这两种轴承的轴向间隙通常采用垫片或防松螺母来调整，图 4.66 所示为采用垫片调整轴向间隙的例子。调整时，先将端盖在不用垫片的条件下用螺钉紧固于壳体上。对于图 4.66(a)所示的结构，左端盖垫必推动轴承外圈右移，直至完全将轴承的径向间隙消除为止。这时测量端盖与壳体端面之间的缝隙 a_1(最好在互成 120°的 3 点处测量，取其平均值)，轴向间隙 c 则由公式 $e=c\tan\beta$ 求得。根据所需径向间隙 e，即可求得垫片厚度 $a=a_1+c$。

对于图 4.66(b)所示的结构，端盖 1 贴紧壳体 2，可来回推拉轴，测得轴承与端盖之间的轴向间隙。根据允许的轴向间隙大小可得到调整垫片的厚度 a。图 4.67 所示为用防松螺母调整轴向间隙的例子。先拧紧螺母至将间隙完全消除为止，再拧松螺母，退回 $2c$ 的距离，然后将螺母锁住。

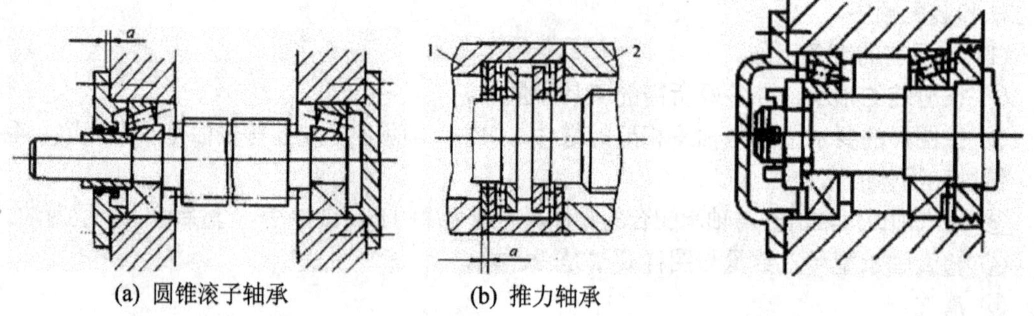

图 4.66　用垫片调整轴向间隙

1—端盖；2—壳体

图 4.67　用防松螺母调整轴向间隙

(4) 滚动轴承装配时的注意事项。

① 安装前应将轴承、轴、孔及油孔等用煤油或汽油清洗干净。

② 滚动轴承上标有代号的端面应装在可见的部位，以便于修理、更换。

③ 把轴承套在轴上时，压装轴承的压力应施加在内圈上；把轴承压在座孔中时，压力应施加在外圈上。轴承装配在轴上和座孔中后，不能有歪斜和卡住现象。

④ 当把轴承同时压装在轴和壳体上时，压力应同时施加在内、外圈上。

⑤ 在压配或用软锤敲打时，应使压配力或打击力均匀地分布于座圈的整个端面。

⑥ 不应使用能把压力施加于夹持架或钢球上去的压装夹具，同时也不应使用手锤直接敲打轴承端面。

⑦ 如果轴承内圈与轴配合过盈较大，最好采用热胀法安装。即把轴承放在温度为90℃左右的机油、混合油或水中加热。当轴承的钢球保持架是塑料材质时，只宜用水加热。加热时轴承不能与器皿底部接触，以防止轴承过热。

⑧ 为了保证滚动轴承工作时有一定热胀余地，在同轴的两个轴承中，必须有一个轴承的外圈(或内圈)可以在热胀时产生轴向移动，以免轴或轴承产生附加应力，甚至在工作时使轴承咬住。

⑨ 在装拆滚动轴承的过程中，应严格保持清洁，防止杂物进入轴承和座孔内。高精度轴承的装配必须在防尘的房间内进行。

⑩ 最好使用各种压装轴承用的专用工具，以免装配时碰伤轴承，如图 4.68 所示。

装配后，轴承运转应灵活，无噪声，工作时温度不超过 50℃。

轴承装配后，须用图 4.69 所示的方法检查轴承的间隙。

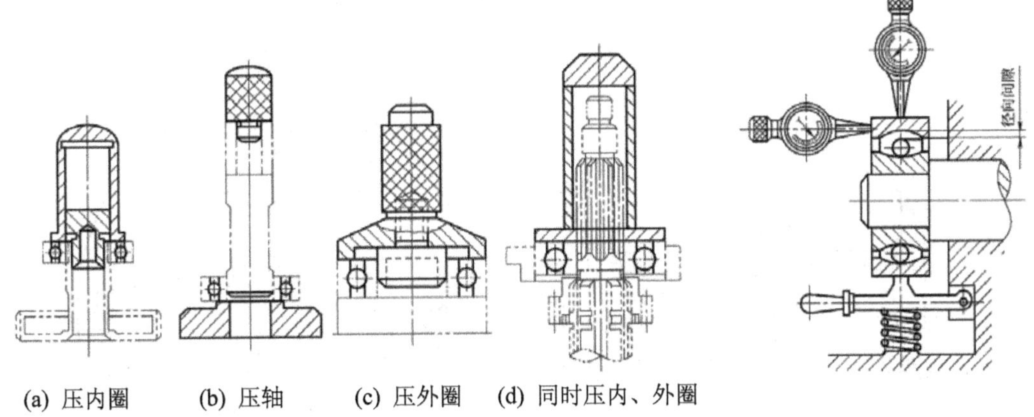

(a) 压内圈　(b) 压轴　(c) 压外圈　(d) 同时压内、外圈

图4.68　压装轴承用的工具

图4.69　用百分表检验径向间隙

3) 圆柱齿轮传动的装配

齿轮传动的装配工作包括：将齿轮装在传动轴上，将传动轴装进齿轮箱体，保证齿轮副正常啮合。装配后的基本要求：保证正确的传动比，达到规定的运动精度；齿轮齿面达到规定的接触精度；齿轮副齿轮之间的啮合侧隙应符合规定要求。

(1) 将齿轮装在传动轴上。将齿轮安装在轴上的方法有很多，图 4.70 所示是几种安装方法的示例。当齿轮与轴是间隙配合时，只需用手或一般的起重工具进行装配。当两者之间的配合是过渡配合时，就需在压力机上或用专用工具(图 4.71、图 4.72)把齿轮压装在轴颈上。齿圈和齿轮轮毂的配合往往是带有过盈的过渡配合，一般是采用加热齿圈的方法进行装配。

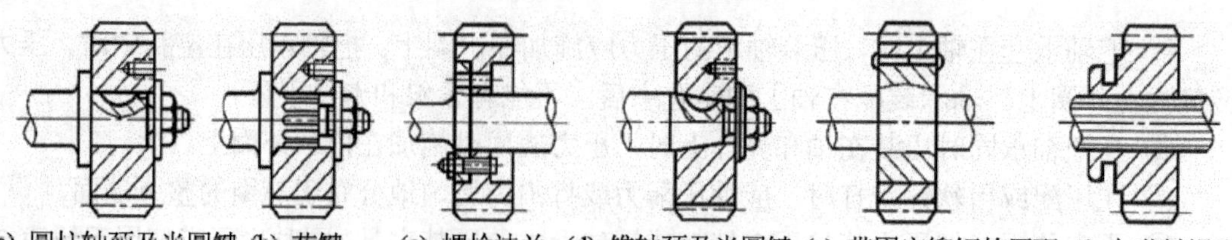

图 4.70　齿轮安装在轴上的方法

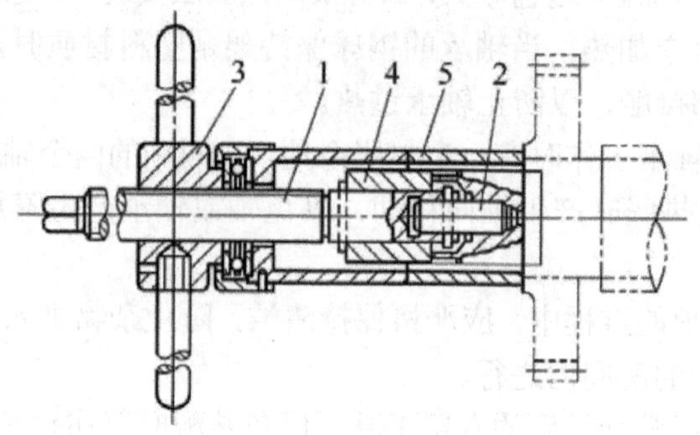

图 4.71　压装齿轮的工具

1—螺杆；2—1 端部的螺钉(压装时固定在工件轴端)；
3—带手柄的螺母；4—导套；5—中间隔套

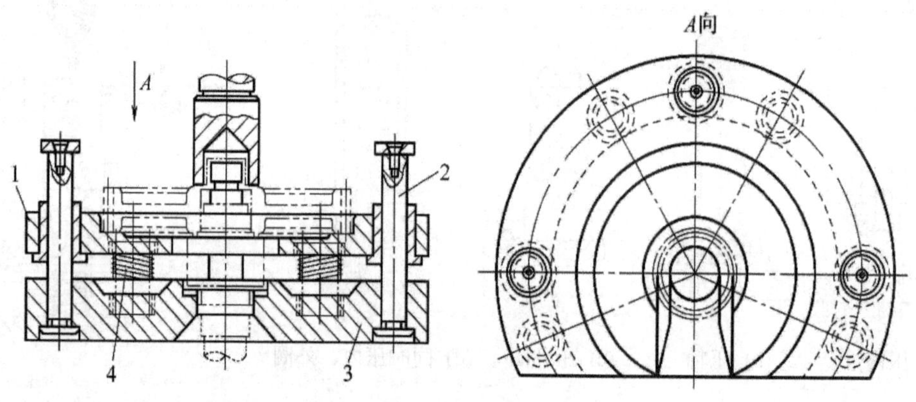

图 4.72　压装齿轮的工具

1—移动套板(使齿轮压装前保持不倾斜)；
2—导柱；3—支撑底板；4—弹簧

(2) 齿轮安装在轴上后，须检验齿轮的径向跳动和端面跳动。渐开线圆柱齿轮传动多用于传动精度要求高的场合。如果装配后出现不允许的齿圈径向跳动，就会产生较大的运动误差。因此，首先要将齿轮正确地安装到轴颈上，不允许出现偏心和歪斜。图 4.73 所示的检验夹具可用来检验齿轮的径向跳动和端面跳动(所用的测量端面应与装配基面平行或直接测量装配基面)。大批大量生产时可用图 4.74 所示的检验夹具；在单件小批生产时，可把装有齿轮的轴放在两顶尖之间，用百分表进行检测，如图 4.75 所示。

对于运动精度要求较高的齿轮传动，在装配一对传动比为 1 或整数的齿轮时，可采用圆周定向装配，使误差得到一定程度的补偿，以提高传动精度。

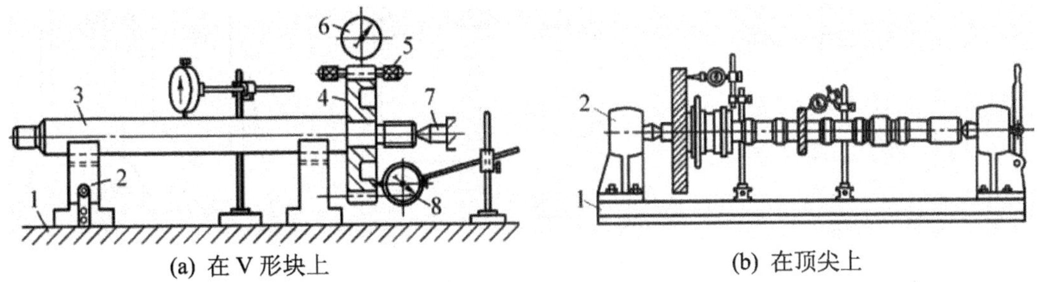

图 4.73　齿轮径向跳动和端面跳动的检验

1—平板；2—V 形块[(b)图中为顶尖支架]；3—轴；4—齿轮；5—量棒；6、8—百分表；7—顶尖

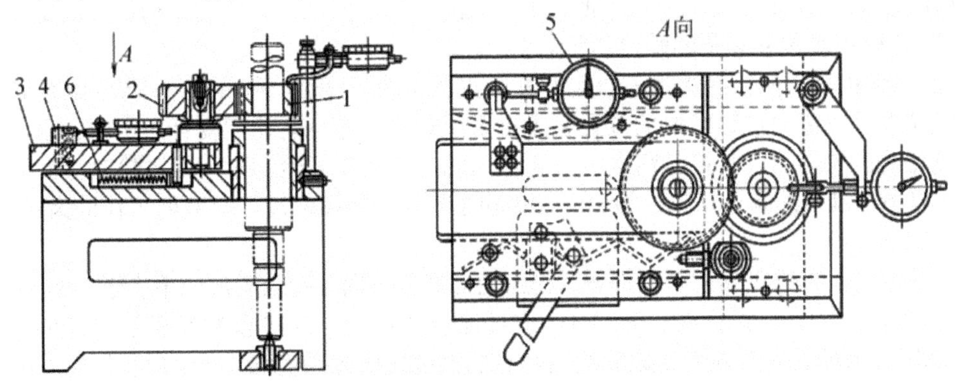

图 4.74　大批大量生产时齿轮-轴组件装配质量的检验

1—齿轮-轴组件；2—标准齿轮；3—滑板；
4—挡块；5—百分表；6—弹簧

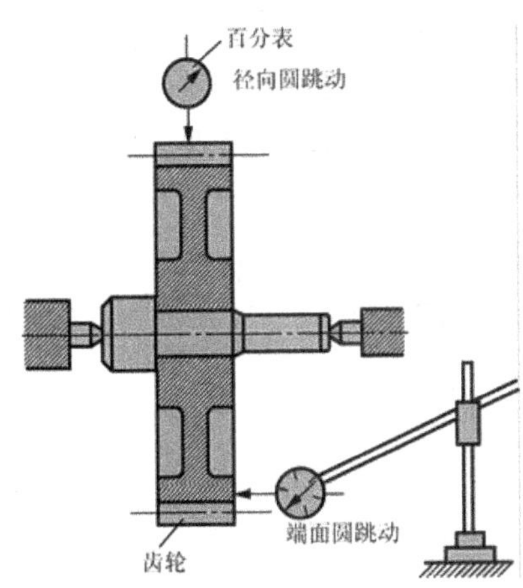

图 4.75　单件小批径向跳动和端面跳动的检验

(3) 检验壳体内主动轴和从动轴的位置。检验内容包括：①齿轮、轴中心距的检验，如图 4.76 所示；②齿轮轴轴线平行度和倾斜度的检验，如图 4.77 所示。

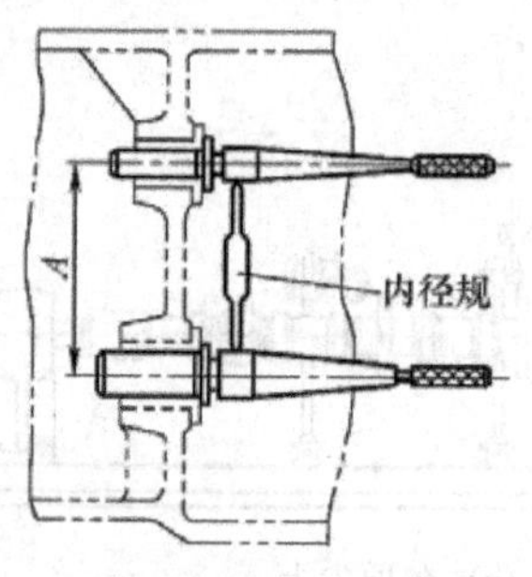

图 4.76　利用量规作孔的中心距检验

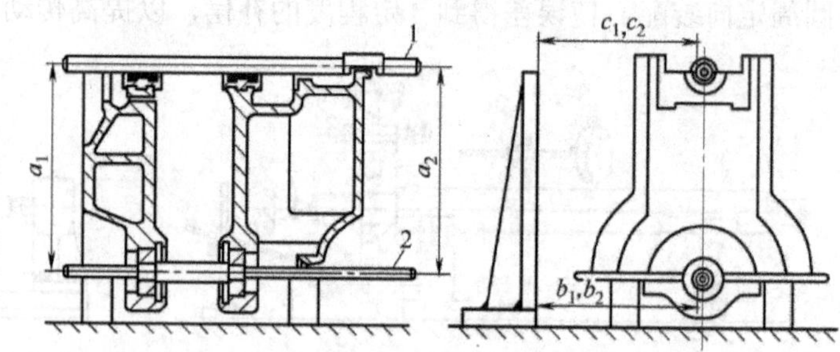

图 4.77　平台上箱体孔轴线平行度和倾斜度的检验

1、2—校验轴

(4) 把齿轮–轴部件安装到壳体轴孔中，装配方式根据轴在孔中的结构特点而定。

(5) 检验齿轮传动装置的啮合质量。

① 齿轮齿侧面的接触斑痕的位置及其所占面积的百分比，利用涂色法检验。齿轮传动的接触精度是以齿面接触斑痕的位置和大小来判断的，它与运动精度有一定的关系，即运动精度低的齿轮传动，其接触精度也不高。因此，在装配齿轮副时，常需检验齿面的接触斑痕，以考核其装配是否正确。检验时，传动主动轮应轻微制动，对双向工作的齿轮传动，正反转都要检验。

齿轮轮齿上接触斑痕的分布面积，在齿轮的高度方向，接触斑痕应不少于 30%～50%，在轮齿的宽度方向不少于 40%～70%，通过涂色法检验，还可以判断产生误差的原因，图 4.78 所示为渐开线圆柱齿轮副装配后常见的接触斑痕分布情况。

图 4.78(a)所示为齿轮传动装配正确时的接触情况。图 4.78(b)、(c)和 (d)分别为同向偏接触、异向偏接触和单向偏接触，说明两齿轮的轴线不平行，中心距可能超过规定值，一般装配无法纠正。图 4.78(e)、(f)所示为齿轮传动副装配后的中心距过大或过小的情况，这是由于齿轮箱体上两孔的中心距过大或过小，或是由于轮齿切得过薄或过厚所致，这时可换一对齿轮，或将箱体的轴承套压出，换上新的轴承套重新镗孔。图 4.78(g)为沿齿向游离接触，齿圈上各齿面的接触斑痕由一端逐渐移至另一端，说明齿轮端面(基面)与回转轴线不垂直，可卸下齿轮，修整端面，予以纠正。另外，还可能沿齿高游离接触，说明齿圈径向跳动过大，可卸下齿轮重新正确安装。

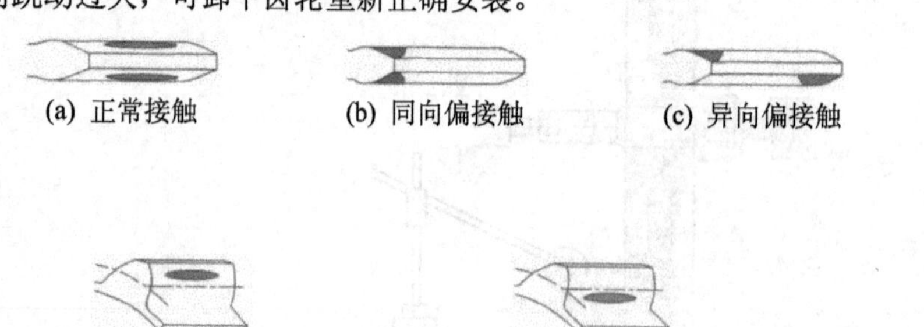

(a) 正常接触　(b) 同向偏接触　(c) 异向偏接触　(d) 单向偏接触

(e) 中心距过大　(f) 中心距过小　(g) 沿齿向游离接触

图 4.78　渐开线圆柱齿轮接触斑痕

② 齿轮副的啮合齿侧间隙。装配圆柱齿轮时，齿轮副的啮合侧隙是由各种有关零件的加工误差决定的，一般装配无法调整。侧隙大小的检查方法有下列两种：一是用铅丝检查，在齿面沿齿宽两端平行放置两条铅丝，宽齿放置 3～4 根，铅丝的直径不宜超过最小侧

隙的 3 倍，转动齿轮挤压铅丝，测量铅丝最薄处的厚度，即为侧隙的尺寸；二是用百分表检查，将百分表测头同一齿轮面沿齿圈切向接触，另一齿轮固定不动，手动摇摆可动齿轮，从一侧啮合转到另一侧啮合，百分表上的读数差值即为侧隙的尺寸。

4) 锥齿轮传动的装配

锥齿轮传动装置的装配程序和圆柱齿轮的装配相类似，但必须注意以下特点。

锥齿轮传动装置中，两个啮合的锥齿轮的锥顶必须重合于一点。为此，必须用专门装置来检验锥齿轮传动装置轴线相交的正确性。图 4.79 中的塞杆的末端顺轴线切去一半，两个塞杆各插入安装锥齿轮轴的孔中，用塞尺测出切开平面间的距离 a，即为相交轴线的误差。

锥齿轮轴线之间角度的准确性是用经校准的塞杆 1 及专门的样板 2 来校验的，如图 4.80 所示。将样板 2 放入外壳安装锥齿轮轴的孔中，将塞杆 1 放入另一个孔中，如果两孔的轴线不成直角，则样板 2 中的一个短脚与塞杆之间存在间隙。这个间隙可用塞尺测得。

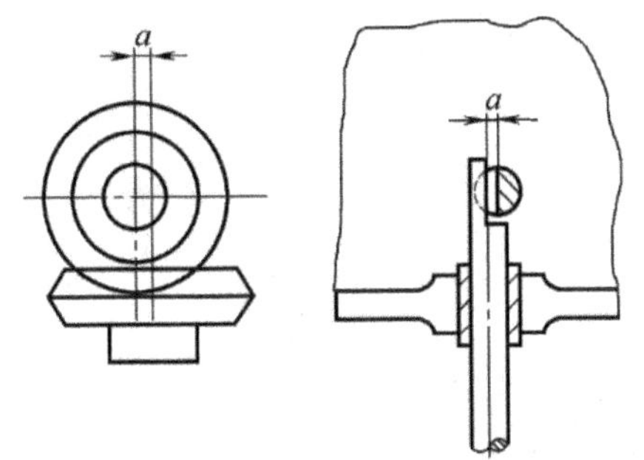

图 4.79　锥齿轮传动装置轴线相交的正确性检验

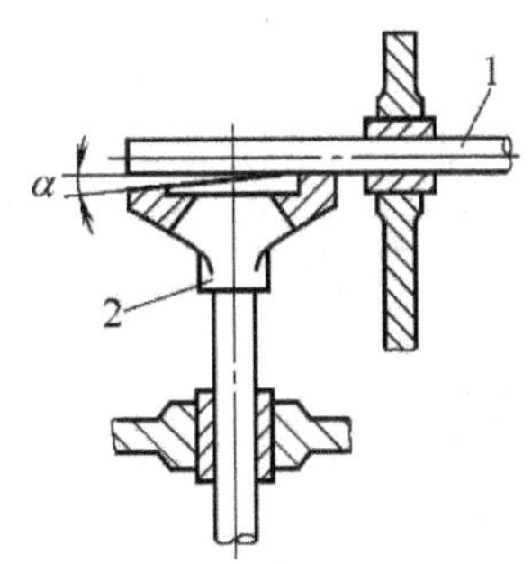

图 4.80　锥齿轮轴线交角的检验

1—塞尺；2—样板

5) 普通圆柱蜗杆蜗轮传动的装配

(1) 蜗杆传动的装配顺序。蜗杆传动的装配顺序应根据具体结构而定。一般是先装蜗轮，但也有先装蜗杆，后装蜗轮的。一般情况下，装配应按下列顺序进行。

① 首先从蜗轮着手，应先将齿圈压装在轮毂上，压装方法与过盈装配相同，并用螺钉加以紧固。

② 将蜗轮装在轴上，其装配与检验方法与装配圆柱齿轮相同。

③ 把蜗轮轴组件装入箱体，然后再装入蜗杆，因蜗杆轴的位置已由箱体孔决定，要使蜗杆轴线位于蜗轮轮齿的对称中心面内，只能通过改变调整垫片厚度的方法，调整蜗轮的轴向位置。

a. 用专门工具检验壳体内孔的中心距和轴线间的歪斜度。在图 4.81 中，把塞杆 1 放入壳体蜗轮轴孔中，塞杆上套有样板 2，然后在蜗杆安装孔中放入塞杆 3；并用特制的量规测得塞杆 3 与样板 2 之间的距离 a、c。根据 a、b 和塞杆直径 d 可以算出中心距 A，$A=(a+b+d)/2$。

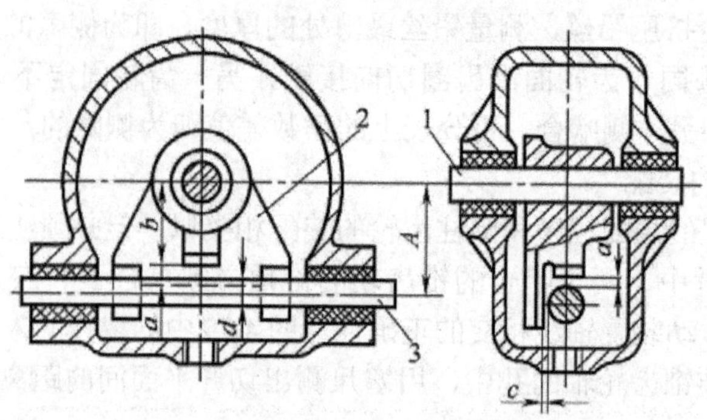

图 4.81　蜗轮传动装置的中心距以及轴线垂直度的检验

1、3—螺杆；2—样板

b．检验轴线垂直度可采用图 4.82 所示的工具。

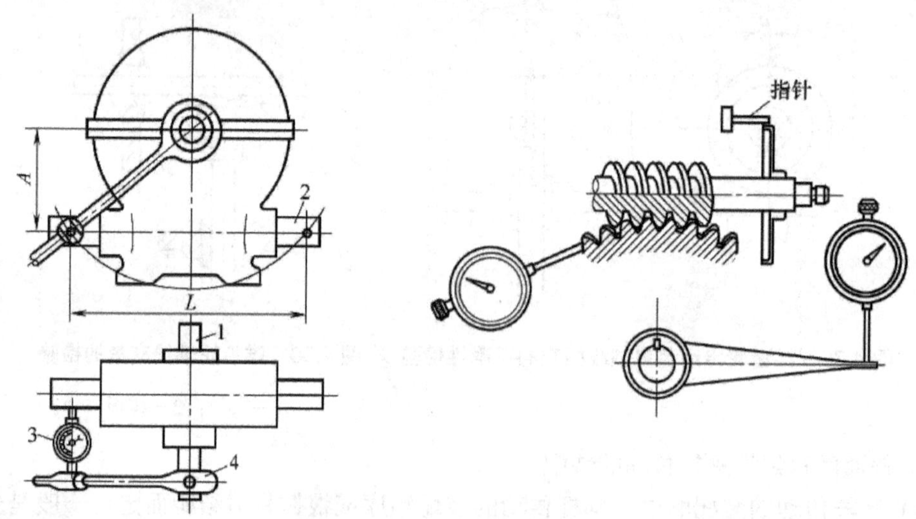

图 4.82　用百分表检验蜗轮装置轴线的垂直度　　图 4.83　蜗轮啮合的空行程的检验

④ 把蜗轮–轴组件先装到壳体内，然后把蜗杆装到轴承内。

⑤ 检验装配完毕的蜗杆传动装置的灵活度和啮合的“空行程”。检验传动灵活性就是检验蜗轮处在任何位置下，旋转蜗杆所需的转矩。空行程的检验是在蜗轮不动时蜗杆所能转动的最大角度。其检验方法如图 4.83 所示。

(2) 下面以分度机构上用的普通圆柱蜗杆蜗轮传动为例，介绍其装配。对于这种传动的装配，不但要保证规定的接触精度，而且还要保证较小的啮合侧隙(一般为 0.03～0.06mm)。

图 4.84 所示是用于滚齿机上的可调精密蜗杆传动部件。装配时，先配刮圆盘与工作台结合面 A，研点为 6～20/25×25mm^2；再刮研工作台回转中心线的垂直度符合要求。然后以 B 面为基准，连同圆盘一起，对蜗轮进行精加工。

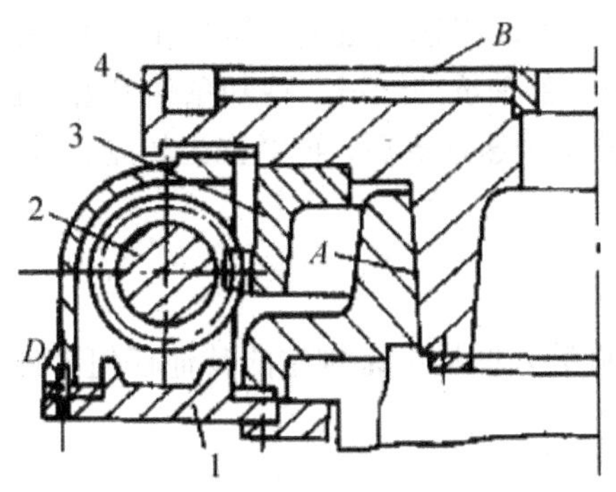

图 4.84　可调精密蜗杆传动部件

1—蜗杆座；2—螺杆；3—蜗轮；4—工作台

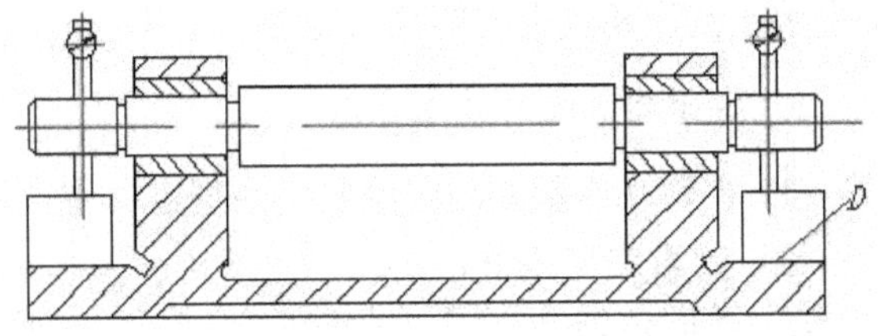

图 4.85　检验轴承蜗杆座轴承孔中心线对 *D* 面的平行度

蜗杆座基准面 *D* 可用专用研具刮研，研点应为 8～10/25×25mm^2。检验轴承中心线对 *D* 面的平行度，如图 4.85 所示，符合要求后装入蜗杆，配磨调整垫片(补偿环)，以保证蜗杆轴线位于蜗轮的中央截面内。与此同时，径向调整蜗杆座，达到规定的接触斑点后，配钻铰蜗杆座与底座的定位销孔，装上定位销，拧紧螺钉。

侧隙大小的检查，通常将百分表测头沿蜗轮齿圈切向接触于蜗轮齿面与工作台相应的凸面，固定蜗杆(有自锁能力的蜗杆不需固定)，摇摆工作台(或蜗轮)，百分表的读数差即为侧隙的大小。

蜗轮齿面上的接触斑点应在中部稍偏蜗杆旋出方向，如图 4.86(a)所示。若出现图 4.86(b)、(c)所示的接触情况，应配磨垫片，调整蜗杆位置，使其达到正常接触。蜗杆与蜗轮达到正常接触时，轻负荷时接触斑点长度一般为齿宽的 25%～50%，全负荷时接触斑点长度最好能达到齿宽的 90%以上。不符合要求时，可适当调节蜗杆座径向位置。

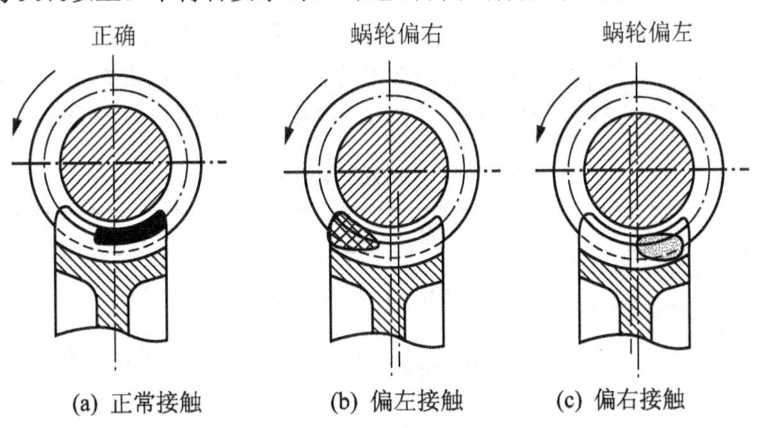

图 4.86　蜗轮齿面上的接触斑点

4.2.3　任务实施

一、编制减速器机械装配工艺规程

减速器安装在原动机与工作机之间，用来降低转速和相应地增大转矩。图 4.14 所示为常用的蜗轮与锥齿轮减速器。这类减速器具有结构紧凑、外廓尺寸较小、降速比大、工作

平稳和噪声小等特点，应用较广泛。蜗杆副的作用是减速，降速比很大；锥齿轮副的作用主要是改变输出轴方向。蜗杆采用浸油润滑，齿轮副和各轴承的润滑、冷却条件良好。原动机的运动与动力通过联轴器 16 输入减速器，经蜗杆副减速增矩后，再经锥齿轮副，最后由安装在锥齿轮轴上的圆柱齿轮 29 输出。

1. 减速器装配的技术要求

(1) 零件和组件必须正确安装在规定位置，不允许装入图样中未规定的其他任何零件，如垫圈、衬套之类零件。

(2) 各固定连接牢固、可靠。

(3) 各轴线之间相互位置精度(如平行度、垂直度等)必须严格保证。

(4) 回转件运转灵活；滚动轴承间隙合适，润滑良好，不漏油。

(5) 啮合零件(如蜗杆副、锥齿轮副)正确啮合，符合相应规定的技术要求。

2. 减速器的装配工艺过程

装配是机器制造的重要阶段。装配质量的好坏对机器的性能和使用寿命影响很大。装配不良的机器，其性能将会降低，消耗的功率增加，使用寿命减短。因此，装配前必须认真做好以下几点准备工作。

(1) 研究和熟悉产品装配图的技术要求及验收技术条件，了解产品的性能、结构以及各零件的作用和相互连接关系。

(2) 确定装配方法、装配顺序和所需的装配设备和工艺装备。

(3) 领取、备齐零件，并进行清洗、涂防护润滑油。

3. 减速器的具体装配工艺过程介绍如下

(1) 装配前期工作：零件的清洗、整形及补充加工(如配钻、配铰等)。

① 零件的清洗。零件在装配前必须先经洗涤及清理，即用清洗剂清除零件表面附着的防锈油、灰尘、切屑等污物，防止装配时划伤、研损配合表面。清洗的方法见表 4-7。

表 4-7 零件的清洗方法

清洗方法	设 备	洗涤剂
大型零件采用手动或机动清洗，然后用压缩空气吹净	手动或机动钢丝刷，压缩空气吹嘴	
中、小型零件采用清洗槽和压缩空气吹干或经清洗机随后烘干	人工清洗槽、刷子	煤油、三氯乙烯 C_2HCl_3(适用小型零件)
	机械化清洗槽，清洗槽中各有零件的传送装置、搅拌装置和加热装置(图 4.87)	3%～5%无水碳酸钠水溶液中加少量乳化剂(10g/L)加热到 60～80℃
	清洗机(图 4.88)	同上
复杂零件清洗采用喷嘴吹净	特殊结构的喷嘴、超声波振荡清洗机	同上

常用的清洗液有水剂清洗液、碱液、汽油、煤油、柴油、三氯乙烯、三氯三氟乙烷等。其中水剂清洗液应用渐广，其特点是：清洗力强，应用工艺简单，合理配制可有较好的稳

定性和缓蚀性，无毒，不燃，使用安全，成本低。品种有 TX-10、6501、6503、105、664、SP-1、741、771、平平加、三乙醇胺油酸皂等。

箱体零件内部杂质在装配前也必须用机动或手动的钢刷清理刷净，或利用装有各种形状的压缩空气喷嘴吹净。压缩空气对各种深孔或凹槽的清理最为有利，同时可保证零件吹净后的快速干燥。

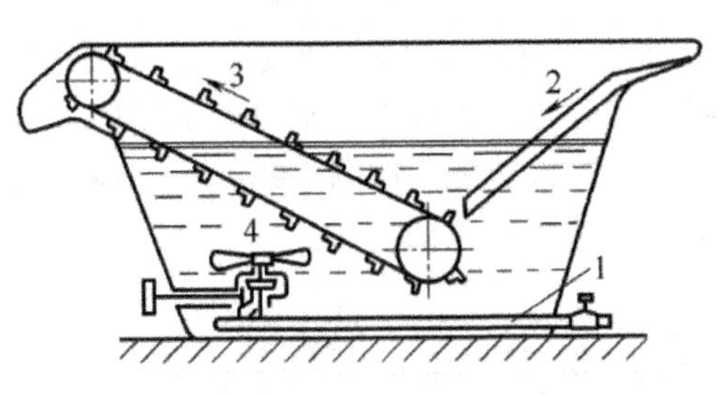

图 4.87　机械化清洗槽

1—加热管；2—零件输入槽；
3—传送链；4—搅拌器

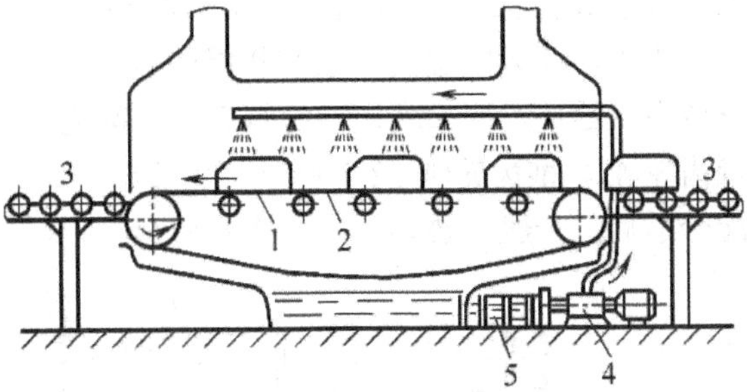

图 4.88　单室清洗机

1—产品；2—传送装置；3—滚道；
4—泵；5—过滤器及沉淀器

特别提示

零件清洗工艺规范

(1) 清洗前检查零件是否有毛刺、氧化皮、焊渣、铁豆等，如有应清除干净。
(2) 阀体、阀盖内腔及零件的盲孔内不得有铁屑及其他异物。
(3) 操作者应轻拿轻放，按顺序将被清洗件放置于清洗机进口处的输送筋板上，依次通过清洗机。
(4) 被清洗零件不得堆放、不得叠压进入清洗机。
(5) 被清洗零件不得带包装物进入清洗机。
(6) 被清洗零件体积小于输送筋板缝隙的应将零件摆放在铁网状的容器内。

② 整形。锉修箱盖、轴承盖等铸件的不加工表面，使其与箱体结合部位的外形一致，对于零件上未去除干净的毛刺、锐边及运输中因碰撞而产生的印痕也应锉除。

③ 补充加工。补充加工指零件上某些部位需要在装配时进行的加工，如箱体与箱盖、箱盖与盖板、各轴承盖与箱体的连接孔和螺孔的配钻、攻螺纹等，如图 4.89 所示。

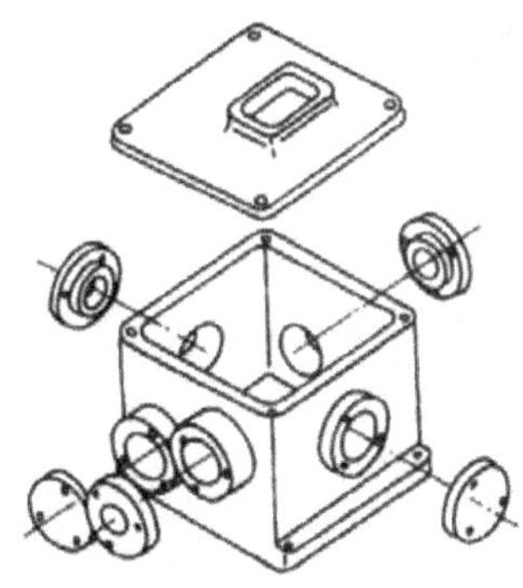

图 4.89　箱体与各相关零件的配钻孔和攻螺纹

(2) 减速器的预装配(零件的试装)，即将相配合零件先进行试装配。零件的试装又称试配，是为保证产品总装质量而进行的各连接部位的局部试验性装配。

在单件小批生产中，须对某些零件进行预装(试配)，并配合刮、锉等工作，以保证配合要求，待达到配合要求后再拆下。如有配合要求的轴与齿轮、键等，通常需要预装或修配键，间隙调整处需要配调整垫片，确定其厚度。在大批大量生产中一般通过控制加工零件的尺寸精度或采用恰当的装配方法来达到装配要求，尽量不采用预装配，以提高装配效率。

为了保证装配精度，某些相配的零件需要进行试装，对未满足装配要求的，须进行调整或更换零件。例如减速器中有 3 处平键连接：蜗杆轴 4 与联轴器 16、轴 36 与蜗轮 34 和锥齿轮 43、锥齿轮轴 52 与圆柱齿轮 29，均须进行平键连接试配，如图 4.90 所示。零件试配合适后，一般仍要卸下，并作好配套标记，待部件总装时再重新安装。

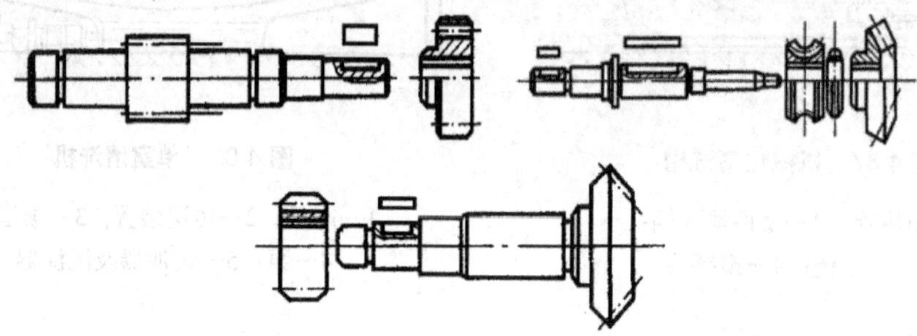

图 4.90　轴类零件配键、预装示意图

(3) 组件装配。由减速器部件装配图(图 4.14)可以看出，减速器主要的组件有锥齿轮轴–轴承套组件(图 4.91)，蜗轮轴组件和蜗杆轴组件等。其中只有锥齿轮轴–轴承套组件可以独立装配后再整体装入箱体，其余两个组件均必须在部件总装时与箱体一起装配。图 4.92 所示为锥齿轮轴–轴承套组件的装配顺序，锥齿轮轴 01 是组件的装配基准件。

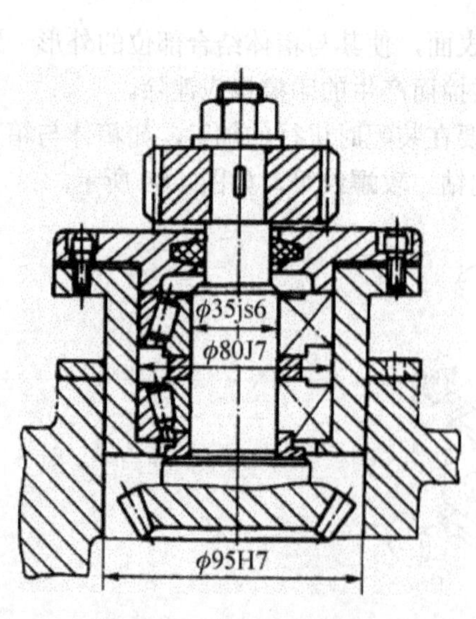

图 4.91　圆锥齿轮轴组件

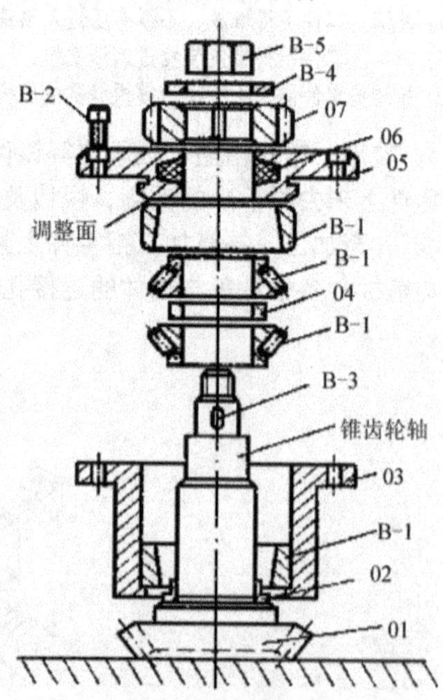

图 4.92　圆锥齿轮轴组件的装配顺序

组件中各零件的相互装配关系和装配顺序，通常用图 4.93 所示的装配系统图表示。由装配系统图可知组件有 3 个分组件：锥齿轮轴分组件、轴承套分组件和轴承盖分组件。装配时，先装配各分组件，然后与其他零件依顺序装配及调整、固定，装配后组件应进行检验，要求锥齿轮回转灵活，无轴向蹿动。

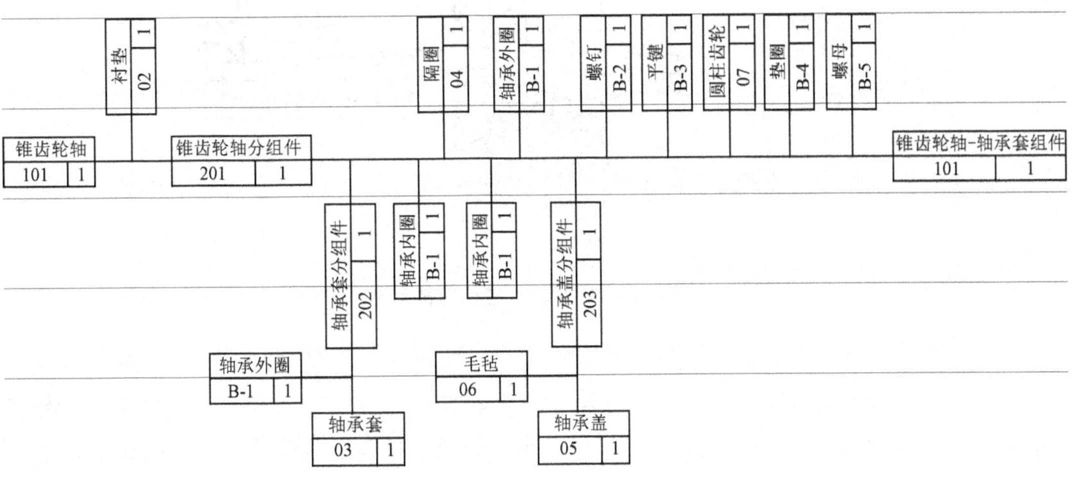

图 4.93 锥齿轮轴-轴承套组件的装配系统图

① 装配蜗杆轴组件(图 4.94)。先装配两分组件：蜗杆轴与两轴承内圈分组件和轴承盖与毛毡分组件。然后将蜗杆轴分组件装入箱体，从箱体两端装入两轴承的外圈，再装上轴承盖分组件 5，并用螺钉 4 拧紧。轻轻敲击蜗杆轴左端，使右端轴承消除间隙并贴紧轴承盖，然后在左端试装调整垫圈 1 和轴承盖 2，并测量间隙$\varDelta$，据以确定调整垫圈的厚度，最后，将合适的调整垫圈和轴承盖装好，并用螺钉拧紧。装配后用百分表在蜗杆轴右侧外端检查轴向间隙，间隙值应为 0.01～0.02mm。

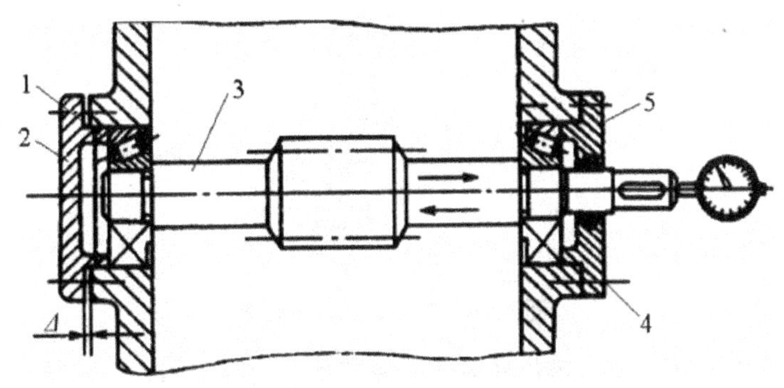

图 4.94 蜗杆轴组件的装配和轴向间隙调整

1—调整垫圈；2—轴承盖；3—蜗杆轴；4—螺钉；5—轴承盖分组件

② 试装蜗轮轴组件和锥齿轮轴–轴承套组件。试装的目的是：确定蜗轮轴的位置，使蜗轮的中间平面与蜗杆的轴线重合，以保证蜗杆副正确啮合；确定锥齿轮的轴向安装位置，以保证锥齿轮副的正确啮合。

a．蜗轮轴位置的确定(图 4.95)。先将圆锥滚子轴承的内圈 2 压入轴 6 的大端(左侧)，通过箱体孔，装上已试配好的蜗轮 5 及轴承外圈 3，轴的小端装上用来替代轴承的轴套 7(便于拆卸)。轴向移动蜗轮轴，调整蜗轮与蜗杆正确啮合的位置并测量尺寸 H，据以调整轴承盖分组件 1 的凸肩尺寸(凸肩尺寸为 H)。

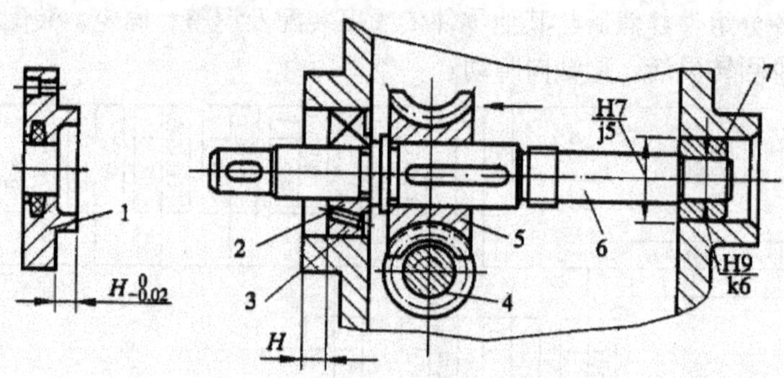

图 4.95　蜗轮轴安装位置的调整

1—轴承盖分组件；2—轴承内圈；3—轴承外圈；4—蜗杆；5—蜗轮；6—轴；7—轴套

b．锥齿轮轴向位置的确定 (图 4.96) 。先在蜗轮轴上安装锥齿轮，再将装配好的锥齿轮轴-轴承套组件装入箱体，调整两锥齿轮的轴向位置，使其正确啮合，分别测量尺寸 H_1 和 H_2，据此选定两调整垫圈(图 4.14 中的 32 和 42 零件)的厚度。

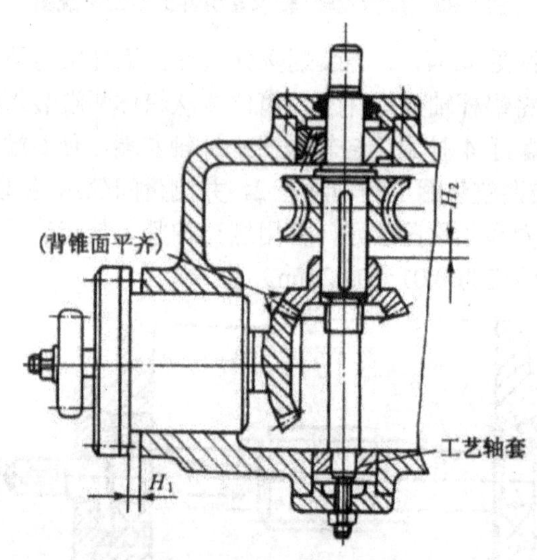

图 4.96　锥齿轮的轴向位置

③ 装配蜗轮轴组件并装入锥齿轮轴小轴承套组件 (图 4.91) 。将装有轴承内圈和平键的轴放入箱体，并依次将蜗轮、调整垫圈、锥齿轮、垫圈和螺母装在轴上，然后在箱体大轴承孔处(上端)装入轴承外圈和轴承盖分组件，在箱体小轴承孔处装入轴承、压盖和轴承盖，两端均用螺钉紧固。最后将锥齿轮轴、轴承套组件和调整垫圈一起装入箱体，用螺钉紧固。

(4) 减速器总装配和调试。

① 减速器总装顺序。蜗杆轴系和蜗轮轴系尺寸比较大，只能在箱体内组装。

a．蜗杆的装配。

b．蜗轮的装配。

c．锥齿轮组件的装配。

d．最后总装。

e．安装联轴器分组件，用动力轴连接空运转，检查齿轮接触斑痕，并调整直至运转灵活。

f. 清理内腔，注入润滑油，安装箱盖组件，放上试验台，安装 V 带，与电动机相连接。

② 润滑、调试。

a．润滑。箱体内装上润滑油，蜗轮部分浸在润滑油中，靠蜗轮转动时将润滑油溅到轴承和锥齿轮处加以润滑。

b．运转试验。总装完成后，减速器部件应进行运转试验。首先须清理箱体内腔，注入润滑油，用拨动联轴器的方法使润滑油均匀流至各润滑点。然后装上箱盖，连接电动机，并用手拨动联轴器使减速器回转，在一切符合要求后，接通电源进行空载试车。运转中齿轮应无明显噪声，传动性能符合要求，运转 30min 后检查轴承温度，其应不超过规定要求。

3. 减速器装配工艺规程

综上所述，减速器总装配工艺过程卡见表 4-8。

表 4-8　减速器总装配工艺过程卡

<table>
<tr><td colspan="4" rowspan="2">减速器总装配简图(图 4.14)</td><td colspan="5">装配技术要求</td></tr>
<tr><td colspan="5">(1) 零、组件必须正确安装，不得装入图样未规定的垫圈等其他零件；
(2) 固定连接件必须保证将零、组件紧固在一起；
(3) 旋转机构必须转动灵活，轴承间隙合适；
(4) 啮合零件的啮合必须符合图样要求；
(5) 各零件轴线之间应有正确的相对关系</td></tr>
<tr><td rowspan="2">工 厂</td><td colspan="3" rowspan="2">装配工艺卡</td><td>产品型号</td><td colspan="2">部件名称</td><td colspan="2">装配图号</td></tr>
<tr><td></td><td colspan="2">轴承套</td><td colspan="2"></td></tr>
<tr><td colspan="2">车间名称</td><td>工段</td><td>班组</td><td>工序数量</td><td colspan="2">部件数</td><td colspan="2">净　重</td></tr>
<tr><td colspan="2">装配车间</td><td></td><td></td><td>5</td><td colspan="2">1</td><td colspan="2"></td></tr>
<tr><td rowspan="2">工序号</td><td rowspan="2">工步号</td><td colspan="2" rowspan="2">装配内容</td><td rowspan="2">设备</td><td colspan="2">工艺装备</td><td rowspan="2">工人等级</td><td rowspan="2">工序时间</td></tr>
<tr><td>名称</td><td>编号</td></tr>
<tr><td rowspan="4">I</td><td>1</td><td colspan="2">将蜗杆组件装入箱体</td><td rowspan="4">压力机</td><td rowspan="4"></td><td rowspan="4"></td><td rowspan="4"></td><td rowspan="4"></td></tr>
<tr><td>2</td><td colspan="2">用专用量具分别检查箱体孔和轴承外圈尺寸</td></tr>
<tr><td>3</td><td colspan="2">从箱体孔两端装入轴承外圈</td></tr>
<tr><td>4</td><td colspan="2">装上右端轴承盖组件，并用螺钉拧紧，轻敲蜗杆轴端，使右端轴承消除间隙</td></tr>
</table>

续表

I	5	装入调整垫圈和左端轴承盖，并用百分表测量间隙确定垫圈厚度，然后将上述零件装入，用螺钉拧紧。保证蜗杆轴向间隙为 0.01～0.02 mm						
II	1	试装	压力机					
	2	用专用量具测量轴承、轴等相配零件的外圈及孔尺寸						
	3	将轴承装入蜗轮轴两端						
	4	将蜗轮轴通过箱体孔，装上蜗轮、锥齿轮、轴承外圈、轴承套、轴承盖组件						
	5	移动蜗轮轴，调整蜗杆与蜗轮正确的啮合位置，测量轴承端面至孔端面距离，并调整轴承盖台肩尺寸(台肩尺寸等于 $H_{-0.02}^{0}$)						
	6	装上蜗轮轴两端轴承盖，并用螺钉拧紧						
	7	装入轴承套组件，调整两锥齿轮正确的啮合位置(使齿背齐平)，分别测量轴承套肩面与孔端面的距离以及锥齿轮端面与蜗轮端面的距离，并调好垫圈尺寸，然后卸下各零件						
III	1	最后装配	压力机					
	2	从大轴孔方向装入蜗轮轴，同时依次将键、蜗轮、垫圈、锥齿轮、带齿垫圈和圆螺母装在轴上。然后箱体轴承孔两端分别装入滚动轴承及轴承盖，用螺钉拧紧并调整好间隙。装好后，用手转动蜗杆时，应灵活无阻滞现象						
	3	将轴承套组件与调整垫圈一起装入箱体，并用螺钉紧固						
IV		安装联轴器及箱盖零件						
V		运转试验 清理内腔，注入润滑油，连上电动机，接上电源，进行空转试车。运转 30min 左右后，要求传动系统噪声及轴承温度不超过规定要求并符合其他各项技术要求						

	日期	签章	编号	日期	签章	编制	移交	批准	共　张
编号	日期	签章	编号	日期	签章	编制	移交	批准	第　张

特别提示

装配工作的要求

(1) 装配时，应检查零件与装配有关的形状和尺寸精度是否合格，检查有无变形、损坏等，并应注意零件上各种标记，防止错装。

(2) 固定连接的零部件不允许有间隙。活动的零件应能在正常的间隙下，灵活均匀地按规定方向运动，不应有跳动。

(3) 各运动部件(或零件)的接触表面必须保证有足够的润滑，若有油路，必须畅通。各种管道和密封部位装配后不得有渗漏现象。

(4) 试车前，应检查各部件连接的可靠性和运动的灵活性，各操纵手柄是否灵活和手柄位置是否在合适的位置；试车时，从低速到高速逐步进行。

二、任务实施与检查

1. 任务实施准备

(1) 根据现有生产条件或在条件许可情况下，参观生产现场或完成部分组件、部件的装配工作(可在校内实训基地，由兼职教师与学生根据机床操作规程、工艺文件共同完成)。

(2) 工艺准备(可与合作企业共同准备)。

① 装配设备、设施准备：压力机、螺丝刀、扳手、虎钳、检具、塞尺等。

② 资料准备：设备使用说明书、机床操作规程、产品的装配图以及有关的零件图、产品验收的技术条件、工艺技术资料、《机械加工工艺人员手册》、5S 现场管理制度等。

(3) 准备相似装配产品，观看装配生产视频或动画。

2. 任务实施与检查

(1) 分组分析蜗轮与锥齿轮减速器的结构工艺性：根据图 4.14，分析图样的完整性。根据产品结构分析，本机器能分解成独立的装配单元，各装配单元均有正确的装配基准，产品的结构工艺性较好。

(2) 分组讨论装配的组织形式、装配单元、装配顺序、装配工序、装配单元系统图等。

(3) 分组讨论蜗轮与锥齿轮减速器总装配顺序和调试内容、要求。

(4) 蜗轮与锥齿轮减速器装配步骤按其机器装配工艺过程执行(见表 4-8)。

(5) 减速器装配质量的检验。减速器是典型的传动装置，装配质量的综合检查可采用涂色法。一般是将红丹粉涂在蜗杆的螺旋面、齿轮齿面上，转动蜗杆，根据蜗轮、齿轮面的接触斑点来判断啮合情况。

(6) 任务实施的检查与评价。具体的任务实施检查与评价内容见表 4-9。

表 4-9　蜗轮与锥齿轮减速器装配任务实施检查与评价表

任务名称			学号	班级	组别	
学生姓名						
序号	检查内容		检查记录	评价	分值	备注
1	产品结构工艺性分析				5%	
2	装配组织形式确定				5%	
3	装配单元划分，装配顺序确定				10%	
4	装配工序确定				10%	
5	装配单元系统图绘制				10%	
6	装配工艺过程卡片编制				30%	
7	职业素养	时间纪律：是否不迟到、不早退、中途不离开工作场地；一切行动听指挥			10%	
8		良好习惯与团结协作：是否按规定穿戴工作服；组内是否有效沟通、配合良好；是否积极参与讨论并完成本任务			10%	
9		其他能力：是否积极提出或回答问题；条理是否清晰；工作是否有计划性；是否吃苦耐劳；能否有创新性地开展工作等			10%	
总评：			评价人：			

讨论问题：

① 蜗轮与锥齿轮减速器的装配组织形式是哪一种？为什么？

② 蜗轮与锥齿轮减速器可分解成几个独立的装配单元？

③ 划分产品装配顺序应遵循的原则是什么？

④ 何谓装配单元系统图？

3. 蜗轮与锥齿轮减速器常见问题及原因分析

(1) 常见问题及其原因。

① 减速器发热和漏油。为了提高效率，蜗轮减速器一般均采用有色金属做蜗轮，蜗杆则采用较硬的钢材。由于是滑动摩擦传动，运行过程中会产生较多的热量，使减速机各零件和密封之间热膨胀产生差异，从而在各配合面形成间隙，润滑油液由于温度的升高变稀，易造成泄漏。造成这种情况的原因主要有 4 点，一是材质的搭配不合理；二是啮合摩擦面表面的质量差；三是润滑油添加量的选择不正确；四是装配质量和使用环境差。

② 蜗轮磨损。蜗轮一般采用锡青铜，配对的蜗杆材料用 45 钢淬硬至 45～55HRC，或 40Cr 淬硬 50～55HRC 后经蜗杆磨床磨削至表面粗糙度 *Ra*0.8μm。减速器正常运行时磨损很慢，蜗杆就像一把淬硬的“锉刀”，不停地锉削蜗轮，使蜗轮产生磨损。一般来说，这种磨损很慢，某些减速器可以使用 10 年以上。如果磨损速度较快，就要考虑减速器的选型是

否正确，是否超负荷运行，以及蜗轮蜗杆的材质、装配质量或使用环境等原因。

③ 传动小斜齿轮磨损。这种情况一般发生在立式安装的减速机上，主要与润滑油的添加量和油品种有关。立式安装时，很容易造成润滑油量不足，减速器停止运转时，电机和减速器间传动齿轮油流失，齿轮得不到应有的润滑保护，减速器启动或运转过程中，齿轮由于得不到有效润滑导致机械磨损甚至损坏。

④ 蜗杆轴承损坏。减速器发生故障时，即使减速箱密封良好，还是经常发生减速器内的齿轮油被乳化，轴承已生锈、腐蚀、损坏的情况。这是减速器在运行一段时间后，齿轮油温度升高又冷却后产生的凝结水分凝聚造成的。当然，这也与轴承质量及装配工艺密切相关。

(2) 解决方法。

① 保证装配质量。为了保证装配质量，可购买或自制一些专用工具，拆卸和安装减速器蜗轮、蜗杆、轴承、齿轮等部件时，尽量避免用手锤等其他工具直接敲击；更换齿轮、蜗轮蜗杆时，尽量选用原厂配件和成对更换；装配输出轴时，要注意公差配合，$D \leqslant 50$mm 时，采用 H7 /k6；$D > 50$mm 时，采用 H7/m6。要使用防粘剂或红丹油保护空心轴，防止磨损生锈或配合面积垢，维修时难拆卸。

② 润滑油和添加剂的选用。蜗轮与锥齿轮减速器一般选用 220#齿轮油，对重负荷、启动频繁、使用环境较差的减速器，可选用一些润滑油添加剂，使减速器在停止运转时齿轮油依然附着在齿轮表面，形成保护膜，防止重负荷、低速、高转矩和启动时金属间的直接接触。添加剂中含有密封圈调节剂和抗漏剂，使密封圈保持柔软和弹性，有效减少润滑油泄漏现象。

③ 减速器安装位置的选择。位置允许的情况下，尽量不采用立式安装。立式安装时，润滑油的添加量要比水平安装多很多，易造成减速器发热和漏油。

④ 建立润滑维护制度。可根据润滑工作“五定”原则对减速器进行维护，做到每一台减速器都有责任人定期检查，发现温升明显超过 40℃或油温超过 80℃，油的质量下降或油中发现较多的铜粉以及产生不正常的噪声等现象时，要立即停止使用，及时检修，排除故障，更换润滑油后再使用。加油时，要注意油量，保证减速器得到正确的润滑。

拟订自动装配工艺规程的一般要求

自动装配(automatic assembly)一般由自动装配机或自动组装线(含上下料和执行机构等)来完成。自动装配系统大致包括自动输送、自动上下料、定位、装配、在线检测与废料剔除等，可以采用少量人工或者不用人工，它可以提高产品质量、提高装配速度、减轻劳动强度，实现多品种柔性生产。

但更为准确地说，自动装配还分为全自动和半自动装配两种。前者指的是从上、下料到完成装配的整个工艺过程，基本都由设备自行来完成，各工步之间的生产节拍协调一致，而相关人员主要负责设备的监护、调整和维修等辅助工作；后者指的是装配的主要工艺过程，基本由设备自行来完成，而上、下料或其他相关工艺动作则由人来完成，而人的动作节拍要能够跟上相关设备或生产线的节拍。上述所谓自动装配机或自动组装线主要应用于轻工、电子、电器等轻、小工件，而又批量很大的产品生产中。类似的还有包装、转运或其他相关工艺过程(尽管不是装配)，也可以采用上述原理来实现。

自动装配需要编制详细的工艺规程，其工艺设计要比人工装配工艺设计复杂得多。一方面要遵循与人工装配一致的共性要求，如同样要进行划分装配单元、确定装配基础件、解算装配尺寸链、平衡工序节拍等工作。另一方面，从产品设计阶段开始起，即应充分考虑自动装配的工艺要求，合理设计零件结构，拟订自动程度适当的工序规程。拟订自动装配工艺规程时一般要注意如下几个问题。

(1) 自动装配工艺规程与工艺系统图。制定工艺规程和系统图需要确定基准件及其沿装配工位的移动；决定全部装配件的装料、供料、定向装置的选择；规定所有装配环节和装配工序的顺序。编制自动装配工艺规程和系统图时，需要从装配自动化的观点，对产品及其零件进行分析。

(2) 产品及其各级装配单元按本身结构可以分为以下几种。

① 用途和结构相同，只是尺寸、材料等对装配工艺过程影响较小的特征部分不同。

② 结构略有差别，但不至于使装配工艺过程产生实质变化。

③ 结构有所不同，但不影响绘制装配工艺规程总图。对特征基本相同的装配单元，有可能制定典型工艺系统图或典型工艺规程。

(3) 自动装配的工序节拍，在自动装配机构及组合设计确定之后，才能用计算机方法确定装配工序中完成运动及动作的时间。在自动装配设备最初设计阶段，可以利用设备中各种装置的消耗时间标定值来估算工序基本时间。

多工位刚性输送系统要保证各工序装配工作节拍同步。

(4) 装配自动化程度，需要根据综合经济效益和典型装配工艺的成熟程度来确定。一般螺纹连接工序多用单轴工作头，检测力矩常用手工操作。零件装入储料装置、组合件卸下装配机、组合件装配质量检测、不合格组合件剔除等动作多取较低的自动化程度。装配件的工位间输送及姿态转换、清洗、连接、平衡、连接检测等作业多取较高的自动化程度。对于形状复杂、批量小、工艺不太成熟、自动装配效益不显著等条件下的装配工艺，除可采用半自动化装配外，也可以考虑用手工装配。

(5) 提高装配自动化水平及综合经济效益措施。

① 产品结构通用化、系列化。装配件本身结构工艺性是提高装配自动化水平的基础，产品设计时要充分考虑自动装配要求。

② 采用通用装置、部件。自动装配装置日益趋向标准化，通用化，更换部分装配工作头、装配夹具、输送装置等，即可使系统具有柔性。

③ 由单一的装配作业自动化发展为综合自动化。将连接等基本装配作业工序与加工、检验等工序结合起来，实现更大规模的自动化制造。

④ 装配系统控制化。用计算机及数控装置直接控制作业、传输等装置，设备，从控制方面提高系统柔性。

⑤ 应用非同步自动装配系统，可减少系统局部故障对整体的影响，便于不同自动化程度、不同生产节拍的装配系统结合使用。

使用智能机器人、装备有传感器的机器人能适应装配件一定范围内位置和姿态变化，完成多种装配作业。

项 目 小 结

本项目通过两个工作任务，详细介绍了保证机器或部件装配精度的方法、装配尺寸链的计算及机械装配工艺规程的制定原则与方法等知识。在此基础上，认真研究和分析在不同的生产批量纲领和生产条件下对机械部件、机器的技术与使用要求，然后根据不同的生产和技术要求，正确选择机械装配方法，合理制定蜗轮与锥齿轮减速器的机械装配工艺规程并实施。在此过程中，使学生懂得零部件的装配顺序、规范和质量检验方法，体验岗位需求，培养职业素养与习惯，积累工作经验。

此外，通过学习拟订自动装配工艺规程的一般要求等知识，可以进一步扩大知识面，提高解决实际生产问题的能力。

思 考 练 习

1. 装配精度一般包括哪些内容？装配精度与零件的加工精度有何区别？它们之间又有何关系？试举例说明。

2. 装配尺寸链如何查找？什么是装配尺寸链的最短路线原则？

3. 保证机器或部件装配精度的方法有哪几种？如何正确选用这些方法？

4. 在什么场合下采用“修配法”进行装配比较合适？为保证此法获得装配精度，根据什么原则来选择修配环？

5. 选择装配法应用于什么场合？在什么情况下可采用分组互换？

6. 在调整装配法中，可动调整、固定调整和误差调整各有哪些优缺点？

7. 图 4.97 所示为齿轮部件的装配图，轴是固定不动的，齿轮在轴上旋转，要求齿轮与挡圈的轴向间隙为 0.1～0.35mm。已知：A_1＝30mm，A_2＝5mm，A_3＝43mm，$A_4=3_{-0.05}^{\ 0}$ mm(标准件)，A_5＝5mm。现采用完全互换法装配，试确定各组成环的公差和极限偏差。

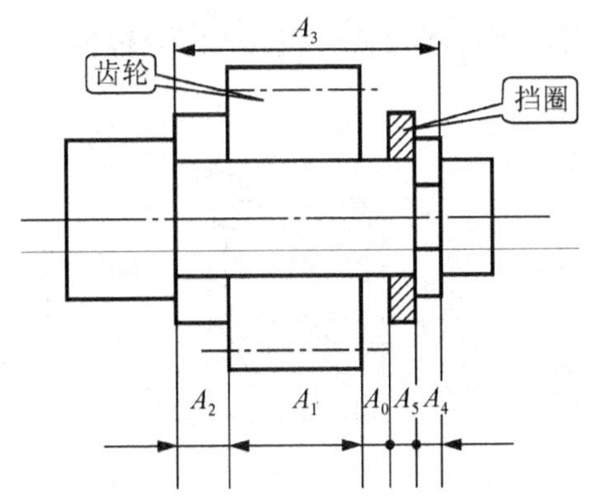

图 4.97　齿轮部件的装配图

8. 图 4.98 所示为双联转子泵(摆线齿轮)的轴向关系装配图。要求在冷态下轴向装配间隙 A_0＝0.05～0.15mm，已知泵体内腔深度为 A_1＝42mm；左右齿轮宽度为 A_2＝A_4＝17mm；中间隔套宽度为 A_5＝8mm，现采用完全互换装配法满足装配精度要求，试用极限法确定各组成环尺寸公差大小和分布位置。

9. 何谓装配单元？为什么要把机器划分为独立的装配单元？

10. 装配的组织形式有哪些？各有何特点？各自用于什么场合？

11. 产品结构的装配工艺性包括哪些内容？试举例说明。

12. 试述制定装配工艺规程的意义、内容和步骤。

13. 试说明零件的清洗方法。

14. 试说明不可拆连接的装配方法。

15. 如图 4.99 所示，(a)为轴承套，(b)为滑动轴承，(c)为两者的装配图，组装后滑动轴承外端面与轴承套内端面要保证尺寸为 $87_{-0.30}^{-0.10}$ mm，但按零件上标出的尺寸 $5.5_{-0.16}^{0}$ mm 及 $81.5_{-0.35}^{-0.20}$ mm 装配，结果尺寸为 $87_{-0.51}^{+0.20}$ mm，不能满足装配要求。若该组件为成批生产，试确定满足装配技术要求的合理的装配方法。

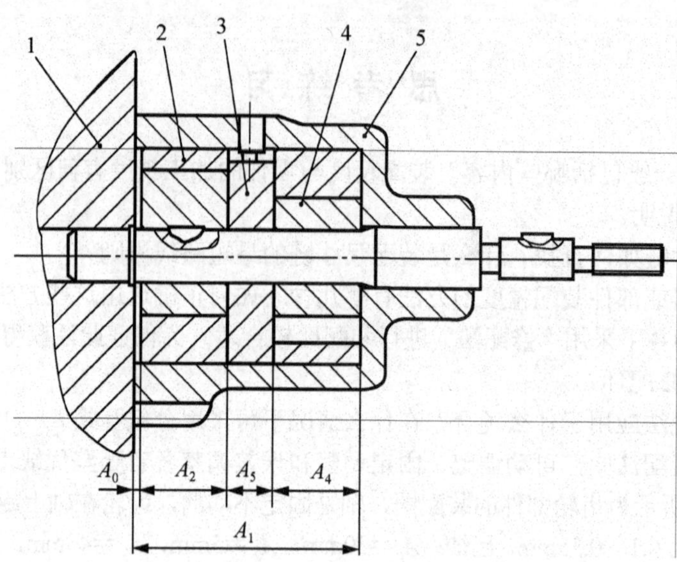

图 4.98　双联转子泵(摆线齿轮)的轴向装配关系简图

1—机体；2—外转子；3—隔套；4—内转子；5—壳体

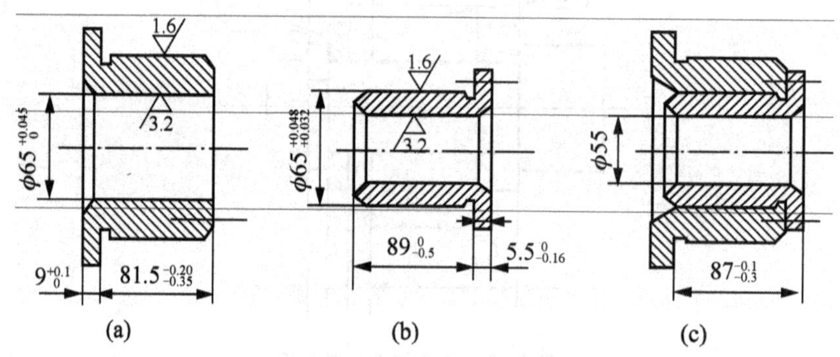

图 4.99　题 15 图

附录

附录 1　机械加工余量

1.1　模锻件内外表面加工余量

表 F1-1　模锻件内外表面加工余量　(单位：mm)

锻件重量/kg 大于	锻件重量/kg 至	一般加工精度 F_1	磨削加工精度 F_2	锻件形状复杂系数 S_1	锻件形状复杂系数 S_3	锻件单边余量 厚度(直径)方向	水平方向 大于 0 至 315	大于 315 至 400	大于 400 至 630	大于 630 至 800	大于 800 至 1250	大于 1250 至 1600	大于 1600 至 2500
0	0.4					1.0～1.5	1.0～1.5	1.5～2.0	2.0～2.5				
0.4	1.0					1.5～2.0	1.5～2.0	1.5～2.0	2.0～2.5	2.0～3.0			
1.0	1.8					1.5～2.0	1.5～2.0	1.5～2.0	2.0～2.7	2.0～3.0			
1.8	3.2					1.7～2.2	1.7～2.2	2.0～2.5	2.0～2.7	2.0～3.0	2.5～3.5		
3.2	5.0					1.7～2.2	1.7～2.2	2.0～2.5	2.0～2.7	2.5～3.5	2.5～4.0		
5.0	10.0					2.0～2.5	2.0～2.5	2.0～2.5	2.3～3.0	2.5～3.5	2.7～4.0	3.0～4.5	
10.0	20.0					2.0～2.5	2.0～2.5	2.0～2.7	2.3～3.0	2.5～3.5	2.7～4.0	3.0～4.5	
20.0	50.0					2.3～3.0	2.0～3.0	2.5～3.0	2.5～3.5	2.7～4.0	3.0～4.5	3.5～4.5	
50.0	150.0					2.5～3.2	2.5～3.5	2.5～3.5	2.7～3.5	2.7～4.0	3.0～4.5	3.5～4.5	4.0～5.5
150.0	250.0					3.0～4.0	2.5～3.5	2.5～3.5	2.7～4.0	3.0～4.5	3.0～4.5	3.5～5.0	4.0～5.5
						3.5～4.5	2.7～3.5	2.7～3.5	3.0～4.0	3.0～4.5	3.5～5.0	4.0～5.0	4.5～6.0
						4.0～5.5	2.7～4.0	3.0～4.0	3.0～4.5	3.5～4.5	3.5～5.0	4.0～5.5	4.5～6.0

注：本表适用于在热模锻压力机、模锻锤、平锻机及螺旋压力机上生产的模锻件。

例：锻件重量为 3kg，在 1600t 热模锻压力机上生产，零件无磨削精加工工序，锻件复杂系数为 S3，长度为 480mm 时，查出该零件加工余量是：厚度方向为 1.7～2.2mm，水平方向为 2.0~2.7mm。

表 F1-2　锻件内孔直径的机械加工余量　(单位：mm)

孔径		孔深				
大于	至	大于 0 至 63	63 100	100 140	140 200	200 280
0	25	2.0	—	—	—	—
25	40	2.0	2.6	—	—	—
40	63	2.0	2.6	3.0	—	—
63	100	2.5	3.0	3.0	4.0	—
100	160	2.6	3.0	3.4	4.0	4.6
160	250	3.0	3.0	3.4	4.0	4.6

表 F1-3　锻件形状复杂系数 S 分级表

级别	S 数值范围	级别	S 数值范围
简单	$S_1>0.63\sim1$	较复杂	$S_3>0.16\sim0.32$
一般	$S_2>0.32\sim0.63$	复杂	$S_4\leqslant0.16$

注：当锻件为薄形圆盘或法兰件，其厚度与直径之比≤0.2 时，直接确定为复杂系数。

1.2　磨削加工余量表

1. 平面磨削加工余量表

表 F1-4　平面磨削加工余量表(平面单面磨量)　(单位：mm)

宽度	厚度	工件长度 L			
		<100	101～250	251～400	404～630
<200	<18	0.3	0.4		
	19-30	0.3	0.4	0.45	
	31-50	0.4	0.4	0.45	0.5
	>50	0.4	0.4	0.45	0.5
>200	<18	0.3	0.4		
	19-30	0.35	0.4	0.45	
	31-50	0.4	0.4	0.45	0.55
	>50	0.4	0.45	0.45	0.60

注：1．二次平面磨削余量乘系数 1.5；

2．三次平面磨削余量乘系数 2；

3．橡胶模平板单面余量不小于 0.7mm。

2. 端面磨削加工余量

表 F1-5　端面磨削加工余量表(端面每面磨量)　　(单位：mm)

D	工件长度 L					
	<18	19～50	51～120	121～260	261～500	>500
<18	0.2	0.3	0.3	0.35	0.35	0.5
19-50	0.3	0.3	0.35	0.35	0.40	0.5
51-120	0.3	0.35	0.35	0.40	0.40	0.55
121-260	0.3	0.35	0.40	0.40	0.45	0.55
261-500	0.35	0.4	0.45	0.45	0.50	0.60
>500	0.40	0.40	0.50	0.50	0.60	0.70

注：1．本表适用于淬火零件，不淬火零件应适当减少 20-40%。

2．粗加工的表面粗糙度不应低于 Ra3.2，如需磨两次的零件，其磨量应适当增加 10-20%。

3. 环形工件磨削加工余量

表 F1-6　环形工件磨削加工余量表　　(单位：mm)

工件直径 D	35、45、50 钢		T8、T10A 钢		Cr12MoV 合金钢	
	外圆留量	内孔留量	外圆留量	内孔留量	外圆留量	内孔留量
6～10	0.25～0.50	0.30～0.35	0.35～0.60	0.25～0.30	0.30～0.45	0.20～0.30
11～20	0.30～0.55	0.40～0.45	0.40～0.65	0.35～0.40	0.35～0.50	0.30～0.35
21～30	0.30～0.55	0.50～0.60	0.45～0.70	0.35～0.45	0.40～0.50	0.30～0.40
31～50	0.30～0.55	0.60～0.70	0.55～0.75	0.45～0.60	0.50～0.60	0.40～0.50
51～80	0.35～0.60	0.80～0.90	0.65～0.85	0.50～0.65	0.60～0.70	0.45～0.55
81～120	0.35～0.80	1.00～1.20	0.70～0.90	0.55～0.75	0.65～0.80	0.50～0.65
121～180	0.50～0.90	1.20～1.40	0.75～0.95	0.60～0.80	0.70～0.85	0.55～0.70
181～260	0.60～1.00	1.40～1.60	0.80～1.00	0.65～0.85	0.75～0.90	0.60～0.75

注：1．ϕ50 以下，壁厚 10 以上者，或长度为 100～300 者，用上限。

2．ϕ50～ϕ100，壁厚 20 以下者，或长度为 200～500 者，用上限。

3．ϕ100 以上者，壁厚 30 以下者，或长度为 300～600 者，用上限。

4．长度超过以上界线者，上限乘以系数 1.3；加工粗糙度不低于 Ra6.4，端面留磨量 0.5 。

4. 导柱衬套磨削加工余量表

表 F1-7　导柱衬套磨削加工余量表　　(单位：mm)

衬套内径与导柱外径	衬套		导柱
	外圆留量	内孔留量	外圆留量
25～32	0.7～0.8	0.4～0.5	0.5～0.65
40～50	0.8～0.9	0.5～0.65	0.6～0.75
60～80	0.8～0.9	0.6～0.75	0.7～0.90
100～120	0.9～1.0	0.7～0.85	0.9～1.05

1.3　ϕ6 以下小孔研磨加工余量表

表 F1-8　ϕ6 以下小孔研磨量表　　(单位：mm)

材料	直径上留研磨量
45	0.05～0.06
T10A	0.015～0.025
Cr12MoV	0.01～0.02

注：1. 本表只适用于淬火零件。

2. 应按孔的最小极限尺寸来留研磨量，淬火前小孔需钻、铰粗糙度达 Ra1.6 以上。当长度 L 小于 15 毫米时，表内数值应加大 20%～30% 。

1.4　镗孔加工余量表

表 F1-9　镗孔加工余量表　　(单位：mm)

加工孔的直径	材料								细镗前加工精度为 4 级
	轻合金		巴氏合金		青铜及铸铁		钢件		
	加工性质								
	粗加工	精加工	粗加工	精加工	粗加工	精加工	粗加工	精加工	
	直径余量								
≤30	0.2	0.1	0.3	0.1	0.2	0.1	0.2	0.1	0.045
31～50	0.3	0.1	0.4	0.1	0.3	0.1	0.2	0.1	0.05
51～80	0.4	0.1	0.5	0.1	0.3	0.1	0.2	0.1	0.06

续表

加工孔的直径	材料								细镗前加工精度为4级
	轻合金		巴氏合金		青铜及铸铁		钢件		
	加工性质								
	粗加工	精加工	粗加工	精加工	粗加工	精加工	粗加工	精加工	
	直径余量								
81～120	0.4	0.1	0.5	0.1	0.3	0.1	0.3	0.1	0.07
121～180	0.5	0.1	0.6	0.2	0.4	0.1	0.3	0.1	0.08
181～260	0.5	0.1	0.6	0.2	0.4	0.1	0.3	0.1	0.09
261～360	0.5	0.1	0.6	0.2	0.4	0.1	0.3	0.1	0.1

注：当一次镗削时，加工余量应该是：粗加工余量+精加工余量。

1.5 总加工余量

表 F1-10 总加工余量 (单位：mm)

常见毛坯	手工造型铸件	自由锻件	模锻件	圆棒料
总加工余量	3.5～7	2.5～7	1.5～3	1.5～2.5

1.6 工 序 余 量

表 F1-11 工序余量 (单位：mm)

加工方法	粗车	半精车	高速精车	低速精车	磨削	研磨
总加工余量	1～1.5	0.8～1	0.4～0.5	0.1～0.15	0.15～0.25	0.003～0.025

附录2　其　他

表 F2-1　标准公差数值(摘自 GB/T1800.1-2009)

基本尺寸 /mm		标准公差等级																			
		IT01	IT0	IT1	IT2	IT3	IT4	IT5	IT6	IT7	IT8	IT9	IT10	IT11	IT12	IT13	IT14	IT15	IT16	IT17	IT18
大于	至	/μm													/mm						
—	3	0.3	0.5	0.8	1.2	2	3	4	6	10	14	25	40	60	0.10	0.14	0.25	0.40	0.60	1.0	1.4
3	6	0.4	0.6	1	1.5	2.5	4	5	8	12	18	30	48	75	0.12	0.18	0.30	0.48	0.75	1.2	1.8
6	10	0.4	0.6	1	1.5	2.5	4	6	9	15	22	36	58	90	0.15	0.22	0.36	0.58	0.90	1.5	2.2
10	18	0.5	0.8	1.2	2	3	5	8	11	18	27	43	70	110	0.18	0.27	0.43	0.70	1.10	1.8	2.7
18	30	0.6	1	1.5	2.5	4	6	9	13	21	33	52	84	130	0.21	0.33	0.52	0.84	1.30	2.1	3.3
30	50	0.6	1	1.5	2.5	4	7	11	16	25	39	62	100	160	0.25	0.39	0.62	1.00	1.60	2.5	3.9
50	80	0.8	1.2	2	3	5	8	13	19	30	46	74	120	190	0.30	0.46	0.74	1.20	1.90	3.0	4.6
80	120	1	1.5	2.5	4	6	10	15	22	35	54	87	140	220	0.35	0.54	0.87	1.40	2.20	3.5	5.4
120	180	1.2	2	3.5	5	8	12	18	25	40	63	100	160	250	0.40	0.63	1.00	1.60	2.50	4.0	6.3
180	250	2	3	4.5	7	10	14	20	29	46	72	115	185	290	0.46	0.72	1.15	1.85	2.90	4.6	7.2
250	315	2.5	4	6	8	12	16	23	32	52	81	130	210	320	0.52	0.81	1.30	2.10	3.20	5.2	8.1
315	400	3	5	7	9	13	18	25	36	57	89	140	230	360	0.57	0.89	1.40	2.30	3.60	5.7	8.9
400	500	4	6	8	10	15	20	27	40	63	97	155	250	400	0.63	0.97	1.55	2.50	4.00	6.3	9.7
500	630	4.5	6	9	11	16	22	30	44	70	110	175	280	440	0.70	1.10	1.75	2.8	4.4	7.0	11.0
630	800	5	7	10	13	18	25	35	50	80	125	200	320	500	0.80	1.25	2.00	3.2	5.0	8.0	12.5
800	1000	5.5	8	11	15	21	29	40	56	90	140	230	360	560	0.90	1.40	2.30	3.6	5.6	9.0	14.0

表 F2-2　各类机床主轴转速表

序号	机床名称	机床型号	主轴转速/(r·min^{-1})
1	卧式车床	CA6140	正转 24 级：10，12，16，20，25，32，40，50，63，80，100，125，160，200，250，320，400，450，500，560，710，900，1120，1400
2	立式钻床	Z525	9 级：97，140，195，272，392，545，680，960，1360
3	立式铣床	X51	15 级：65，80，100，125，160，210，255，300，380，490，590，725，1225，1500，1800

表 F2-3　铣削基本时间 t_b 的计算

加工条件	计算公式	备　注
圆柱铣刀、圆盘铣刀、面铣刀铣平面	$t_b=(l+l_1+l_2)\times i/v_f$(min) 式中：$L=l+l_1+l_2$—工作台行程长度(mm) l——加工长度(mm) l_1——切入长度(mm) l_2——切出长度(mm) v_f——工作台每分进给量(mm/min) i——走刀次数	$(l_1+l_2)=d_0/(3\sim4)$(mm) 式中：d_0——铣刀直径(mm)
铣圆周表面	$t_b=D\times\pi\times i/v_f$(min) 式中：$D$——铣削圆周表面直径(mm)	
铣两端为闭口的键槽	$t_b=(l-d_0)\times i/v_f$(min)	
铣半圆键槽	$t_b=(l+l_1)/v_f$(min)	$L=h$——键槽深度(mm) $l_1=0.5\sim1$mm

表 F2-4　钻削或铰削基本时间的计算

加工条件	计算公式	备　注
一般情况	$t_b=L/(f\times n)$(min) 式中：$L=l+l_1+l_2$——刀具总行程(mm) f——每转进给量(mm/r) n——刀具或工件每分转数(r/min)	钻削时：$l_1=1+D/[2\times\tan(\phi/2)]$或式中： $l_1\approx0.3D$(mm) ϕ——顶角(°) D——刀具直径(孔径)(mm) $l_2=1\sim4$mm
钻盲孔、铰盲孔	$t_b=(l+l_1)/(f\times n)$(min)	
钻通孔、铰通孔	$t_b=(l+l_1+l_2)/(f\times n)$(min)	

表 F2-5 铰孔的切入与切出行程

背吃刀量 $a_p=(D-d)/2$	切入长度 l_1					切出长度 l_2
	主偏角 κ_r					
	3°	5°	12°	15°	45°	
0.05	0.95	0.57	0.24	0.19	0.05	13
0.10	1.9	1.1	0.47	0.37	0.10	15
0.125	2.4	1.4	0.59	0.48	0.125	18
0.15	2.9	1.7	0.71	0.56	0.15	22
0.20	3.8	2.4	0.95	0.75	0.20	28
0.25	4.8	2.9	1.20	0.92	0.25	39
0.30	5.7	3.4	1.40	1.10	0.30	45

注：1．为了保证铰刀不受约束地进给接近加工表面，表内的切入长度 l_1 应该增加：对于 $D\leqslant16$mm 的铰刀为 0.5mm；对于 $D=17\sim35$mm 的铰刀为 1mm；对于 $D=36\sim80$mm 的铰刀为 2mm。

2．加工盲孔时 $l_2=0$。

参 考 文 献

[1] 龚雪，陈则钧．机械制造技术[M]．北京：高等教育出版社，2008.
[2] 金福昌．车工(初级)[M]．北京：机械工业出版社．2005.
[3] 胡家富．铣工(中级)[M]．北京：机械工业出版社．2006.
[4] 倪森寿．机械制造工艺与装备[M]．北京：化学工业出版社，2002.
[5] 王凤平．机械制造工艺学[M]．北京：机械工业出版社，2011.
[6] 杜可可．机械制造技术基础课程设计指导[M]．北京：人民邮电出版社，2007.
[7] 吴国华．金属切削机床[M]．北京：机械工业出版社，1999.
[8] 张世昌，等．机械制造技术基础[M]．北京：高等教育出版社，2006.
[9] 马敏莉．机械制造工艺编制及实施[M]．北京：清华大学出版社，2011.
[10] 顾崇衔，等．机械制造工艺学[M]．西安：陕西科学技术出版社，1990.
[11] 李昌年．机床夹具设计与制造[M]．北京：机械工业出版社，2010.
[12] 机械工程师手册编委会．机械工程师手册[M]．2 版．北京：机械工业出版社，2000.
[13] 乔世民．机械制造基础[M]．北京：高等教育出版社，2003.
[14] 史美堂．金属材料及热处理[M]．上海：上海科学技术出版社，1980.
[15] 朱超，段玲．互换性与零件几何量检测[M]．北京：清华大学出版社，2012.

北京大学出版社高职高专机电系列规划教材

序号	书号	书名	编著者	定价	印次	出版日期	配套情况
"十二五"职业教育国家规划教材							
1	978-7-301-24455-5	电力系统自动装置(第 2 版)	王　伟	26.00	1	2014.8	ppt/pdf
2	978-7-301-24506-4	电子技术项目教程(第 2 版)	徐超明	42.00	1	2014.7	ppt/pdf
3	978-7-301-24227-8	汽车电气系统检修(第 2 版)	宋作军	30.00	1	2014.8	ppt/pdf
4	978-7-301-24507-1	电工技术与技能	王　平	42.00	1	2014.8	ppt/pdf
5	978-7-301-17398-5	数控加工技术项目教程	李东君	48.00	1	2010.8	ppt/pdf
6	978-7-301-25341-0	汽车构造(上册)——发动机构造(第 2 版)	罗灯明	35.00	1	2015.5	ppt/pdf
7	978-7-301-25529-2	汽车构造(下册)——底盘构造(第 2 版)	鲍远通	36.00	1	2015.5	ppt/pdf
8	978-7-301-25650-3	光伏发电技术简明教程	静国梁	29.00	1	2015.6	ppt/pdf
9	978-7-301-24589-7	光伏发电系统的运行与维护	付新春	33.00	1	2015.7	ppt/pdf
10	978-7-301-18322-9	电子 EDA 技术(Multisim)	刘训非	30.00	2	2012.7	ppt/pdf
机械类基础课							
1	978-7-301-13653-9	工程力学	武昭晖	25.00	3	2011.2	ppt/pdf
2	978-7-301-13574-7	机械制造基础	徐从清	32.00	3	2012.7	ppt/pdf
3	978-7-301-13656-0	机械设计基础	时忠明	25.00	3	2012.7	ppt/pdf
4	978-7-301-28308-0	机械设计基础	王雪艳	57.00	1	2017.7	ppt/pdf
5	978-7-301-13662-1	机械制造技术	宁广庆	42.00	2	2010.11	ppt/pdf
6	978-7-301-27082-0	机械制造技术	徐　勇	48.00	1	2016.5	ppt/pdf
7	978-7-301-19848-3	机械制造综合设计及实训	裘俊彦	37.00	1	2013.4	ppt/pdf
8	978-7-301-19297-9	机械制造工艺及夹具设计	徐　勇	28.00	1	2011.8	ppt/pdf
9	978-7-301-25479-0	机械制图——基于工作过程(第 2 版)	徐连孝	62.00	1	2015.5	ppt/pdf
10	978-7-301-18143-0	机械制图习题集	徐连孝	20.00	2	2013.4	ppt/pdf
11	978-7-301-15692-6	机械制图	吴百中	26.00	2	2012.7	ppt/pdf
12	978-7-301-27234-3	机械制图	陈世芳	42.00	1	2016.8	ppt/pdf/素材
13	978-7-301-27233-6	机械制图习题集	陈世芳	38.00	1	2016.8	pdf
14	978-7-301-22916-3	机械图样的识读与绘制	刘永强	36.00	1	2013.8	ppt/pdf
15	978-7-301-27778-2	机械设计基础课程设计指导书	王雪艳	26.00	1	2017.1	ppt/pdf
16	978-7-301-23354-2	AutoCAD 应用项目化实训教程	王利华	42.00	1	2014.1	ppt/pdf
17	978-7-301-27906-9	AutoCAD 机械绘图项目教程（第 2 版）	张海鹏	46.00	1	2017.3	ppt/pdf
18	978-7-301-17573-6	AutoCAD 机械绘图基础教程	王长忠	32.00	2	2013.8	ppt/pdf
19	978-7-301-28261-8	AutoCAD 机械绘图基础教程与实训(第 3 版)	欧阳全会	42.00	1	2017.6	ppt/pdf
20	978-7-301-22185-3	AutoCAD 2014 机械应用项目教程	陈善岭	32.00	1	2016.1	ppt/pdf
21	978-7-301-26591-8	AutoCAD 2014 机械绘图项目教程	朱　昱	40.00	1	2016.2	ppt/pdf
22	978-7-301-24536-1	三维机械设计项目教程(UG 版)	龚肖新	45.00	1	2014.9	ppt/pdf
23	978-7-301-27919-9	液压传动与气动技术(第 3 版)	曹建东	48.00	1	2017.2	ppt/pdf
24	978-7-301-13582-2	液压与气压传动技术	袁　广	24.00	5	2013.8	ppt/pdf
25	978-7-301-24381-7	液压与气动技术项目教程	武　威	30.00	1	2014.8	ppt/pdf
26	978-7-301-19436-2	公差与测量技术	余　键	25.00	1	2011.9	ppt/pdf
27	978-7-5038-4861-2	公差配合与测量技术	南秀蓉	23.00	4	2011.12	ppt/pdf
28	978-7-301-19374-7	公差配合与技术测量	庄佃霞	26.00	2	2013.8	ppt/pdf
29	978-7-301-25614-5	公差配合与测量技术项目教程	王丽丽	26.00	1	2015.4	ppt/pdf
30	978-7-301-25953-5	金工实训(第 2 版)	柴增田	38.00	1	2015.6	ppt/pdf
31	978-7-301-28647-0	钳工实训教程	吴笑伟	23.00	1	2017.9	ppt/pdf
32	978-7-301-13651-5	金属工艺学	柴增田	27.00	2	2011.6	ppt/pdf
33	978-7-301-23868-4	机械加工工艺编制与实施(上册)	于爱武	42.00	1	2014.3	ppt/pdf/素材
34	978-7-301-24546-0	机械加工工艺编制与实施(下册)	于爱武	42.00	1	2014.7	ppt/pdf/素材
35	978-7-301-21988-1	普通机床的检修与维护	宋亚林	33.00	1	2013.1	ppt/pdf

序号	书号	书名	编著者	定价	印次	出版日期	配套情况
36	978-7-5038-4869-8	设备状态监测与故障诊断技术	林英志	22.00	3	2011.8	ppt/pdf
37	978-7-301-22116-7	机械工程专业英语图解教程(第 2 版)	朱派龙	48.00	2	2015.5	ppt/pdf
38	978-7-301-23198-2	生产现场管理	金建华	38.00	1	2013.9	ppt/pdf
39	978-7-301-24788-4	机械 CAD 绘图基础及实训	杜　洁	30.00	1	2014.9	ppt/pdf
		数控技术类					
1	978-7-301-17148-6	普通机床零件加工	杨雪青	26.00	2	2013.8	ppt/pdf/素材
2	978-7-301-17679-5	机械零件数控加工	李　文	38.00	1	2010.8	ppt/pdf
3	978-7-301-13659-1	CAD/CAM 实体造型教程与实训(Pro/ENGINEER 版)	诸小丽	38.00	4	2014.7	ppt/pdf
4	978-7-301-24647-6	CAD/CAM 数控编程项目教程(UG 版)(第 2 版)	慕　灿	48.00	1	2014.8	ppt/pdf
5	978-7-301-21873-0	CAD/CAM 数控编程项目教程(CAXA 版)	刘玉春	42.00	2	2013.3	ppt/pdf
6	978-7-5038-4866-7	数控技术应用基础	宋建武	22.00	2	2010.7	ppt/pdf
7	978-7-301-13262-3	实用数控编程与操作	钱东东	32.00	4	2013.8	ppt/pdf
8	978-7-301-14470-1	数控编程与操作	刘瑞已	29.00	2	2011.2	ppt/pdf
9	978-7-301-20312-5	数控编程与加工项目教程	周晓宏	42.00	1	2012.3	ppt/pdf
10	978-7-301-23898-1	数控加工编程与操作实训教程(数控车分册)	王忠斌	36.00	1	2014.6	ppt/pdf
11	978-7-301-20945-5	数控铣削技术	陈晓罗	42.00	1	2012.7	ppt/pdf
12	978-7-301-21053-6	数控车削技术	王军红	28.00	1	2012.8	ppt/pdf
13	978-7-301-25927-6	数控车削编程与操作项目教程	肖国涛	26.00	1	2015.7	ppt/pdf
14	978-7-301-17398-5	数控加工技术项目教程	李东君	48.00	1	2010.8	ppt/pdf
15	978-7-301-21119-9	数控机床及其维护	黄应勇	38.00	1	2012.8	ppt/pdf
16	978-7-301-20002-5	数控机床故障诊断与维修	陈学军	38.00	1	2012.1	ppt/pdf
		模具设计与制造类					
1	978-7-301-23892-9	注射模设计方法与技巧实例精讲	邹继强	54.00	1	2014.2	ppt/pdf
2	978-7-301-24432-6	注射模典型结构设计实例图集	邹继强	54.00	1	2014.6	ppt/pdf
3	978-7-301-18471-4	冲压工艺与模具设计	张　芳	39.00	1	2011.3	ppt/pdf
4	978-7-301-19933-6	冷冲压工艺与模具设计	刘洪贤	32.00	1	2012.1	ppt/pdf
5	978-7-301-20414-6	Pro/ENGINEER Wildfire 产品设计项目教程	罗　武	31.00	1	2012.5	ppt/pdf
6	978-7-301-16448-8	Pro/ENGINEER Wildfire 设计实训教程	吴志清	38.00	1	2012.8	ppt/pdf
7	978-7-301-22678-0	模具专业英语图解教程	李东君	22.00	1	2013.7	ppt/pdf
		电气自动化类					
1	978-7-301-18519-3	电工技术应用	孙建领	26.00	1	2011.3	ppt/pdf
2	978-7-301-25670-1	电工电子技术项目教程（第 2 版）	杨德明	49.00	1	2016.2	ppt/pdf
3	978-7-301-22546-2	电工技能实训教程	韩亚军	22.00	1	2013.6	ppt/pdf
4	978-7-301-22923-1	电工技术项目教程	徐超明	38.00	1	2013.8	ppt/pdf
5	978-7-301-12390-4	电力电子技术	梁南丁	29.00	3	2013.5	ppt/pdf
6	978-7-301-17730-3	电力电子技术	崔　红	23.00	1	2010.9	ppt/pdf
7	978-7-301-19525-3	电工电子技术	倪　涛	38.00	1	2011.9	ppt/pdf
8	978-7-301-24765-5	电子电路分析与调试	毛玉青	35.00	1	2015.3	ppt/pdf
9	978-7-301-16830-1	维修电工技能与实训	陈学平	37.00	1	2010.7	ppt/pdf
10	978-7-301-12180-1	单片机开发应用技术	李国兴	21.00	2	2010.9	ppt/pdf
11	978-7-301-20000-1	单片机应用技术教程	罗国荣	40.00	1	2012.2	ppt/pdf
12	978-7-301-21055-0	单片机应用项目化教程	顾亚文	32.00	1	2012.8	ppt/pdf
13	978-7-301-17489-0	单片机原理及应用	陈高锋	32.00	1	2012.9	ppt/pdf
14	978-7-301-24281-0	单片机技术及应用	黄贻培	30.00	1	2014.7	ppt/pdf
15	978-7-301-22390-1	单片机开发与实践教程	宋玲玲	24.00	1	2013.6	ppt/pdf
16	978-7-301-17958-1	单片机开发入门及应用实例	熊华波	30.00	1	2011.1	ppt/pdf
17	978-7-301-16898-1	单片机设计应用与仿真	陆旭明	26.00	2	2012.4	ppt/pdf

序号	书号	书名	编著者	定价	印次	出版日期	配套情况
18	978-7-301-19302-0	基于汇编语言的单片机仿真教程与实训	张秀国	32.00	1	2011.8	ppt/pdf
19	978-7-301-12181-8	自动控制原理与应用	梁南丁	23.00	3	2012.1	ppt/pdf
20	978-7-301-19638-0	电气控制与 PLC 应用技术	郭　燕	24.00	1	2012.1	ppt/pdf
21	978-7-301-19272-6	电气控制与 PLC 程序设计(松下系列)	姜秀玲	36.00	1	2011.8	ppt/pdf
22	978-7-301-12383-6	电气控制与 PLC(西门子系列)	李　伟	26.00	2	2012.3	ppt/pdf
23	978-7-301-18188-1	可编程控制器应用技术项目教程(西门子)	崔维群	38.00	2	2013.6	ppt/pdf
24	978-7-301-23432-7	机电传动控制项目教程	杨德明	40.00	1	2014.1	ppt/pdf
25	978-7-301-12382-9	电气控制及 PLC 应用(三菱系列)	华满香	24.00	2	2012.5	ppt/pdf
26	978-7-301-22315-4	低压电气控制安装与调试实训教程	张　郭	24.00	1	2013.4	ppt/pdf
27	978-7-301-24433-3	低压电器控制技术	肖朋生	34.00	1	2014.7	ppt/pdf
28	978-7-301-22672-8	机电设备控制基础	王本轶	32.00	1	2013.7	ppt/pdf
29	978-7-301-18770-8	电机应用技术	郭宝宁	33.00	1	2011.5	ppt/pdf
30	978-7-301-23822-6	电机与电气控制	郭夕琴	34.00	1	2014.8	ppt/pdf
31	978-7-301-21269-1	电机控制与实践	徐　锋	34.00	1	2012.9	ppt/pdf
32	978-7-301-12389-8	电机与拖动	梁南丁	32.00	2	2011.12	ppt/pdf
33	978-7-301-18630-5	电机与电力拖动	孙英伟	33.00	1	2011.3	ppt/pdf
34	978-7-301-16770-0	电机拖动与应用实训教程	任娟平	36.00	1	2012.11	ppt/pdf
35	978-7-301-28710-1	电机与控制	马志敏	31.00	1	2017.9	ppt/pdf
36	978-7-301-22632-2	机床电气控制与维修	崔兴艳	28.00	1	2013.7	ppt/pdf
37	978-7-301-22917-0	机床电气控制与 PLC 技术	林盛昌	36.00	1	2013.8	ppt/pdf
38	978-7-301-28063-8	机房空调系统的运行与维护	马也骋	37.00	1	2017.4	ppt/pdf
39	978-7-301-26499-7	传感器检测技术及应用(第 2 版)	王晓敏	45.00	1	2015.11	ppt/pdf
40	978-7-301-20654-6	自动生产线调试与维护	吴有明	28.00	1	2013.1	ppt/pdf
41	978-7-301-21239-4	自动生产线安装与调试实训教程	周　洋	30.00	1	2012.9	ppt/pdf
42	978-7-301-18852-1	机电专业英语	戴正阳	28.00	2	2013.8	ppt/pdf
43	978-7-301-24764-8	FPGA 应用技术教程(VHDL 版)	王真富	38.00	1	2015.2	ppt/pdf
44	978-7-301-26201-6	电气安装与调试技术	卢　艳	38.00	1	2015.8	ppt/pdf
45	978-7-301-26215-3	可编程控制器编程及应用(欧姆龙机型)	姜凤武	27.00	1	2015.8	ppt/pdf
46	978-7-301-26481-2	PLC 与变频器控制系统设计与高度(第 2 版)	姜永华	44.00	1	2016.9	ppt/pdf
		汽车类					
1	978-7-301-17694-8	汽车电工电子技术	郑广军	33.00	1	2011.1	ppt/pdf
2	978-7-301-26724-0	汽车机械基础(第 2 版)	张本升	45.00	1	2016.1	ppt/pdf/素材
3	978-7-301-26500-0	汽车机械基础教程(第 3 版)	吴笑伟	35.00	1	2015.12	ppt/pdf/素材
4	978-7-301-17821-8	汽车机械基础项目化教学标准教程	傅华娟	40.00	2	2014.8	ppt/pdf
5	978-7-301-19646-5	汽车构造	刘智婷	42.00	1	2012.1	ppt/pdf
6	978-7-301-25341-0	汽车构造(上册)——发动机构造(第 2 版)	罗灯明	35.00	1	2015.5	ppt/pdf
7	978-7-301-25529-2	汽车构造(下册)——底盘构造(第 2 版)	鲍远通	36.00	1	2015.5	ppt/pdf
8	978-7-301-13661-4	汽车电控技术	祁翠琴	39.00	6	2015.2	ppt/pdf
9	978-7-301-19147-7	电控发动机原理与维修实务	杨洪庆	27.00	1	2011.7	ppt/pdf
10	978-7-301-13658-4	汽车发动机电控系统原理与维修	张吉国	25.00	2	2012.4	ppt/pdf
11	978-7-301-27796-6	汽车发动机电控技术(第 2 版)	张　俊	53.00	1	2017.1	ppt/pdf/
12	978-7-301-21989-8	汽车发动机构造与维修(第 2 版)	蔡兴旺	40.00	1	2013.1	ppt/pdf/素材
13	978-7-301-18948-1	汽车底盘电控原理与维修实务	刘映凯	26.00	1	2012.1	ppt/pdf
14	978-7-301-24227-8	汽车电气系统检修(第 2 版)	宋作军	30.00	1	2014.8	ppt/pdf
15	978-7-301-23512-6	汽车车身电控系统检修	温立全	30.00	1	2014.1	ppt/pdf
16	978-7-301-18850-7	汽车电器设备原理与维修实务	明光星	38.00	2	2013.9	ppt/pdf
17	978-7-301-29483-3	汽车电器设备技术	戚金凤	41.00	1	2018.5	ppt/pdf
18	978-7-301-20011-7	汽车电器实训	高照亮	38.00	1	2012.1	ppt/pdf

序号	书号	书名	编著者	定价	印次	出版日期	配套情况
19	978-7-301-22363-5	汽车车载网络技术与检修	闫炳强	30.00	1	2013.6	ppt/pdf
20	978-7-301-14139-7	汽车空调原理及维修	林　钢	26.00	3	2013.8	ppt/pdf
21	978-7-301-16919-3	汽车检测与诊断技术	娄　云	35.00	2	2011.7	ppt/pdf
22	978-7-301-22988-0	汽车拆装实训	詹远武	44.00	1	2013.8	ppt/pdf
23	978-7-301-18477-6	汽车维修管理实务	毛　峰	23.00	1	2011.3	ppt/pdf
24	978-7-301-19027-2	汽车故障诊断技术	明光星	25.00	1	2011.6	ppt/pdf
25	978-7-301-17894-2	汽车养护技术	隋礼辉	24.00	1	2011.3	ppt/pdf
26	978-7-301-22746-6	汽车装饰与美容	金守玲	34.00	1	2013.7	ppt/pdf
27	978-7-301-25833-0	汽车营销实务(第 2 版)	夏志华	32.00	1	2015.6	ppt/pdf
28	978-7-301-27595-5	汽车文化（第 2 版）	刘　锐	31.00	1	2016.12	ppt/pdf
29	978-7-301-20753-6	二手车鉴定与评估	李玉柱	28.00	1	2012.6	ppt/pdf
30	978-7-301-26595-6	汽车专业英语图解教程(第 2 版)	侯锁军	29.00	1	2016.4	ppt/pdf/素材
31	978-7-301-27089-9	汽车营销服务礼仪(第 2 版)	夏志华	36.00	1	2016.6	ppt/pdf
电子信息、应用电子类							
1	978-7-301-19639-7	电路分析基础(第 2 版)	张丽萍	25.00	1	2012.9	ppt/pdf
2	978-7-301-27605-1	电路电工基础	张　琳	29.00	1	2016.11	ppt/fdf
3	978-7-301-19310-5	PCB 板的设计与制作	夏淑丽	33.00	1	2011.8	ppt/pdf
4	978-7-301-21147-2	Protel 99 SE 印制电路板设计案例教程	王　静	35.00	1	2012.8	ppt/pdf
5	978-7-301-18520-9	电子线路分析与应用	梁玉国	34.00	1	2011.7	ppt/pdf
6	978-7-301-12387-4	电子线路 CAD	殷庆纵	28.00	4	2012.7	ppt/pdf
7	978-7-301-12390-4	电力电子技术	梁南丁	29.00	2	2010.7	ppt/pdf
8	978-7-301-17730-3	电力电子技术	崔　红	23.00	1	2010.9	ppt/pdf
9	978-7-301-19525-3	电工电子技术	倪　涛	38.00	1	2011.9	ppt/pdf
10	978-7-301-18519-3	电工技术应用	孙建领	26.00	1	2011.3	ppt/pdf
11	978-7-301-22546-2	电工技能实训教程	韩亚军	22.00	1	2013.6	ppt/pdf
12	978-7-301-22923-1	电工技术项目教程	徐超明	38.00	1	2013.8	ppt/pdf
13	978-7-301-25670-1	电工电子技术项目教程（第 2 版）	杨德明	49.00	1	2016.2	ppt/pdf
14	978-7-301-26076-0	电子技术应用项目式教程(第 2 版)	王志伟	40.00	1	2015.9	ppt/pdf/素材
15	978-7-301-22959-0	电子焊接技术实训教程	梅琼珍	24.00	1	2013.8	ppt/pdf
16	978-7-301-17696-2	模拟电子技术	蒋　然	35.00	1	2010.8	ppt/pdf
17	978-7-301-13572-3	模拟电子技术及应用	刁修睦	28.00	3	2012.8	ppt/pdf
18	978-7-301-18144-7	数字电子技术项目教程	冯泽虎	28.00	1	2011.1	ppt/pdf
19	978-7-301-19153-8	数字电子技术与应用	宋雪臣	33.00	1	2011.9	ppt/pdf
20	978-7-301-20009-4	数字逻辑与微机原理	宋振辉	49.00	1	2012.1	ppt/pdf
21	978-7-301-12386-7	高频电子线路	李福勤	20.00	3	2013.8	ppt/pdf
22	978-7-301-20706-2	高频电子技术	朱小祥	32.00	1	2012.6	ppt/pdf
23	978-7-301-18322-9	电子 EDA 技术(Multisim)	刘训非	30.00	2	2012.7	ppt/pdf
24	978-7-301-14453-4	EDA 技术与 VHDL	宋振辉	28.00	2	2013.8	ppt/pdf
25	978-7-301-22362-8	电子产品组装与调试实训教程	何　杰	28.00	1	2013.6	ppt/pdf
26	978-7-301-19326-6	综合电子设计与实践	钱卫钧	25.00	2	2013.8	ppt/pdf
27	978-7-301-17877-5	电子信息专业英语	高金玉	26.00	2	2011.11	ppt/pdf
28	978-7-301-23895-0	电子电路工程训练与设计、仿真	孙晓艳	39.00	1	2014.3	ppt/pdf
29	978-7-301-24624-5	可编程逻辑器件应用技术	魏　欣	26.00	1	2014.8	ppt/pdf
30	978-7-301-26156-9	电子产品生产工艺与管理	徐中贵	38.00	1	2015.8	ppt/pdf

如您需要更多教学资源如电子课件、电子样章、习题答案等，请登录北京大学出版社第六事业部官网 www.pup6.cn 搜索下载。

如您需要浏览更多专业教材，请扫下面的二维码，关注北京大学出版社第六事业部官方微信（微信号：pup6book），随时查询专业教材、浏览教材目录、内容简介等信息，并可在线申请纸质样书用于教学。